ATLAS
DER ANATOMIE DES MENSCHEN

BAND 3

Rolf Bertolini

Gerald Leutert

ATLAS DER ANATOMIE DES MENSCHEN

nach systematischen und topographischen Gesichtspunkten

Band 3: Kopf und Hals, Gehirn, Rückenmark und Sinnesorgane

Mit 387 Abbildungen,
davon 361 mehrfarbig,
gezeichnet von Horst Schmidt
und Renate Welt-Herschel
(Abschnitt Auge)

Springer-Verlag
Berlin Heidelberg New York 1982

Prof. Dr. sc. med. Rolf Bertolini

Direktor des Anatomischen Instituts
der Humboldt-Universität zu Berlin

Prof. Dr. sc. med. Gerald Leutert

Direktor des Anatomischen Instituts
der Karl-Marx-Universität Leipzig

Die Originalausgabe erschien im Verlag
VEB Georg Thieme Leipzig
Vertrieb ausschließlich für die DDR
und die sozialistischen Länder

Lizenzausgabe für alle übrigen Länder
im Springer-Verlag Berlin Heidelberg New York

ISBN-13: 978-3-642-68564-4 e-ISBN-13: 978-3-642-68563-7
DOI: 10.1007/978-3-642-68563-7
Springer-Verlag Berlin Heidelberg New York

Springer-Verlag New York Heidelberg Berlin

Softcover reprint of the hardcover 1st edition 1982

2122/3140-543210

Vorwort

Mit dem Erscheinen des 3. Bandes ist der Atlas der Anatomie des Menschen abgeschlossen. Der im Vorwort zum 1. Band angegebene Plan für Inhalt, Umfang und Gestaltung war auch Leitlinie für die Gliederung des vorliegenden Bandes. Wir haben uns bemüht, die topographisch-anatomischen und funktionellen Beziehungen von Kopf und Hals deutlich werden zu lassen. Auch die Abbildungsreihe von Gehirn, Rückenmark und den Sinnesorganen wurde unter gleichem Gesichtspunkt zusammengestellt. Den Möglichkeiten entsprechend, fand die Verbindung mit dem Rumpf Berücksichtigung. Für die Veranschaulichung des Zentralnervensystems wählten wir die der Präparation und Inspektion zugänglichen Teile und Gebiete aus und verzichteten auf die schematische Wiedergabe der Leitungsbahnen und verschiedener Kerne. Diese Befunde sind den einschlägigen Lehrbüchern vorbehalten.

Den wissenschaftlichen Zeichnern, den Mitarbeitern des Verlages und der Herstellungsbetriebe sowie Mitgliedern der Anatomischen Institute, denen die Autoren angehören, gebührt unser großer und herzlicher Dank.

Für den Stil der Dokumentation der Anatomie des Menschen bot das meisterhafte Können des wissenschaftlichen Zeichners, Herrn Horst Schmidt (Halle/Saale), eine sichere Grundlage. Dies bescheinigten zahlreiche Rezensenten des 1. und 2. Bandes. Seine allgemein anerkannte Befähigung festigte die langjährige Zusammenarbeit. Wir sind uns bewußt, welch große Dankesschuld ihm gegenüber besteht.

In dem Abschnitt Auge übernahm Frau Renate Welt-Herschel (Leipzig) die zeichnerische Gestaltung. Ihre langjährigen Erfahrungen auf dem Gebiet der Darstellung klinischer ophthalmologischer Befunde haben ermöglicht, daß sich die von ihr geschaffenen Tafeln sehr gut in den Rahmen des 3. Bandes einfügen.

Da die Abbildungen bis auf wenige Ausnahmen nach makroskopisch-anatomischen Präparaten angefertigt wurden, war die Mitarbeit der medizinischen Fachpräparatoren unerläßlich und von hohem Wert für die Verwirklichung unserer Absichten. Gestützt auf eine über 30jährige Berufstätigkeit, stellte der leitende medizinische Fachpräparator, Herr Gerhard Pfütze, seine Erfahrungen uneigennützig zur Verfügung und förderte zielstrebig den Abschluß auch des 3. Bandes. Herr Klaus Hartmann, medizinischer Fachpräparator, übertrug erneut gewissenhaft die von uns angegebenen Hinweispunkte und beteiligte sich an der Endkorrektur. Bei der Anfertigung des Manuskriptes standen uns fleißige Mitarbeiter hilfreich zur Seite: Frau Binkenstein, Frau Dettmer, Frau Fritze, Frau Wendler und Frau Wolf. Für die Zusammenstellung des Sachwortverzeichnisses sorgten zuverlässig Frau Binkenstein und Frau Wendler.

Zur Ergänzung der Zeichnungen und zur Veranschaulichung der zwischen Anatomie und Klinik bestehenden engen Verbindungen übernahmen wir mehrere Röntgenbilder. Sie wurden uns in kollegialer Weise bereitwillig von Einrichtungen der Karl-Marx-Universität Leipzig zur Verfügung gestellt. Unser Dank gilt Herrn Prof. Dr. sc. med. Hans-Günther Niebeling, Direktor der Neurochirurgischen Klinik, Herrn Prof. Dr. sc. med. Wilhelm Oelßner, Direktor der Radiologischen Klinik, Herrn Doz. Dr. sc. med. Hans-Georg Schulz, Oberarzt der Radiologischen Klinik, und Herrn Prof. Dr. sc. med. Friedrich-Wilhelm Oeken, Direktor der Klinik für Ohren-, Nasen- und Halskrankheiten.

Der 3. Band beschließt den Atlas der Anatomie des Menschen. Dadurch besteht die Möglichkeit, alle Teile kritisch zu betrachten, und wir bitten um Hinweise für Umgestaltungen und die Beseitigung von Fehlern.

Am Ende des Vorwortes ist es uns ein von Herzen kommendes Anliegen, der Verlagsleitung und den Mitarbeitern der Abteilung Herstellung für ihre verständnisvolle und unermüdliche Hilfe zu danken.

Rolf Bertolini
Gerald Leutert

Leipzig, im Dezember 1981

Inhalt

Kopf

Knochen 9
Muskeln und Kiefergelenk 73
Gefäße und Nerven 91
Eingeweide 107

Hals

Muskeln 127
Gefäße und Nerven 139
Pharynx 167
Larynx 173

Gehirn 191

Hirnhäute und Gefäße 237

Rückenmark 263

Sinnesorgane

Auge 277
Ohr 317

Sachwortverzeichnis 337

Verwendete Abkürzungen

Begriffe in eckiger Klammer sind im Verzeichnis der gültigen Nomenklatur (NOMINA ANATOMICA, Paris 1955) nicht enthalten. Zur besseren Orientierung wird auf sie nicht verzichtet.

A.	Arteria
Aa.	Arteriae
Art.	Articulatio
Artt.	Articulationes
C	Cervicalsegment
Lig.	Ligamentum
Ligg.	Ligamenta
M.	Musculus
Mm.	Musculi
N.	Nervus
Nn.	Nervi
Proc.	Processus
Th	Thoracalsegment
V.	Vena
Vv.	Venae

KOPF
Knochen

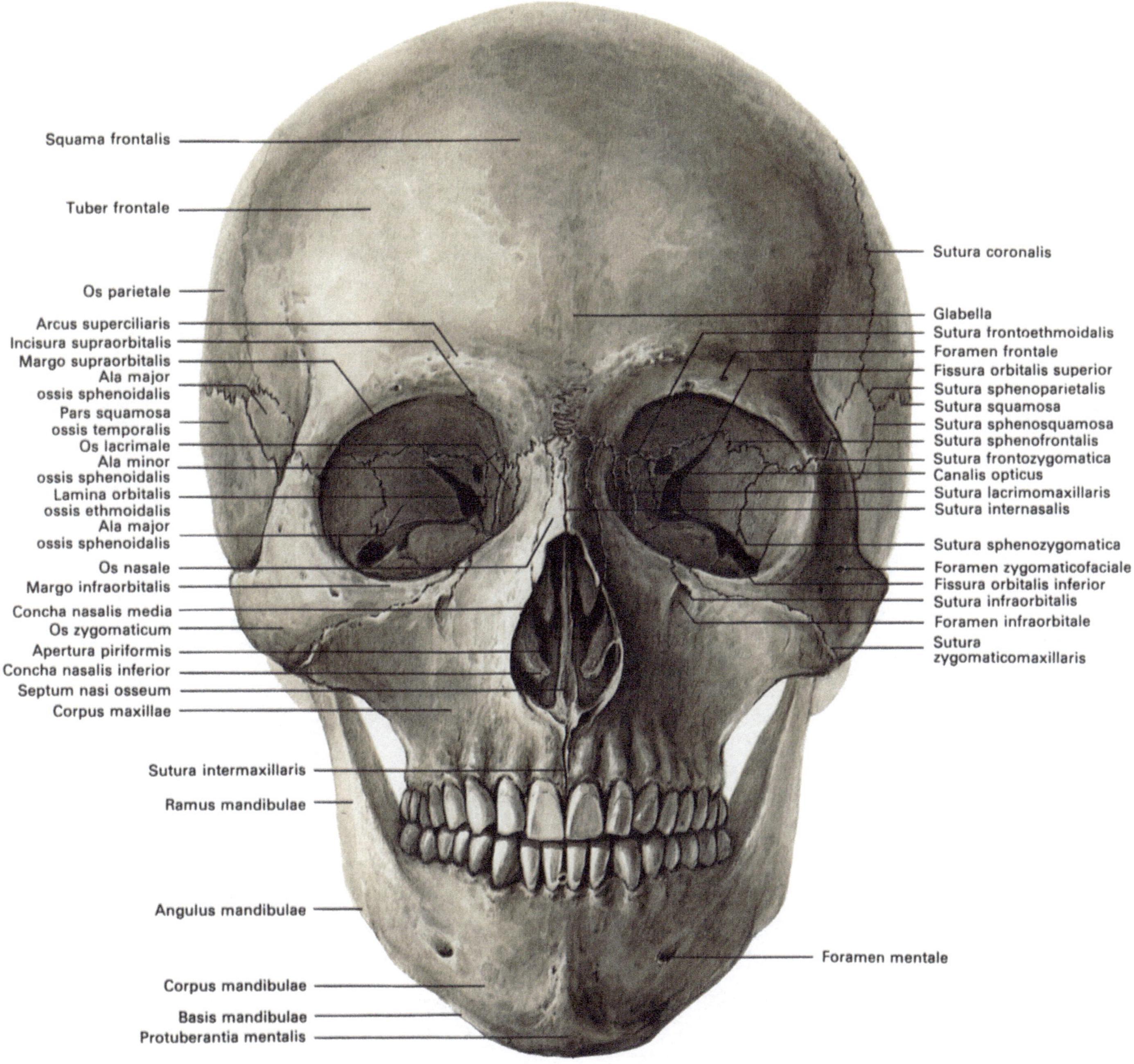

1
Schädel, Cranium
von vorn

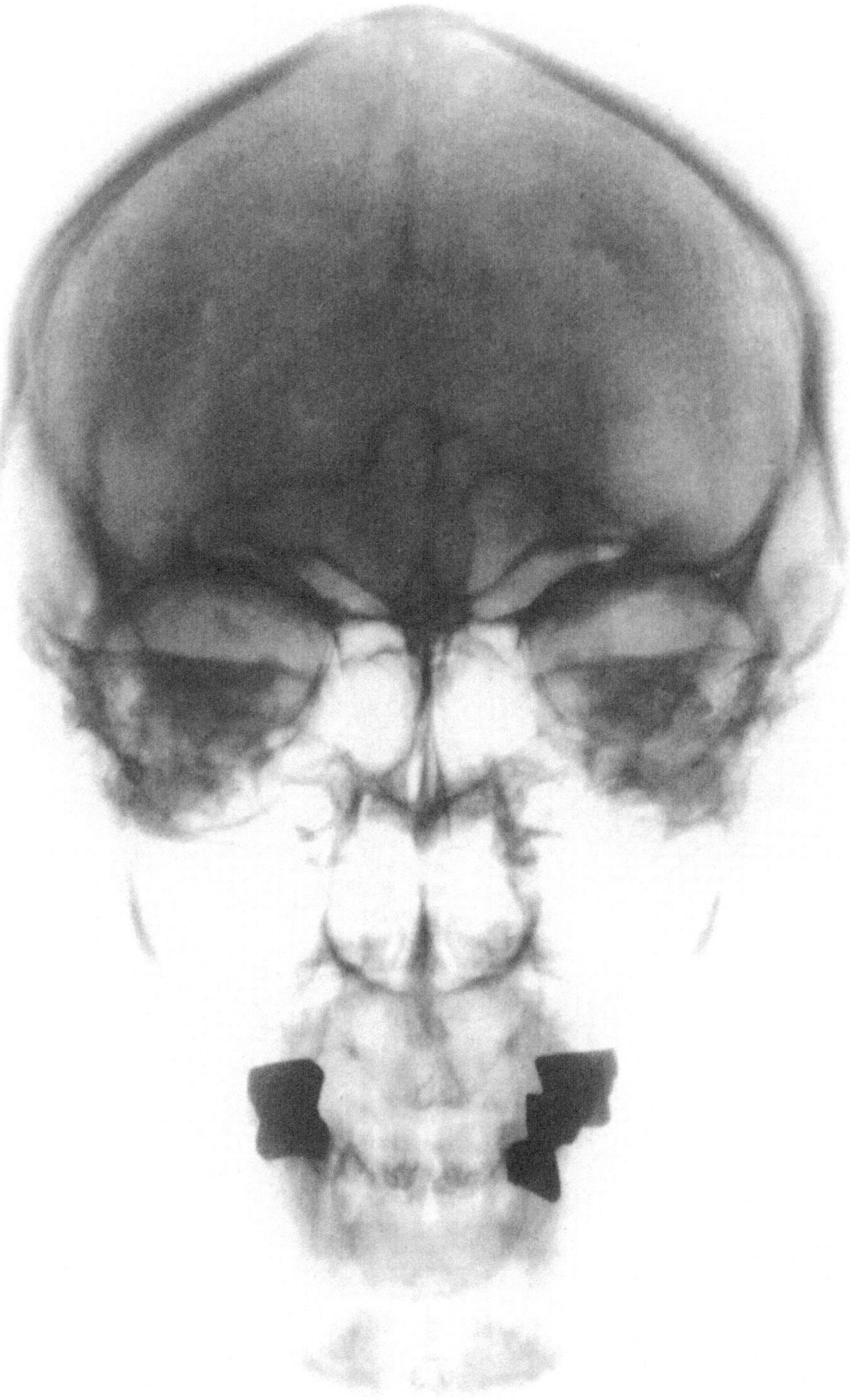

2
Röntgenbild des Schädels
Erwachsenenalter. Strahlengang anterior-posterior

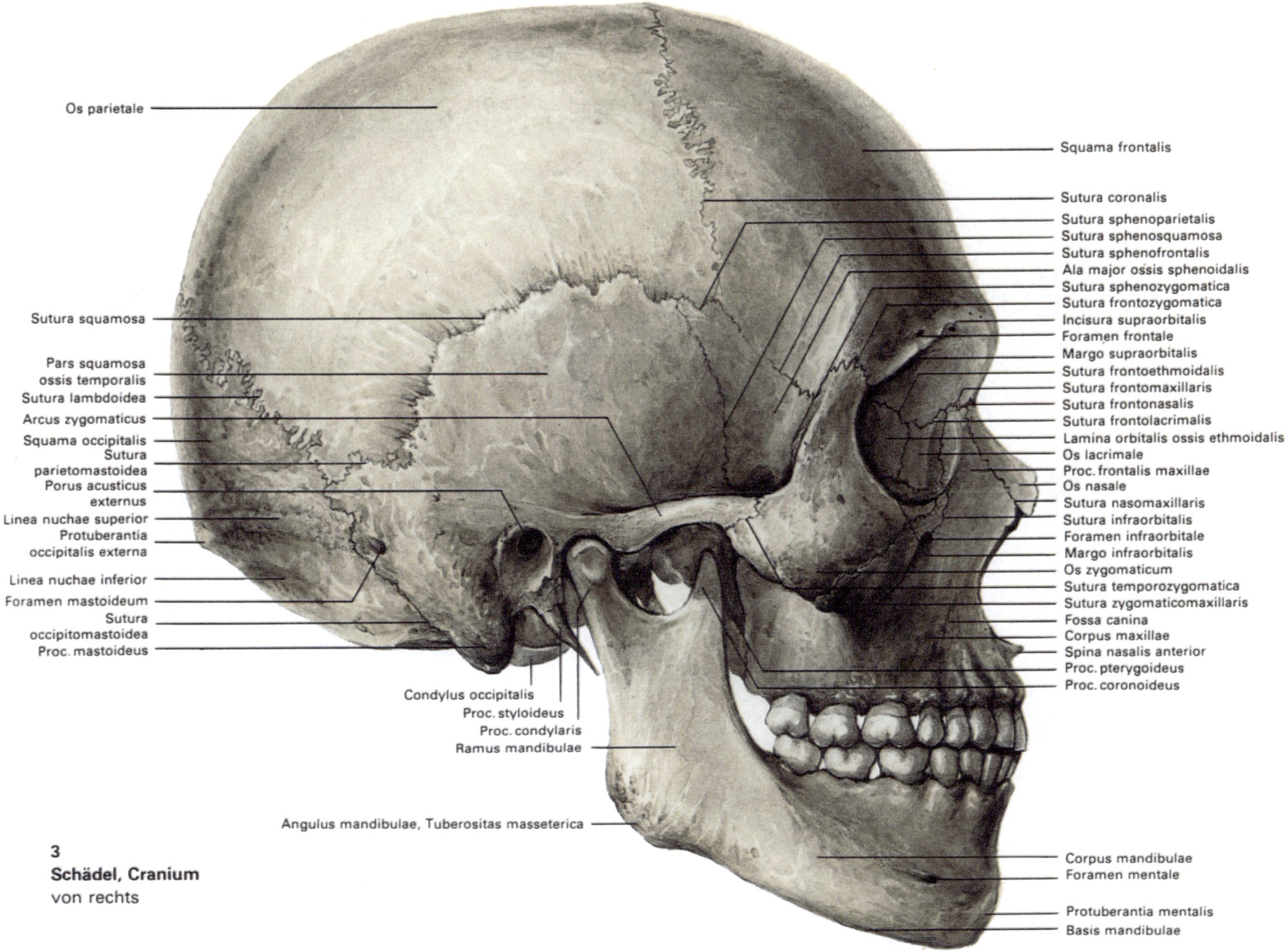

3
Schädel, Cranium
von rechts

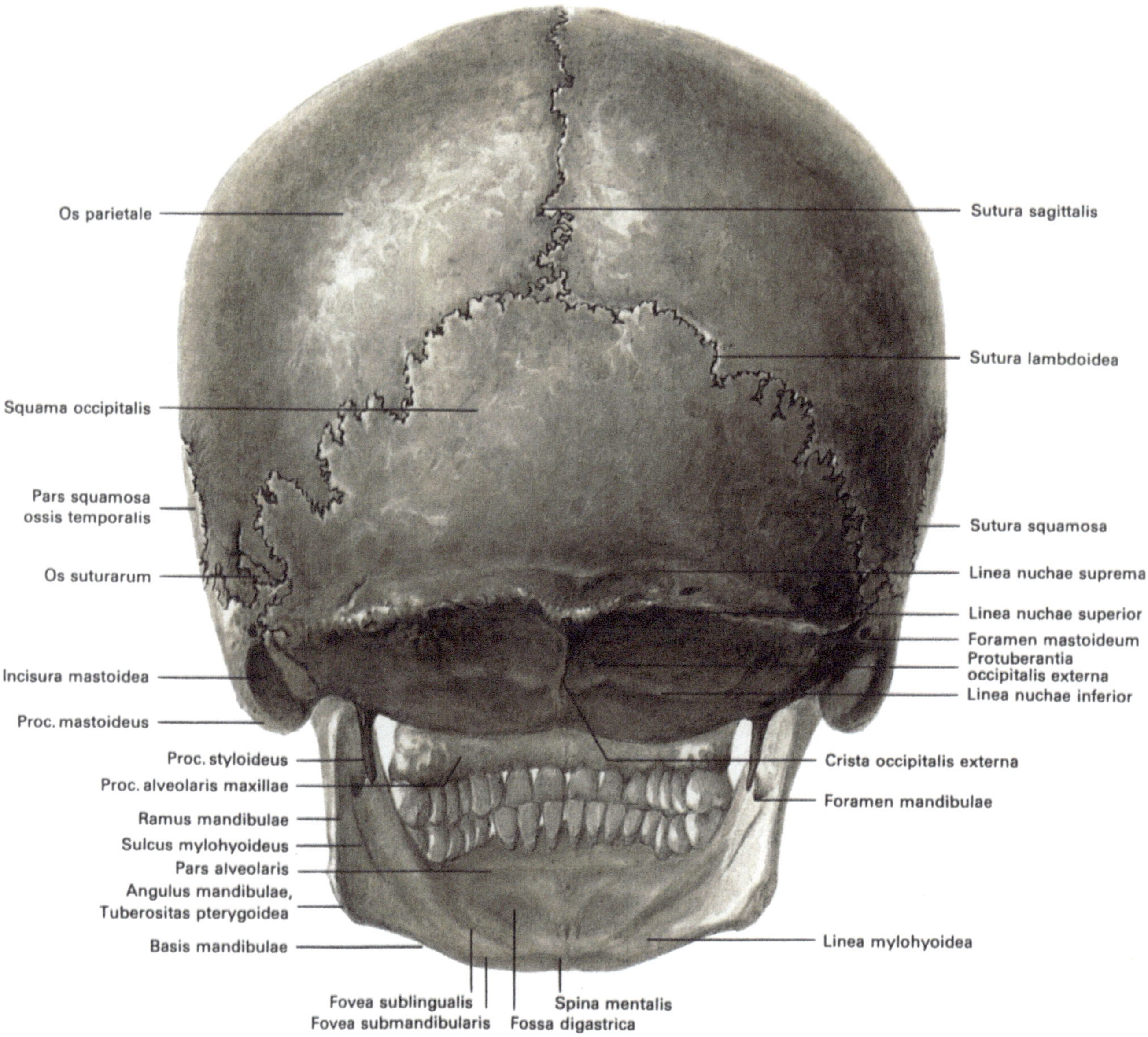

4
Schädel, Cranium
von hinten

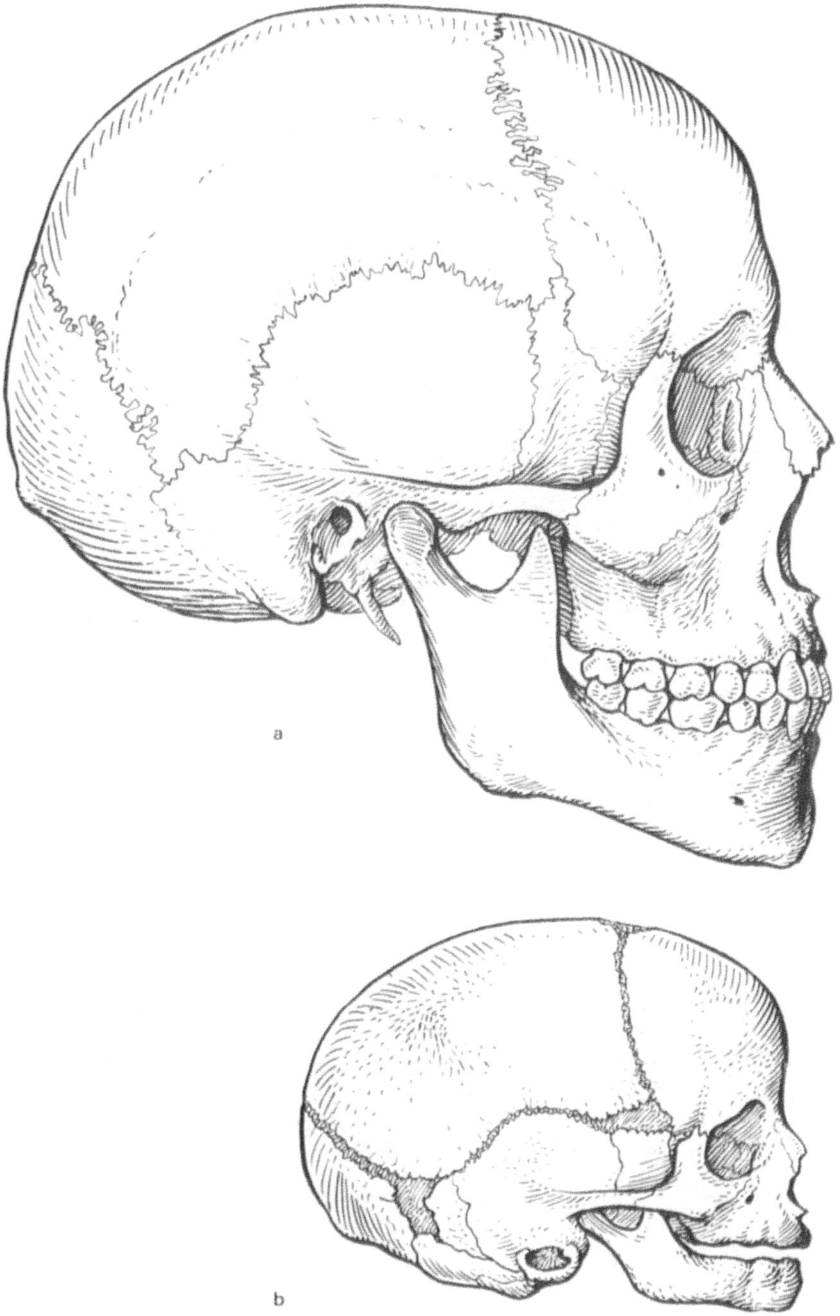

5

Schädel, Cranium

von rechts. a eines Erwachsenen, b eines Neugeborenen. Altersabhängige Proportionen der Gesichts- und Hirnschädel

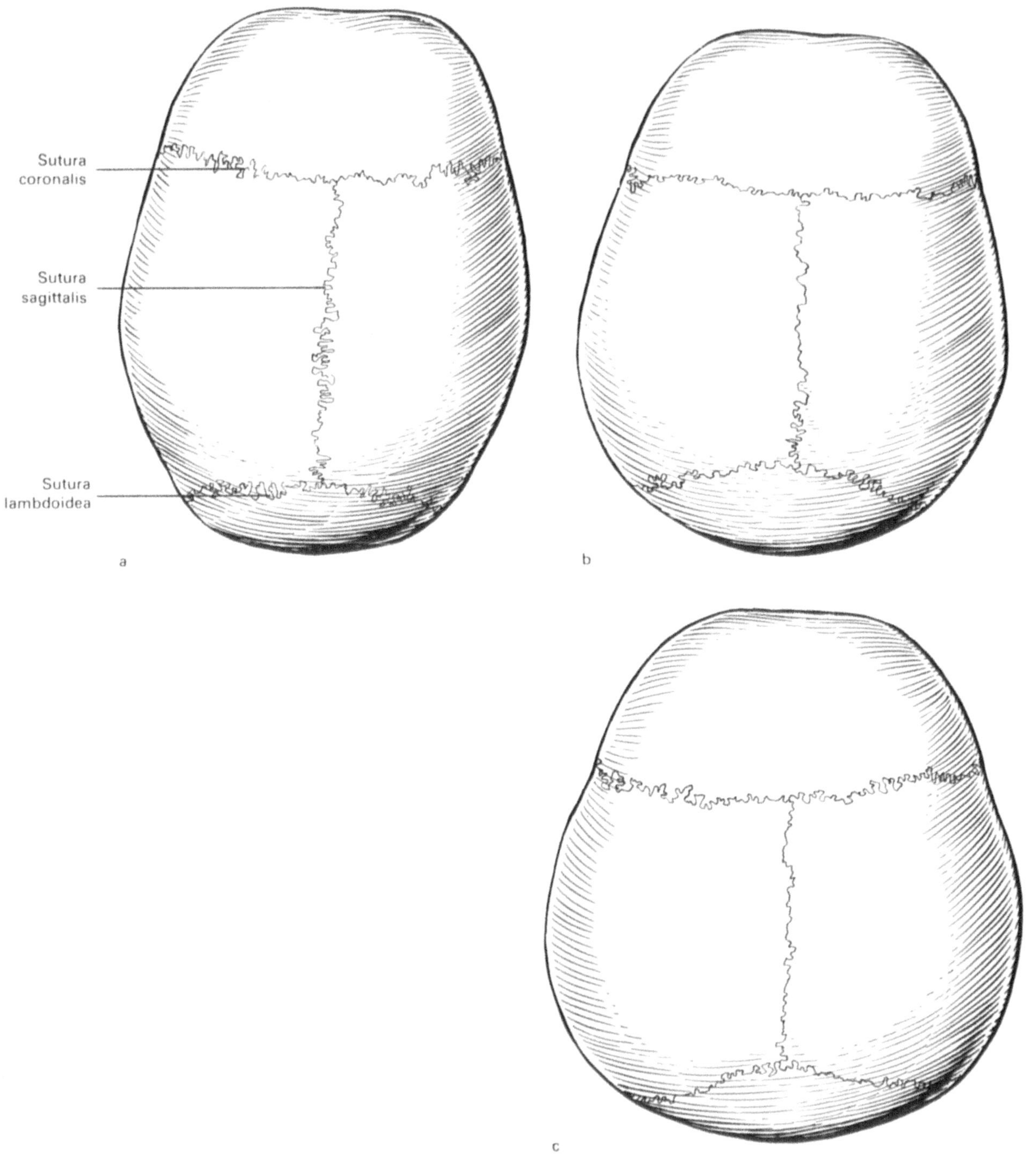

6
Schädel, Cranium
von Erwachsenen, von oben. Schädelformen. a dolichocephal, b mesocephal, c brachycephal

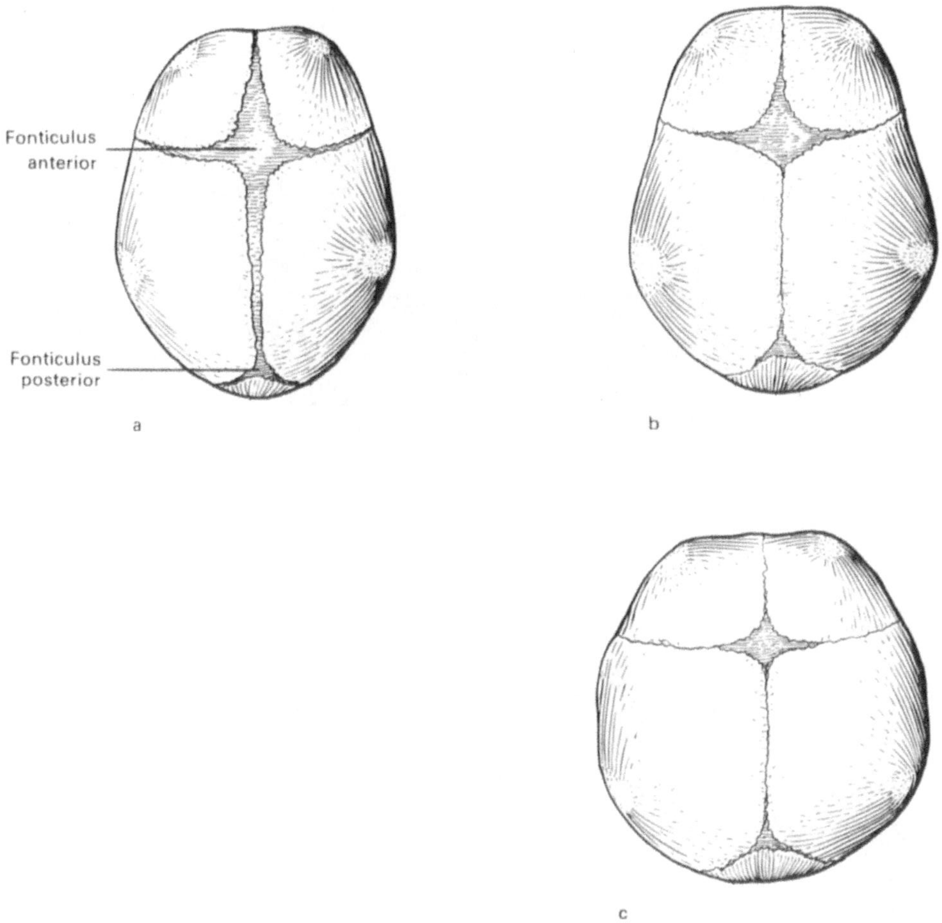

7
Schädel, Cranium
von Neugeborenen, von oben. Schädelformen. a dolichocephal, b mesocephal, c brachycephal

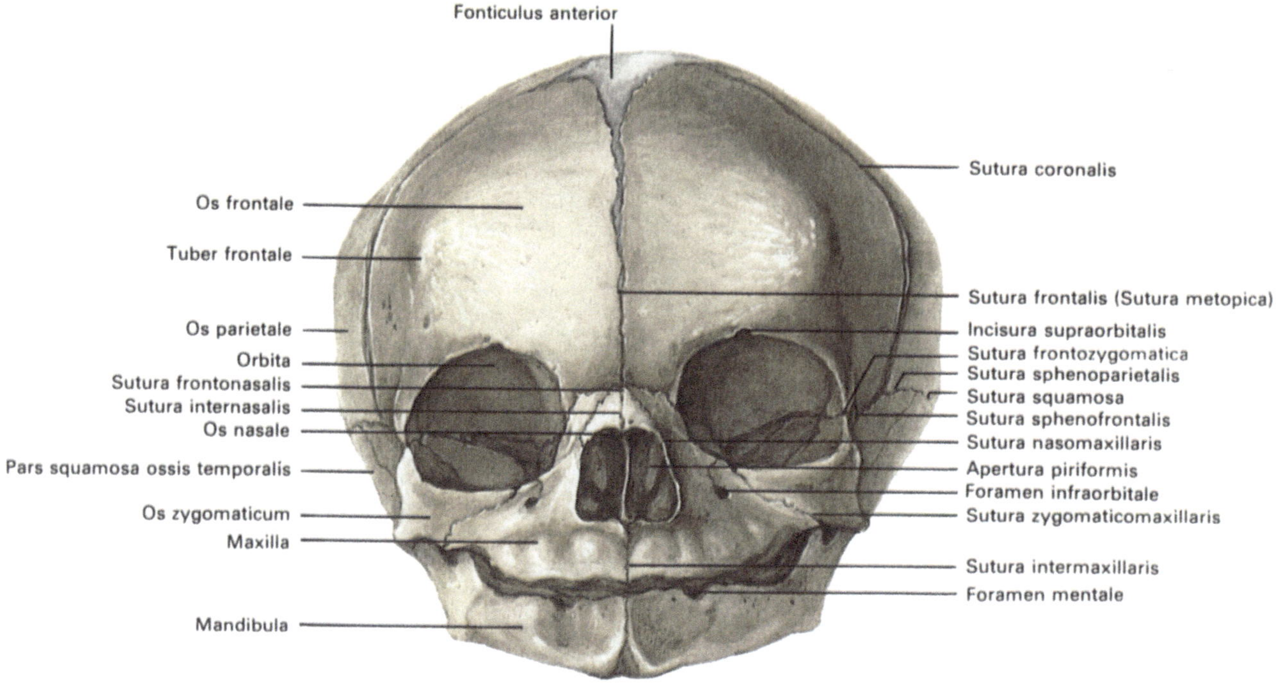

8

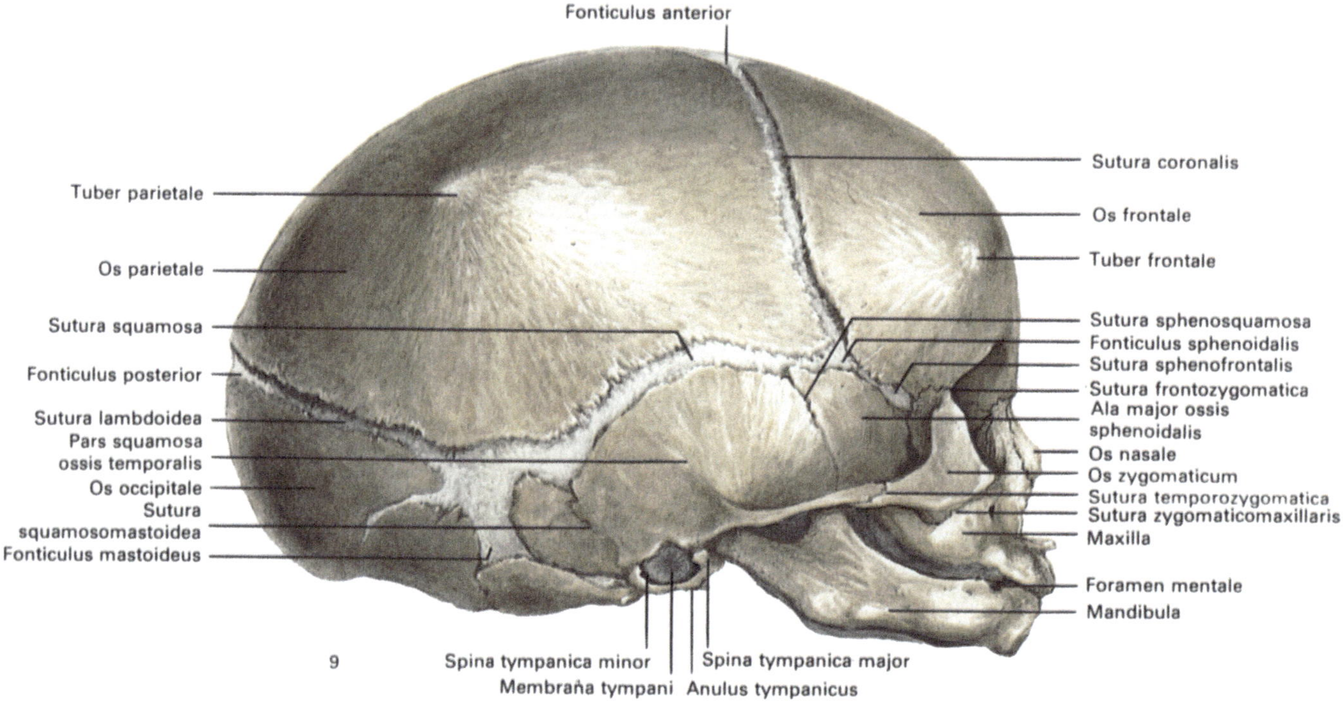

9

8
Schädel, Cranium
eines Neugeborenen, von vorn. Proportionen von Hirn- und Gesichtsschädel; vgl. Abb. 1, Schädel eines Erwachsenen

9
Schädel, Cranium
eines Neugeborenen, von rechts. Proportionen von Hirn- und Gesichtsschädel; vgl. Abb. 3, Schädel eines Erwachsenen

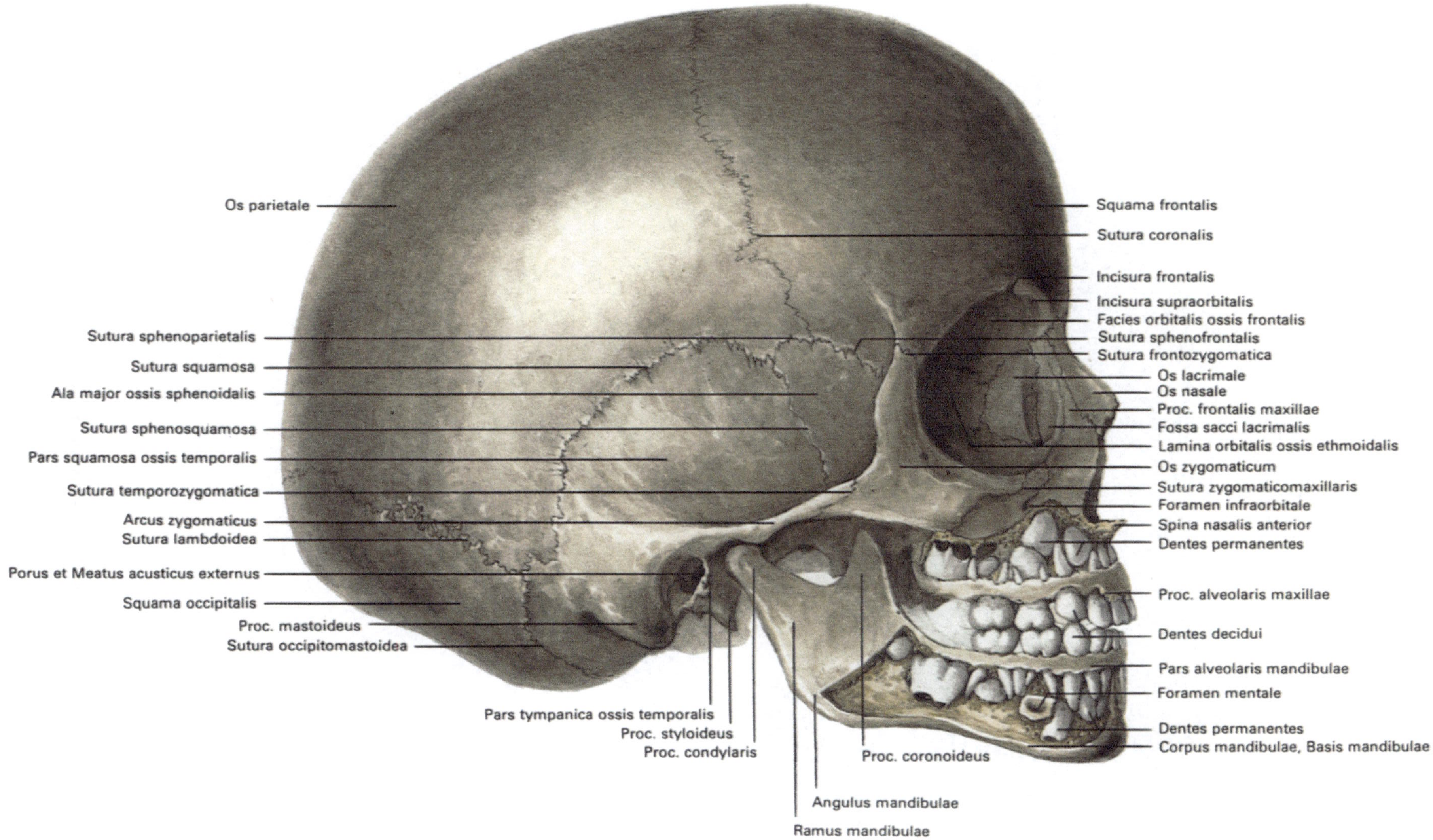

10
Schädel, Cranium
eines 5jährigen Kindes, von rechts. Lückenloses Milchgebiß, Dentes decidui. Anlagen der bleibenden Zähne, Dentes permanentes

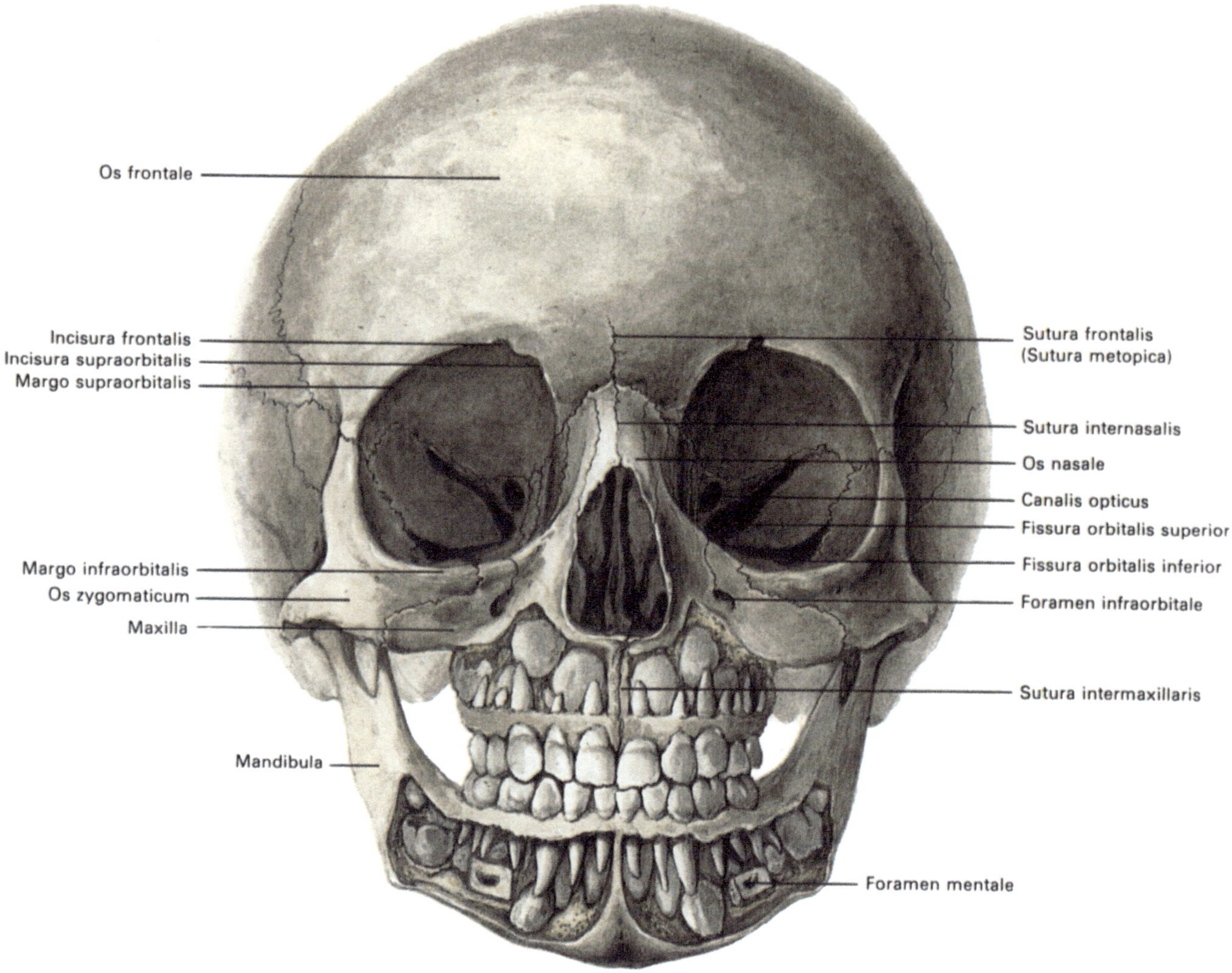

11

Schädel, Cranium

eines 5jährigen Kindes, von vorn. Lückenloses Milchgebiß, Dentes decidui. Anlagen der bleibenden Zähne, Dentes permanentes

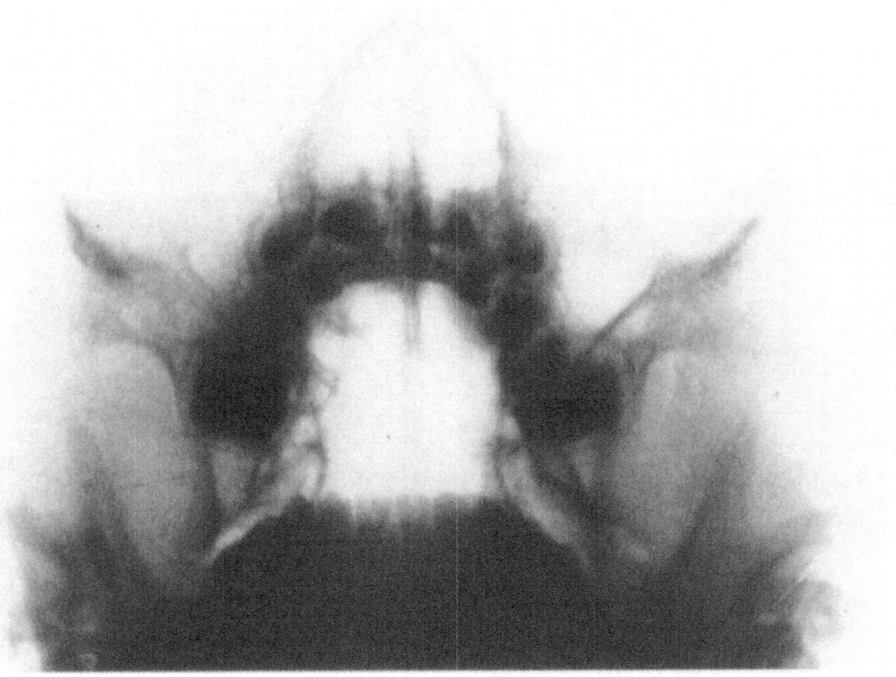

12
Röntgenbild des Schädels
eines 3jährigen Knaben. Strahlengang mento-okzipital. Zahnanlagen der bleibenden Zähne

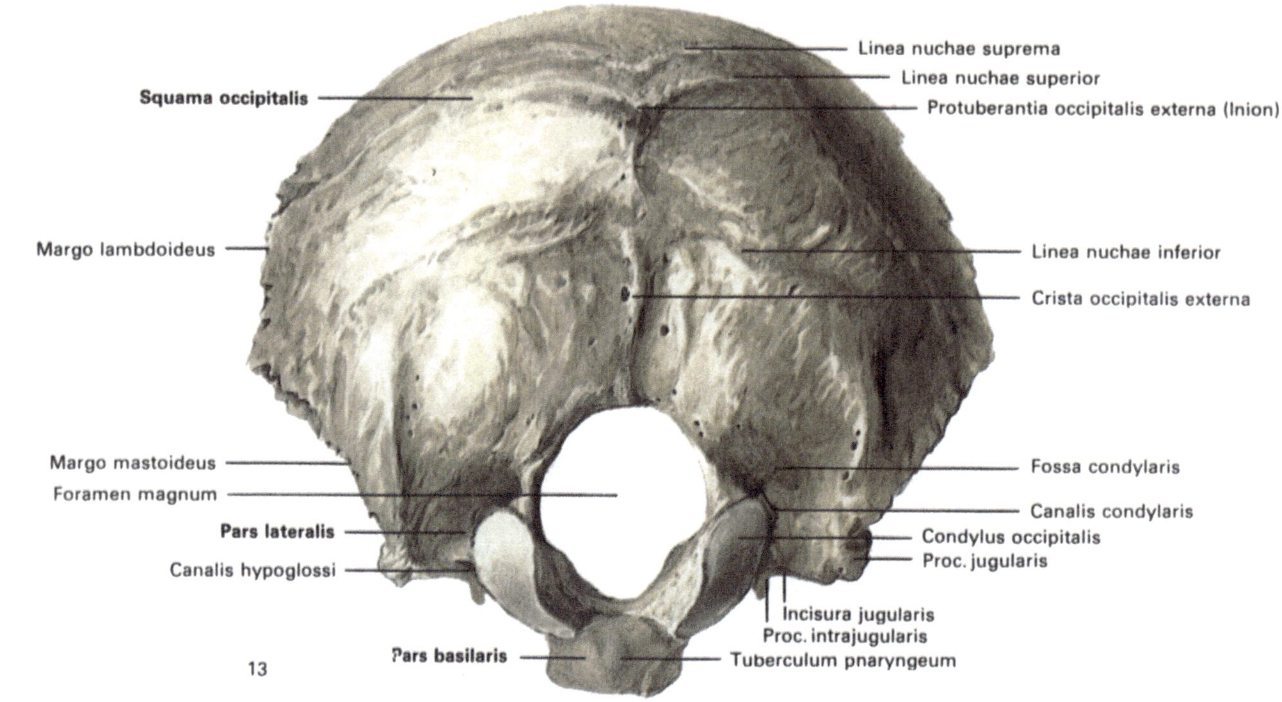
Linea nuchae suprema
Linea nuchae superior
Squama occipitalis
Protuberantia occipitalis externa (Inion)
Margo lambdoideus
Linea nuchae inferior
Crista occipitalis externa
Margo mastoideus
Fossa condylaris
Foramen magnum
Canalis condylaris
Pars lateralis
Condylus occipitalis
Canalis hypoglossi
Proc. jugularis
Incisura jugularis
Proc. intrajugularis
Pars basilaris
Tuberculum pnaryngeum

13

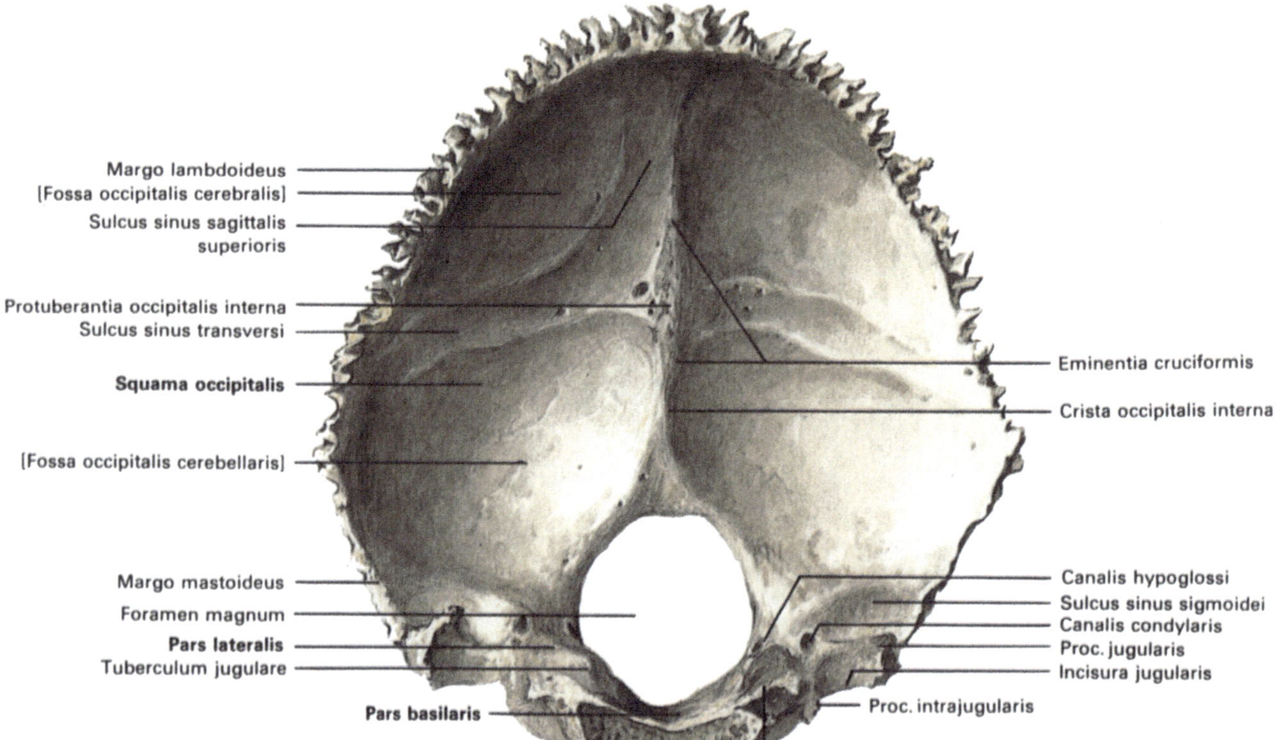
Margo lambdoideus
[Fossa occipitalis cerebralis]
Sulcus sinus sagittalis superioris
Protuberantia occipitalis interna
Sulcus sinus transversi
Eminentia cruciformis
Squama occipitalis
Crista occipitalis interna
[Fossa occipitalis cerebellaris]
Margo mastoideus
Canalis hypoglossi
Sulcus sinus sigmoidei
Foramen magnum
Canalis condylaris
Pars lateralis
Proc. jugularis
Tuberculum jugulare
Incisura jugularis
Proc. intrajugularis
Pars basilaris
Sulcus sinus petrosi inferioris

14

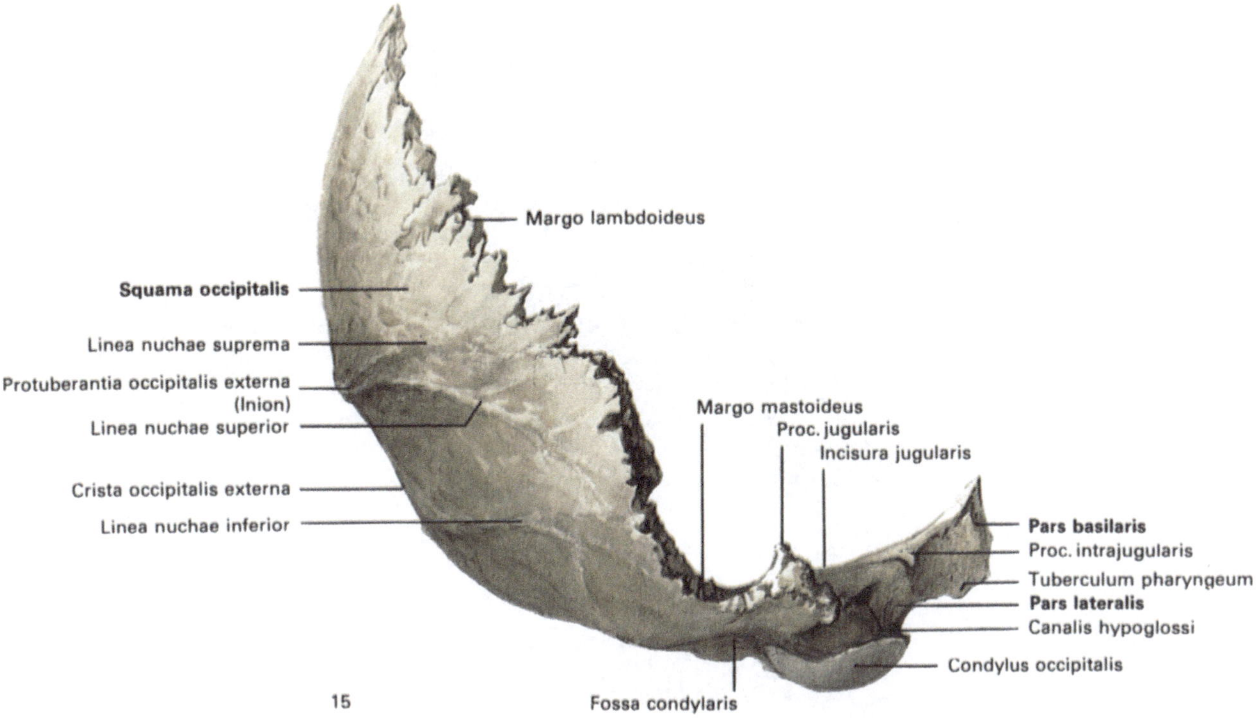

15

13
Hinterhauptsbein, Os occipitale
von unten, Außenfläche

14
Hinterhauptsbein, Os occipitale
von vorn oben. Innenfläche. Pars basilaris durchgesägt

15
Hinterhauptsbein, Os occipitale
von rechts

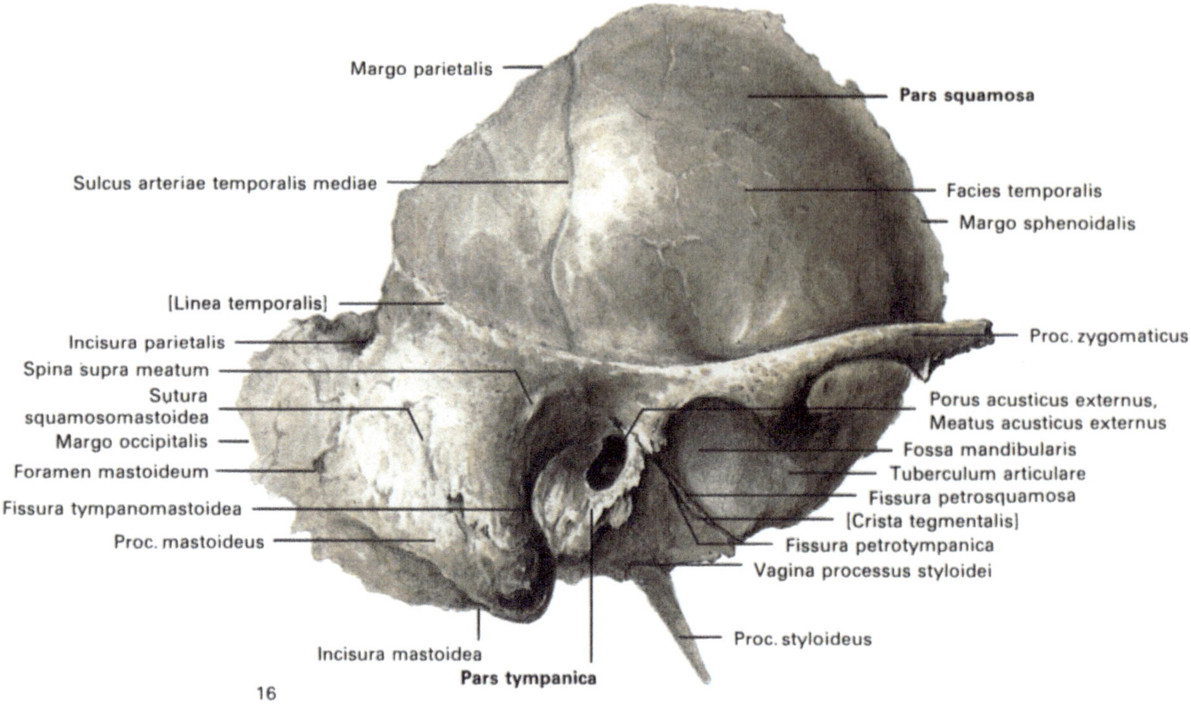

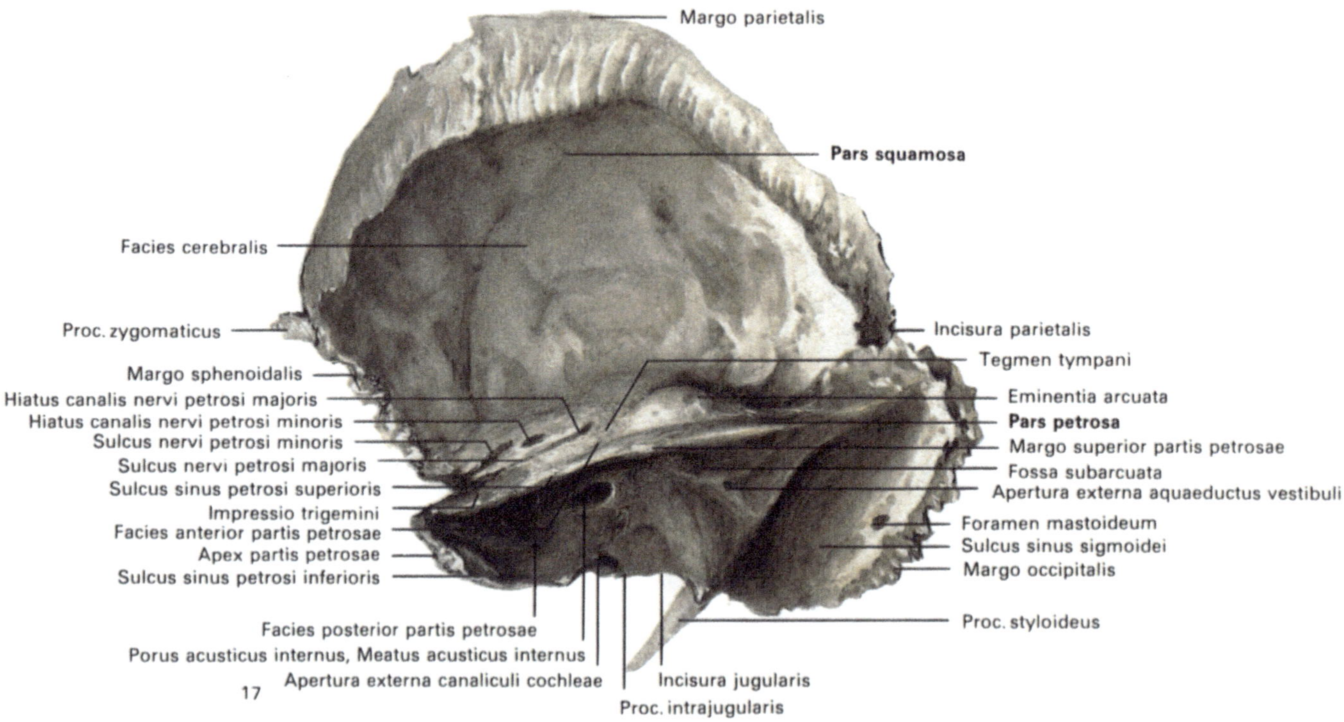

16
Rechtes Schläfenbein, Os temporale
von rechts

17
Rechtes Schläfenbein, Os temporale
von medial

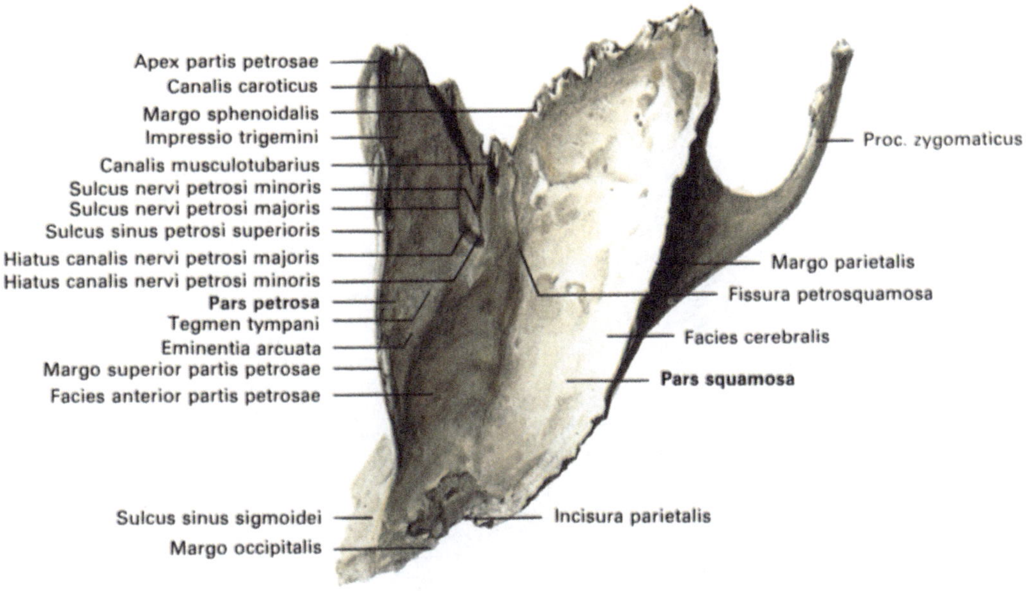

18

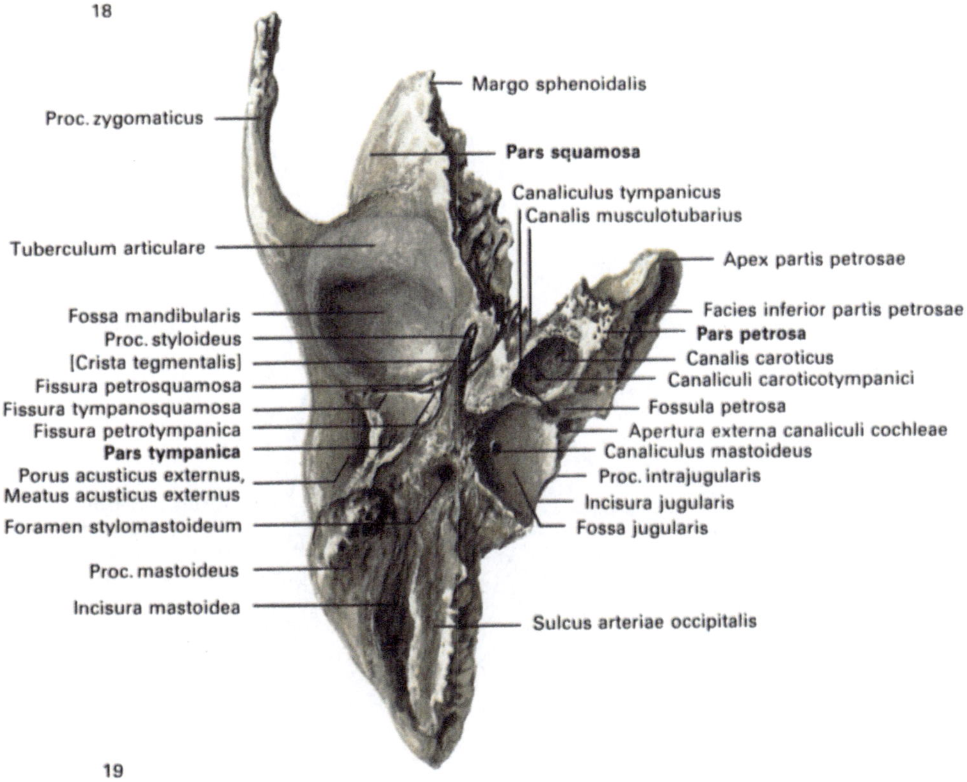

19

18
Rechtes Schläfenbein, Os temporale
von oben

19
Rechtes Schläfenbein, Os temporale
von unten

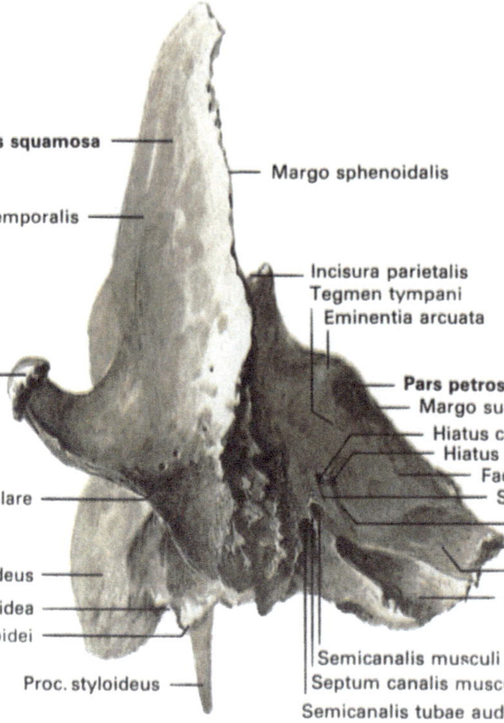

20

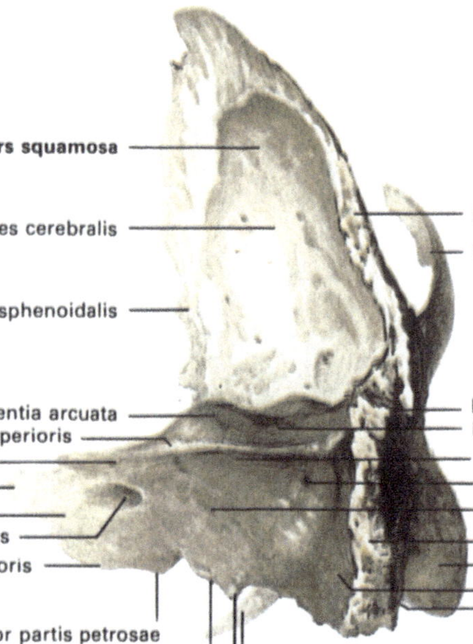

21

20
Rechtes Schläfenbein, Os temporale
von vorn

21
Rechtes Schläfenbein, Os temporale
von hinten

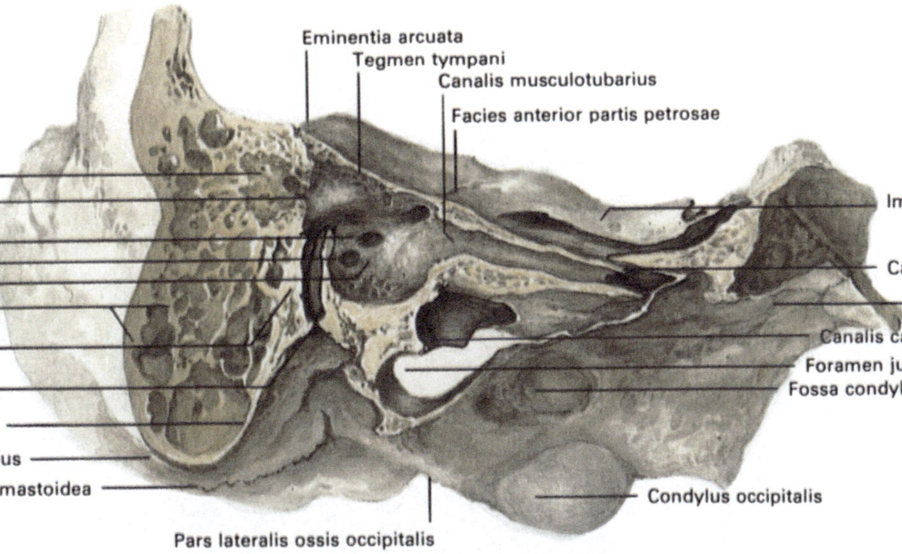

22

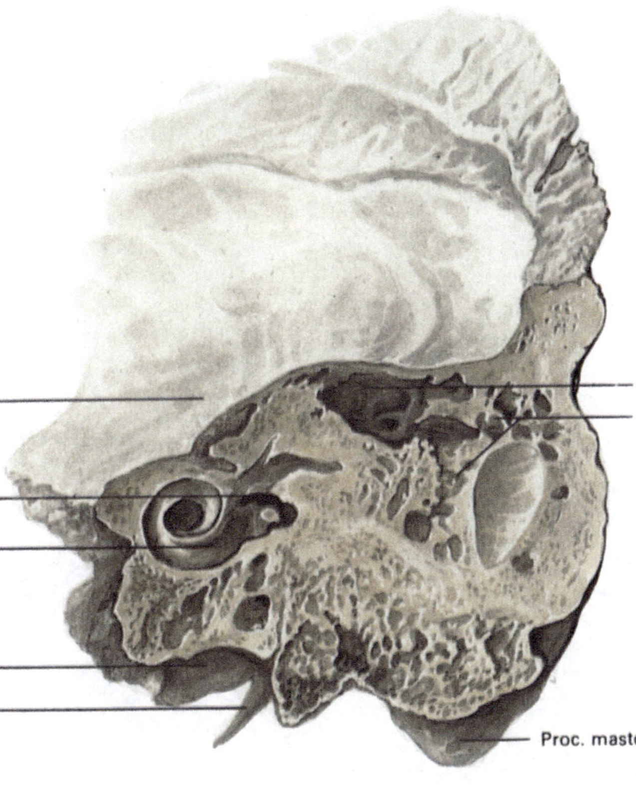

23

22
Rechtes Schläfenbein, Os temporale, und angrenzende Teile des Hinterhauptsbeins, Os occipitale
von vorn. Mittelohr, Auris media, eröffnet

23
Rechtes Schläfenbein, Os temporale
von hinten medial. Teile von Mittelohr und Innenohr, Auris media et interna

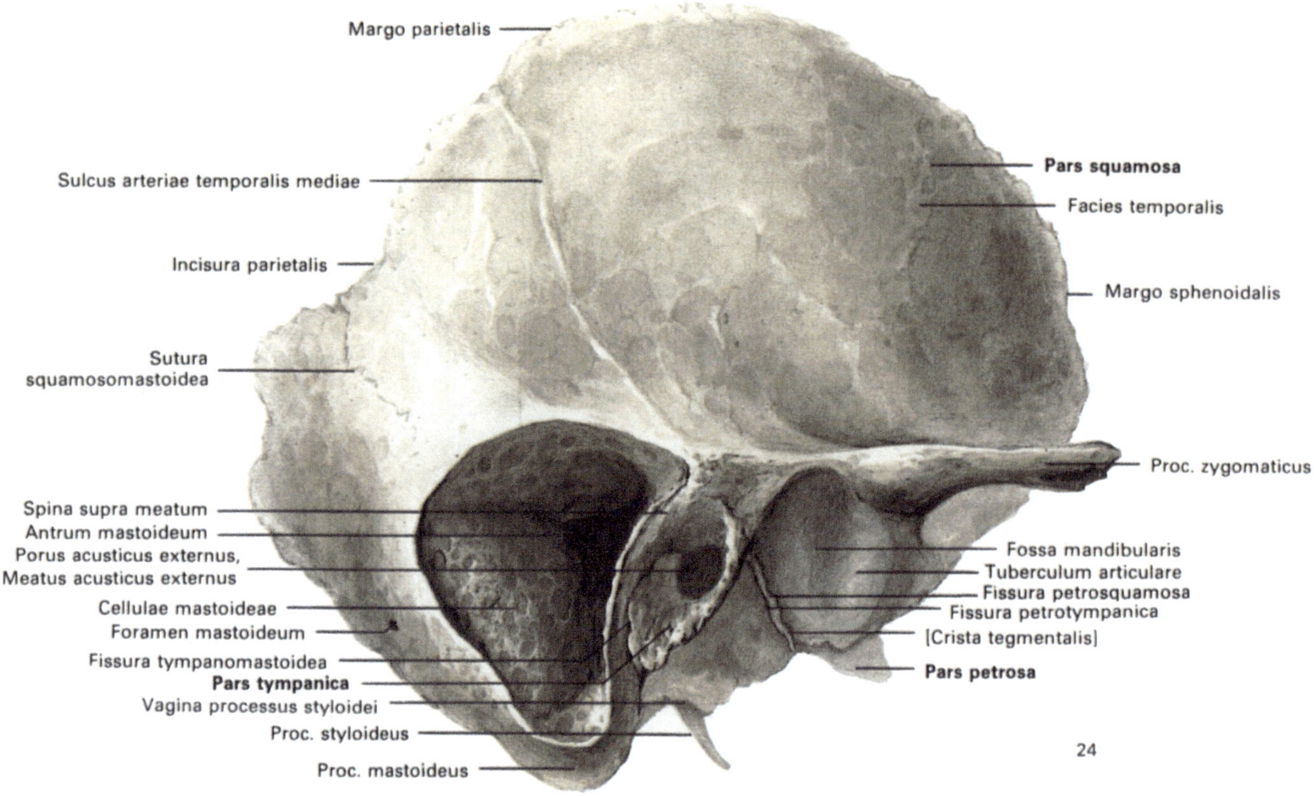
Margo parietalis
Sulcus arteriae temporalis mediae
Incisura parietalis
Sutura squamosomastoidea
Spina supra meatum
Antrum mastoideum
Porus acusticus externus, Meatus acusticus externus
Cellulae mastoideae
Foramen mastoideum
Fissura tympanomastoidea
Pars tympanica
Vagina processus styloidei
Proc. styloideus
Proc. mastoideus
Pars squamosa
Facies temporalis
Margo sphenoidalis
Proc. zygomaticus
Fossa mandibularis
Tuberculum articulare
Fissura petrosquamosa
Fissura petrotympanica
[Crista tegmentalis]
Pars petrosa

24

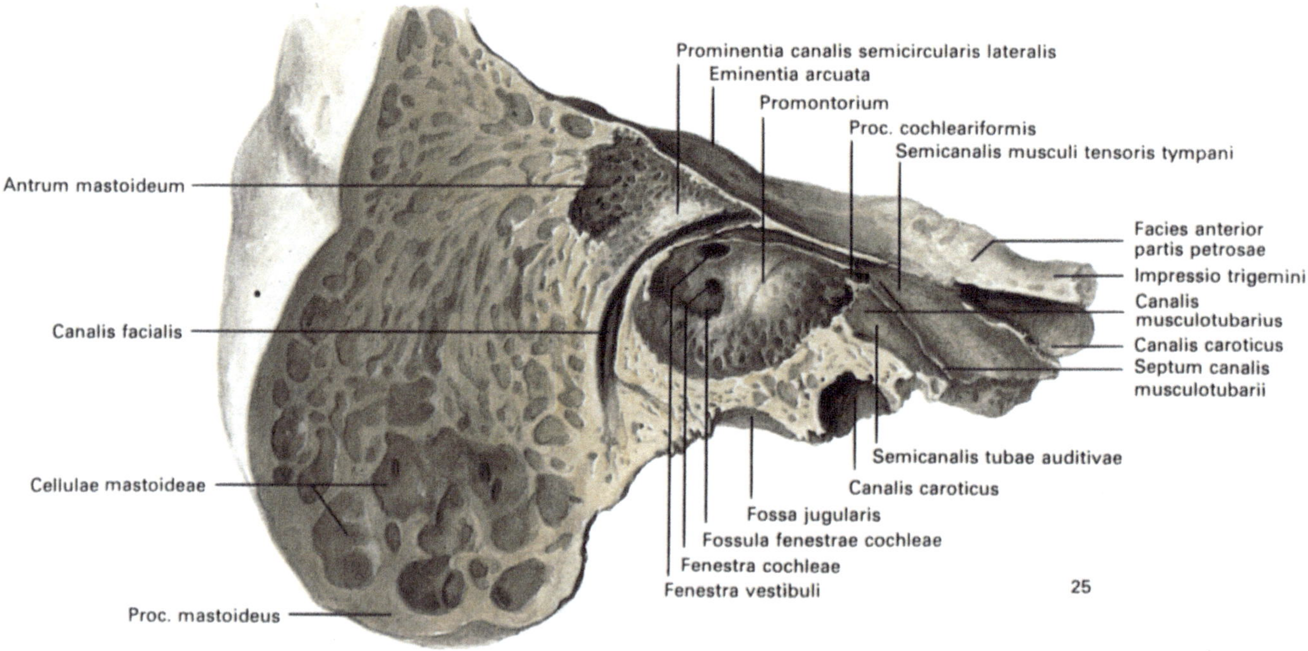
Prominentia canalis semicircularis lateralis
Eminentia arcuata
Promontorium
Proc. cochleariformis
Semicanalis musculi tensoris tympani
Antrum mastoideum
Canalis facialis
Cellulae mastoideae
Proc. mastoideus
Facies anterior partis petrosae
Impressio trigemini
Canalis musculotubarius
Canalis caroticus
Septum canalis musculotubarii
Semicanalis tubae auditivae
Canalis caroticus
Fossa jugularis
Fossula fenestrae cochleae
Fenestra cochleae
Fenestra vestibuli

25

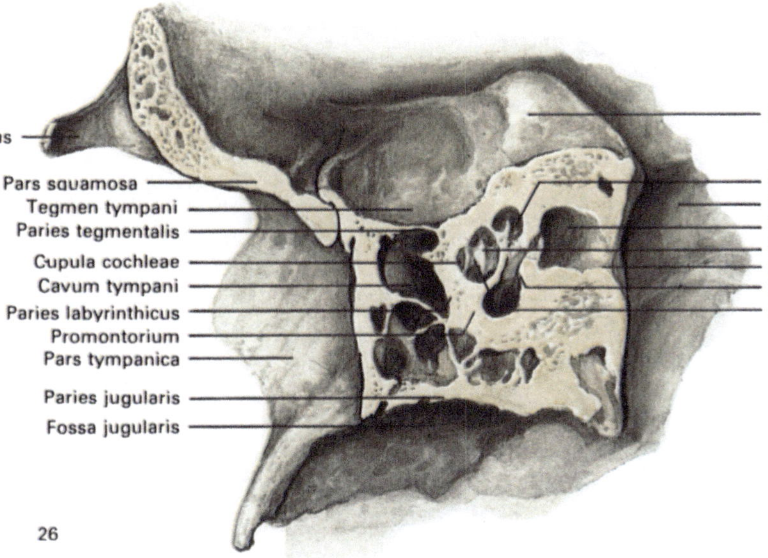

26

24
Rechtes Schläfenbein, Os temporale
von rechts unten. Warzenfortsatz, Processus mastoideus, eröffnet

25
Rechtes Schläfenbein, Os temporale
von vorn. Mittelohr, Auris media, eröffnet

26
Rechtes Schläfenbein, Os temporale
»Felsenbein«, Pars petrosa ossis temporalis, quer durchgesägt. Ansicht von vorn

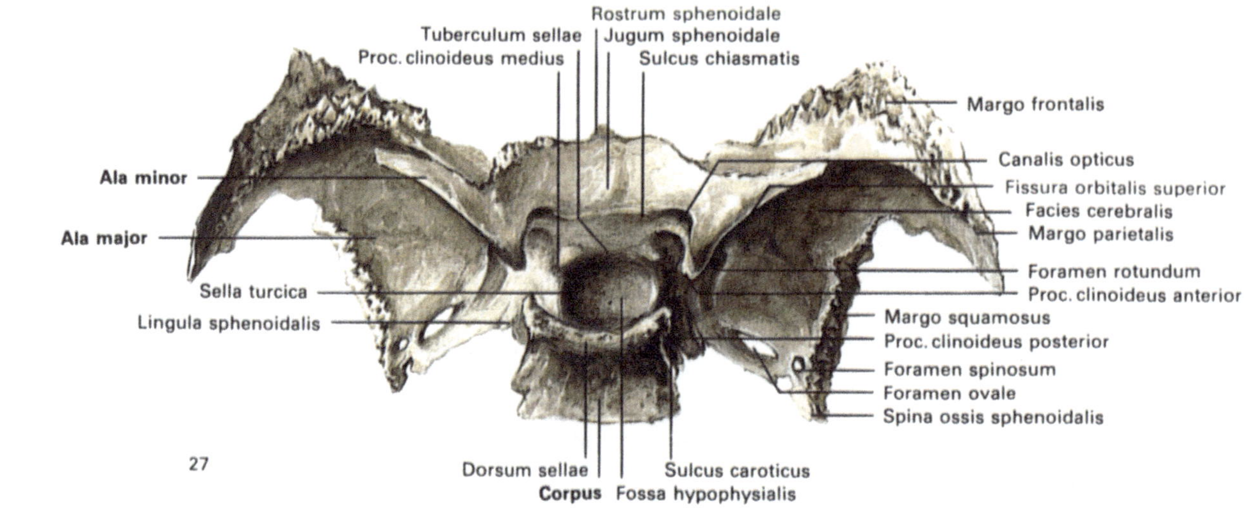

Rostrum sphenoidale
Tuberculum sellae
Jugum sphenoidale
Proc. clinoideus medius
Sulcus chiasmatis
Margo frontalis
Canalis opticus
Fissura orbitalis superior
Facies cerebralis
Margo parietalis
Foramen rotundum
Proc. clinoideus anterior
Ala minor
Ala major
Sella turcica
Lingula sphenoidalis
Margo squamosus
Proc. clinoideus posterior
Foramen spinosum
Foramen ovale
Spina ossis sphenoidalis
Dorsum sellae
Corpus
Sulcus caroticus
Fossa hypophysialis

27

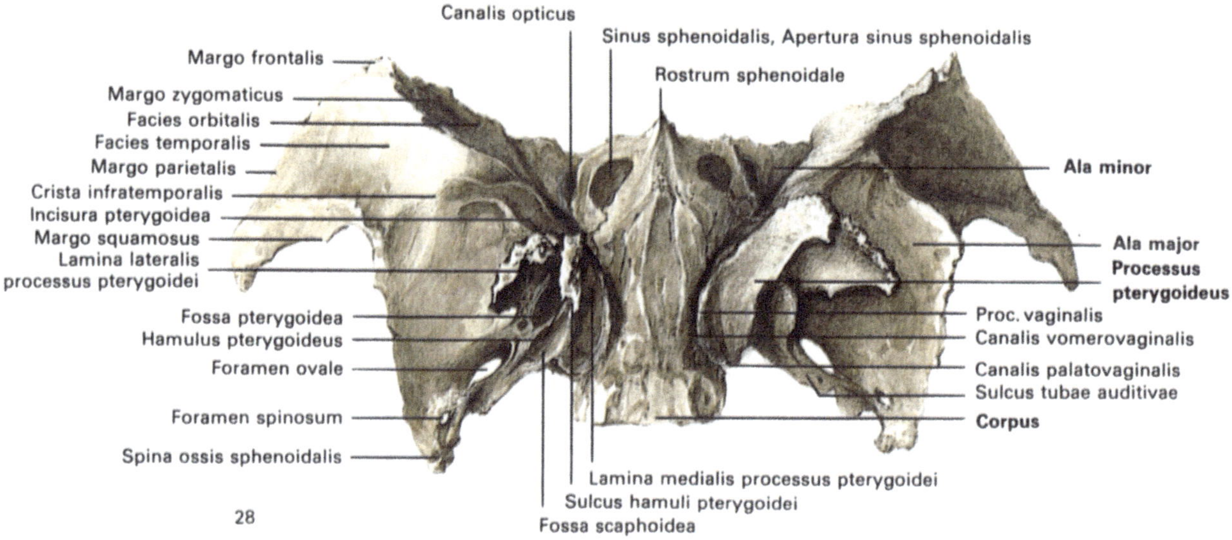

Canalis opticus
Sinus sphenoidalis, Apertura sinus sphenoidalis
Rostrum sphenoidale
Margo frontalis
Margo zygomaticus
Facies orbitalis
Facies temporalis
Margo parietalis
Crista infratemporalis
Incisura pterygoidea
Margo squamosus
Lamina lateralis processus pterygoidei
Ala minor
Ala major
Processus pterygoideus
Fossa pterygoidea
Hamulus pterygoideus
Foramen ovale
Foramen spinosum
Spina ossis sphenoidalis
Proc. vaginalis
Canalis vomerovaginalis
Canalis palatovaginalis
Sulcus tubae auditivae
Corpus
Lamina medialis processus pterygoidei
Sulcus hamuli pterygoidei
Fossa scaphoidea

28

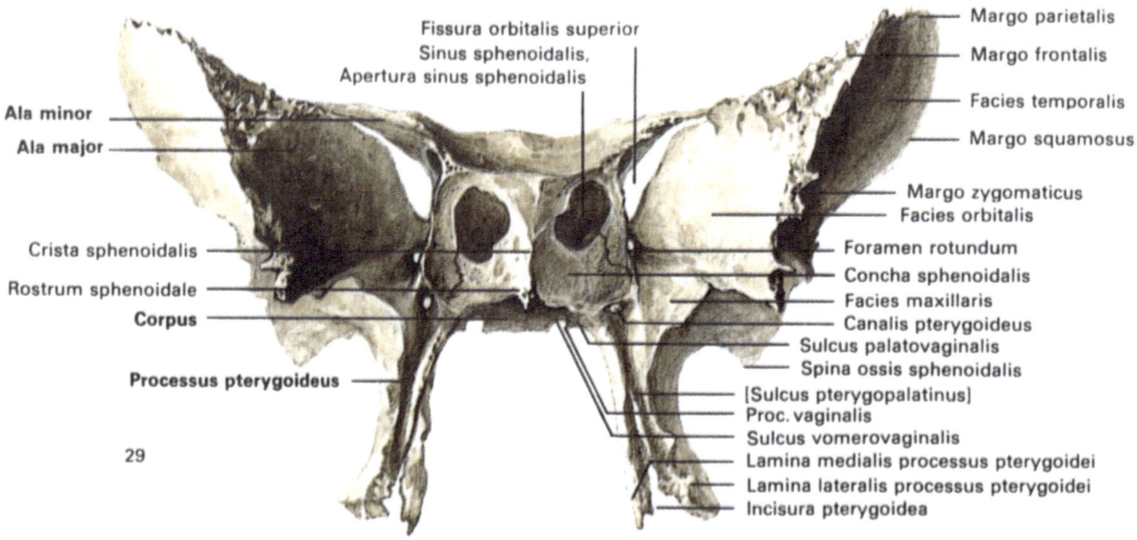

Fissura orbitalis superior
Sinus sphenoidalis,
Apertura sinus sphenoidalis
Margo parietalis
Margo frontalis
Facies temporalis
Margo squamosus
Ala minor
Ala major
Margo zygomaticus
Facies orbitalis
Crista sphenoidalis
Rostrum sphenoidale
Corpus
Foramen rotundum
Concha sphenoidalis
Facies maxillaris
Canalis pterygoideus
Sulcus palatovaginalis
Spina ossis sphenoidalis
Processus pterygoideus
[Sulcus pterygopalatinus]
Proc. vaginalis
Sulcus vomerovaginalis
Lamina medialis processus pterygoidei
Lamina lateralis processus pterygoidei
Incisura pterygoidea

29

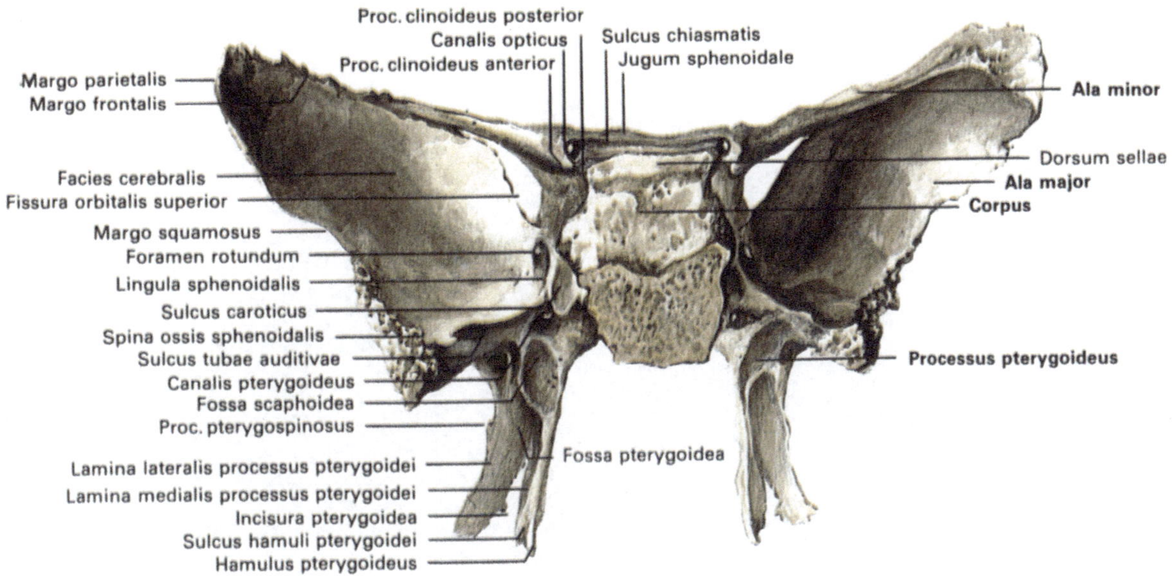

30

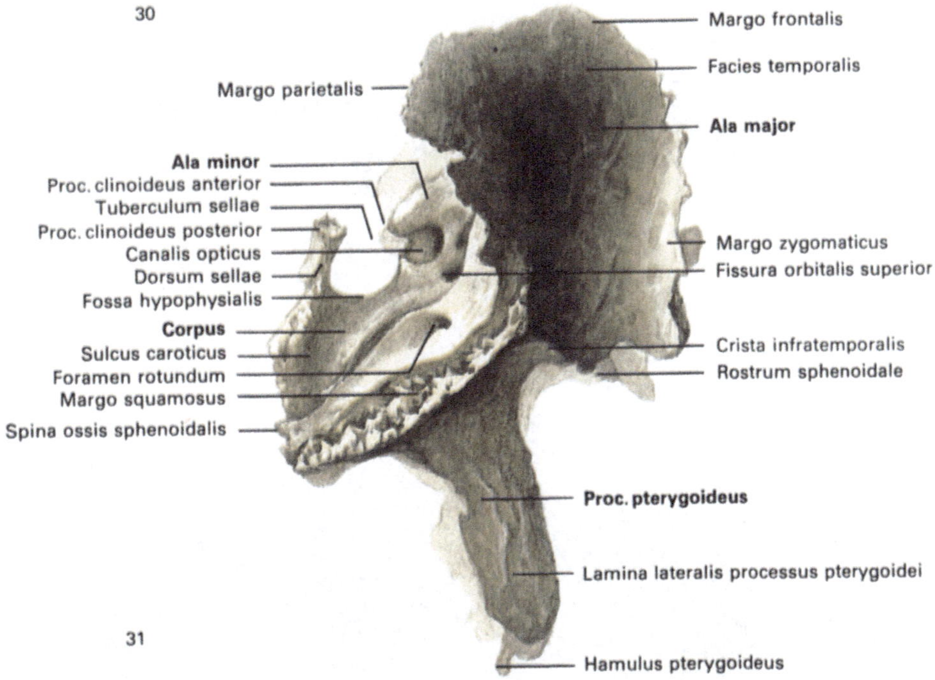

31

27
Keilbein, Os sphenoidale
von oben

28
Keilbein, Os sphenoidale
von unten

29
Keilbein, Os sphenoidale
von vorn

30
Keilbein, Os sphenoidale
von hinten. Pars basilaris ossis occipitalis durchgesägt

31
Keilbein, Os sphenoidale
von rechts

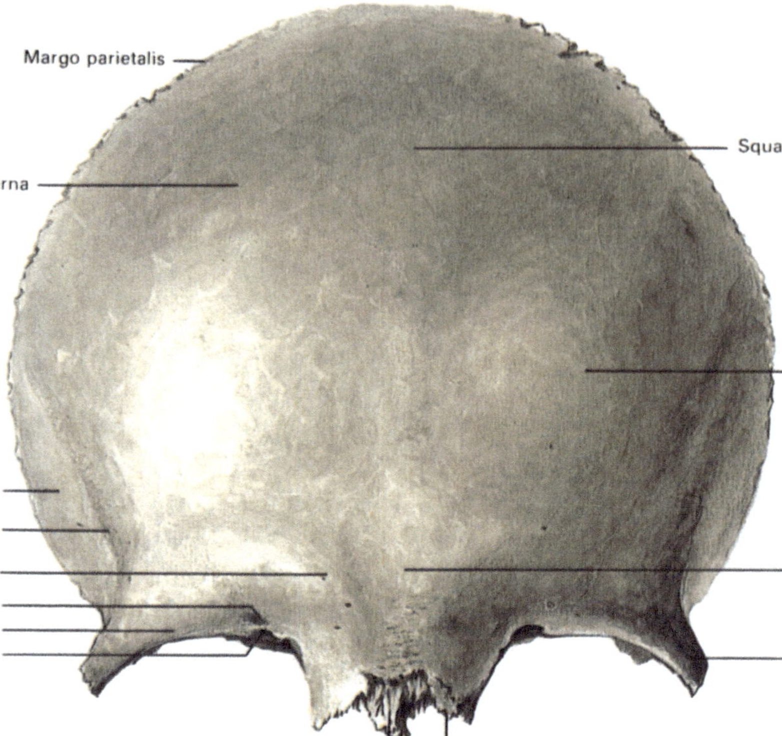
Margo parietalis
Squama frontalis
Facies externa
Tuber frontale
Facies zygomatica
Linea temporalis
Arcus superciliaris
Glabella
Foramen frontale
Margo supraorbitalis
Incisura supraorbitalis
Proc. zygomaticus
Pars nasalis
Margo nasalis
Spina nasalis

32

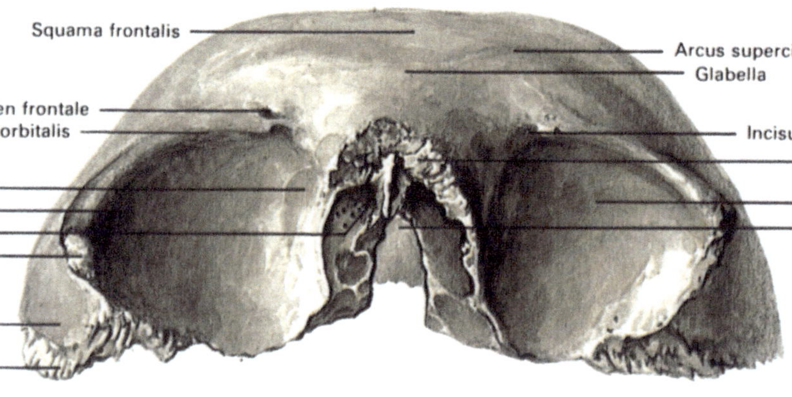
Squama frontalis
Arcus superciliaris
Glabella
Foramen frontale
Margo supraorbitalis
Incisura supraorbitalis
Pars nasalis
Fovea trochlearis
Fossa glandulae lacrimalis
Facies orbitalis
Apertura sinus frontalis
Incisura ethmoidalis
Proc. zygomaticus
Facies temporalis
Margo parietalis

33

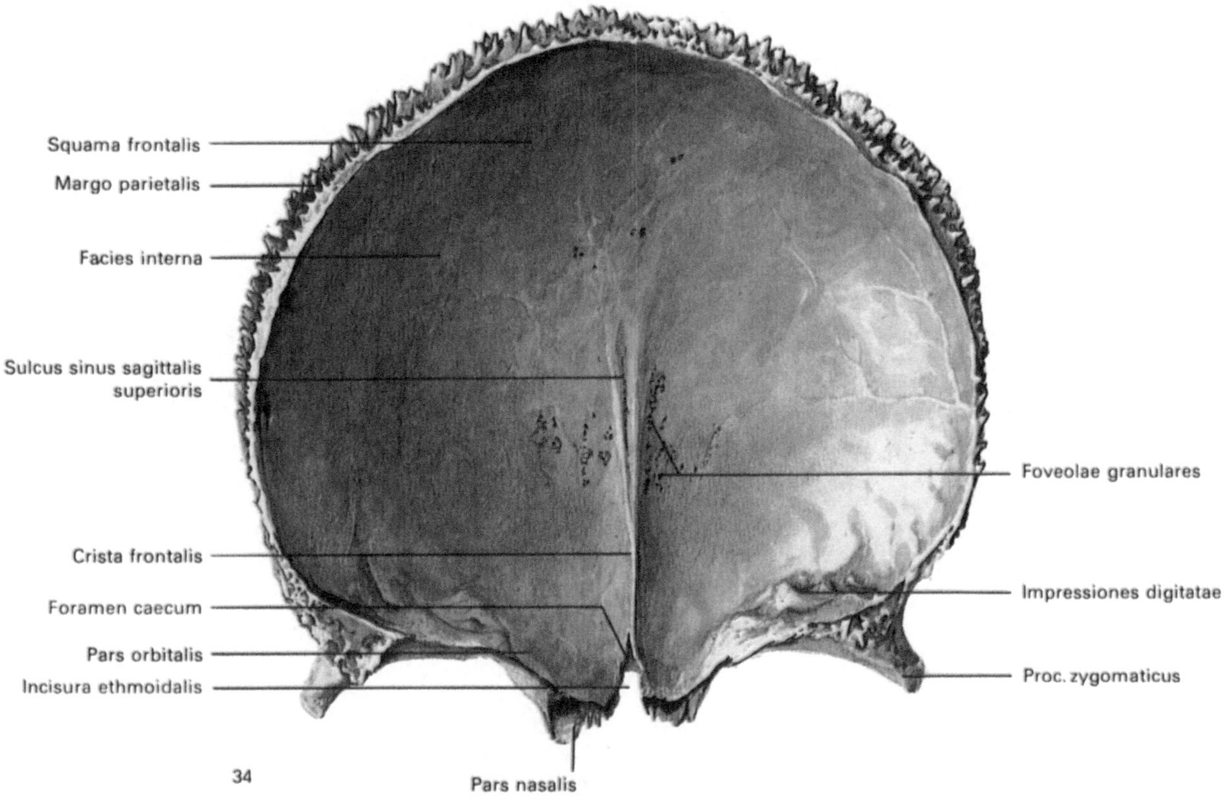

34

32
Stirnbein, Os frontale
von vorn. Außenfläche, Facies externa

33
Stirnbein, Os frontale
von unten. Augenhöhlenfläche, Facies orbitalis

34
Stirnbein, Os frontale
von hinten. Innenfläche, Facies interna

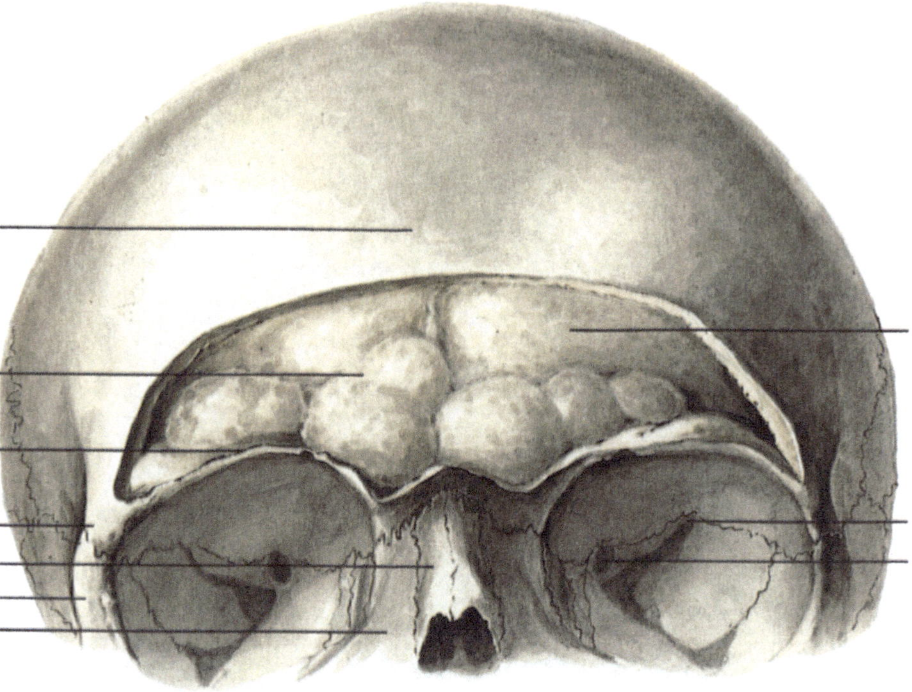

35

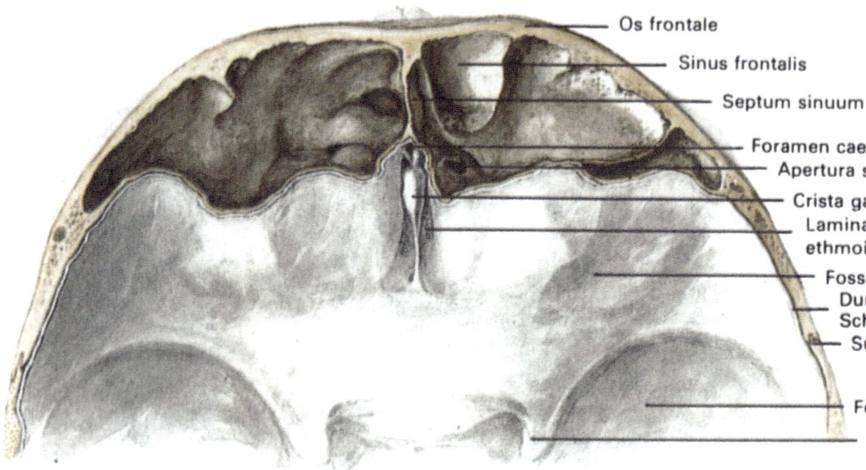

36

35
Stirnbein, Os frontale
von vorn. Äußere Schicht des Schädeldaches, Lamina externa calvariae, entfernt. Vorwölbungen der knöchernen Wand der Stirnhöhlen, Sinus frontales

36
Stirnhöhlen, Sinus frontales
von oben, eröffnet

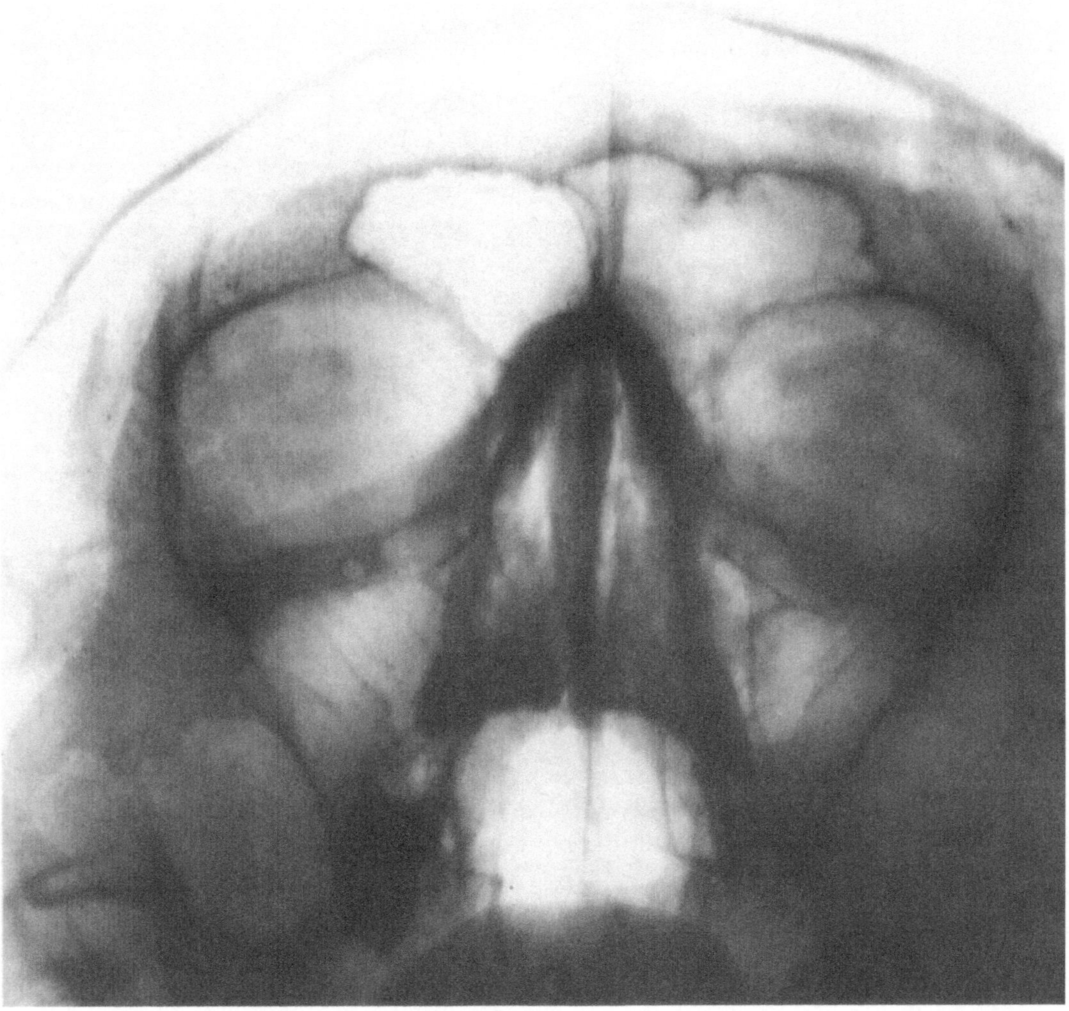

37
Röntgenbild des Schädels
Erwachsenenalter, Strahlengang mento-okzipital. Sinus frontales, Sinus maxillares

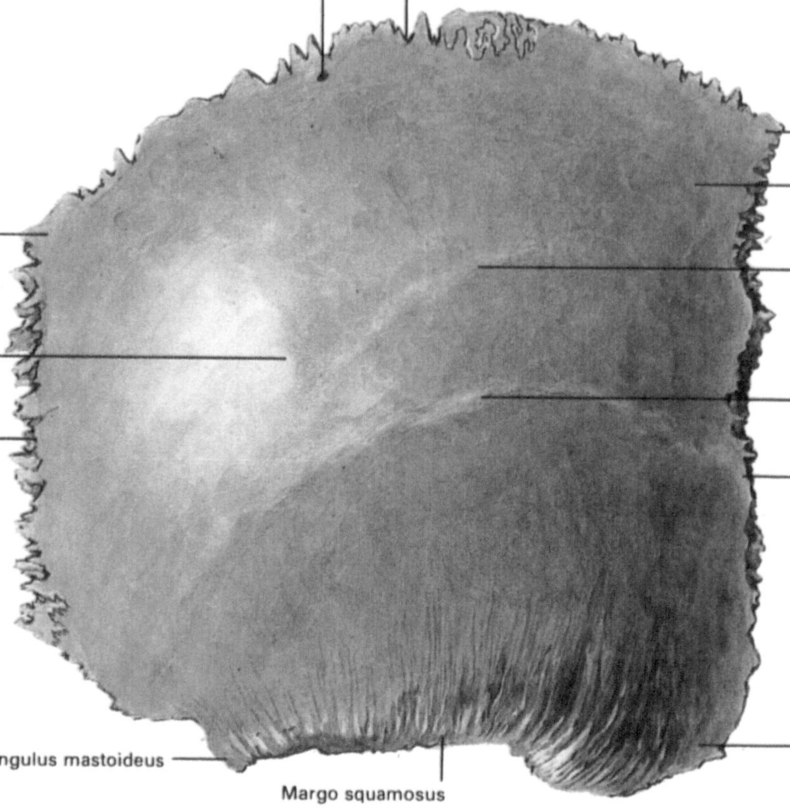

38
Rechtes Scheitelbein, Os parietale
von rechts. Außenfläche, Facies externa

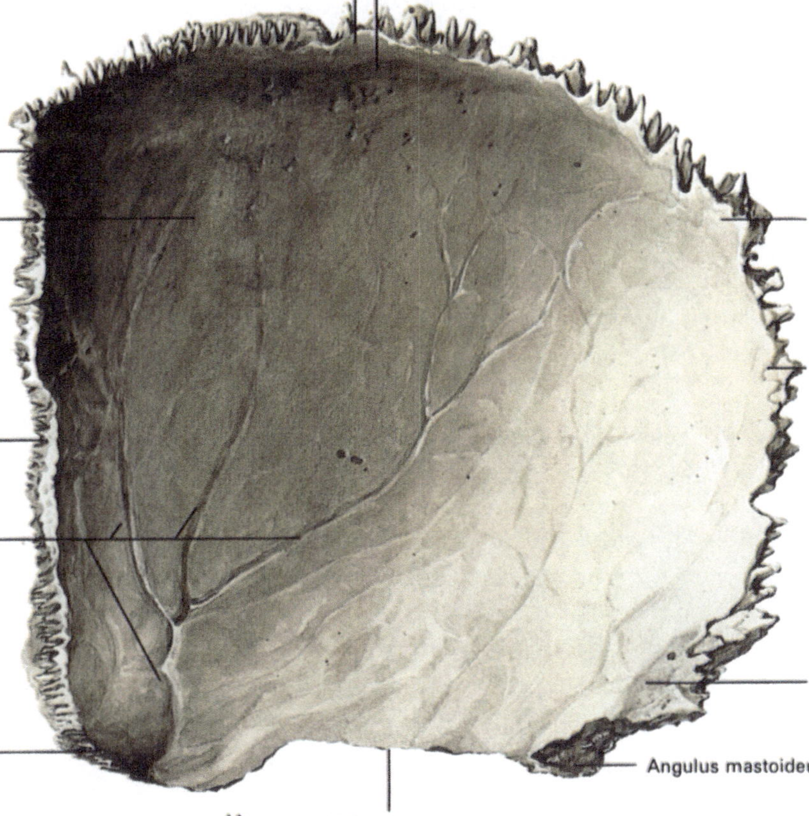

39
Rechtes Scheitelbein, Os parietale
von medial. Innenfläche, Facies interna

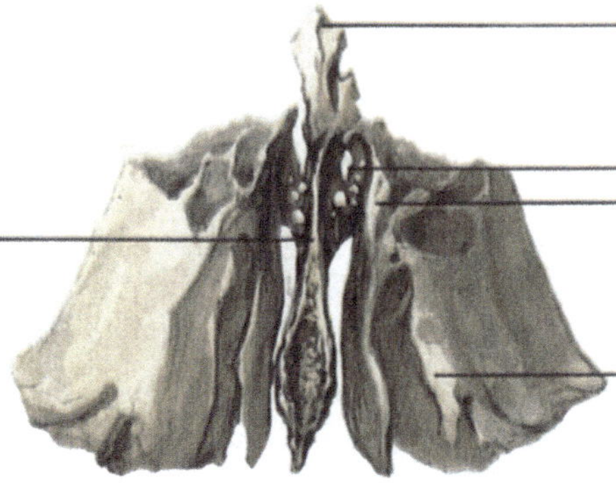

40

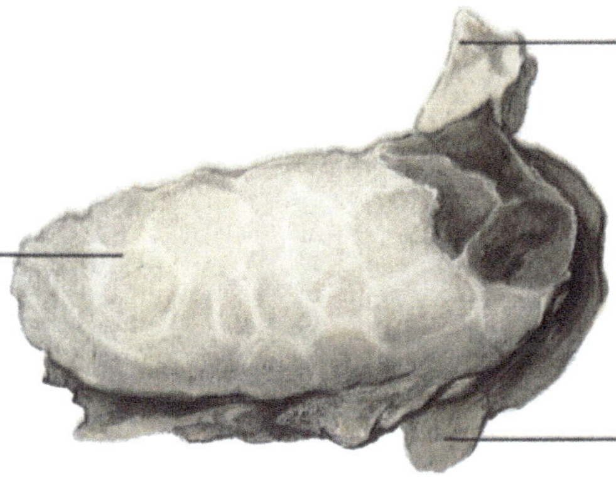

41

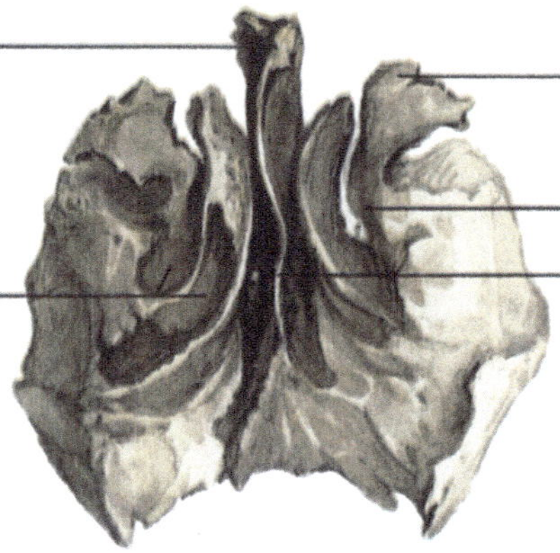

42

40
Siebbein, Os ethmoidale
von vorn

41
Siebbein, Os ethmoidale
von rechts

42
Siebbein, Os ethmoidale
von hinten unten

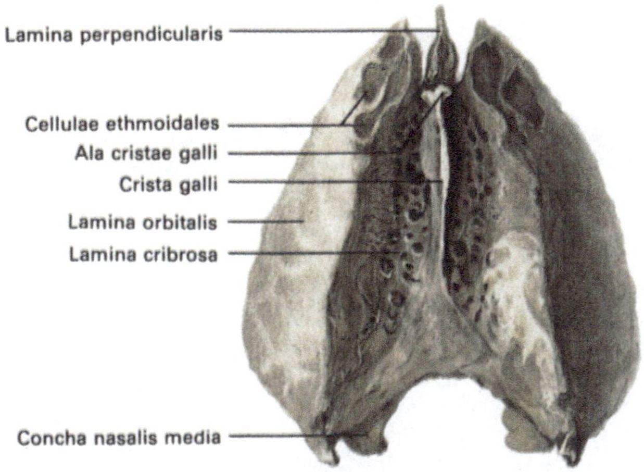

43

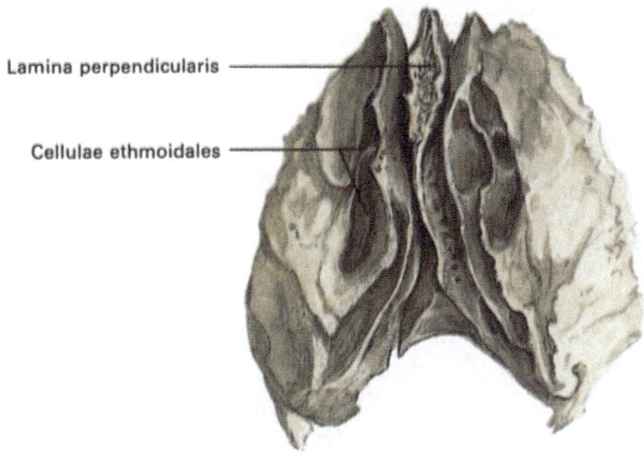

44

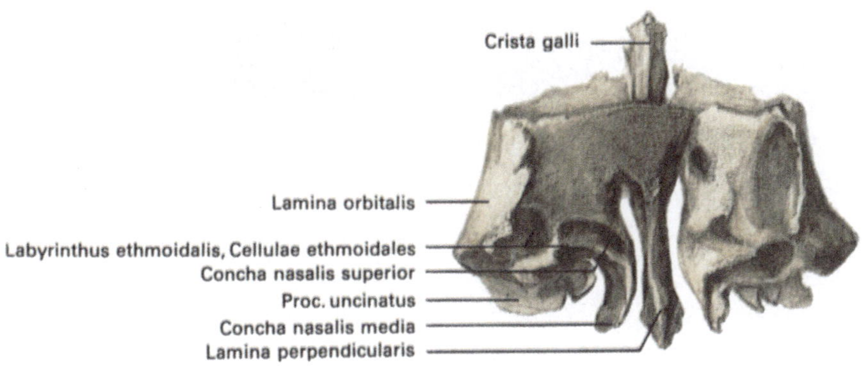

45

43
Siebbein, Os ethmoidale
von oben

44
Siebbein, Os ethmoidale
von unten

45
Siebbein, Os ethmoidale
von hinten

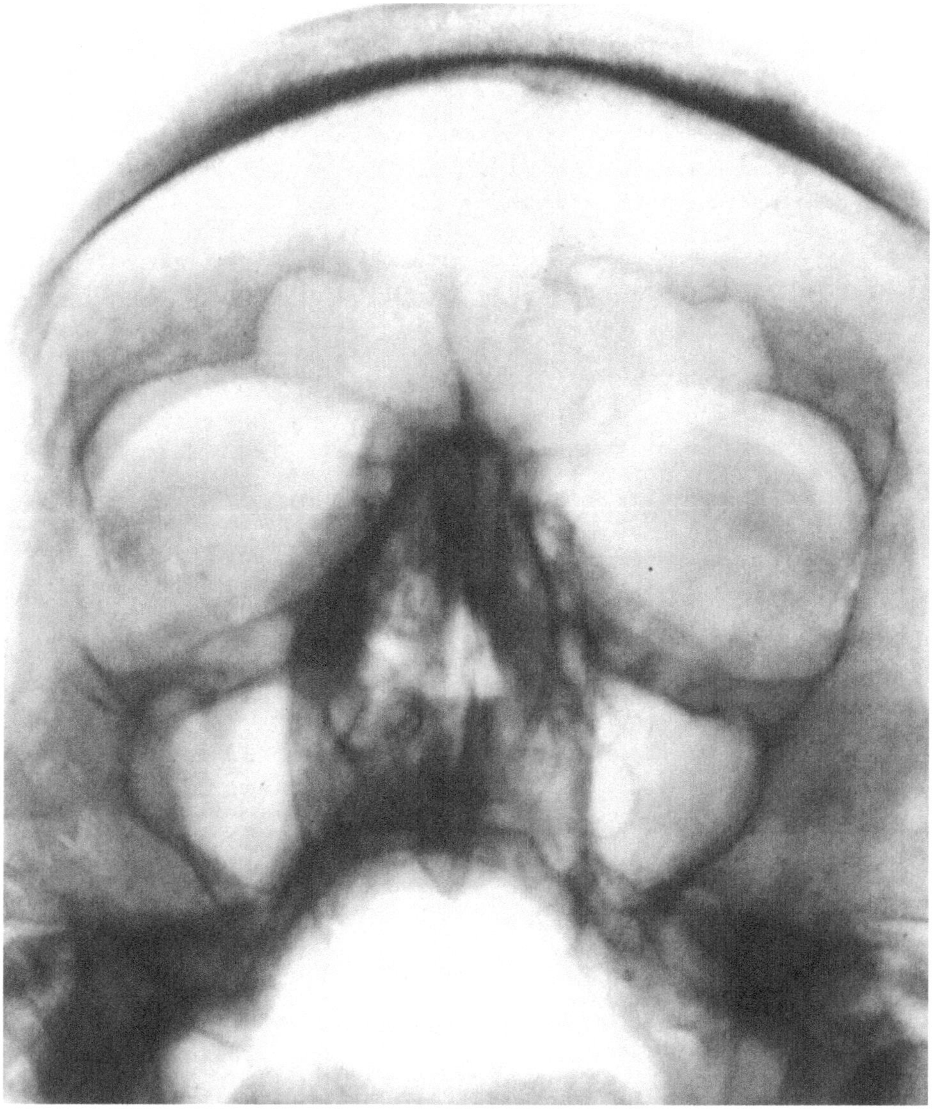

46
Röntgenbild des Schädels
Erwachsenenalter. Strahlengang mento-okzipital.
Cellulae ethmoidales

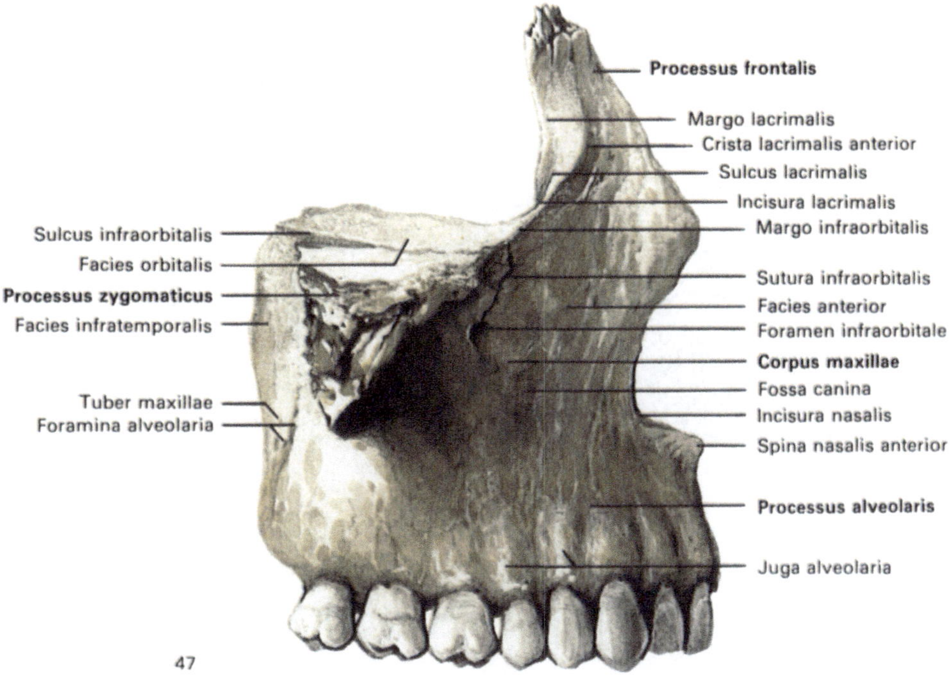

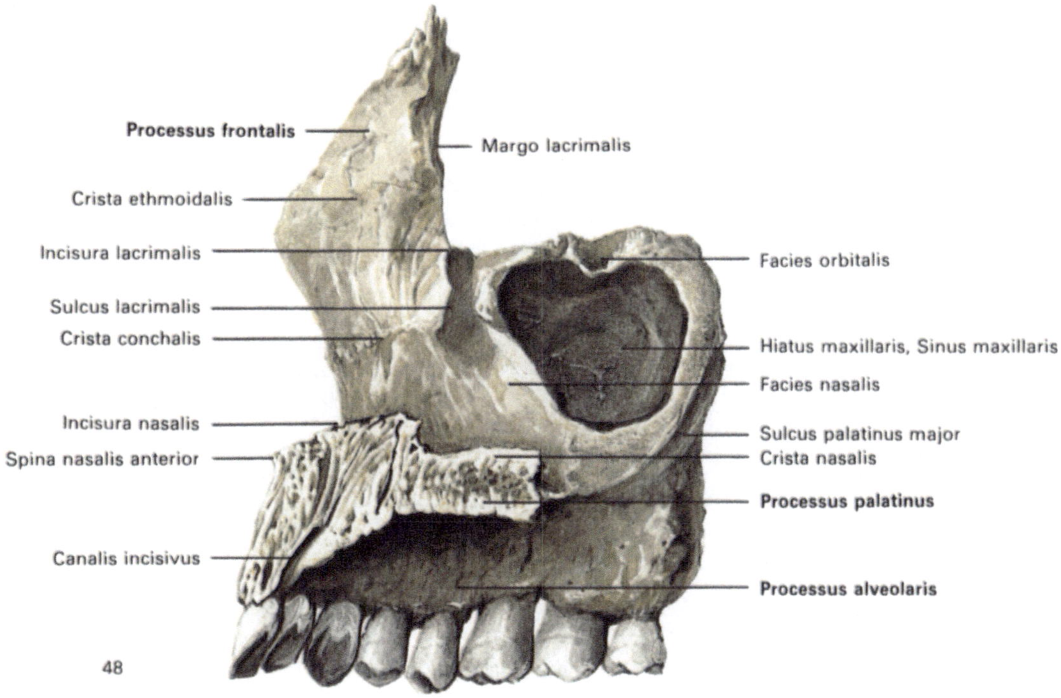

47
Rechter Oberkiefer, Maxilla
von rechts

48
Rechter Oberkiefer, Maxilla
von medial

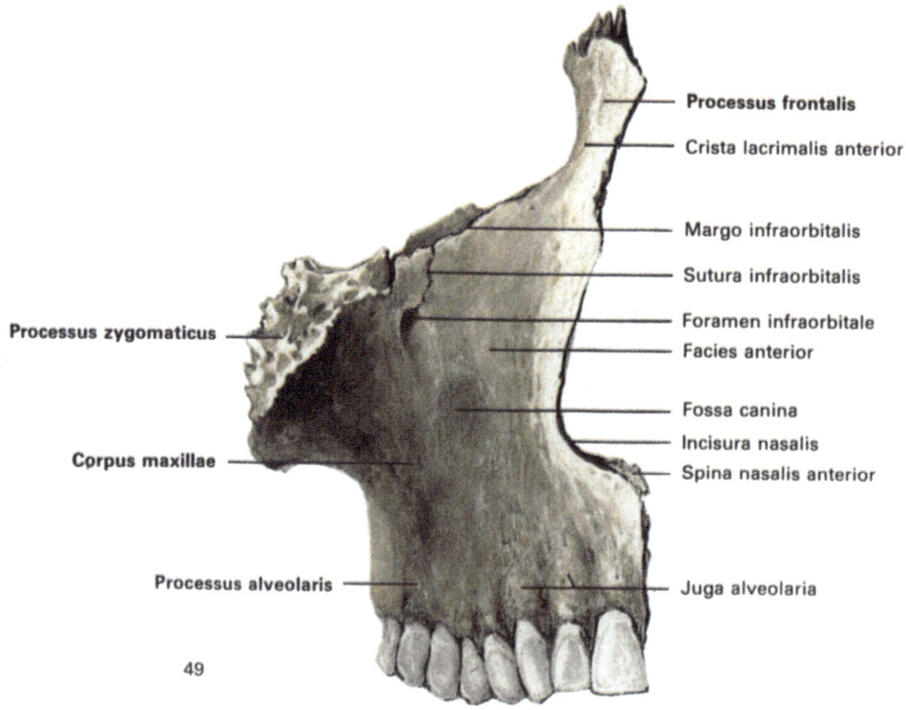

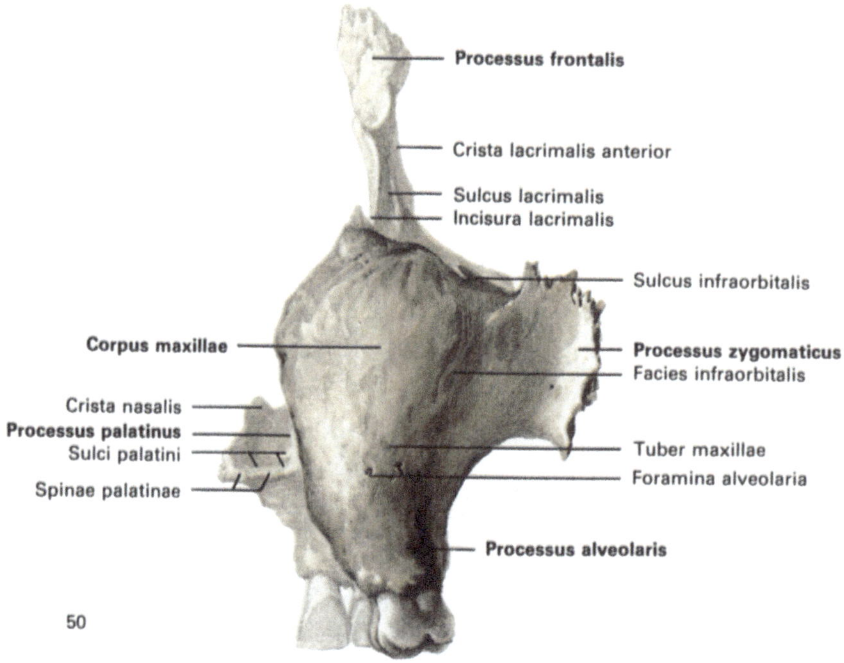

49
Rechter Oberkiefer, Maxilla
von vorn

50
Rechter Oberkiefer, Maxilla
von hinten

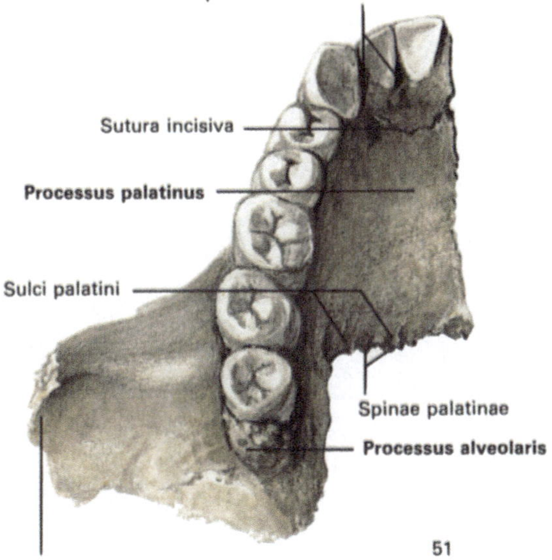

51

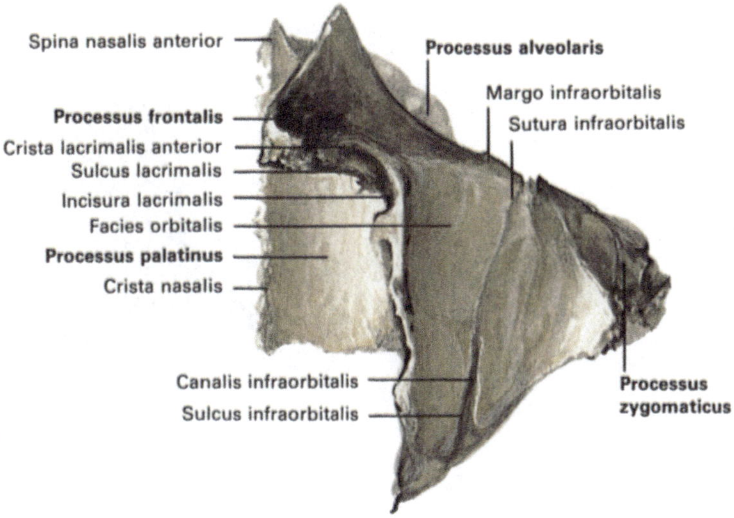

52

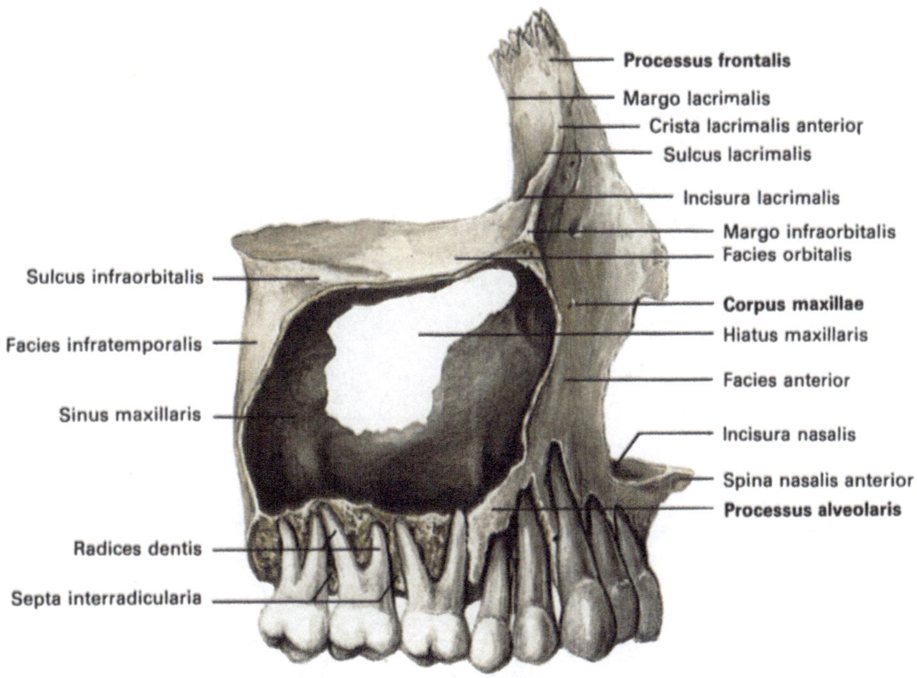

53

51
Rechter Oberkiefer, Maxilla
von unten

52
Rechter Oberkiefer, Maxilla
von oben

53
Rechter Oberkiefer, Maxilla
von rechts. Oberkieferhöhle, Sinus maxillaris, von außen breit eröffnet; Zahnwurzeln, Radices dentium, freigelegt

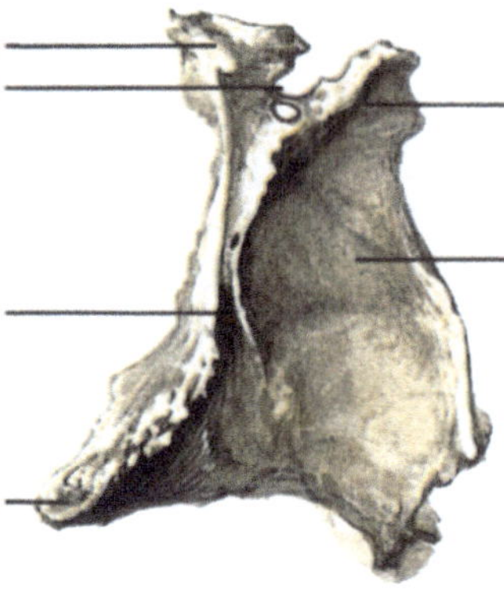
Proc. sphenoidalis
Incisura sphenopalatina
Proc. orbitalis
Lamina perpendicularis, Facies maxillaris
Sulcus palatinus major
Proc. pyramidalis

54

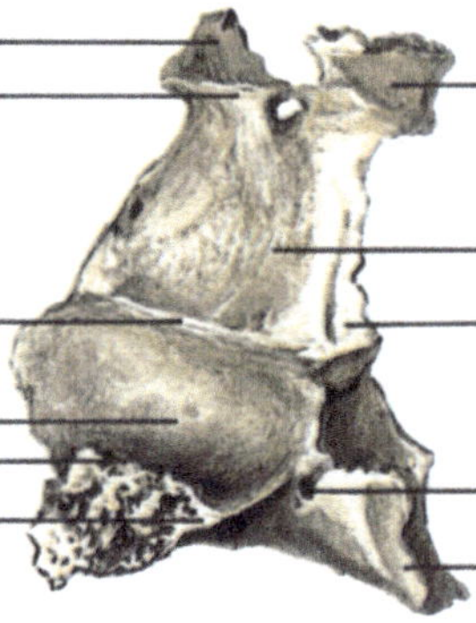
Proc. orbitalis
Crista ethmoidalis
Proc. ethmoidalis
Lamina perpendicularis, Facies nasalis
Crista conchalis
Canalis palatinus minor
Lamina horizontalis
Crista nasalis
Spina nasalis
Foramen palatinum minus
Proc. pyramidalis

55

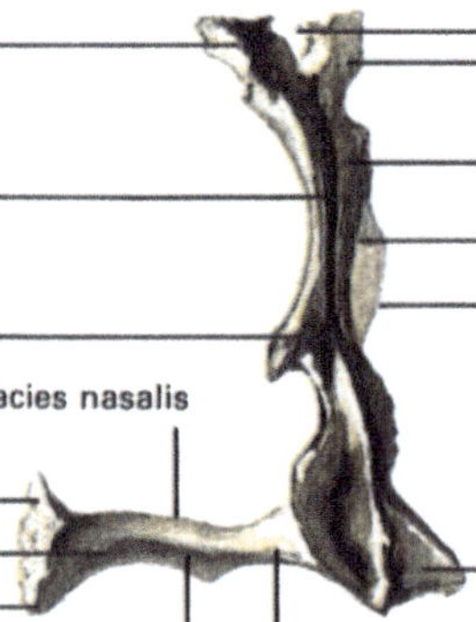
Proc. sphenoidalis
Incisura sphenopalatina
Proc. orbitalis
Sulcus palatinus major
Facies nasalis
Lamina perpendicularis
Facies maxillaris
Crista conchalis
Facies nasalis
Crista nasalis
Lamina horizontalis
Spina nasalis
Proc. pyramidalis
Crista palatina
Facies palatina

56

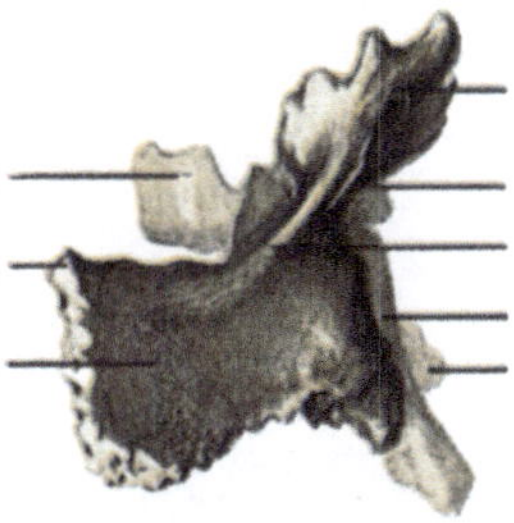

57

58

54
Rechtes Gaumenbein, Os palatinum
von rechts

55
Rechtes Gaumenbein, Os palatinum
von medial

56
Rechtes Gaumenbein, Os palatinum
von hinten

57
Rechtes Gaumenbein, Os palatinum
von unten

58
Rechtes Gaumenbein, Os palatinum
von oben

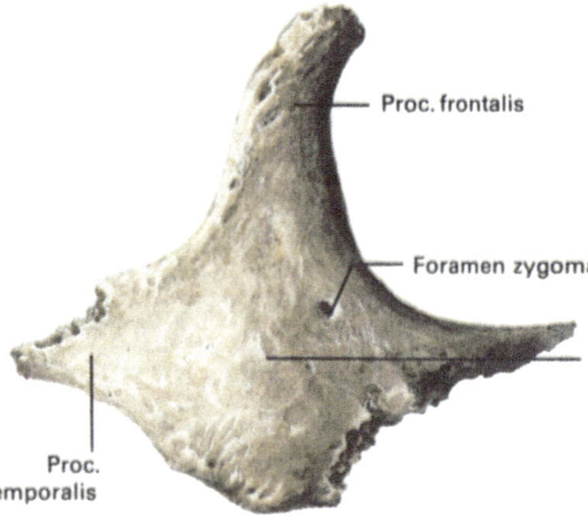

59

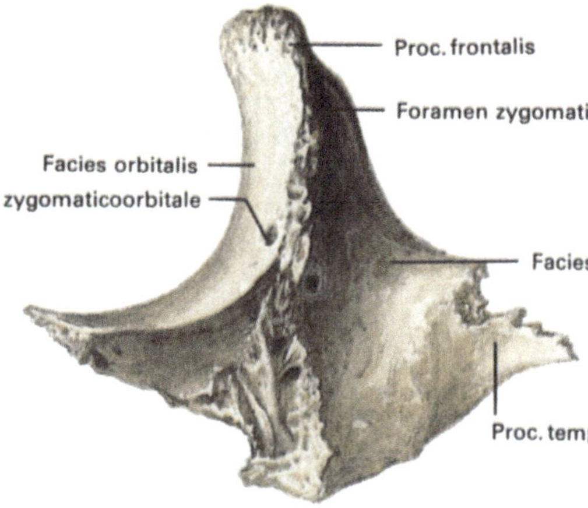

60

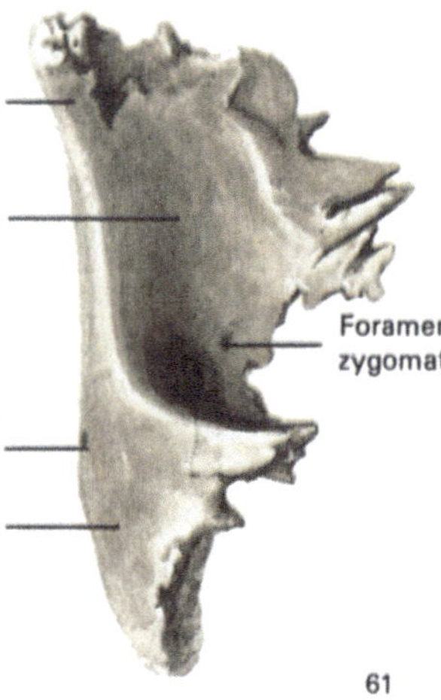

61

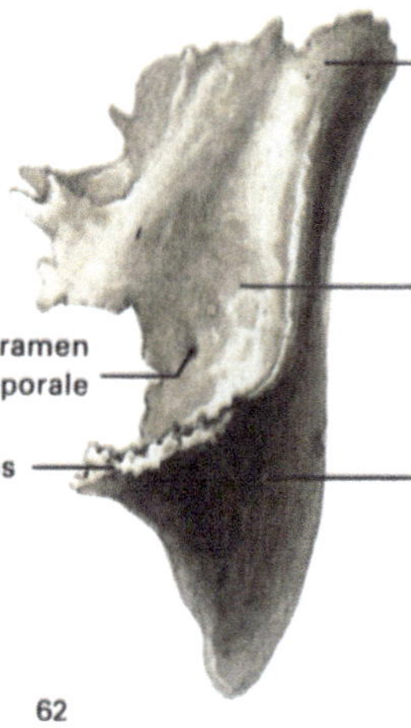

62

59
Rechtes Jochbein, Os zygomaticum
von rechts. Facies lateralis

60
Rechtes Jochbein, Os zygomaticum
von medial. Facies temporalis

61
Rechtes Jochbein, Os zygomaticum
von vorn. Facies orbitalis

62
Rechtes Jochbein, Os zygomaticum
von hinten

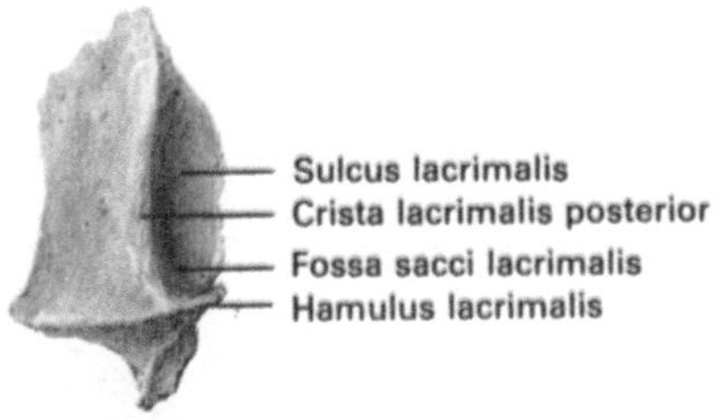

63

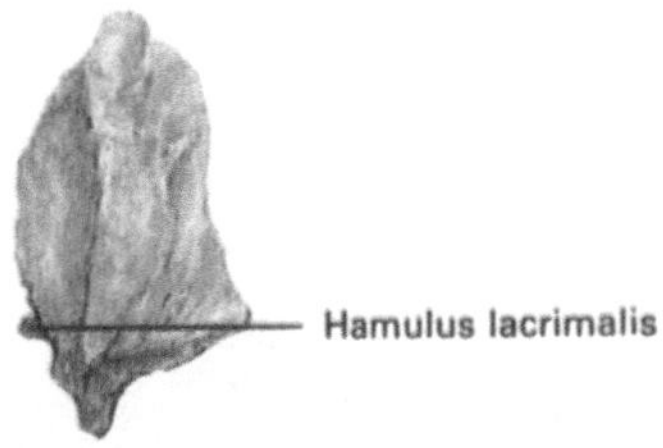

64

65

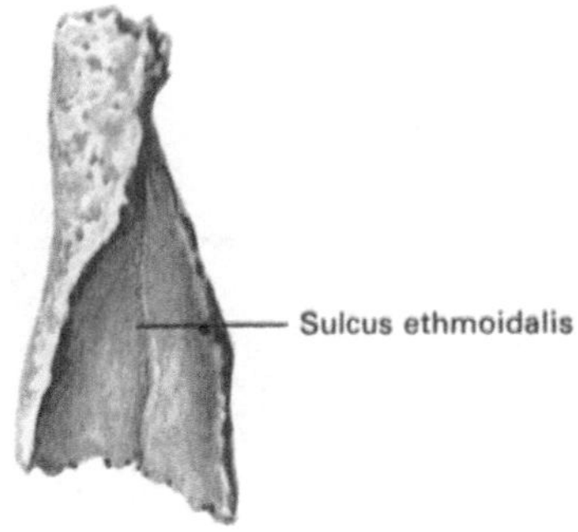

66

63
Rechtes Tränenbein, Os lacrimale
von lateral

64
Rechtes Tränenbein, Os lacrimale
von medial

65
Rechtes Nasenbein, Os nasale
von außen

66
Rechtes Nasenbein, Os nasale
von innen

67

68

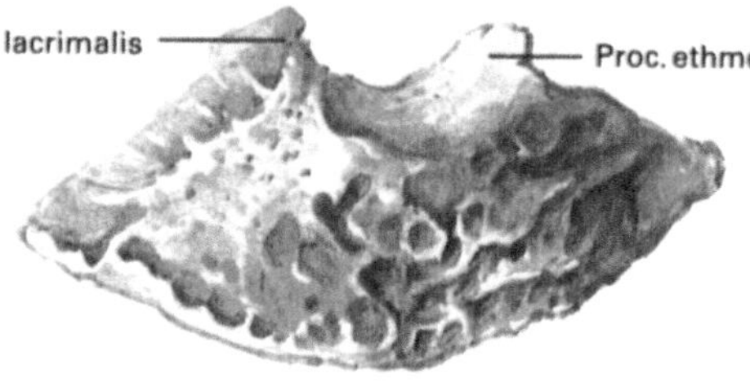

69

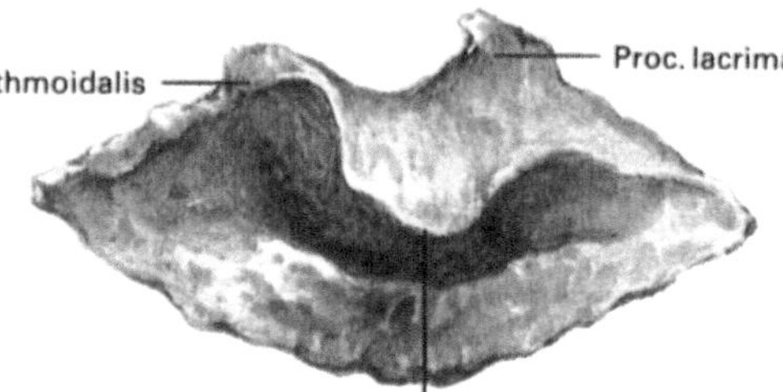

67
Pflugscharbein, Vomer
von rechts

68
Pflugscharbein, Vomer
von oben

69
Rechte untere Nasenmuschel, Concha nasalis inferior
von medial

70
Rechte untere Nasenmuschel, Concha nasalis inferior
von lateral

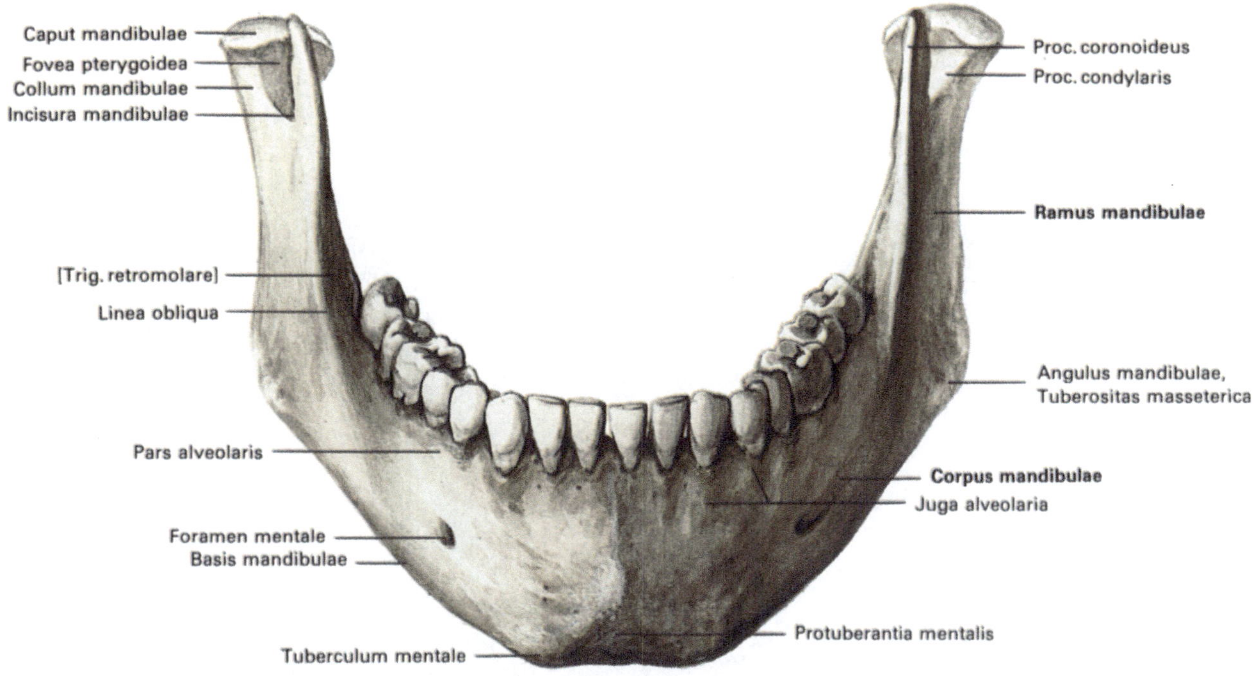

71

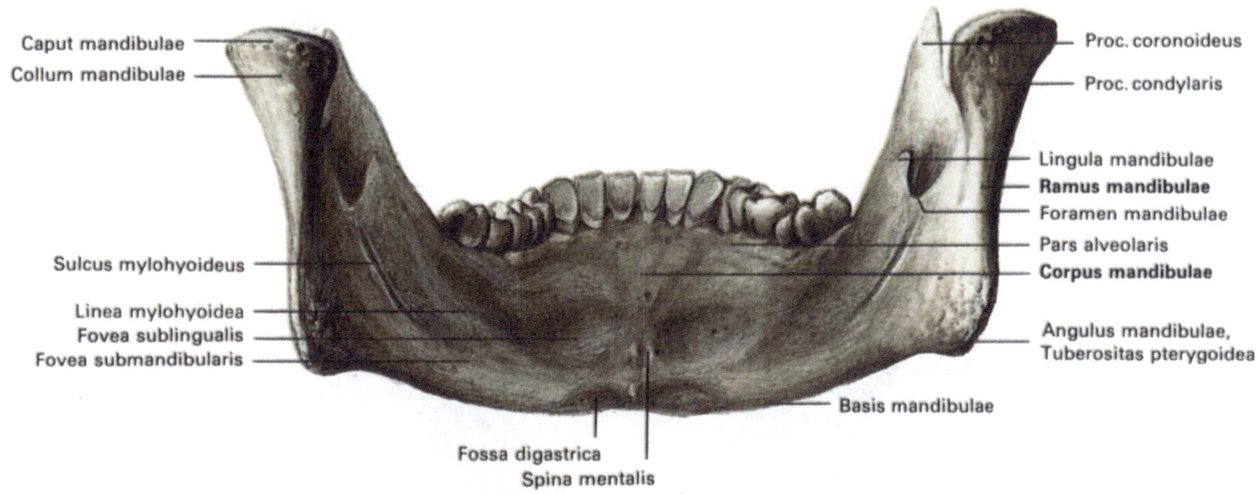

72

71
Unterkiefer, Mandibula
von vorn. Lückenloser unterer Zahnbogen, Arcus alveolaris inferior

72
Unterkiefer, Mandibula
von hinten. Innenfläche

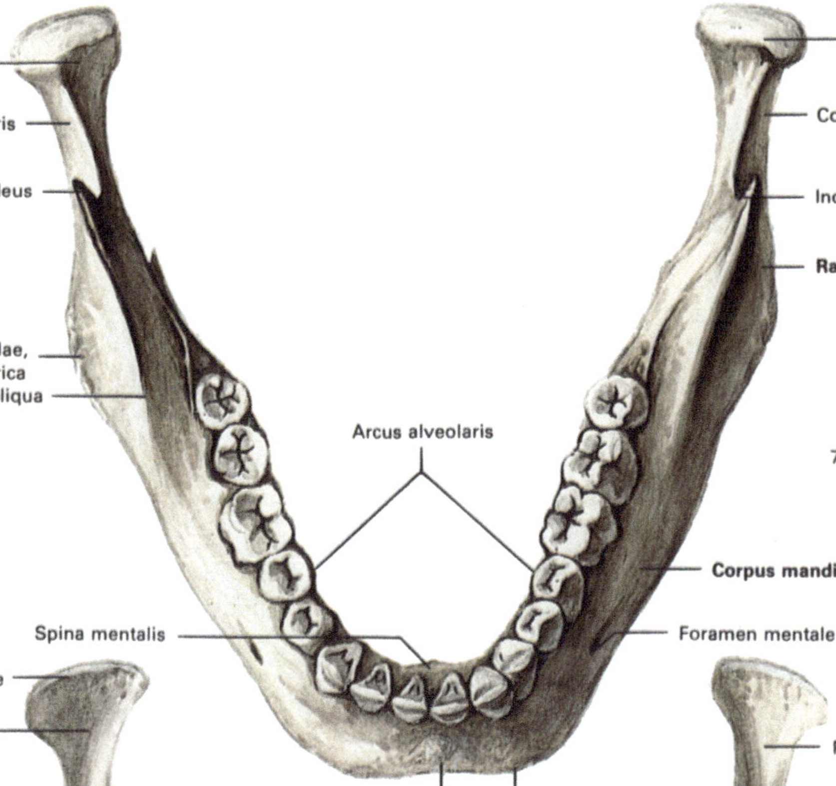

73

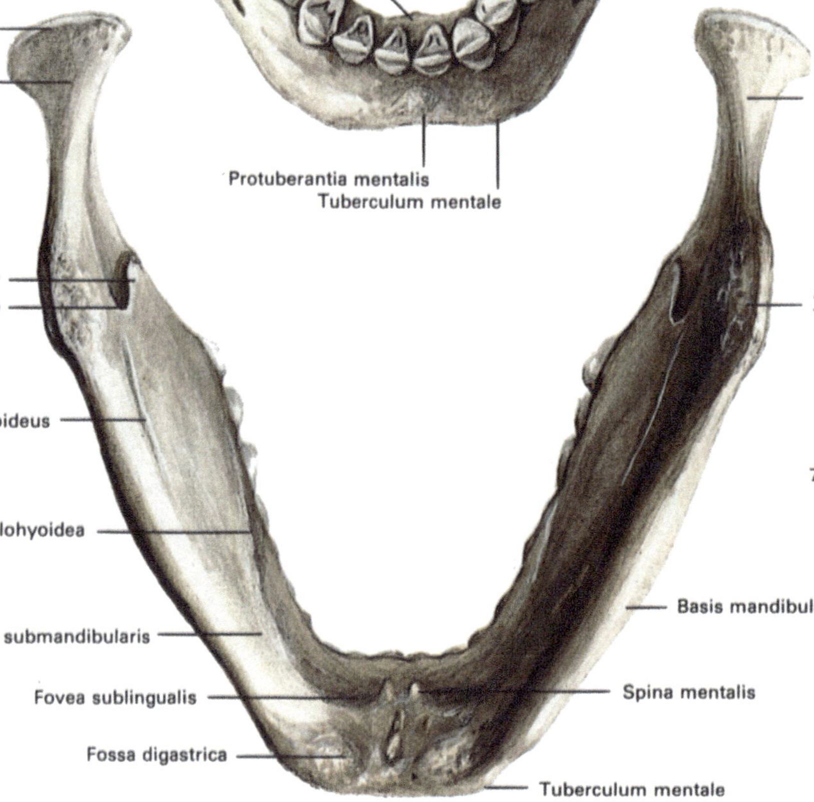

74

73
Unterkiefer, Mandibula
von oben. Unterer Zahnbogen, Arcus alveolaris inferior Kauflächen der Zähne, Facies masticatoriae; Höcker teilweise abgeflacht

74
Unterkiefer, Mandibula
von unten

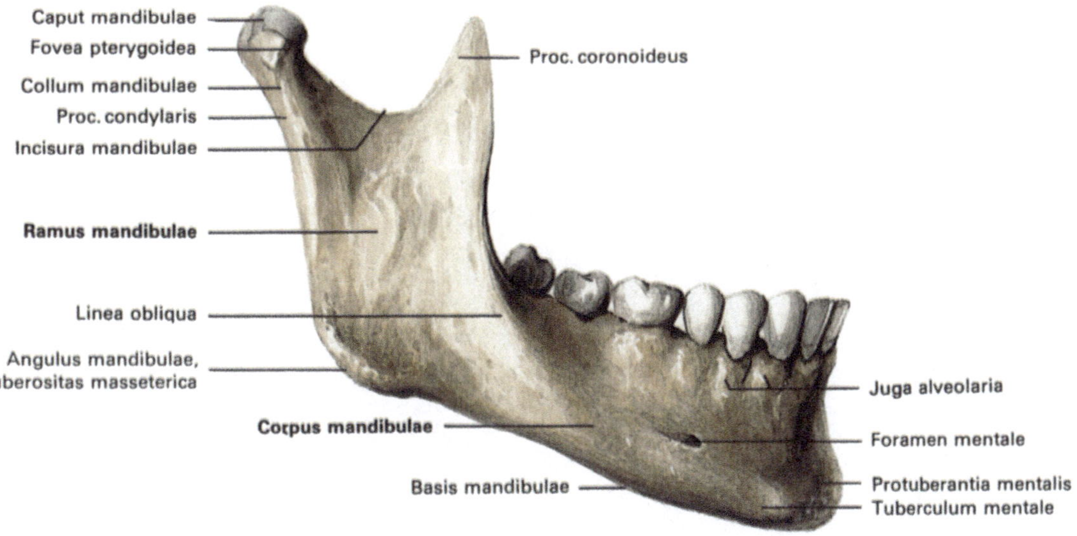

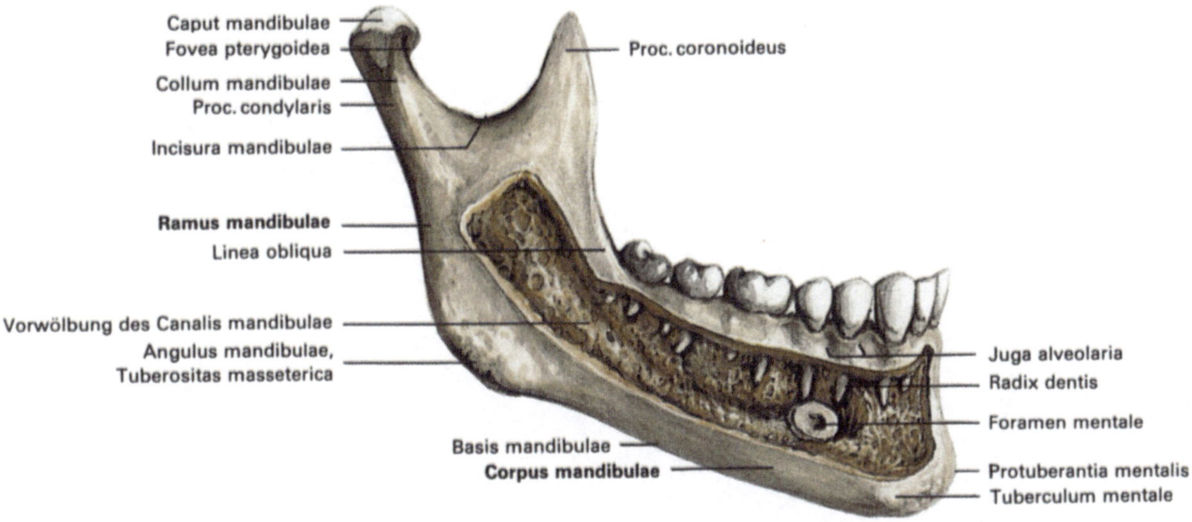

75
Unterkiefer, Mandibula, rechte Hälfte
von rechts

76
Unterkiefer, Mandibula, rechte Hälfte
von rechts. Äußere Knochenschicht entfernt, Canalis mandibulae geschlossen

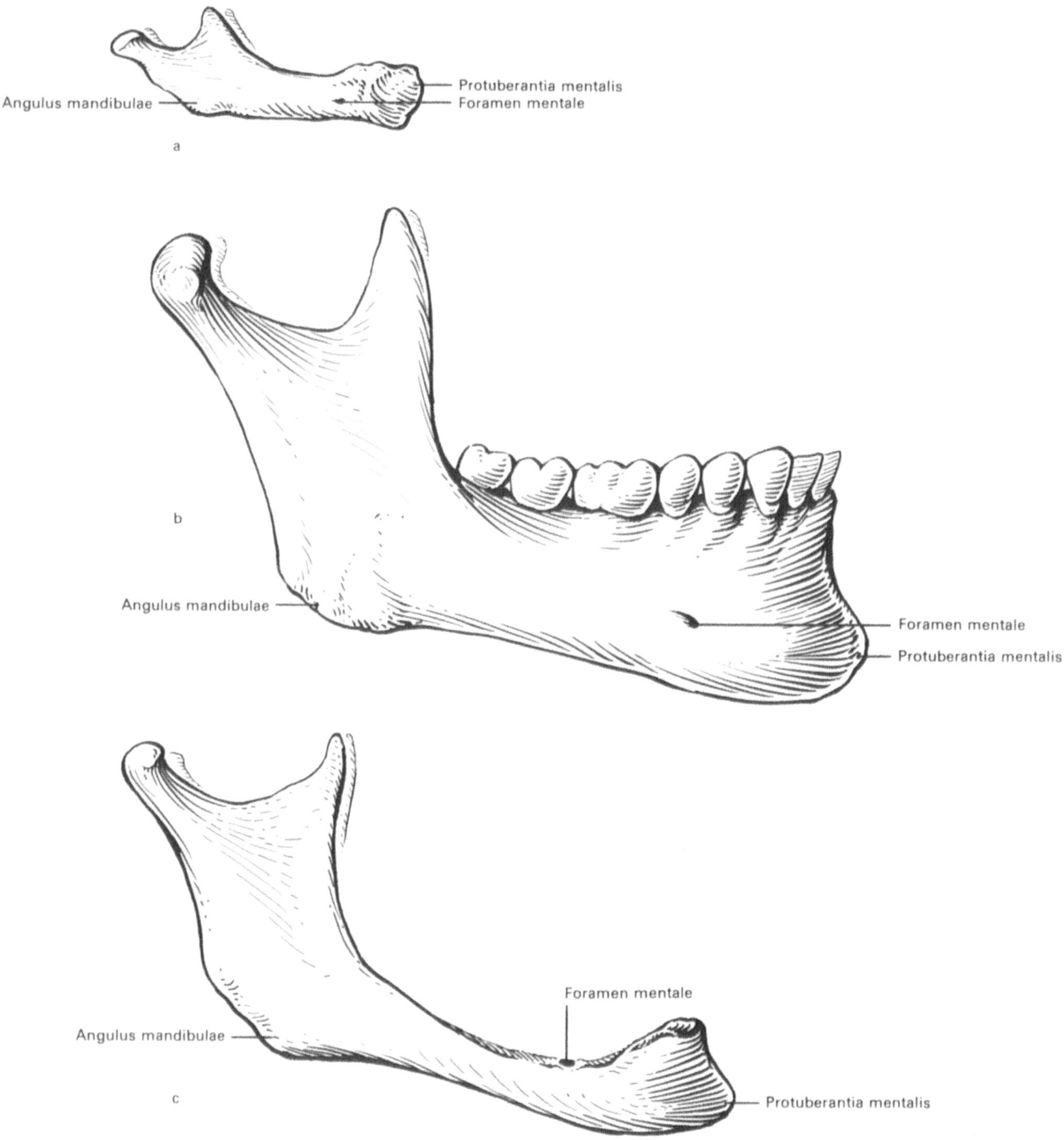

77

Unterkiefer, Mandibula

von rechts. Unterschiedliche Form von Angulus mandibulae und Protuberantia mentalis sowie wechselnde Lage des Foramen mentale. a Neugeborenes, b Erwachsener, c Greis

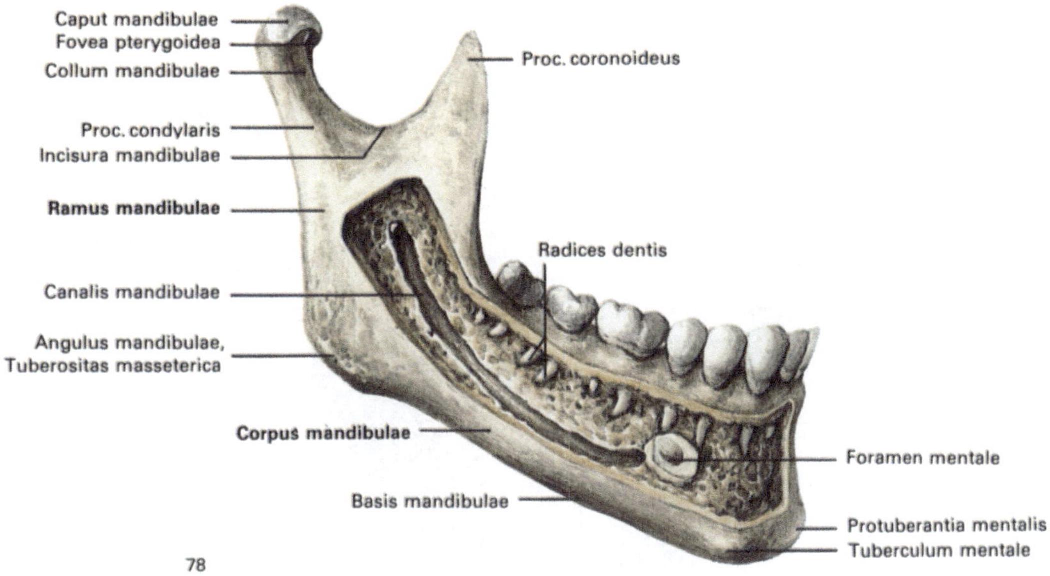

78

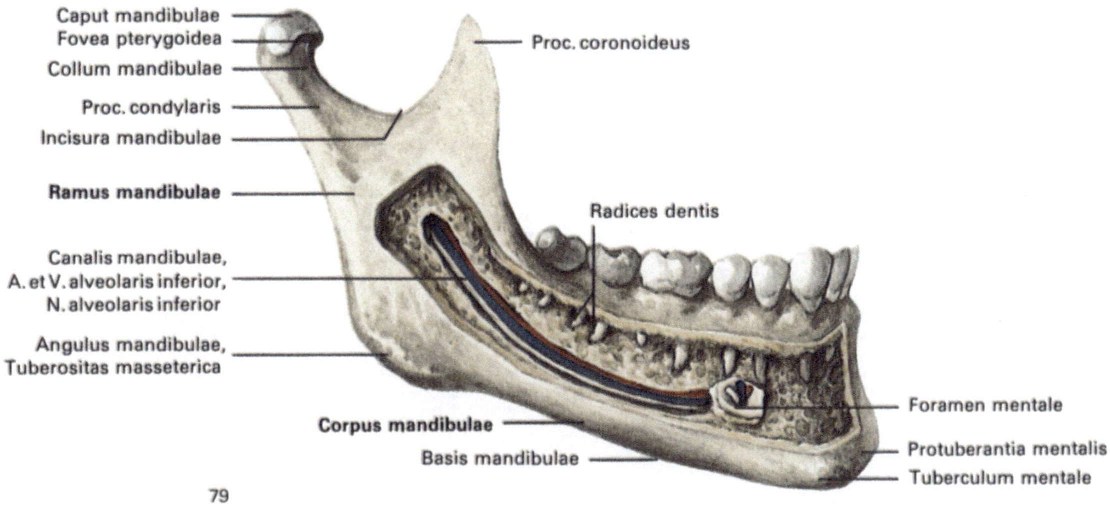

79

78
Unterkiefer, Mandibula, rechte Hälfte
von rechts. Äußere Knochenschicht zur Darstellung des Verlaufes des Canalis mandibulae entfernt

79
Unterkiefer, Mandibula, rechte Hälfte
von rechts. Äußere Knochenschicht entfernt. A. et V. aleolaris inferior, N. alveolaris inferior im Canalis mandibulae

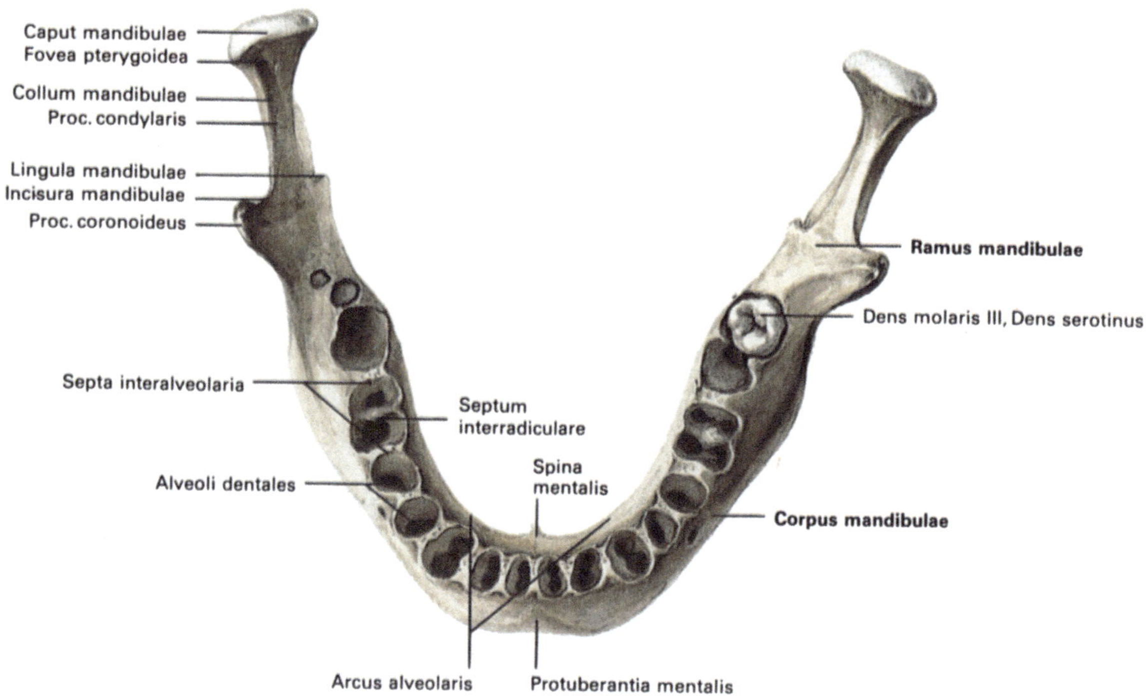

80

Unterkiefer, Mandibula

von oben. Zahnfächer, Alveoli dentales. Dens molaris III rechts fast vollständig von Kochen umgeben, links durchgebrochen

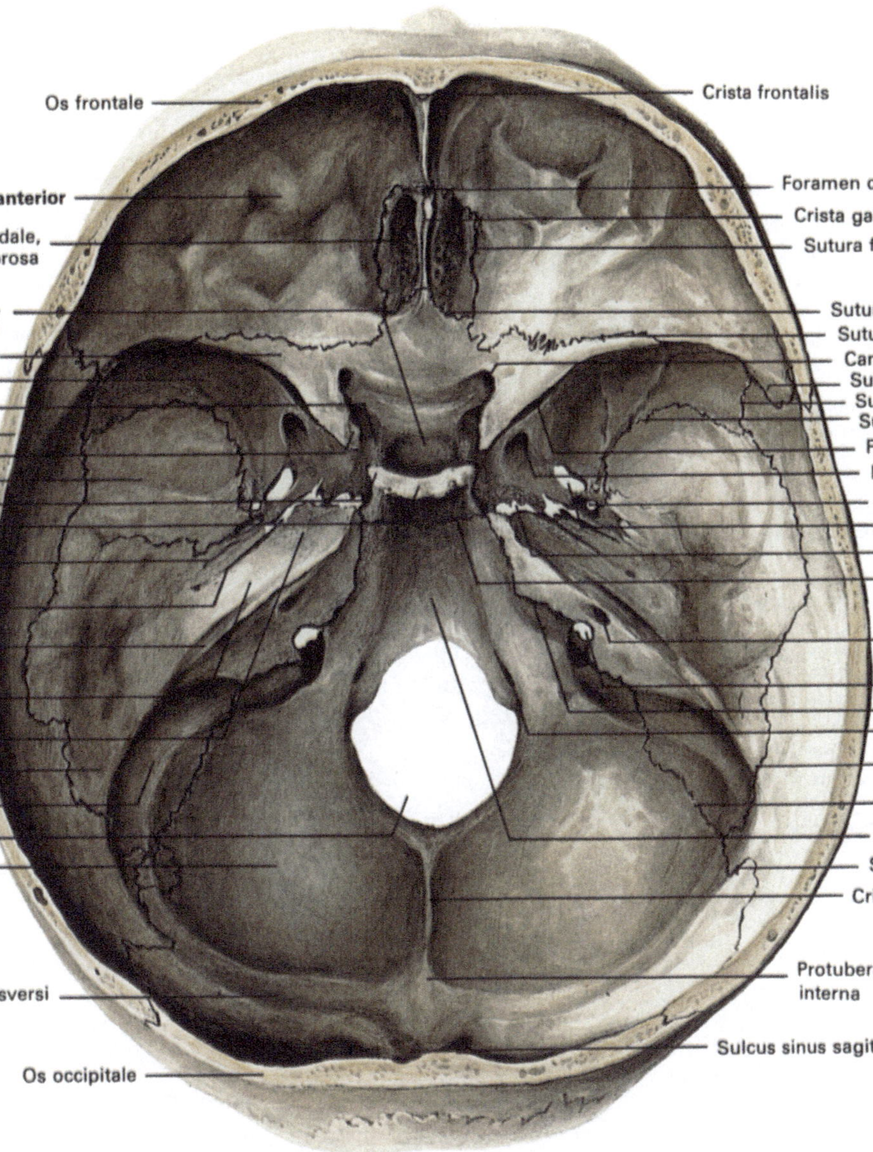

81
Schädelbasis, Basis cranii interna
von oben

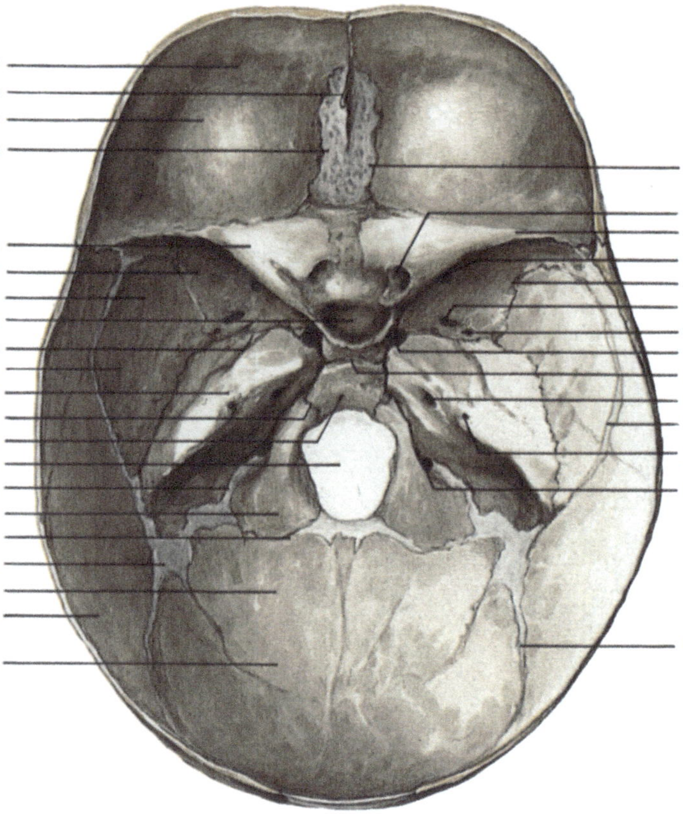

82
Schädelbasis, Basis cranii interna
eines Neugeborenen, von oben

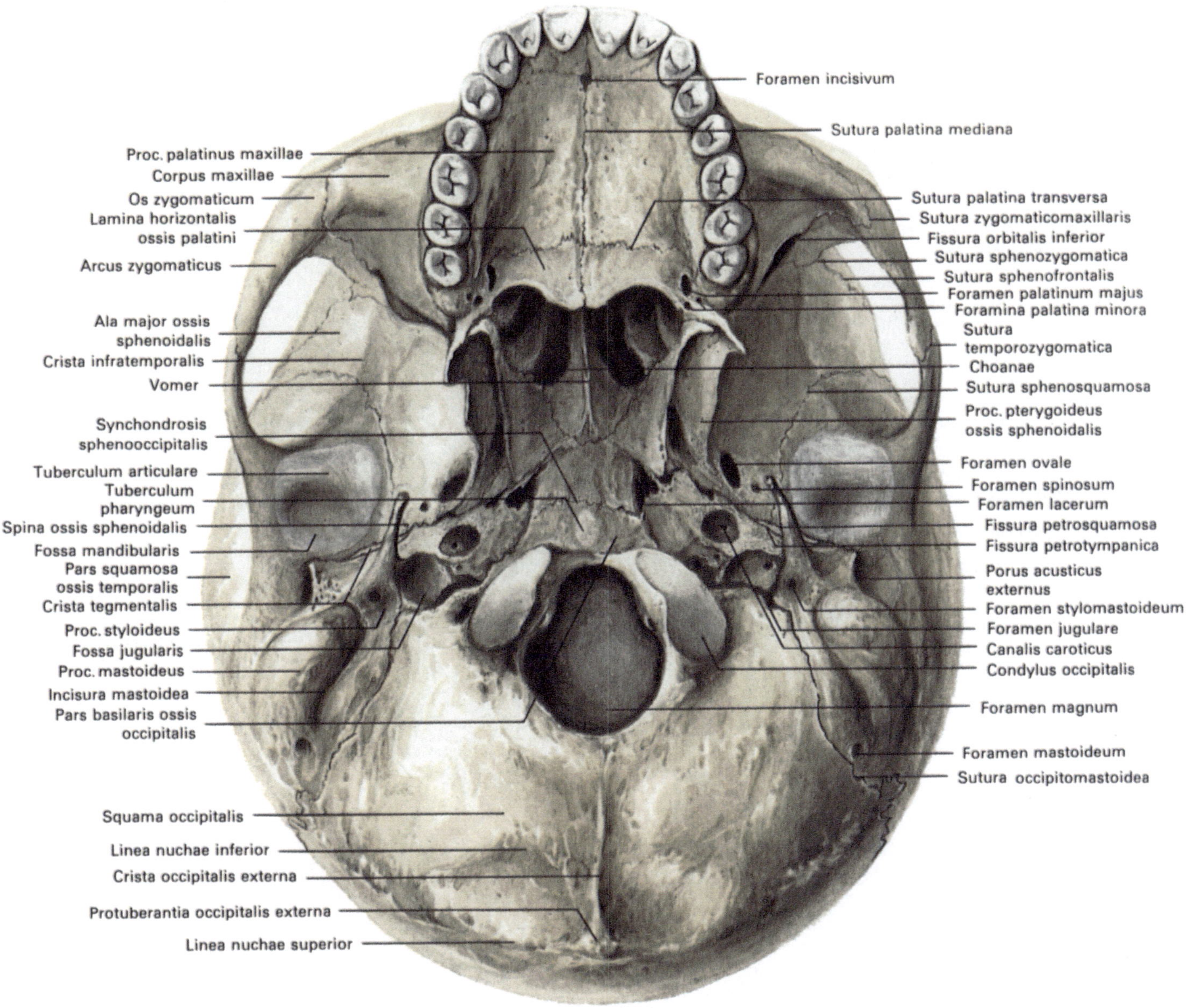

83
Schädelbasis, Basis cranii externa
von unten

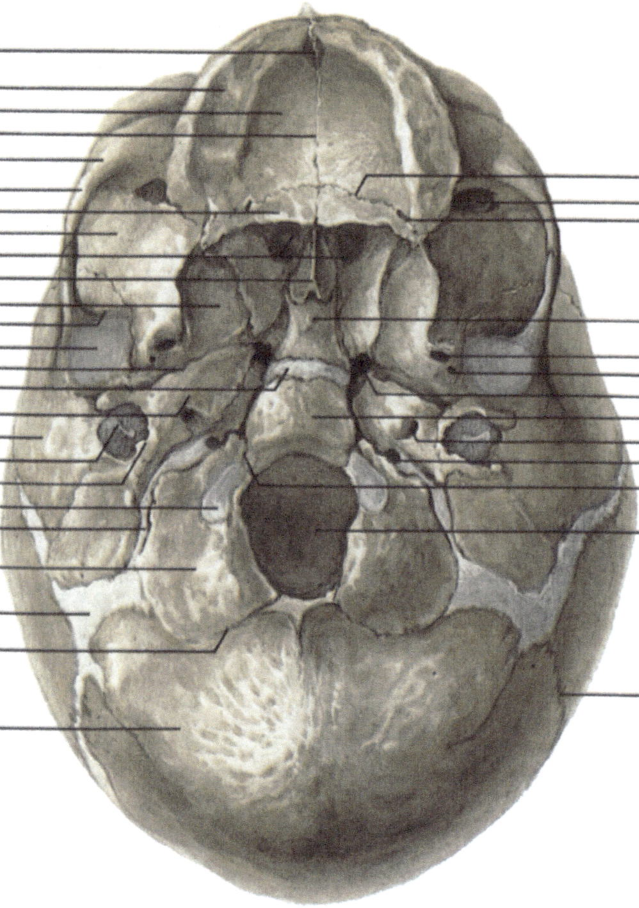

84
Schädelbasis, Basis cranii externa
eines Neugeborenen, von unten

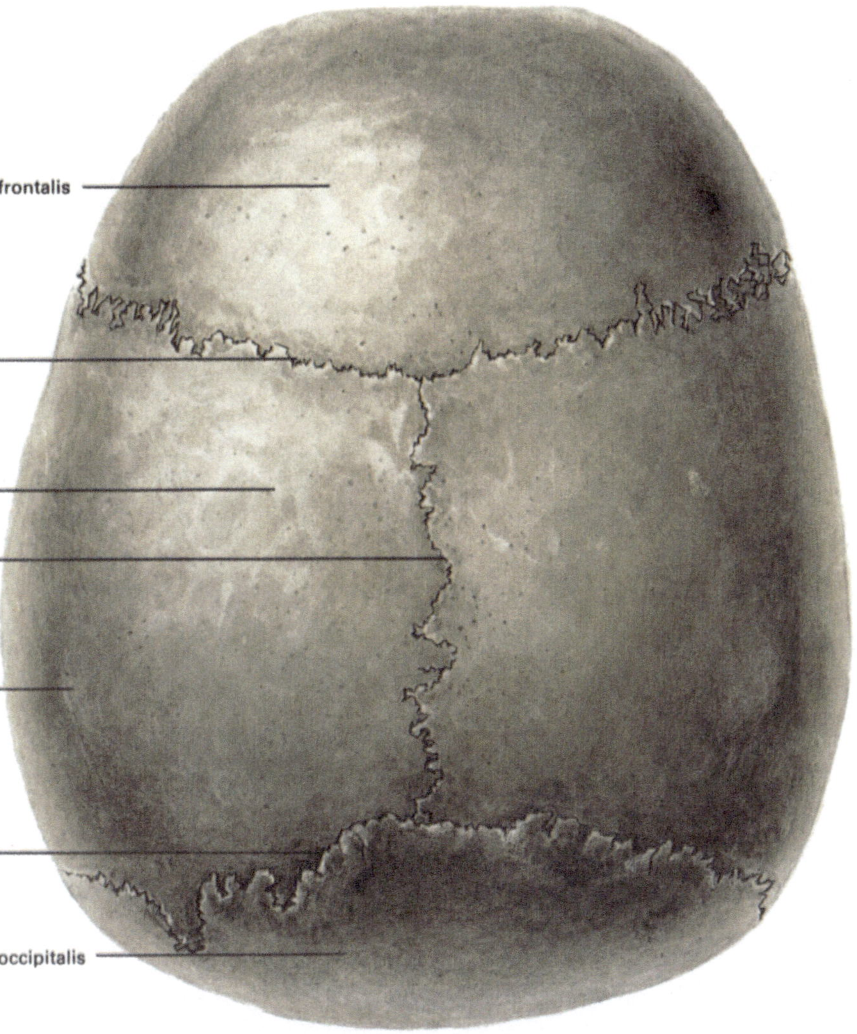

85
Schädel, Cranium
von oben

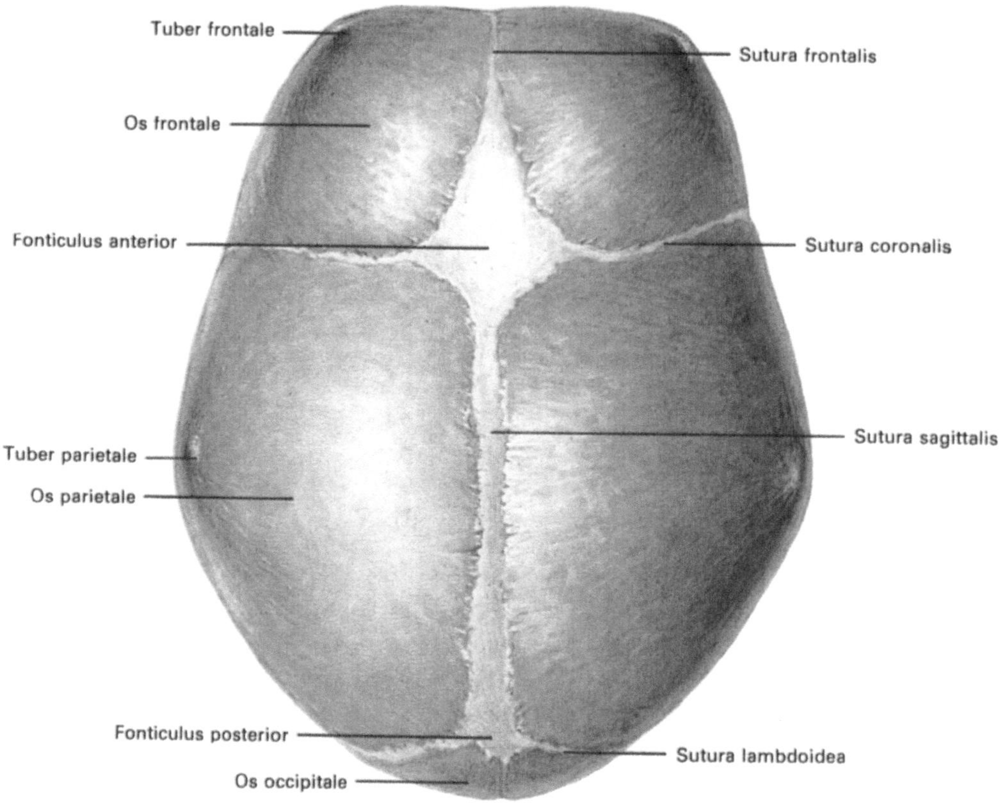

86
Schädel, Cranium
eines Neugeborenen, von oben. Vordere Fontanelle, Fonticulus anterior, hintere Fontanelle, Fonticulus posterior; die »große und kleine Fontanelle« der Klinik

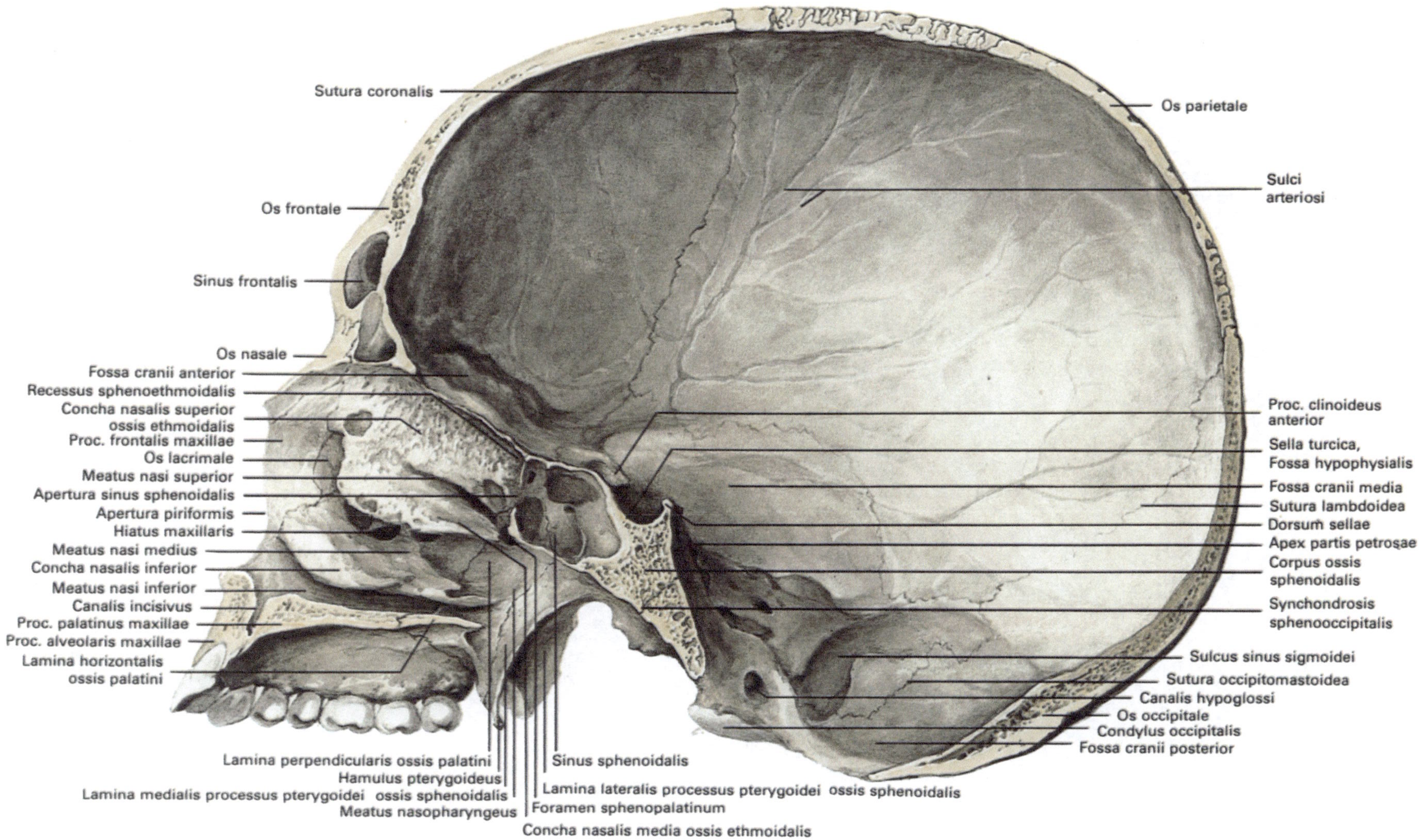

87
Schädel, Cranium
Sagittalsschnitt. Ansicht von medial

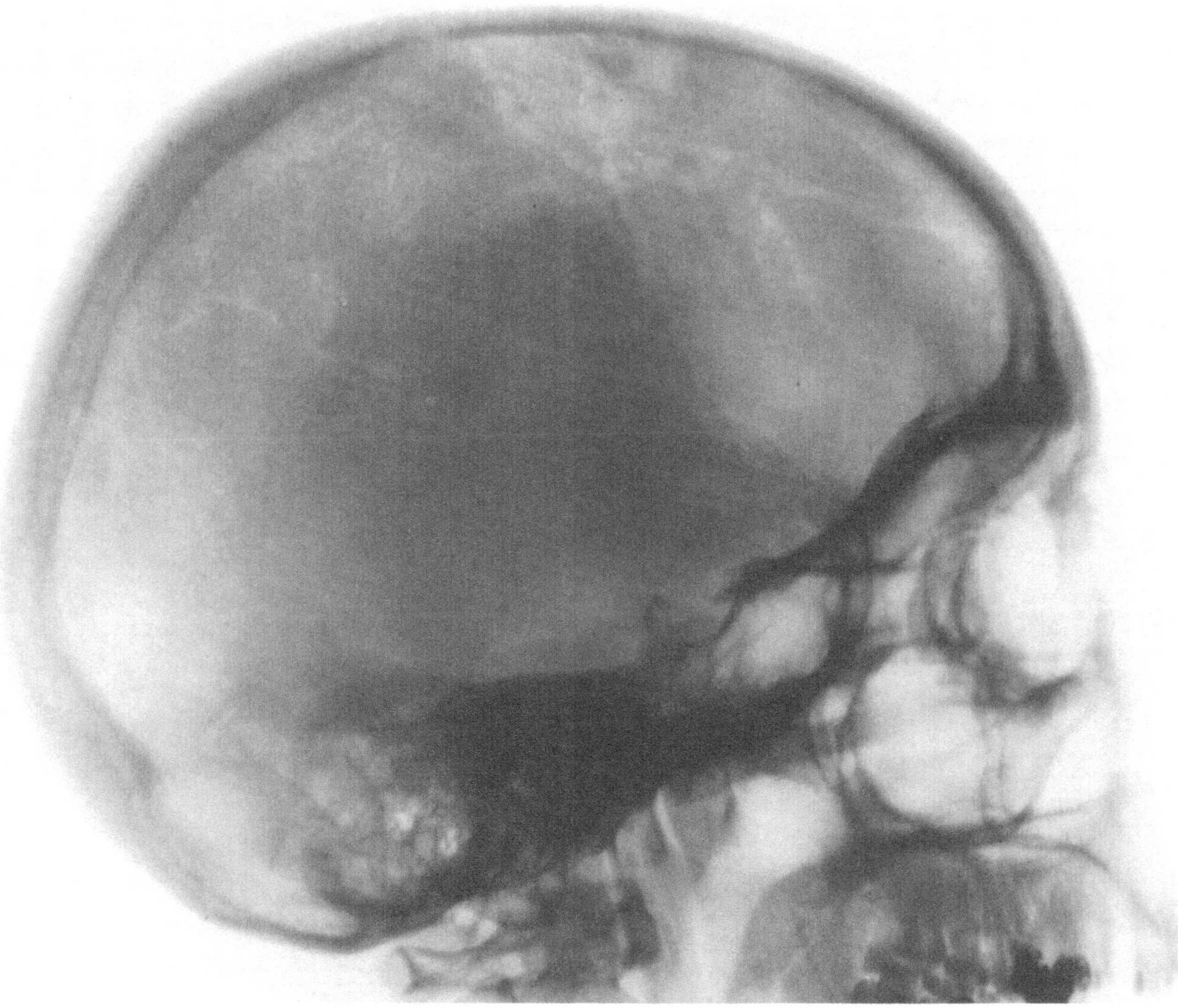

88
Röntgenbild des Schädels
Erwachsenenalter. Strahlengang frontal

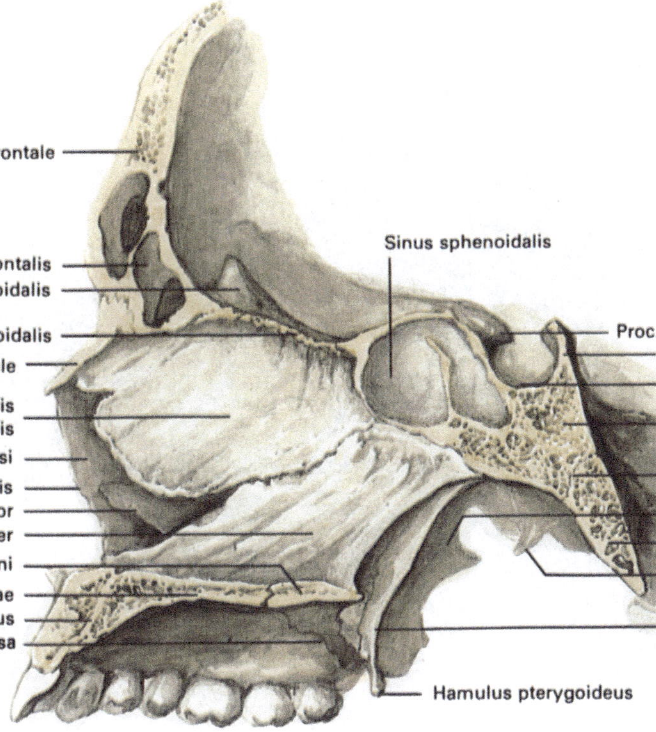

89

Schädel, Cranium

Sagittalschnitt, Ansicht von links. Knöcherne Nasenscheidewand, Septum nasi osseum, harter Gaumen, Palatum durum

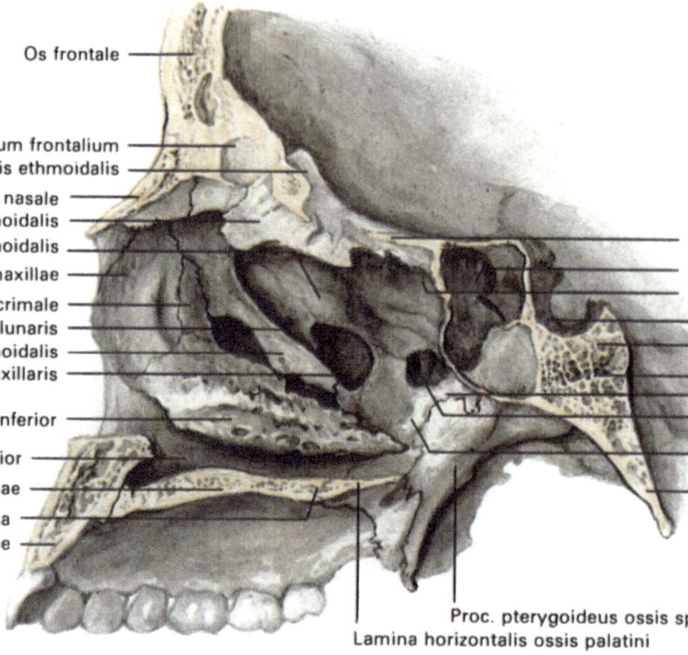

90

Rechte Nasenhöhle, Cavum nasi

seitliche Wand, von medial. Obere und mittlere Nasenmuschel sowie die knöcherne Nasenscheidewand bis auf Reste der Lamina perpendicularis ossis ethmoidalis entfernt

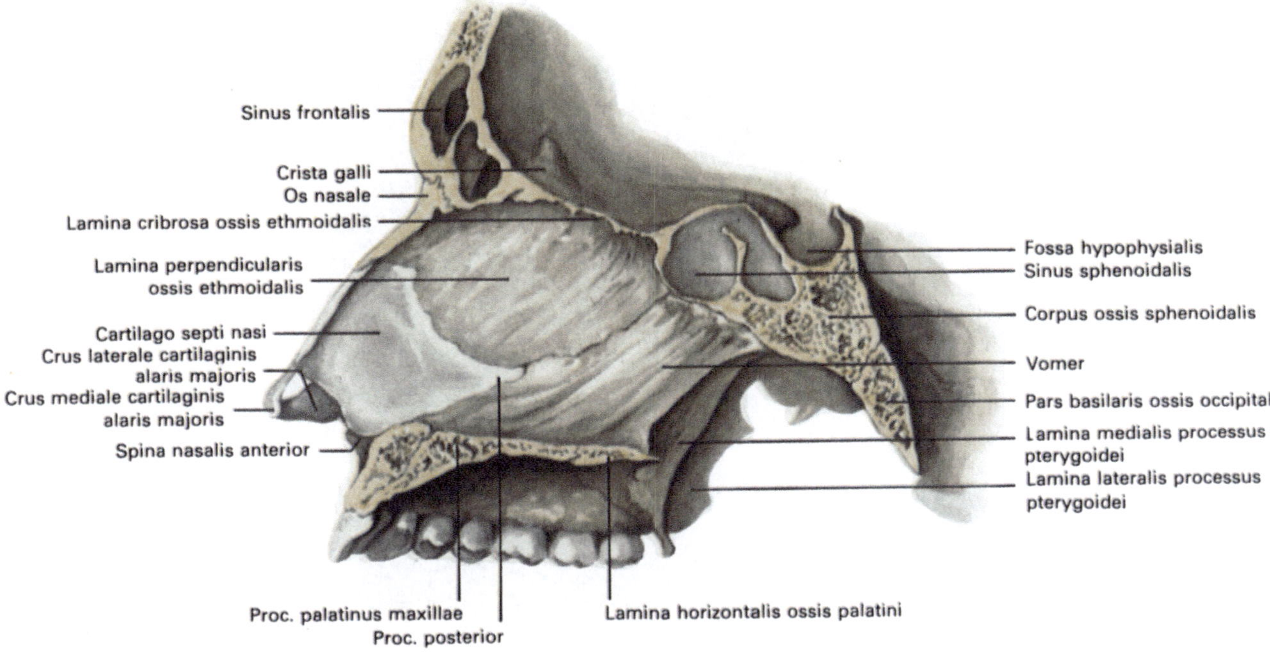

91
Nasenscheidewand, Septum nasi
von links. Knöcherner Teil, Pars ossea, und knorpeliger Teil, Pars cartilaginea

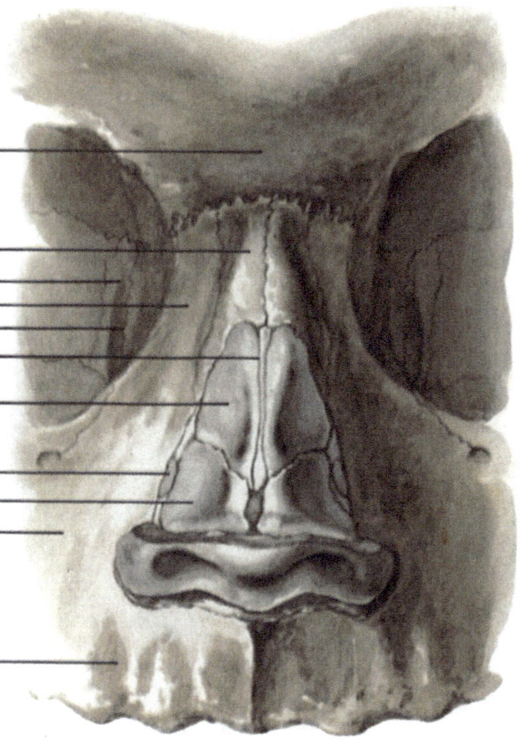

92
Nasenknorpel, Cartilagines nasi
von vorn

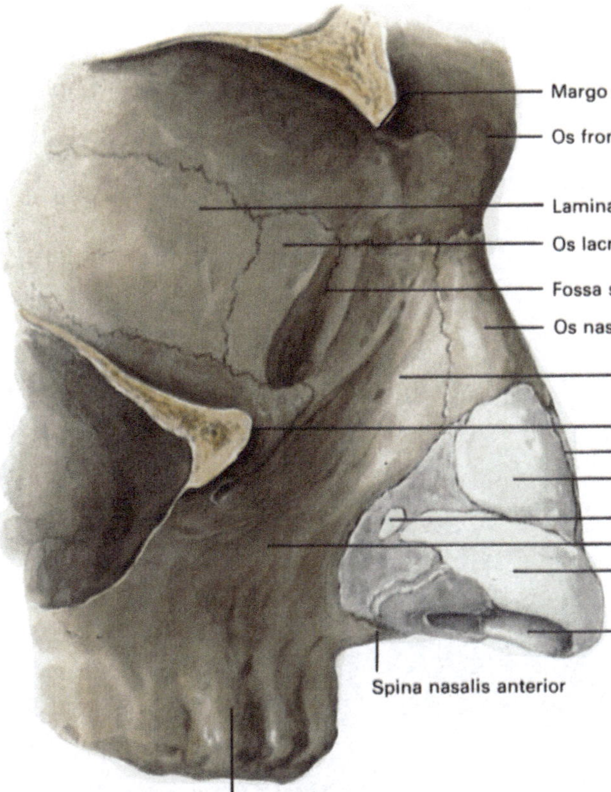

93
Nasenknorpel, Cartilagines nasi
von rechts

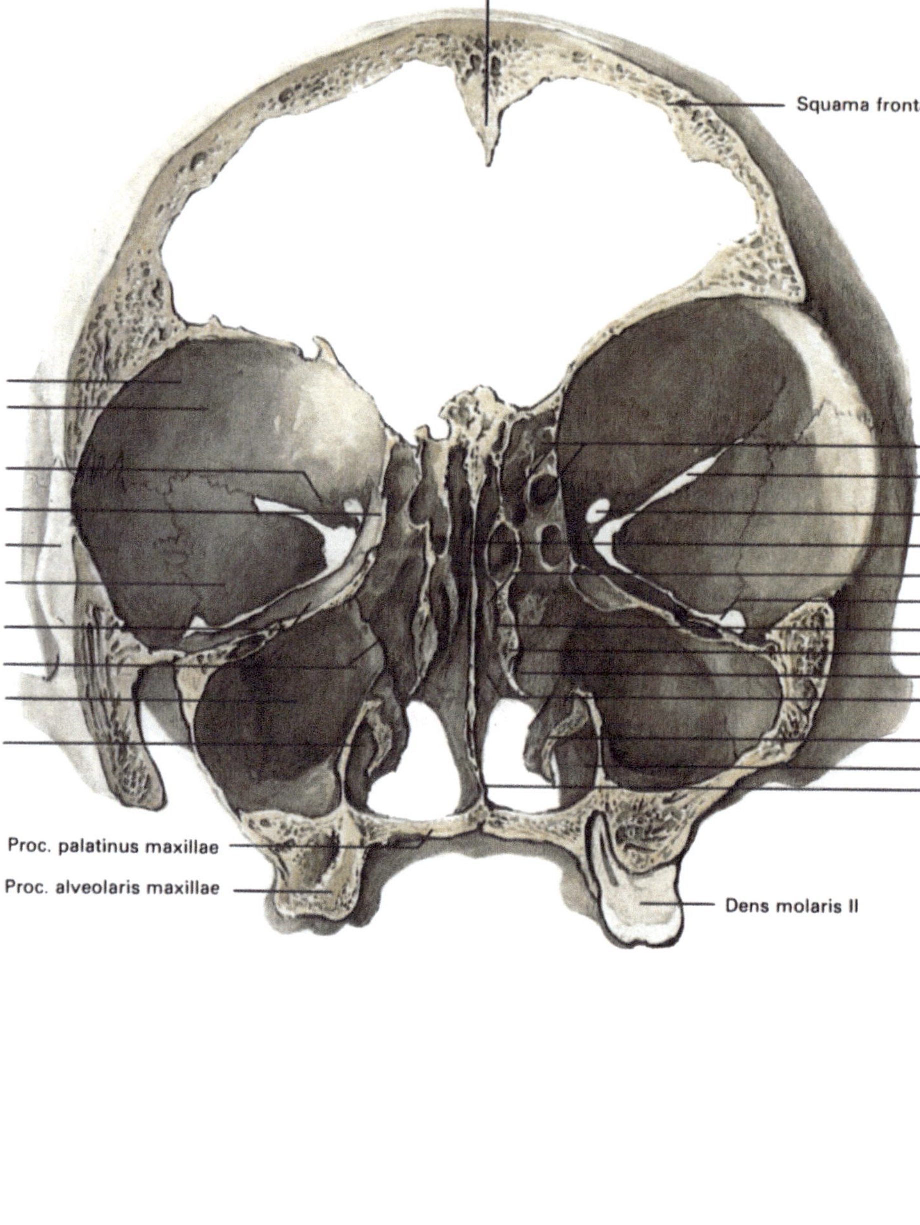

94

Schädel, Cranium

Frontalschnitt 1 cm hinter dem unteren Rand der Augenhöhle, Margo infraorbitalis. Ansicht von vorn. Nasenhöhle, Cavum nasi, Augenhöhle, Orbita; Oberkieferhöhle, Sinus maxillaris, Siebbeinzellen, Cellulae ethmoidales

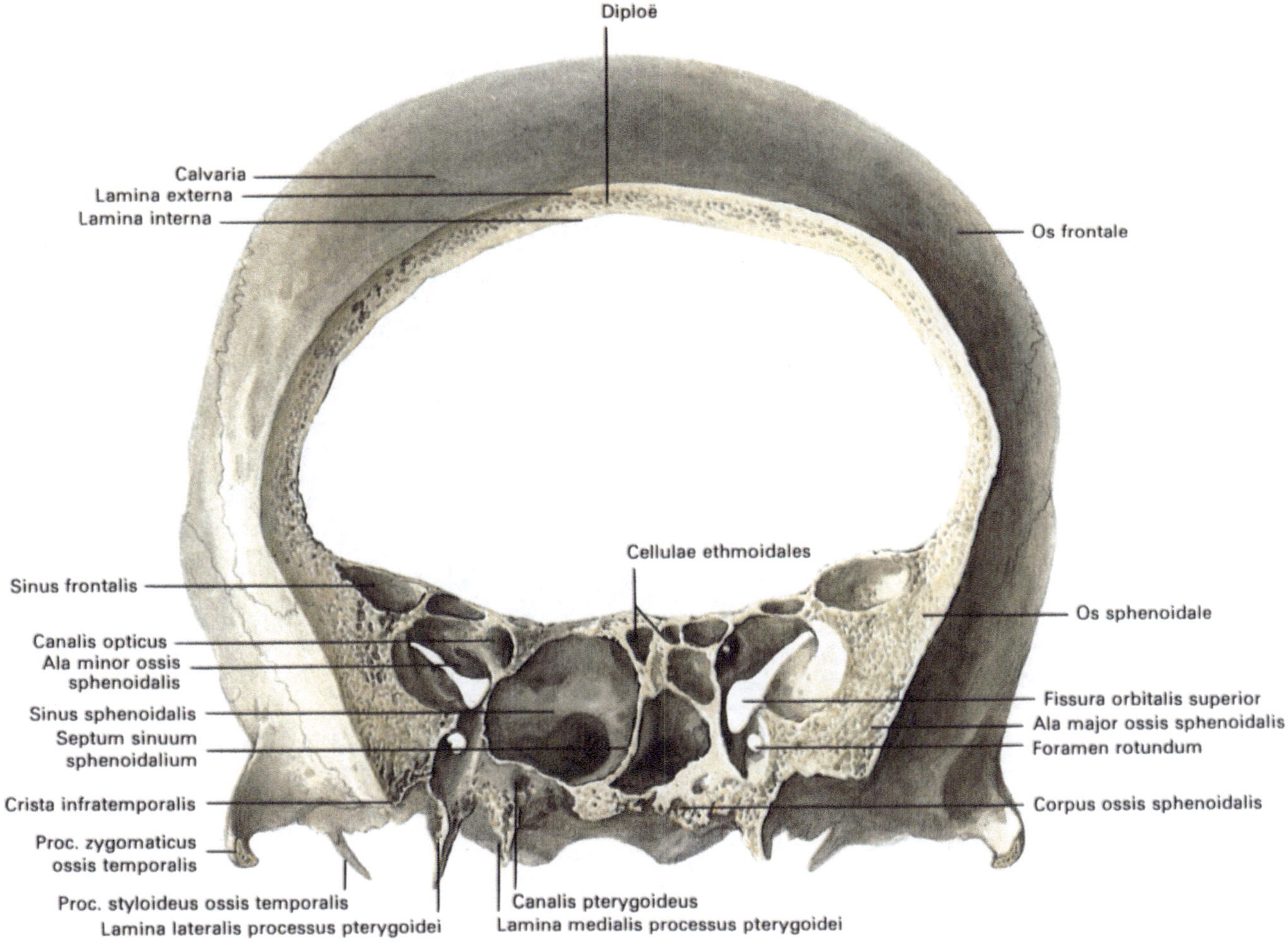

95

Schädel, Cranium

Frontalschnitt in Höhe der Mitte der Processus pterygoidei. Ansicht von vorn. Keilbeinhöhlen, Sinus sphenoidales, Siebbeinzellen, Cellulae ethmoidales, hintere Abschnitte der Stirnhöhlen, Sinus frontales

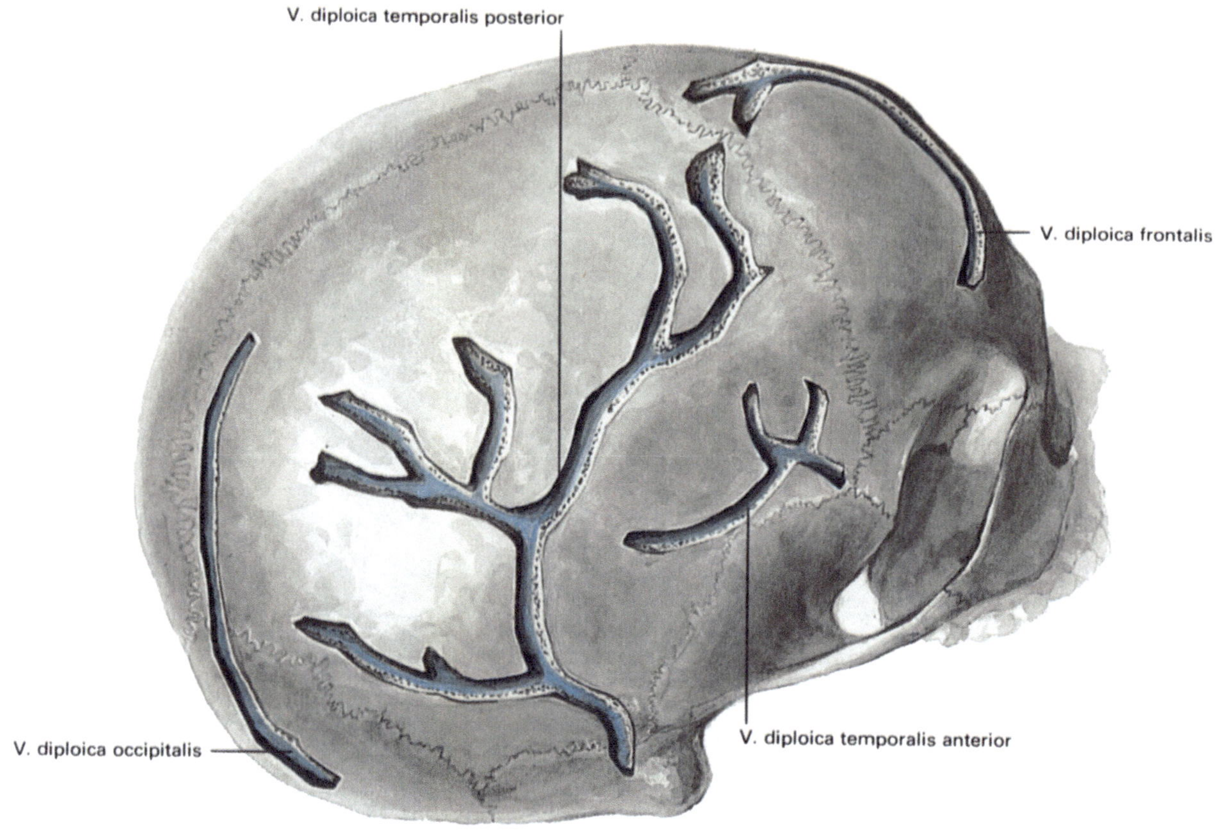

96
Canales diploici
von rechts. Zur Darstellung des Verlaufes der Vena diploicae wurde die Lamina externa der Calvaria entfernt

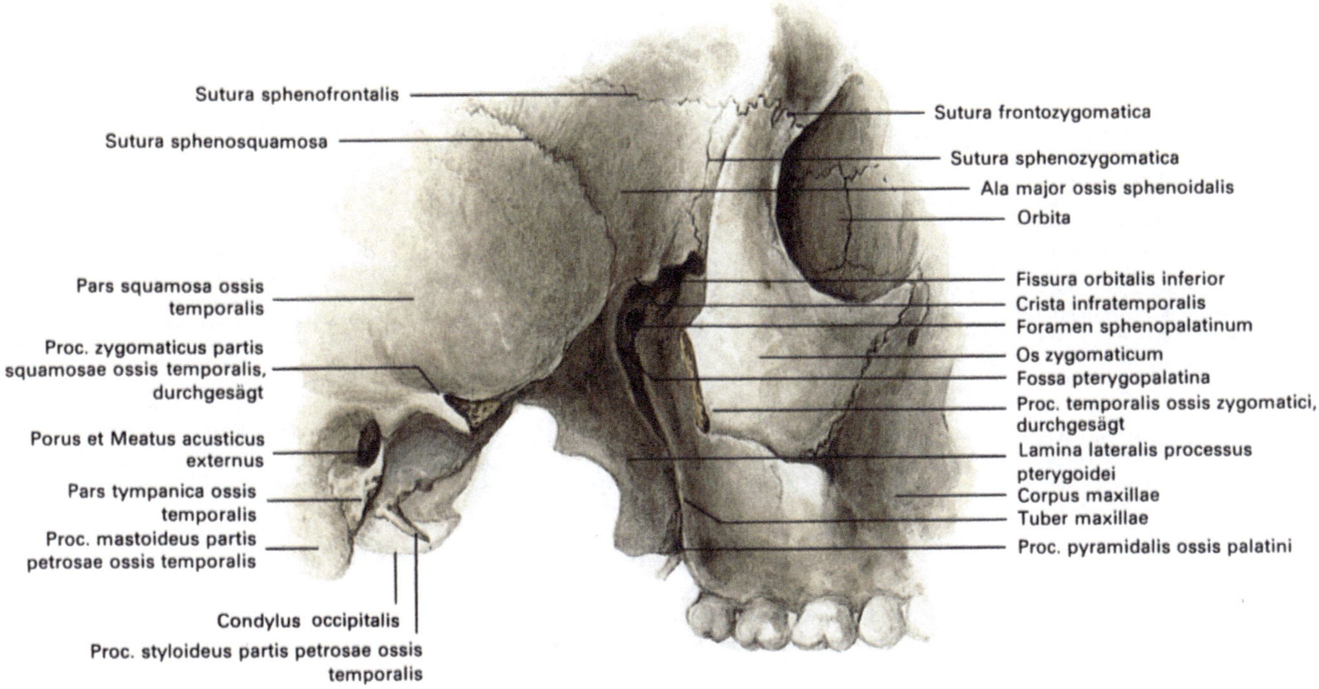

97
Untere Schläfengrube, Fossa infratemporalis, Flügelgaumengrube, Fossa pterygopalatina
von rechts. Jochbogen, Arcus zygomaticus, durchgesägt und entfernt

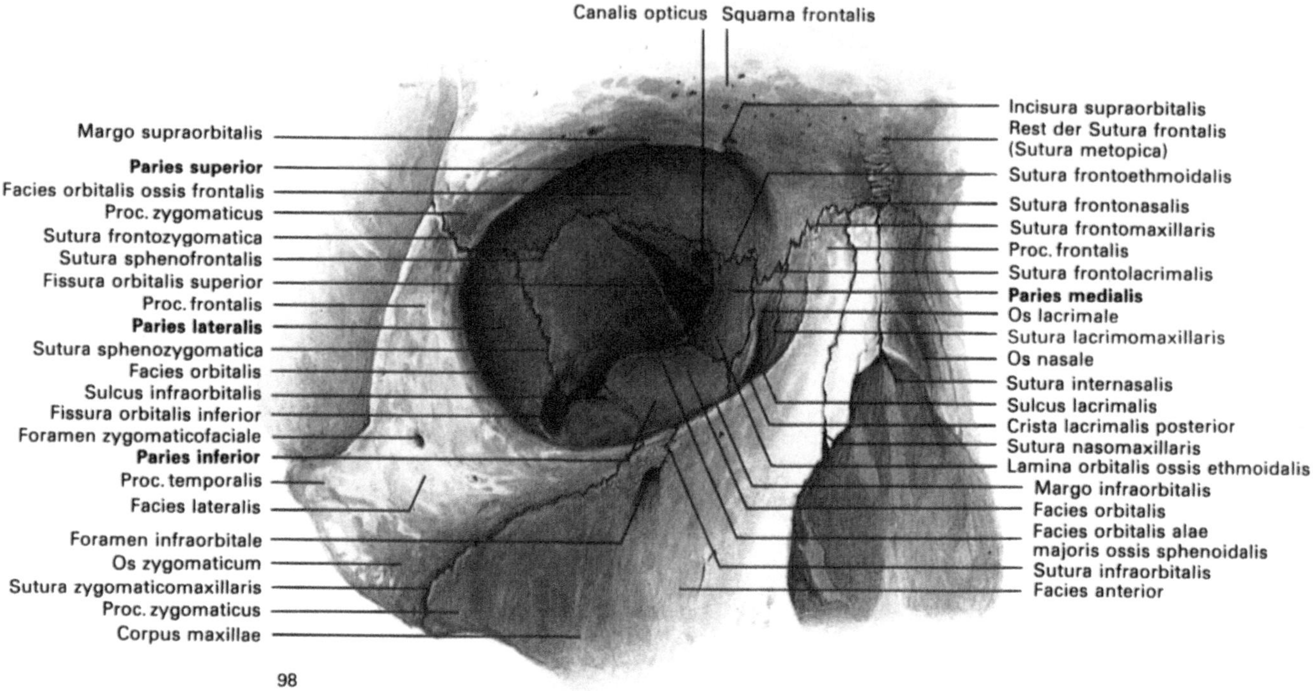

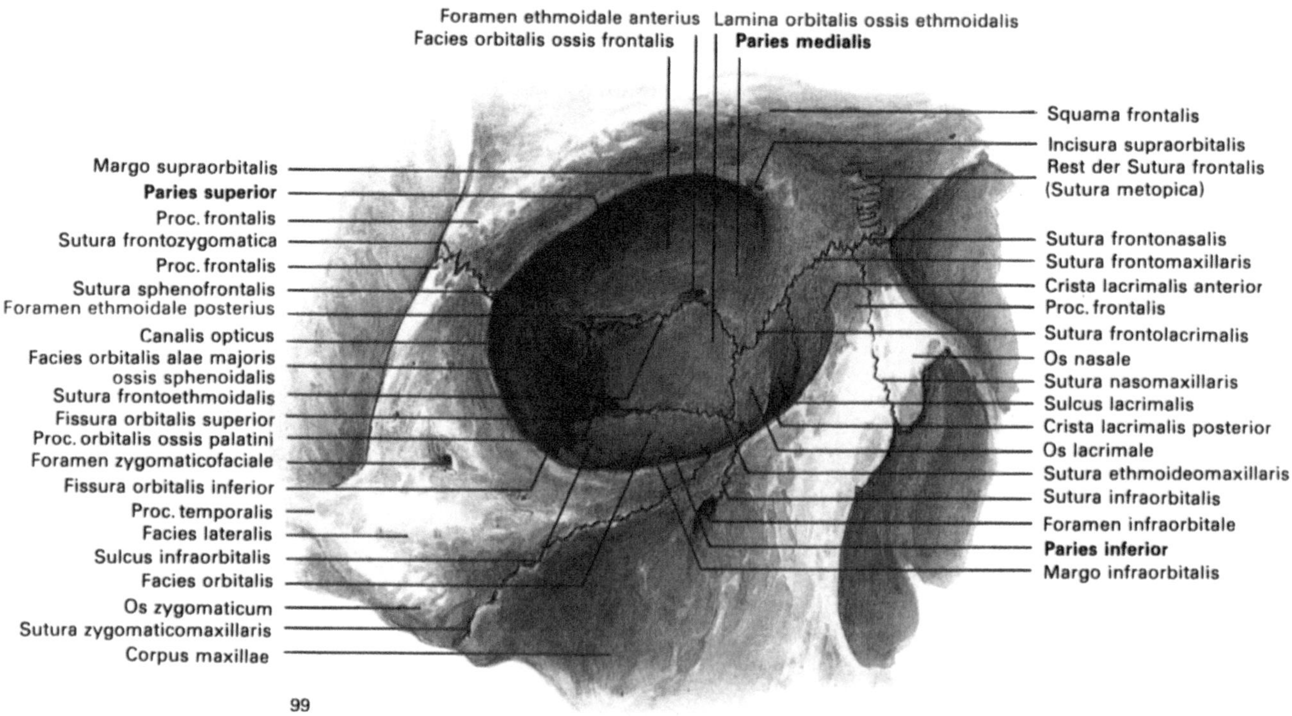

98
Rechte Augenhöhle, Orbita
Ansicht von vorn. Hervorhebung der Schädelnähte, Suturae cranii

99
Rechte Augenhöhle, Orbita
Ansicht von vorn seitlich. Hervorhebung der Schädelnähte, Suturae cranii

KOPF

Muskeln und Kiefergelenk

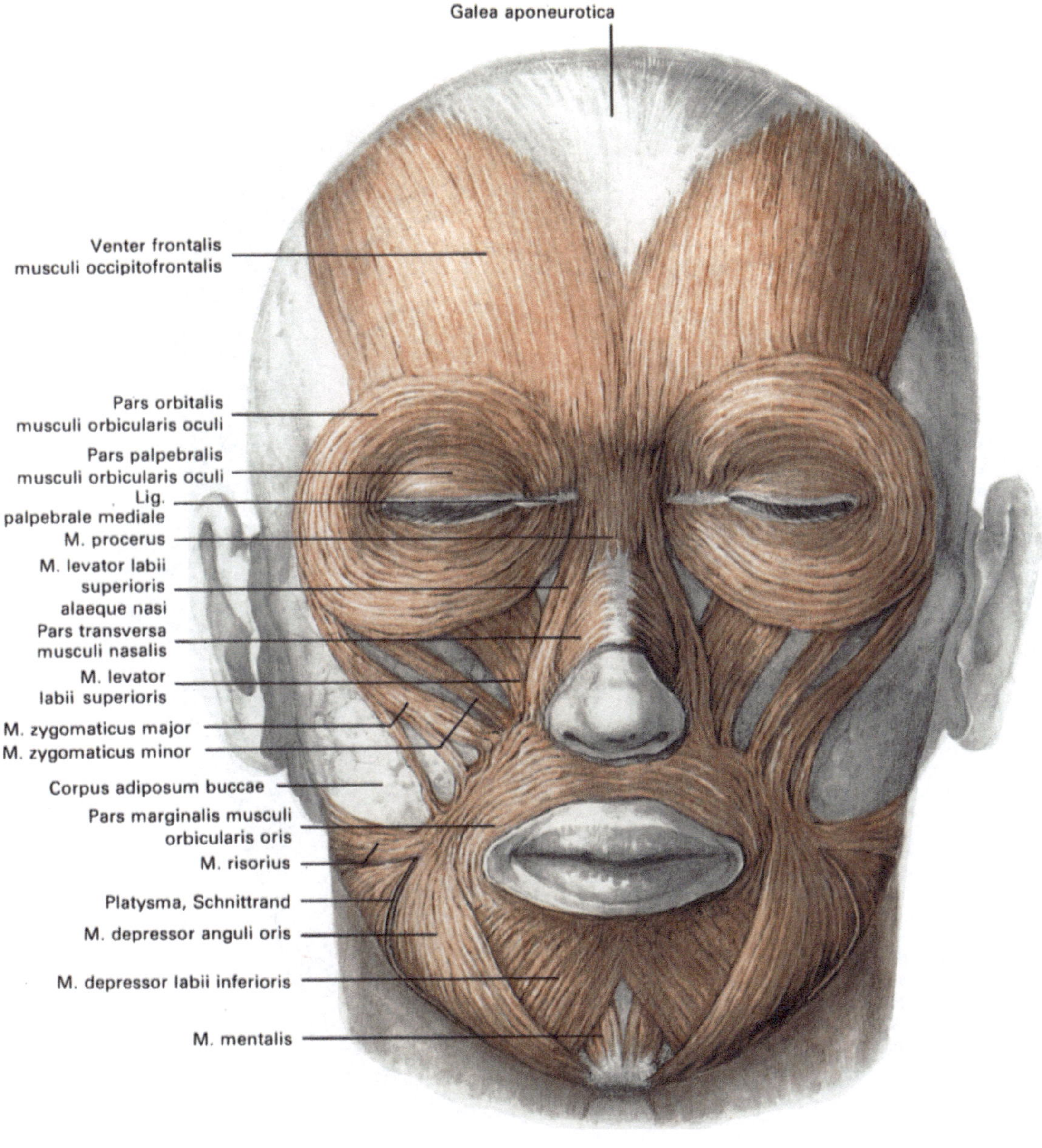

100
Gesichtsmuskeln, Musculi faciales
von vorn. Ductus parotideus von Faszie und Fettgewebe bedeckt

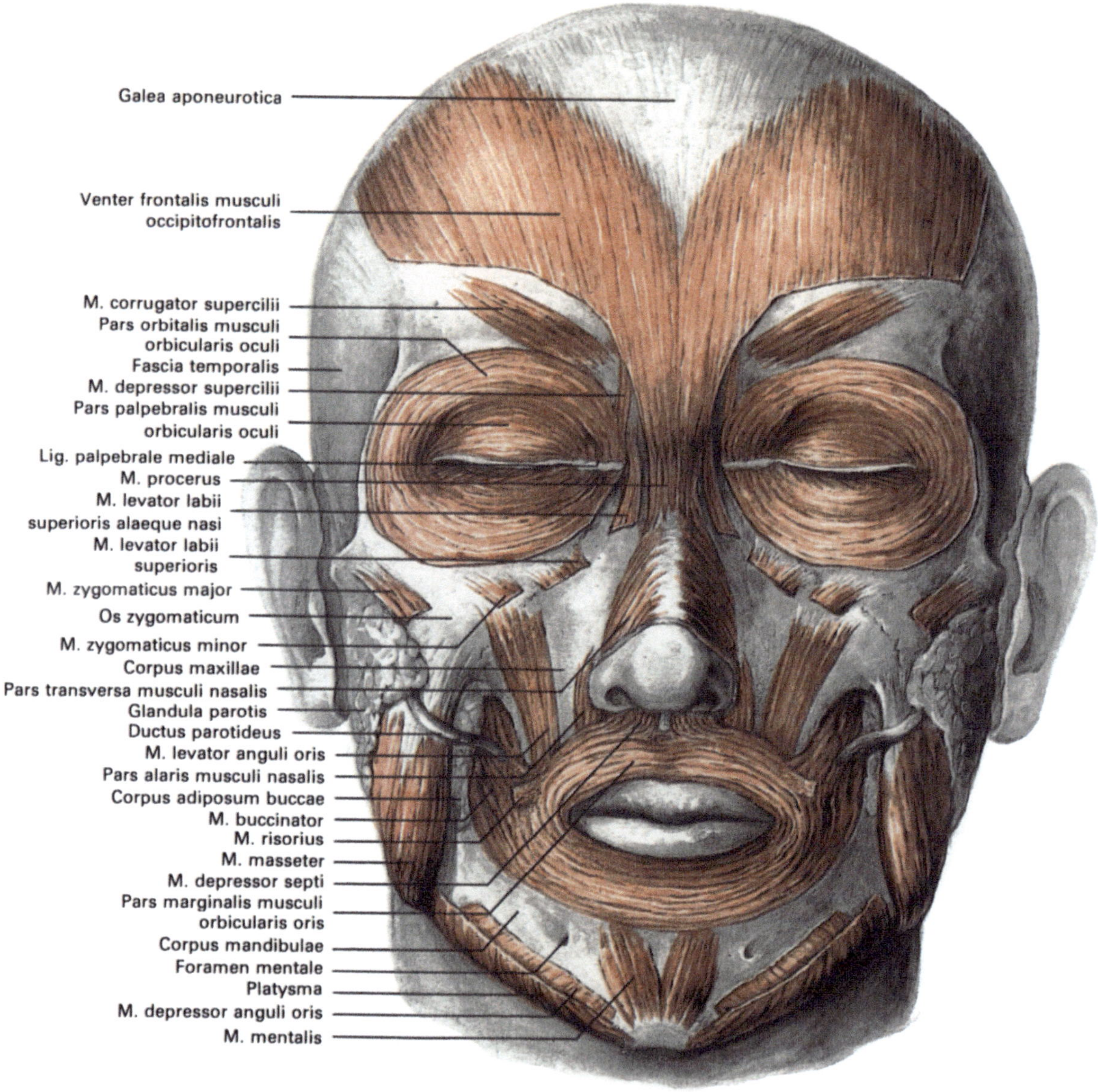

101

Gesichts- und Kaumuskeln, Musculi faciales et musculi masticatores

von vorn. Oberflächliche Gesichtsmuskeln weitgehend entfernt. Ductus parotideus

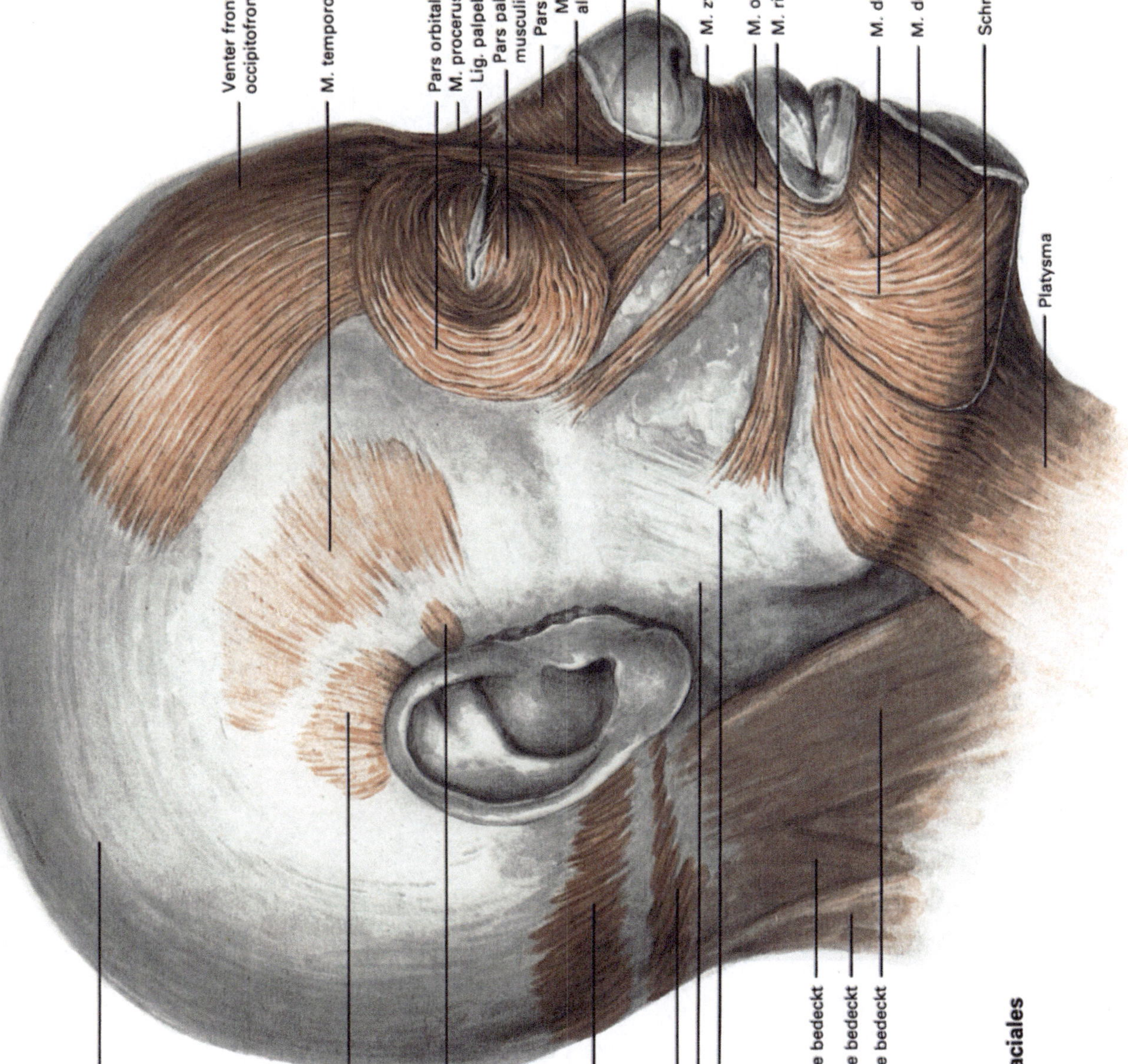

102
Gesichtsmuskeln, Musculi faciales
von rechts

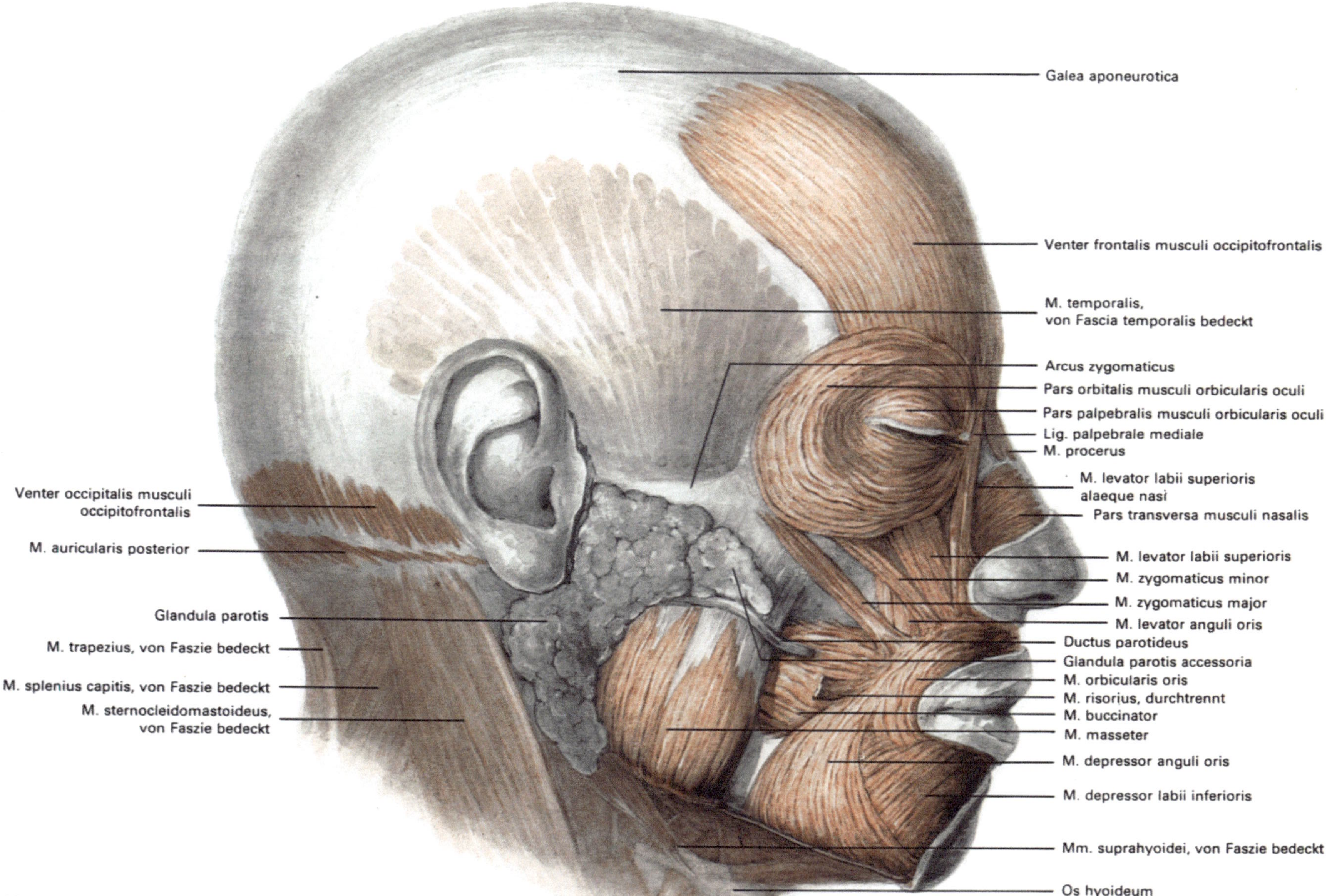

103
Gesichts- und Kaumuskeln, Musculi faciales et Musculi masticatores
von rechts. Fascia parotidea, Fascia masseterica, Corpus adiposum buccae und M. risorius entfernt

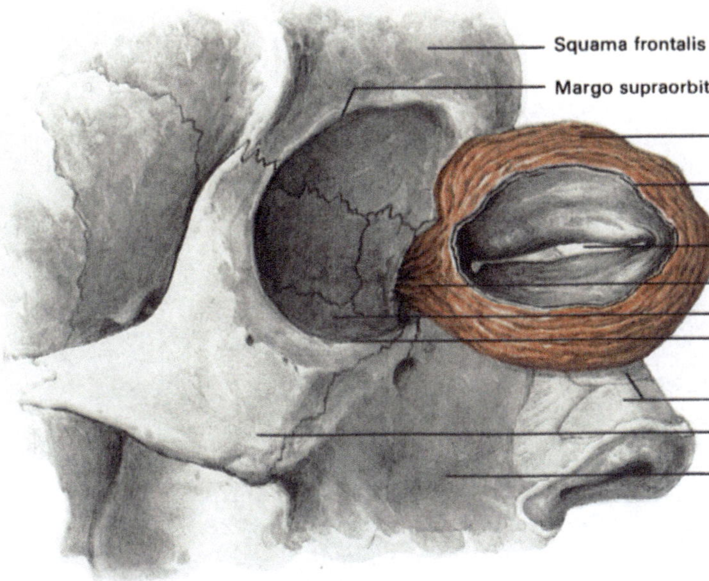

104
Gesichtsmuskeln, Musculi faciales
von rechts. Zur isolierten Darstellung von Pars lacrimalis et pars orbitalis musculi orbicularis oculi wurde der Muskel am Rand der Orbita weitgehend abgelöst und nach vorn geklappt

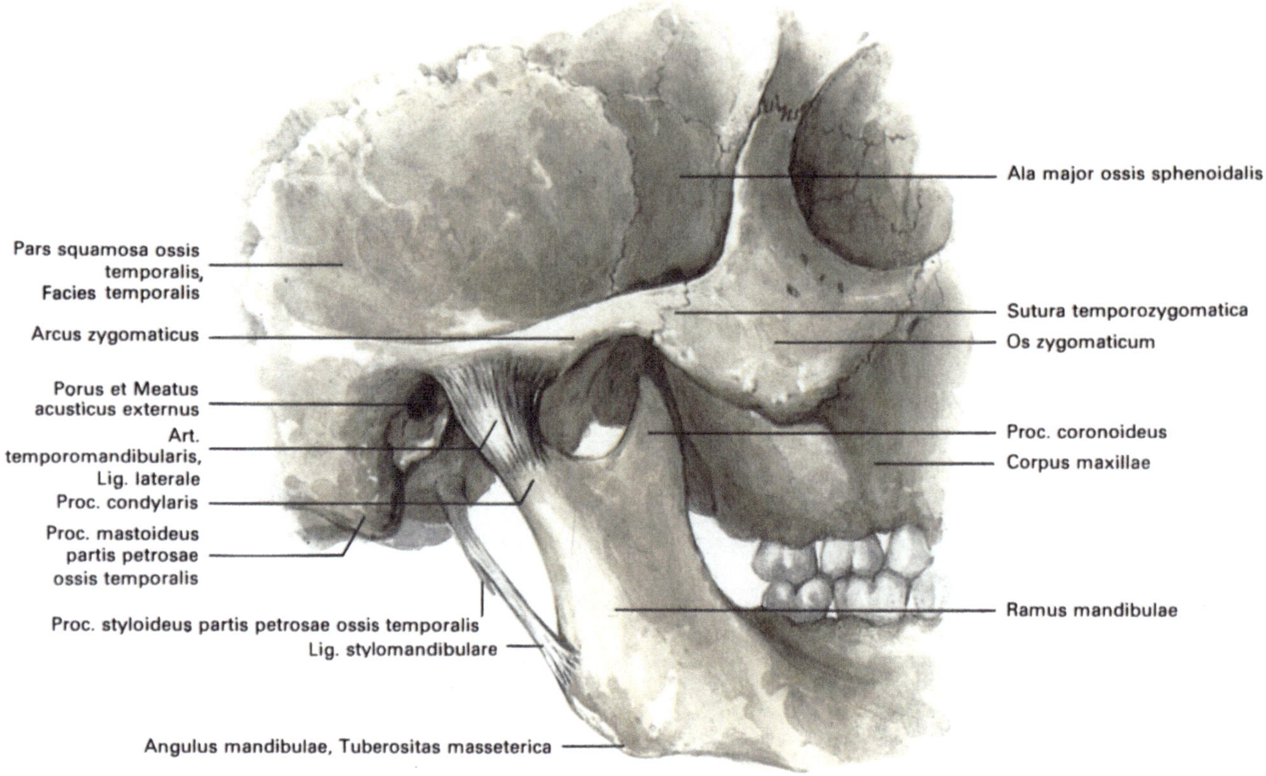

105
Rechtes Kiefergelenk, Articulatio temporomandibularis
von rechts

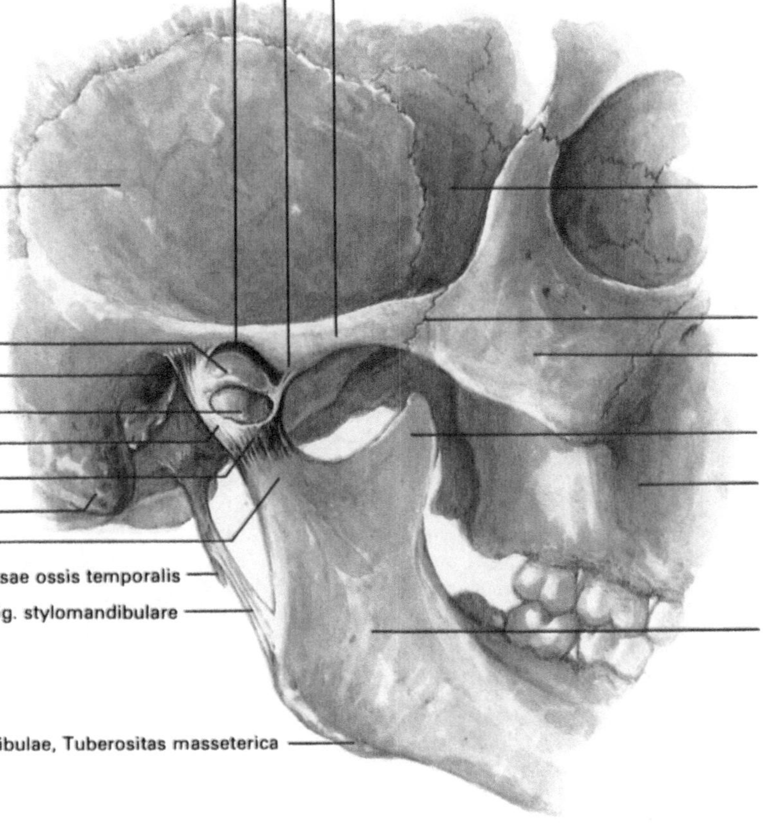

106
Rechtes Kiefergelenk, Articulatio temporomandibularis
von rechts. Gelenkkapsel und Lig. laterale teilweise entfernt. Discus articularis, Lig. stylomandibulare

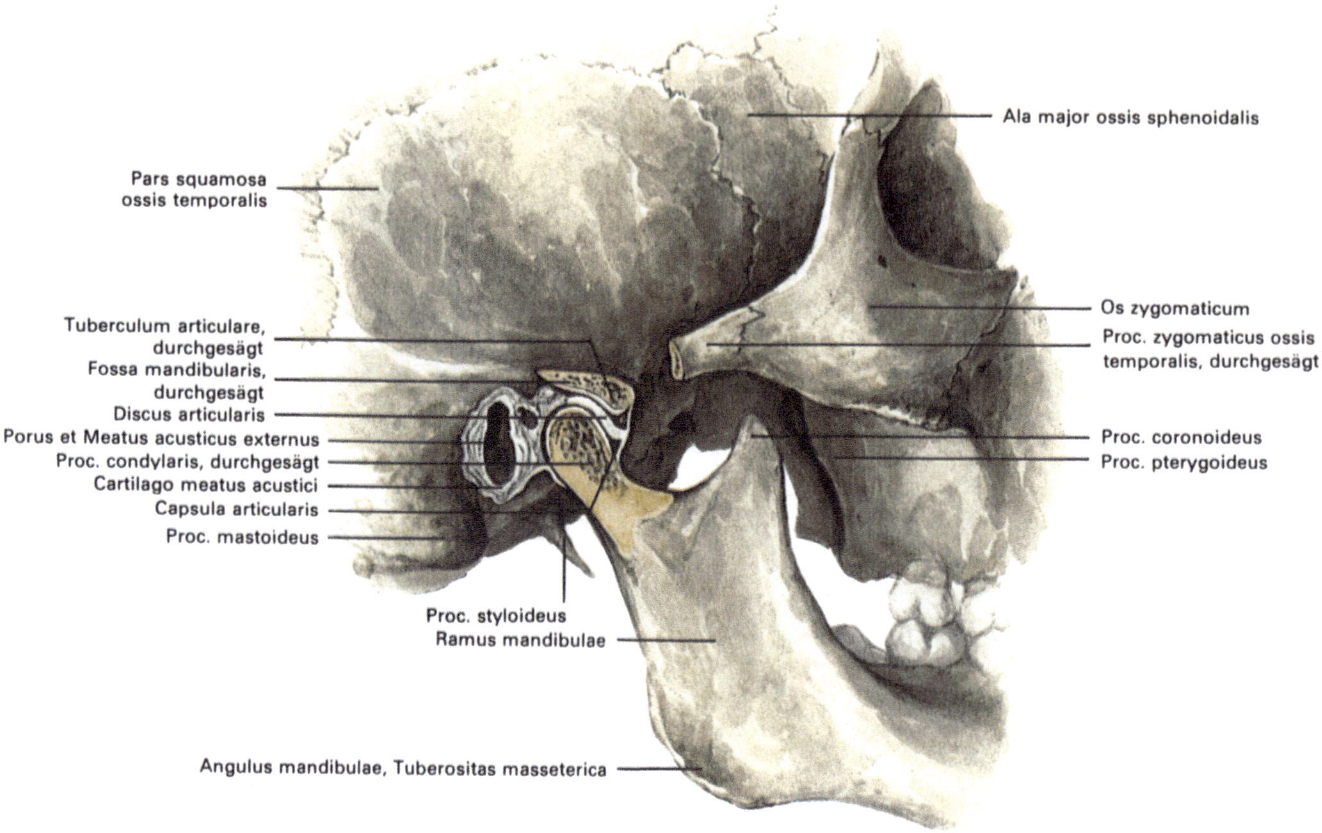

107

Rechtes Kiefergelenk, Articulatio temporomandibularis

von rechts. Kiefergelenk und Knorpelteil des äußeren Gehörgangs, Meatus acusticus externus cartilagineus, sagittal durchgesägt. Discus articularis

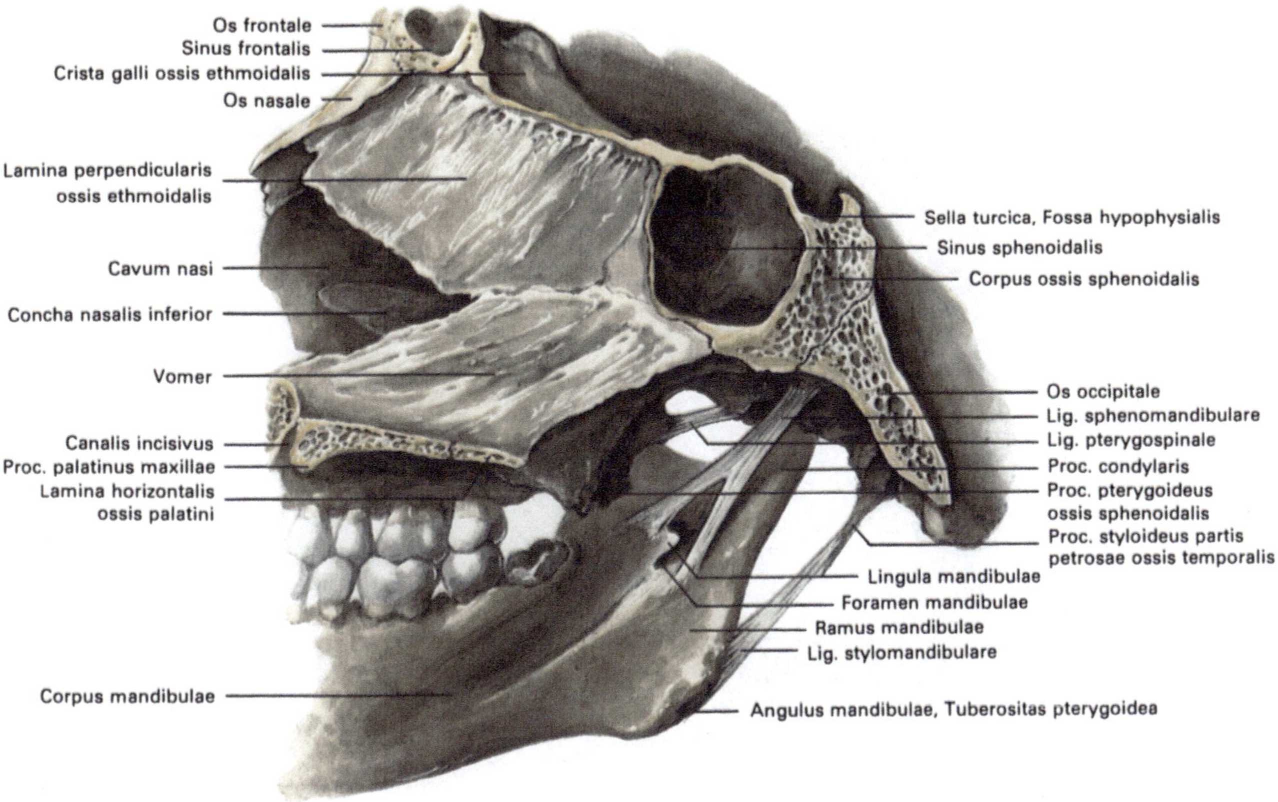

108

Rechtes Kiefergelenk, Articulatio temporomandibularis

von medial. Knöcherne Nasenscheidewand, Septum nasi osseum, harter Gaumen, Palatum durum, Keilbeinhöhle, Sinus sphenoidalis

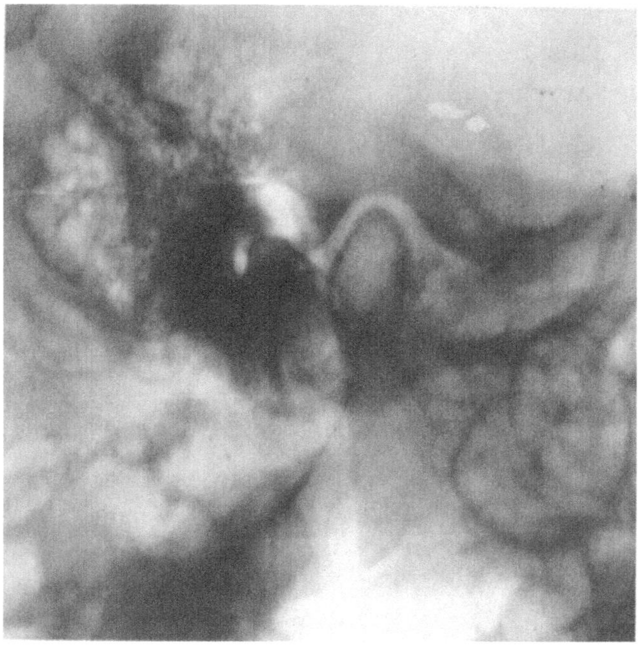

109
Röntgenbild des rechten Kiefergelenkes
Erwachsenenalter. Röntgenaufnahme nach Schüller

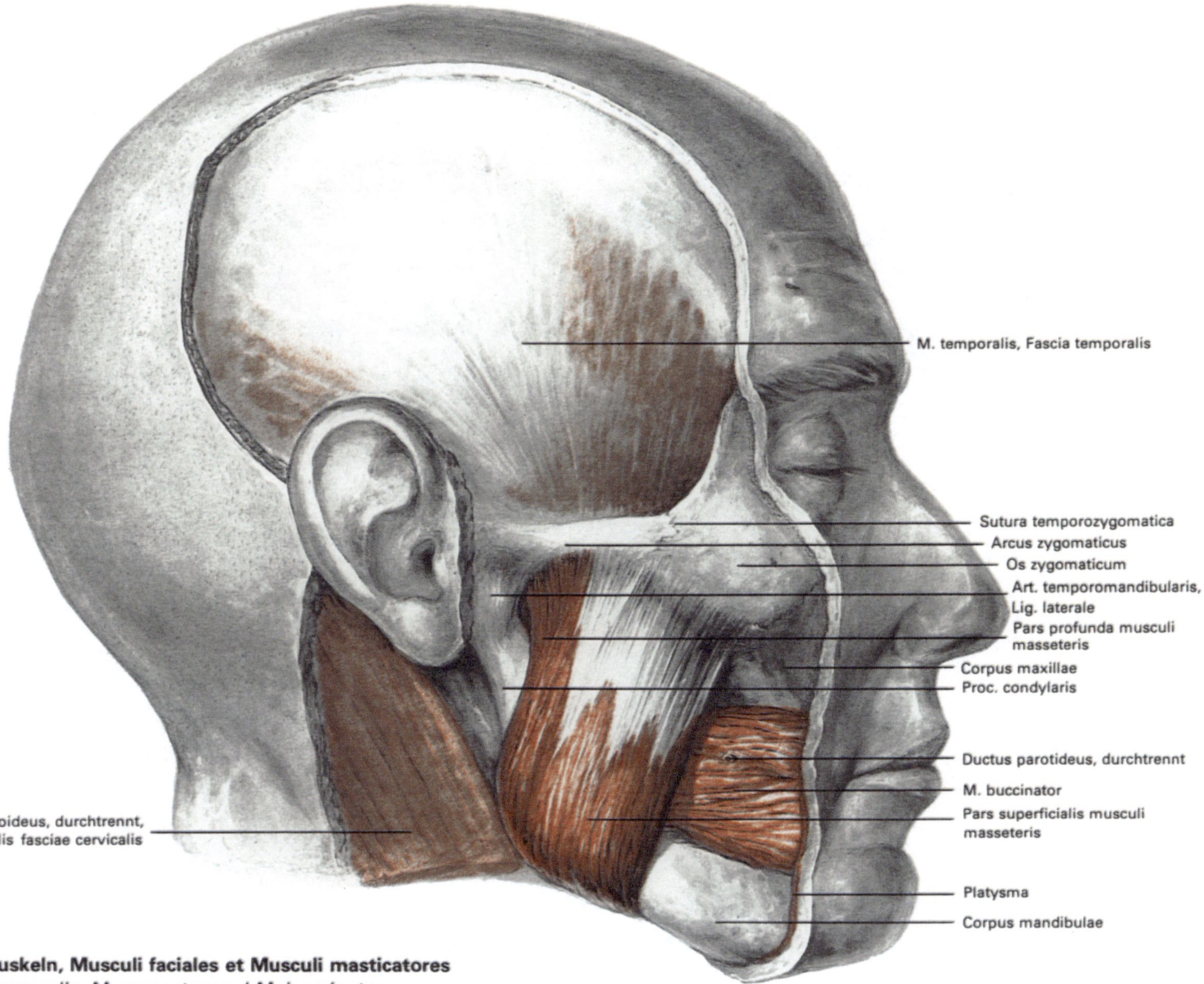

110
Gesichts- und Kaumuskeln, Musculi faciales et Musculi masticatores
von rechts. Fascia temporalis, M. masseter und M. buccinator

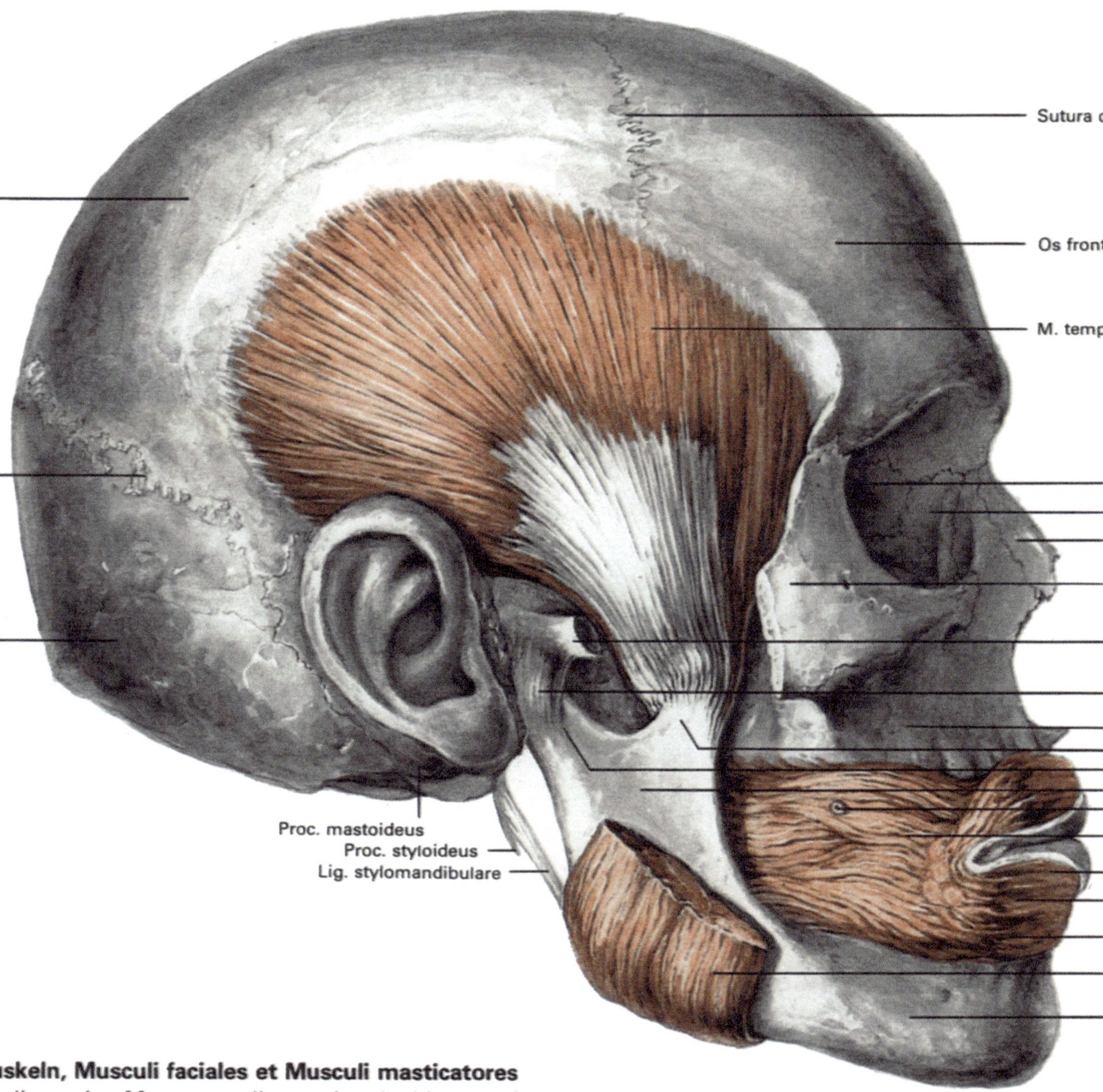

111
Gesichts- und Kaumuskeln, Musculi faciales et Musculi masticatores
von rechts. Zur Darstellung des M. temporalis wurden Jochbogen, Arcus zygomaticus, und M. masseter weitgehend entfernt. M. buccinator und M. orbicularis oris

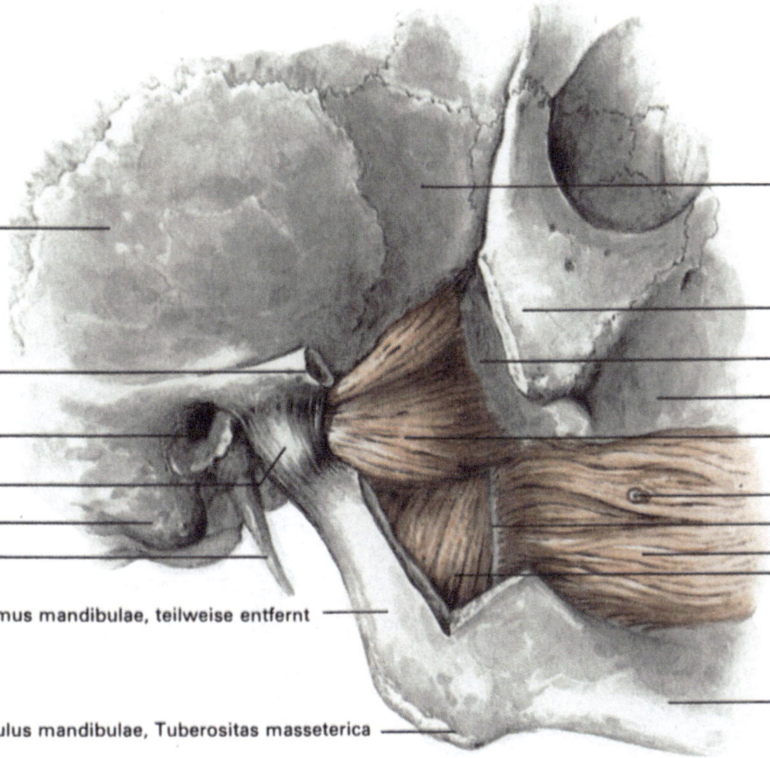

112
Gesichts- und Kaumuskeln, Musculi faciales et Musculi masticatores
von rechts. Zur Darstellung der Musculi pterygoidei wurden Jochbogen und Teile des Unterkiefers entfernt

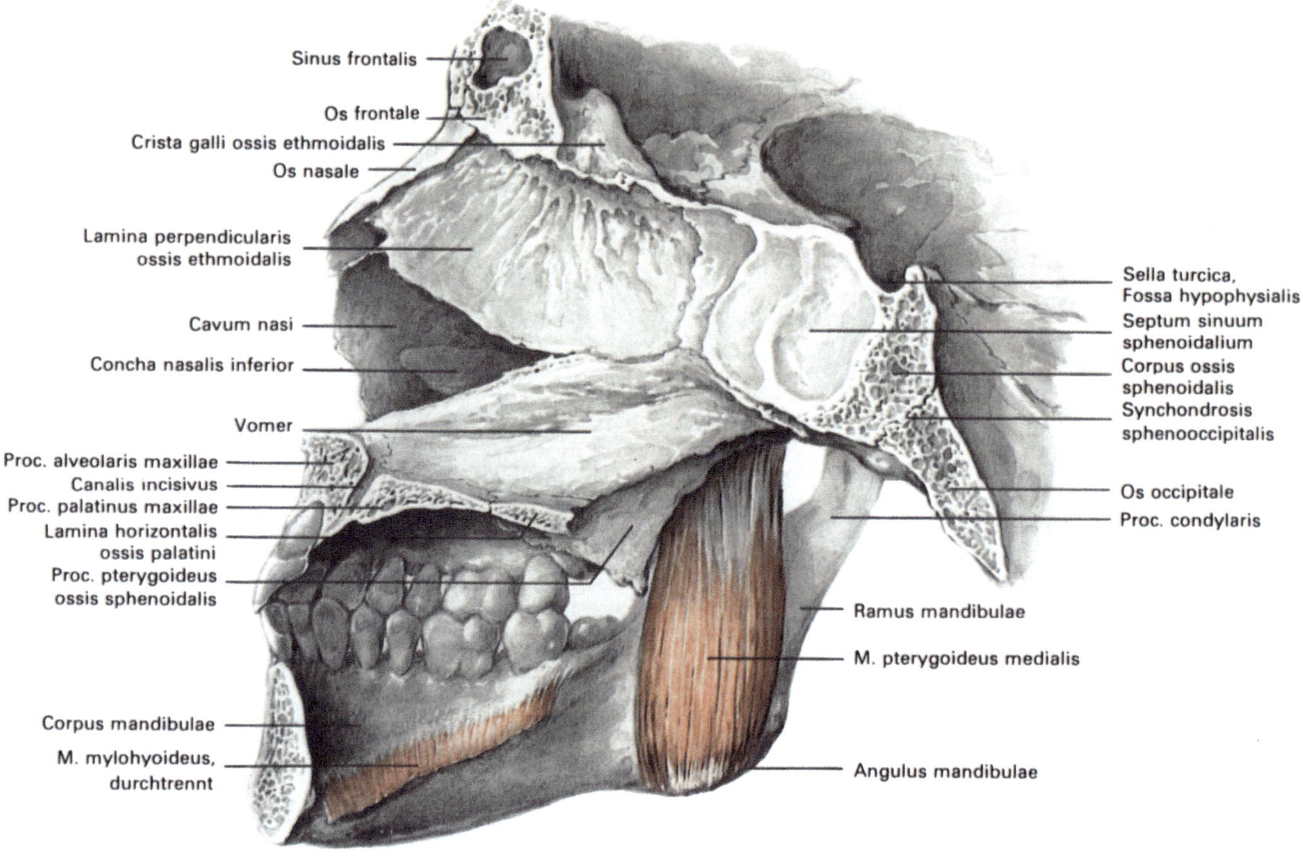

113
Kaumuskeln, Musculi masticatores
von medial. Rechter M. pterygoideus medialis

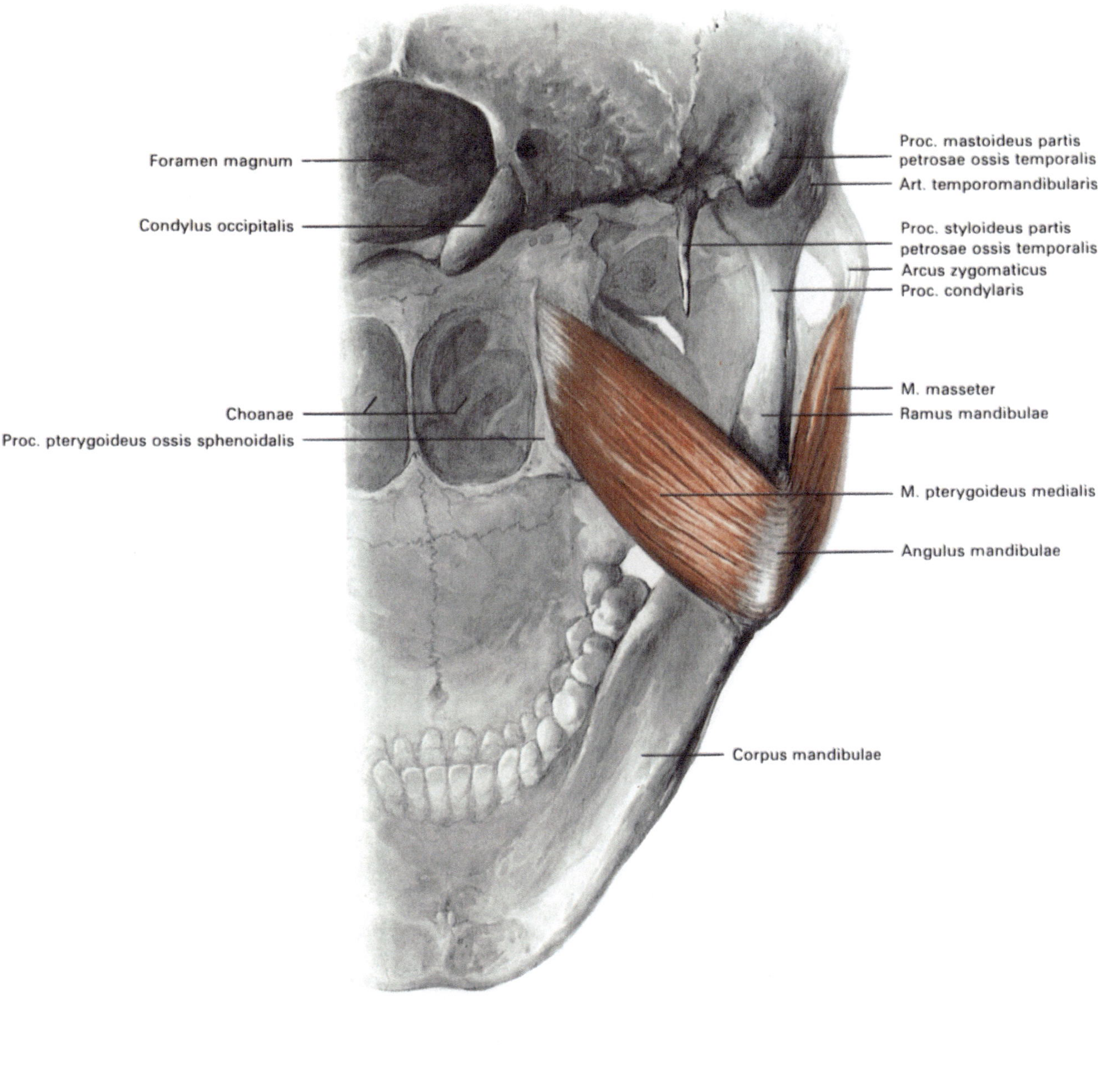

114
Kaumuskeln, Musculi masticatores
von hinten unten. Rechter M. pterygoideus medialis und M. masseter

KOPF

Gefäße und Nerven

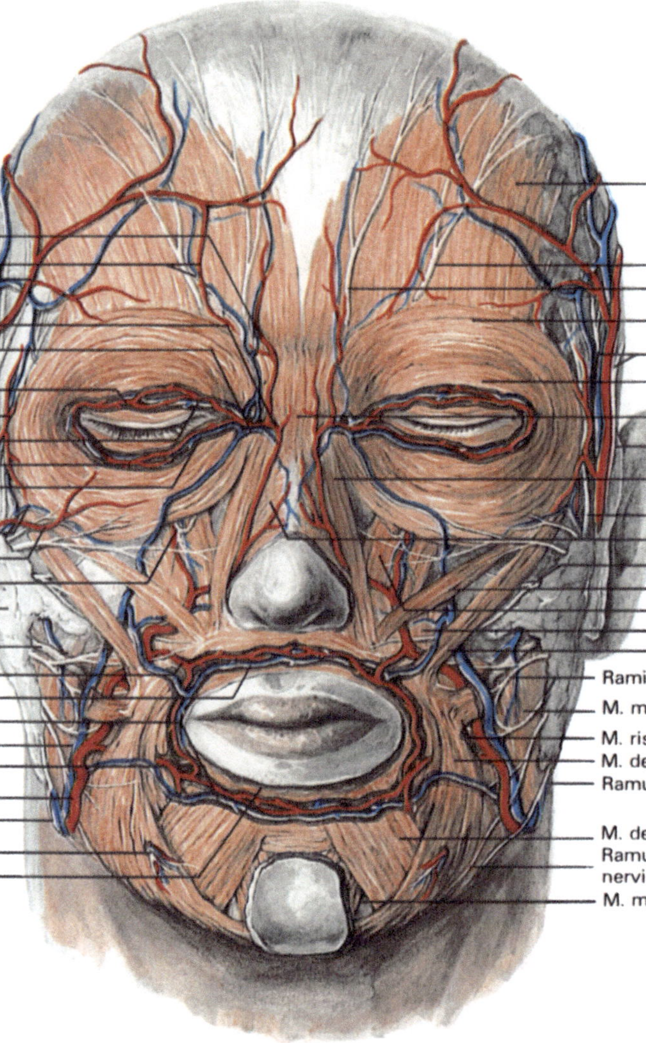

115
Kopf, Caput
von vorn. Gesichtsmuskeln, Musculi faciales, M. masseter; Ohrspeicheldrüse, Glandula parotis; oberflächliche Blutgefäße und Nerven

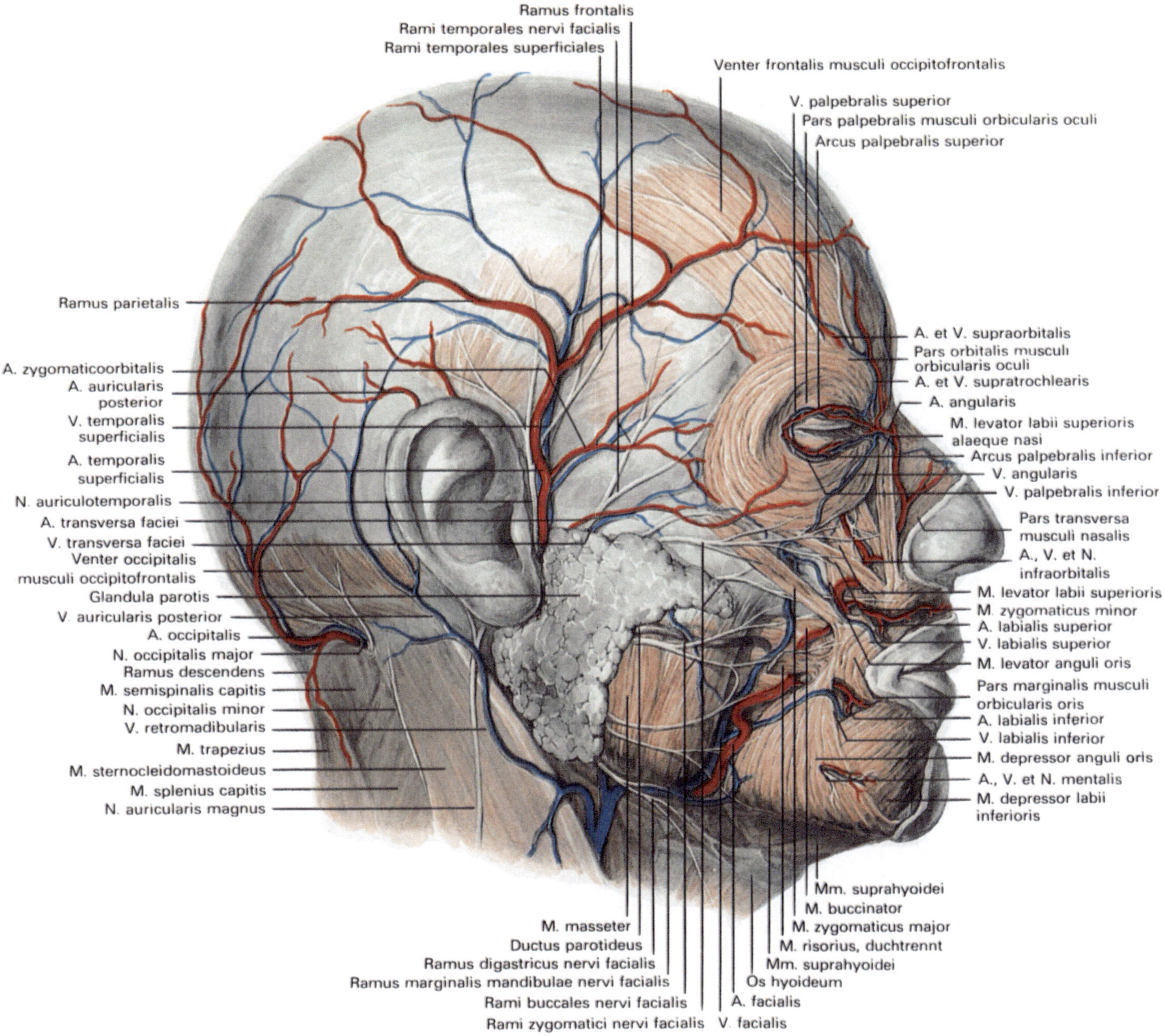

116

Kopf, Caput

von rechts. Gesichtsmuskeln, Musculi faciales, M. masseter. Ohrspeicheldrüse, Glandula parotis; oberflächliche Blutgefäße und Nerven. Halsmuskeln von Faszien bedeckt

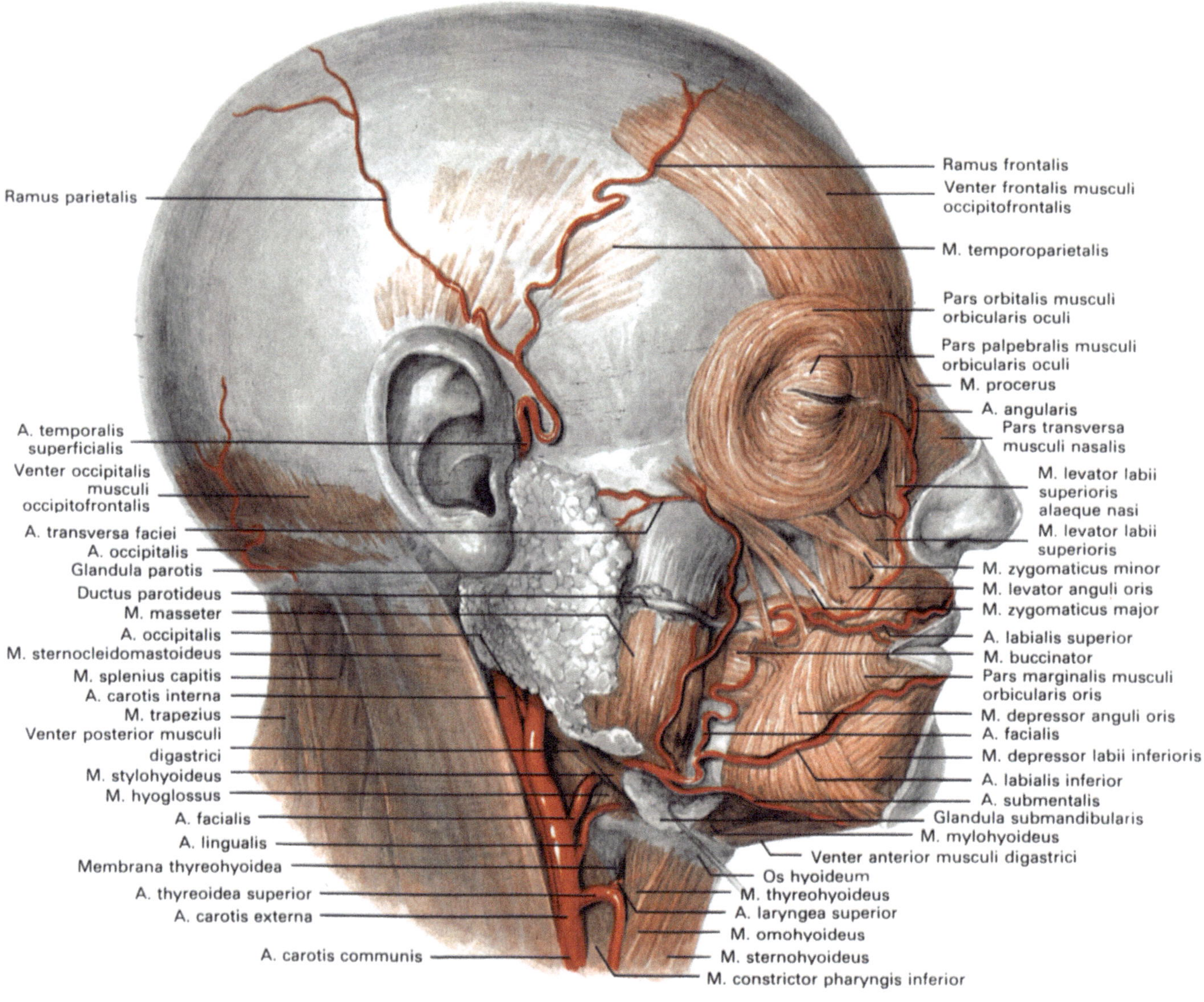

117

Regionen des Kopfes, Regiones capitis et faciei

von rechts, Darstellung der Arterien. Die Äste von N. trigeminus und N. facialis wurden entfernt

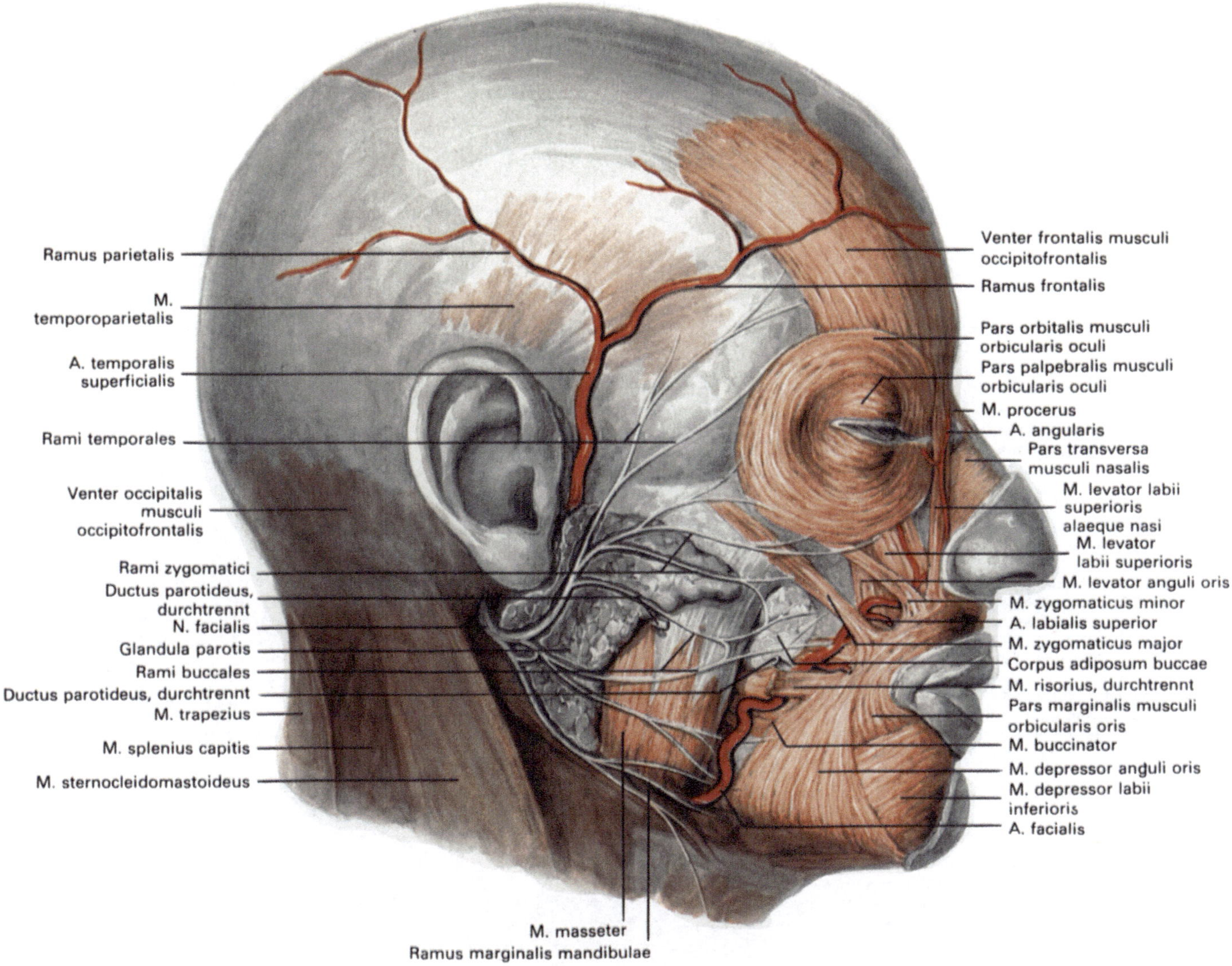

118

Regionen des Kopfes, Regiones capitis et faciei

von rechts. Äste des N. facialis in der Ohrspeicheldrüse, Glandula parotis, freigelegt; A. temporalis superficialis, A. facialis. Kleinere Gesichtsarterien vollständig, Ductus parotideus und M. risorius teilweise entfernt

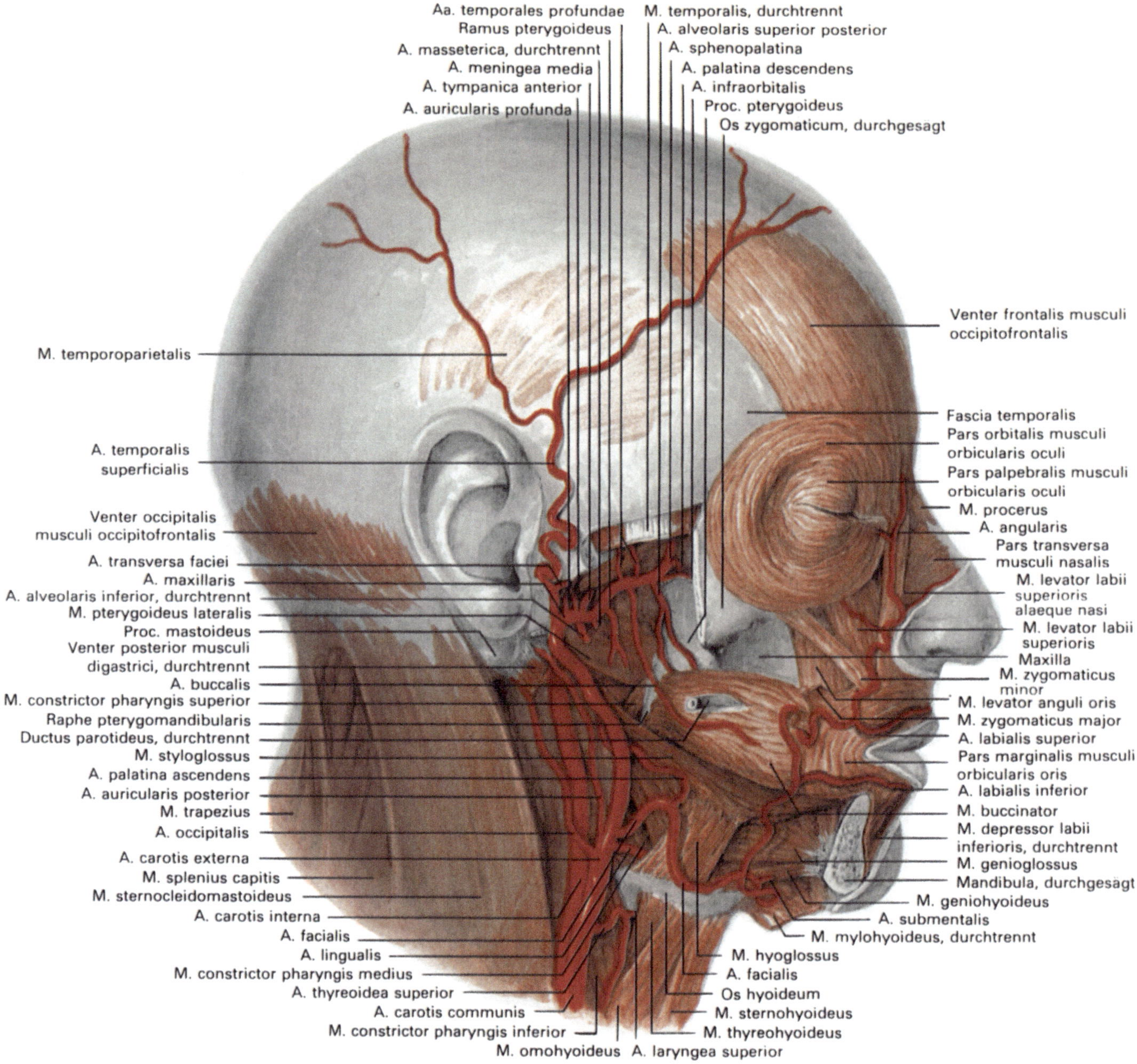

119

Arterien des Kopfes

von rechts. A. carotis interna, A. carotis externa und Äste. Durchgesägt und herausgelöst wurden: Arcus zygomaticus und rechter Teil der Mandibula. Ohrspeicheldrüse, Glandula parotis, entfernt

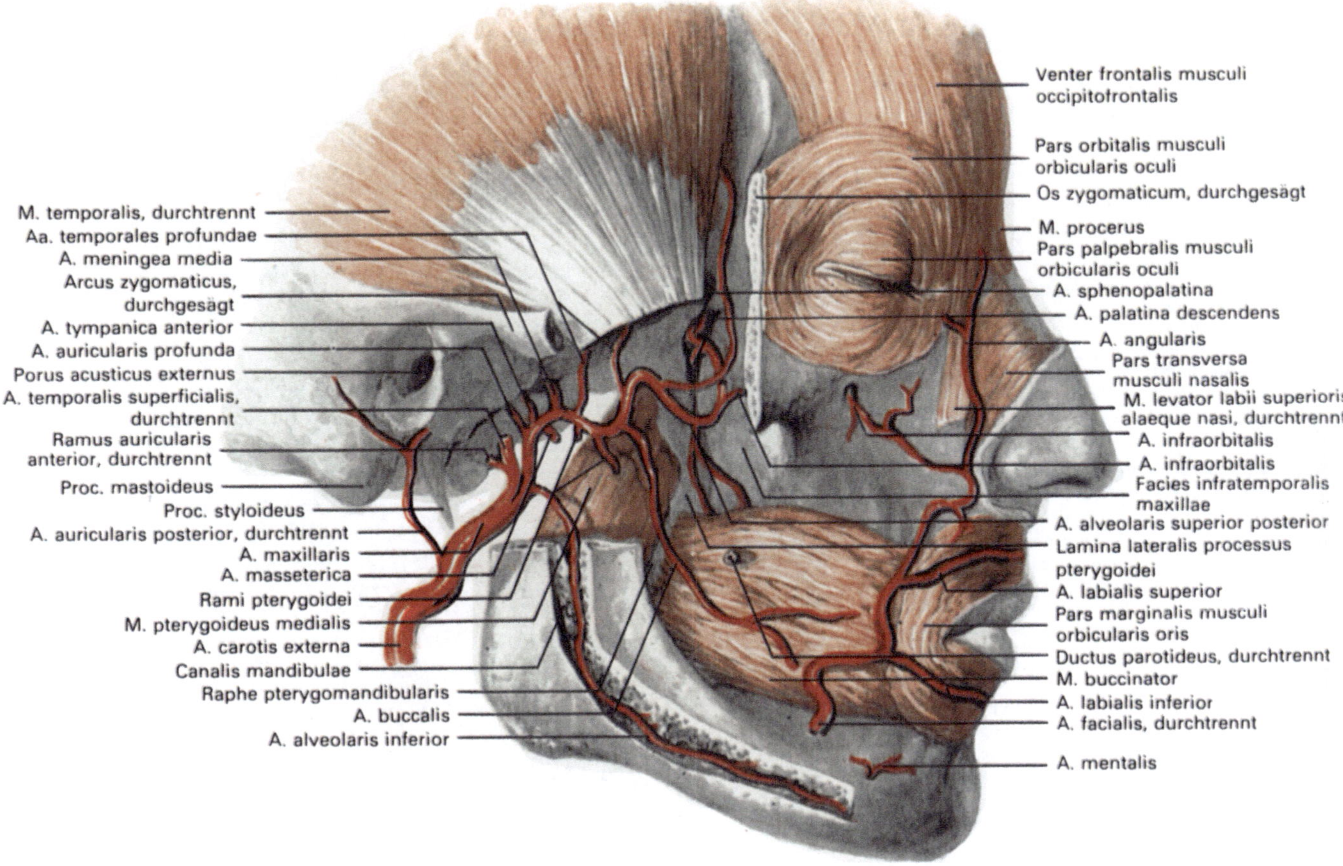

120
Arterien des Kopfes
von rechts. Isolierte Darstellung der Äste von A. maxillaris und A. facialis. Durchgesägt und entfernt wurden: Arcus zygomaticus und oberer Abschnitt des Ramus mandibulae. Canalis mandibulae aufgemeißelt

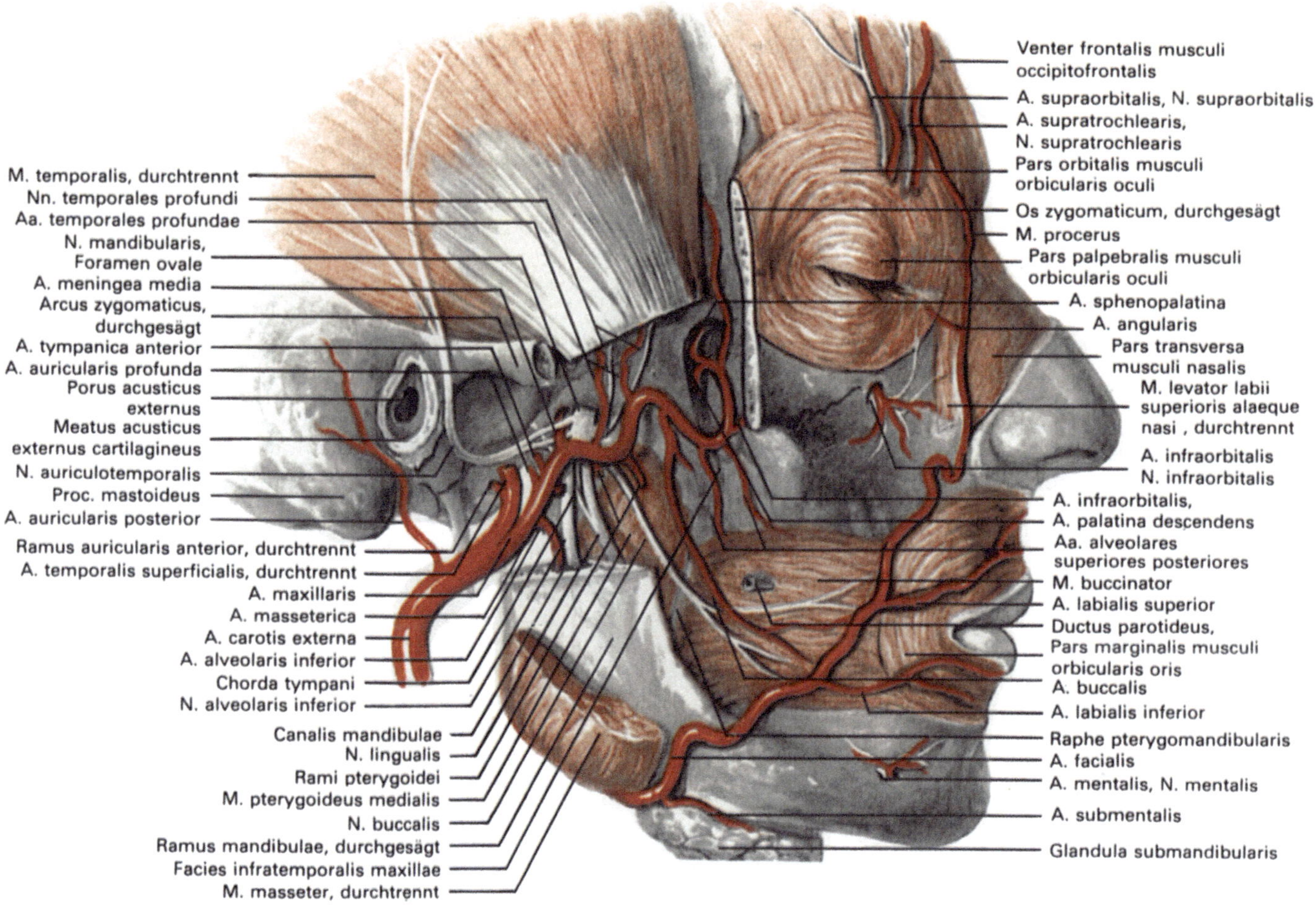

121

Untere Schläfengrube, Fossa infratemporalis

von rechts. Äste von A. maxillaris und N. mandibularis. A. facialis. Austrittsstellen der Gesichtsäste des N. trigeminus (»Nervenaustrittspunkte«)

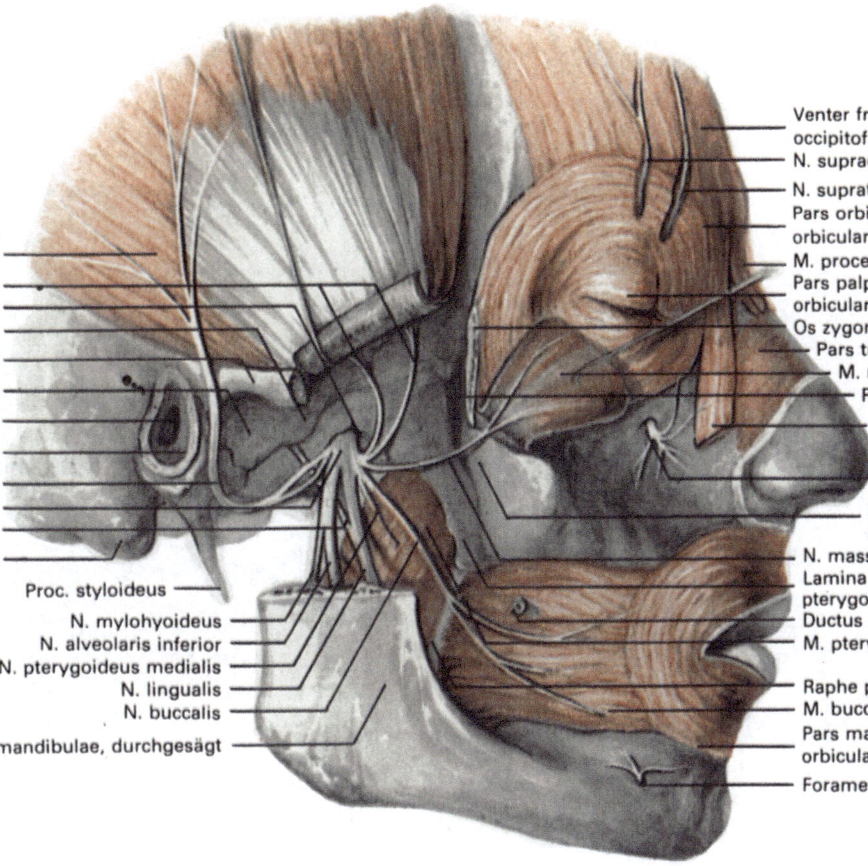

122

Untere Schläfengrube, Fossa infratemporalis

von rechts. Isolierte Darstellung des N. mandibularis und seiner Äste sowie der Gesichtsäste des N. trigeminus (»Nervenaustrittspunkte«)

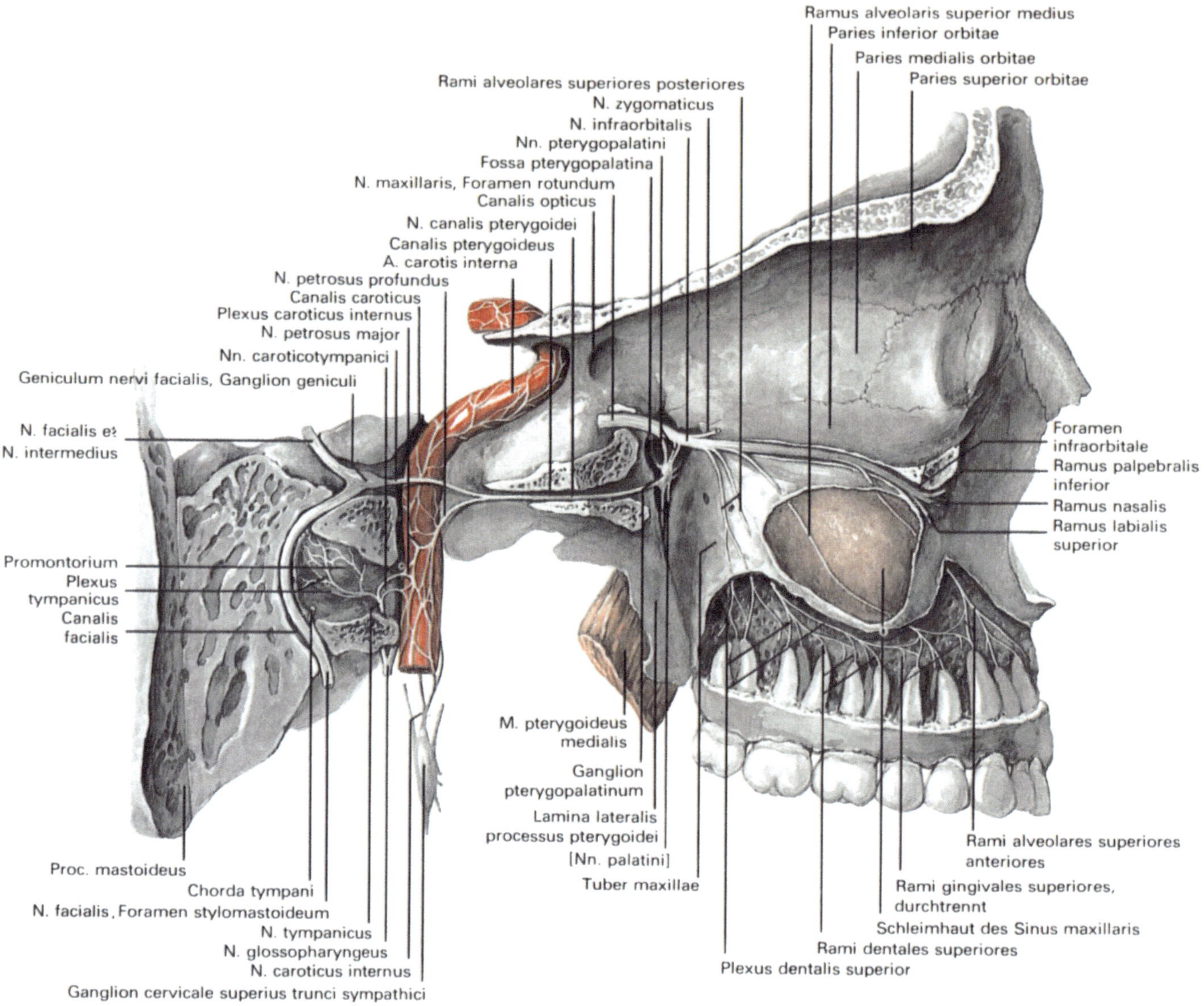

123

N. maxillaris, Ganglion pterygopalatinum, N. facialis

von rechts. Rechte Teile des Schädels entfernt, laterale Wand des Processus alveolaris maxillae und des Sinus maxillaris abgetragen

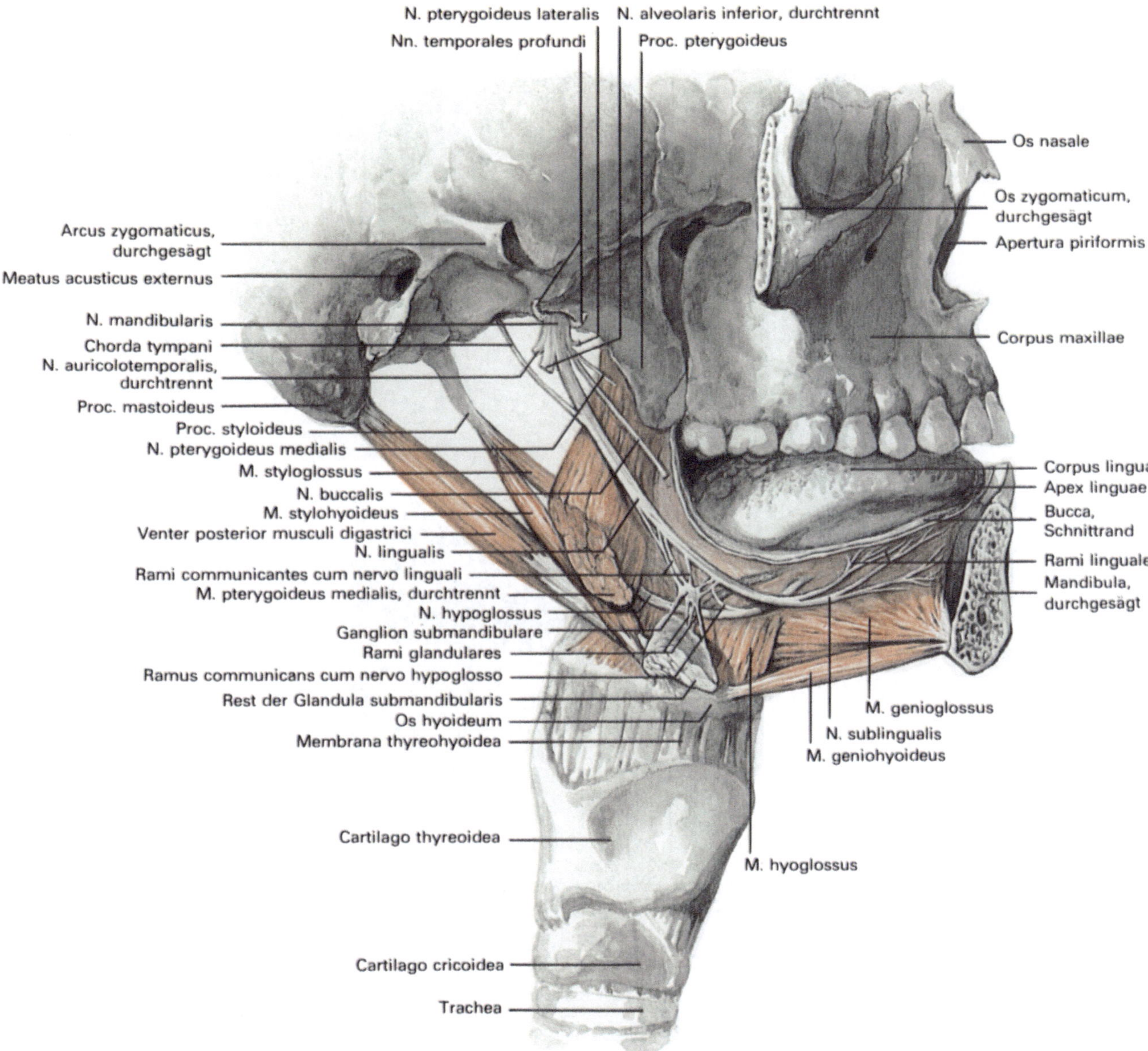

124
Ganglion submandibulare, N. lingualis, N. hypoglossus
von rechts. Rechte Hälfte des Unterkiefers entfernt

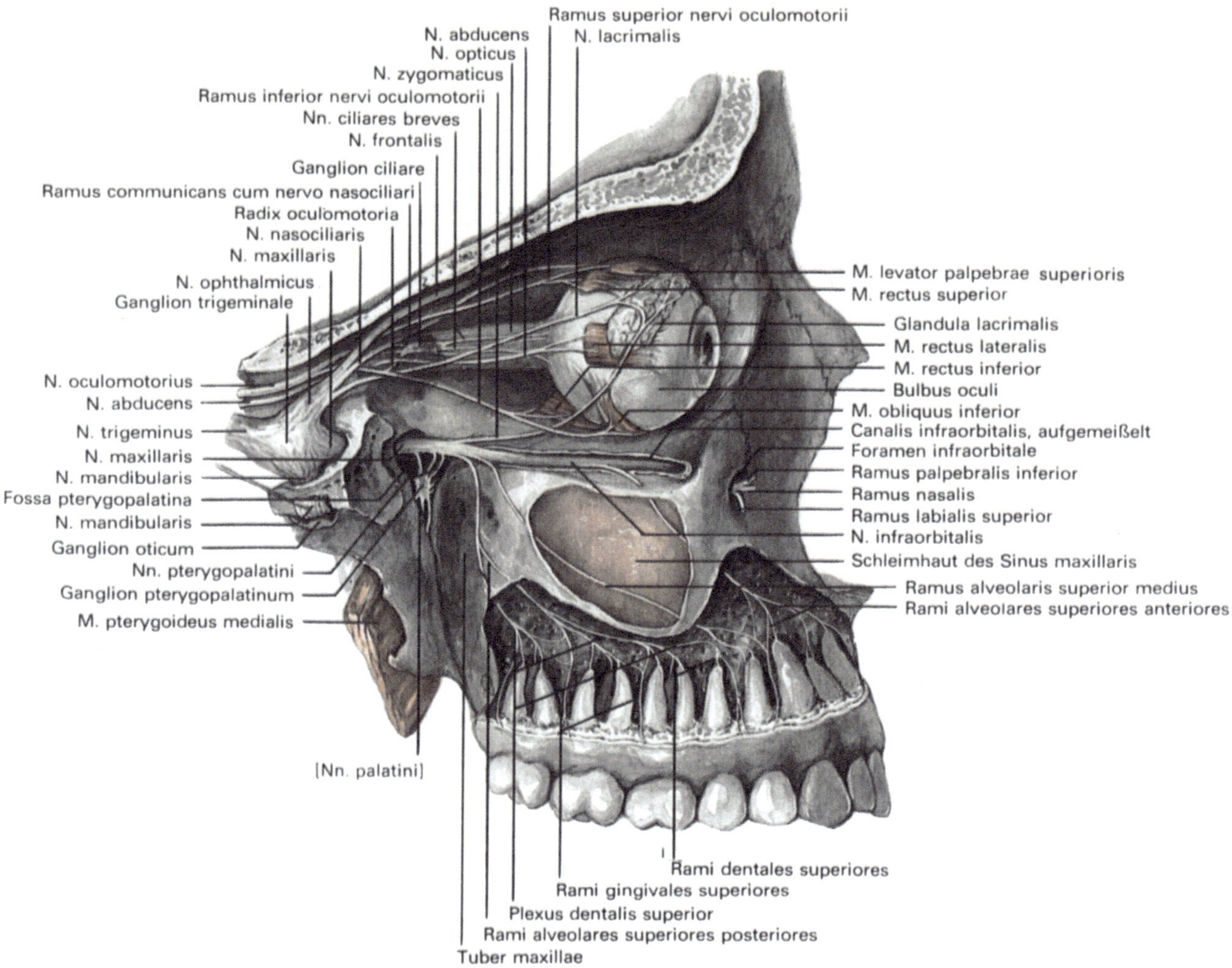

125

N. maxillaris

von rechts. Verbindungen mit dem N. ophthalmicus. Ganglion ciliare, Ganglion pterygopalatinum und Ganglion oticum

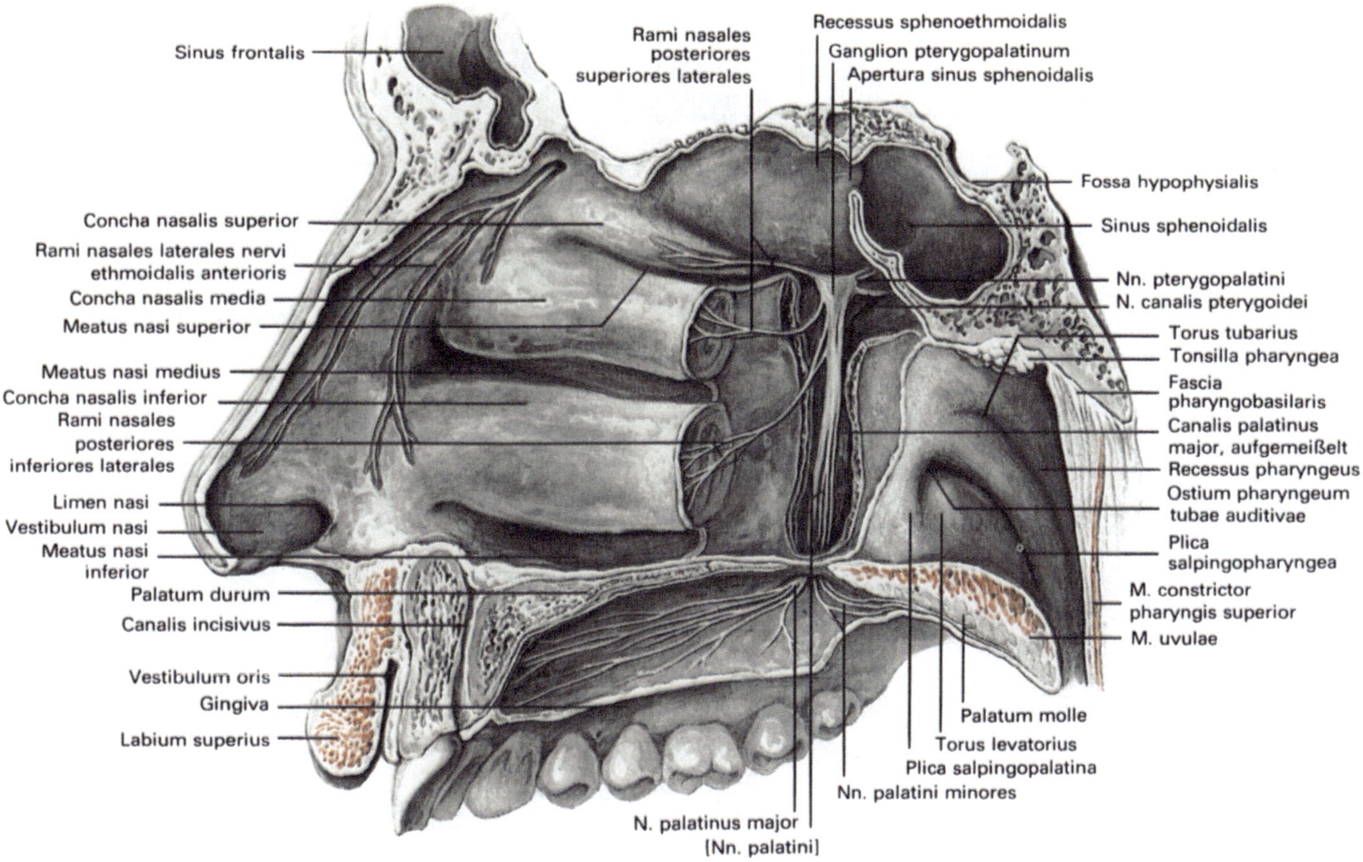

126
Ganglion pterygopalatinum
von medial. Sensible Nerven von lateraler Nasenhöhlenwand und Gaumen

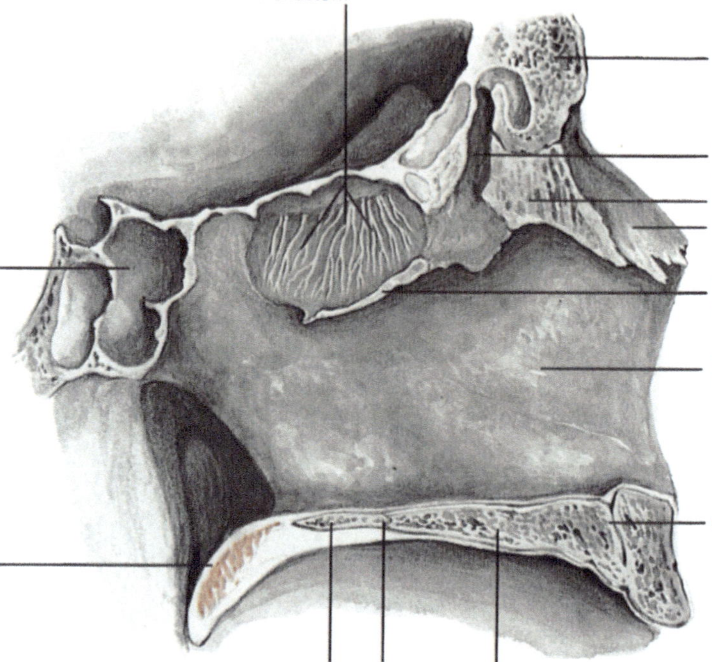

127
Rechte Nasenhöhle, Cavum nasi
von rechts. Mittlere und untere Nasenmuschel mit den angrenzenden Abschnitten der lateralen Nasenhöhlenwand entfernt. Zur Darstellung der Nervi olfactorii wurde der Knochen der rechten oberen Nasenmuschel weitgehend abgetragen

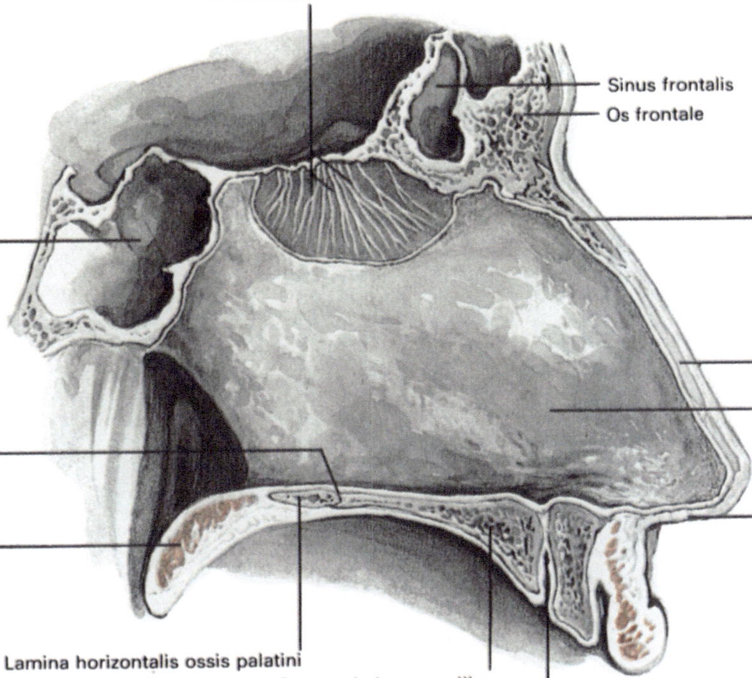

128
Nasenscheidewand, Septum nasi
von rechts. Schleimhaut im Bereich der Riechnerven, Nervi olfactorii, entfernt

KOPF

Eingeweide

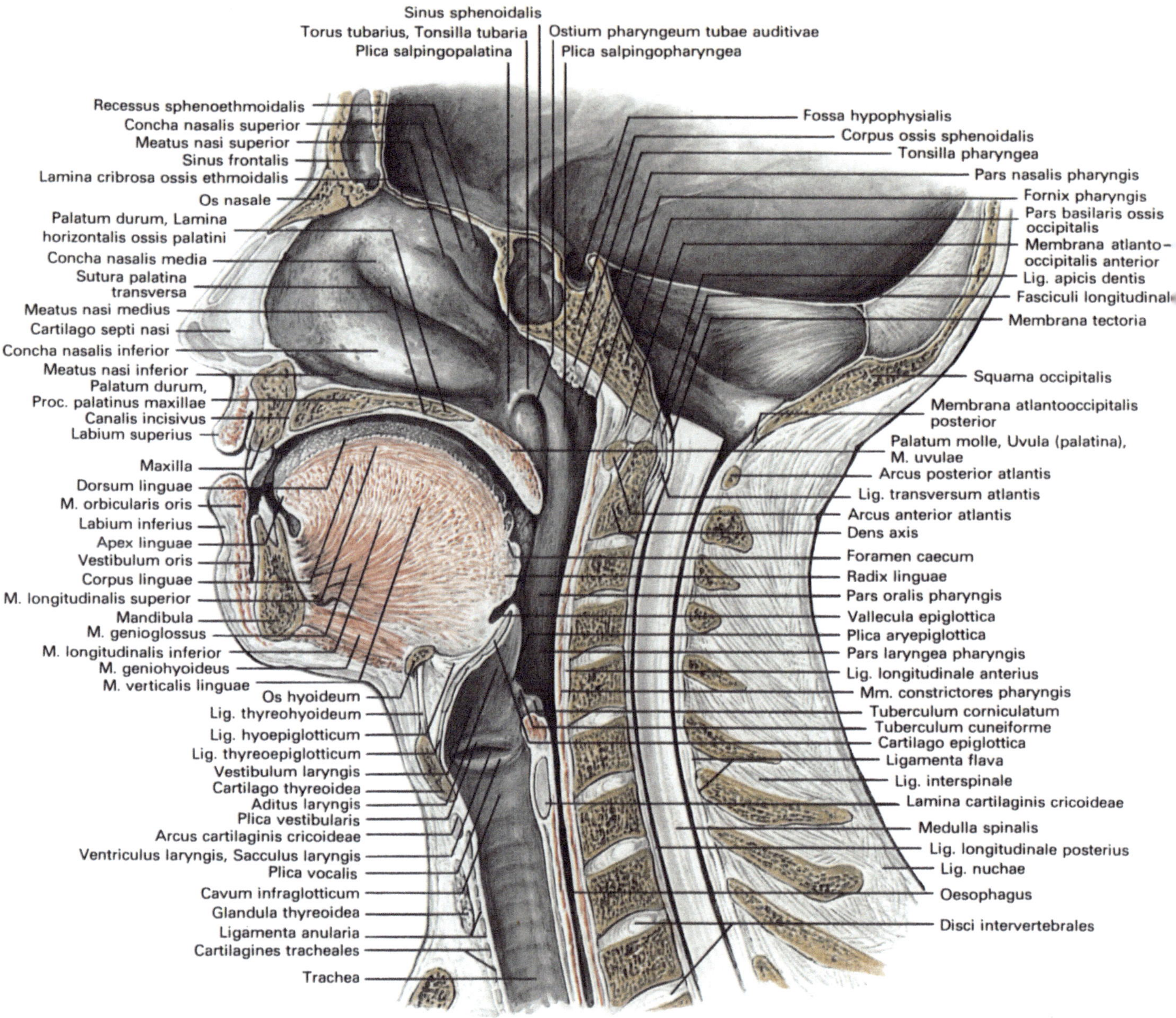

129

Kopf, Caput, und Hals, Collum

Medianschnitt, Ansicht von links. Knöcherne Nasenscheidewand, Septum nasi osseum, und Gehirn, Encephalon, entfernt

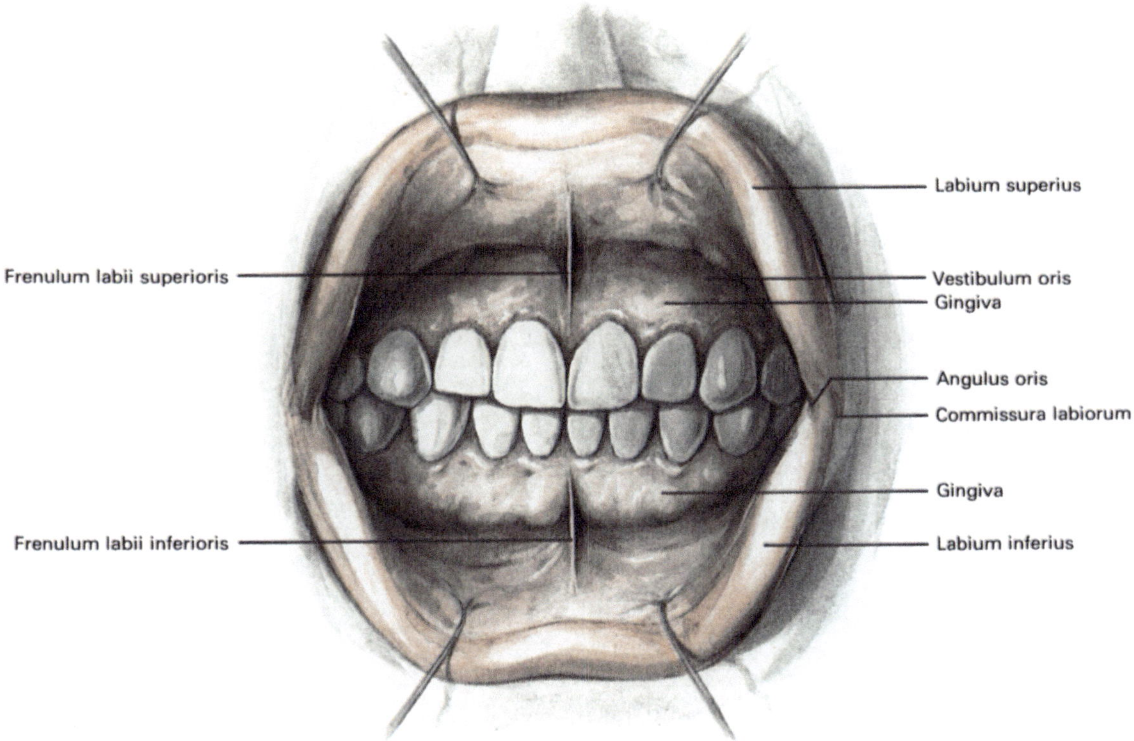

130
Mundhöhlenvorhof, Vestibulum oris
von vorn. Zur Darstellung der Lippenbändchen, Frenula labiorum, wurde die Mundspalte, Rima oris, geöffnet

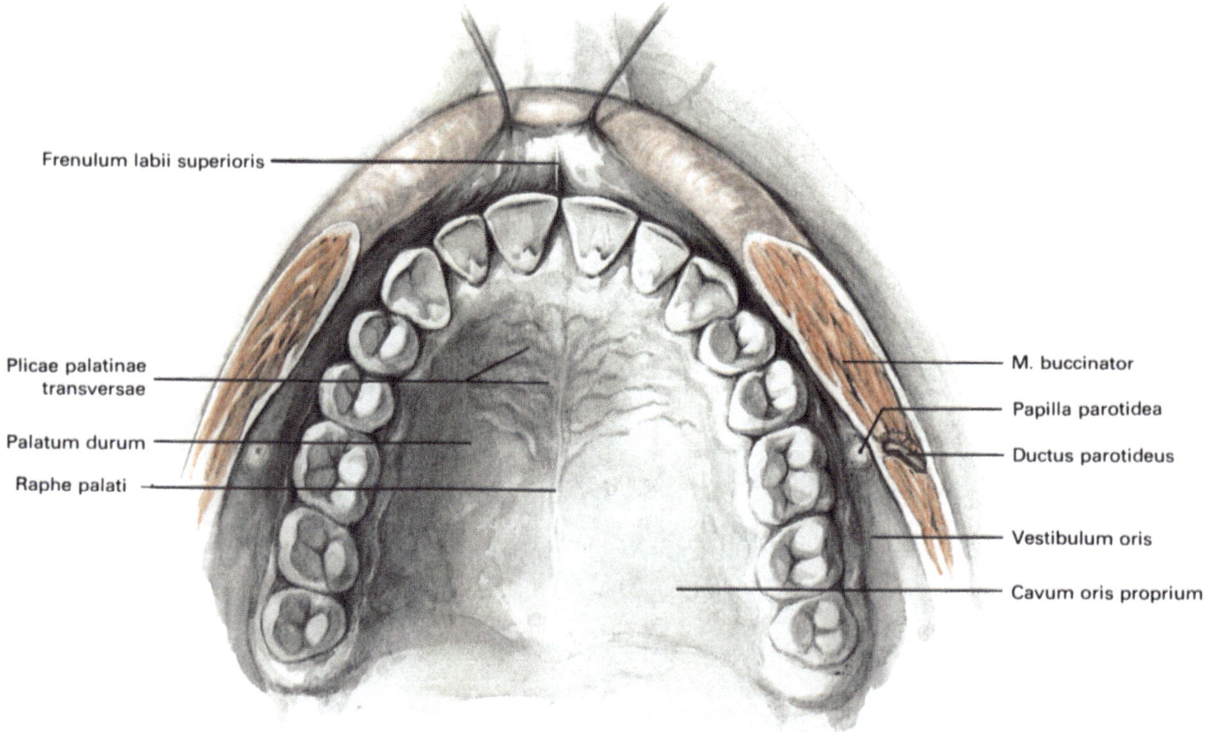

131
Mundhöhlenvorhof, Vestibulum oris
Ansicht des oberen Teils von unten. Durchtritt des linken Ductus parotideus im M. buccinator präpariert

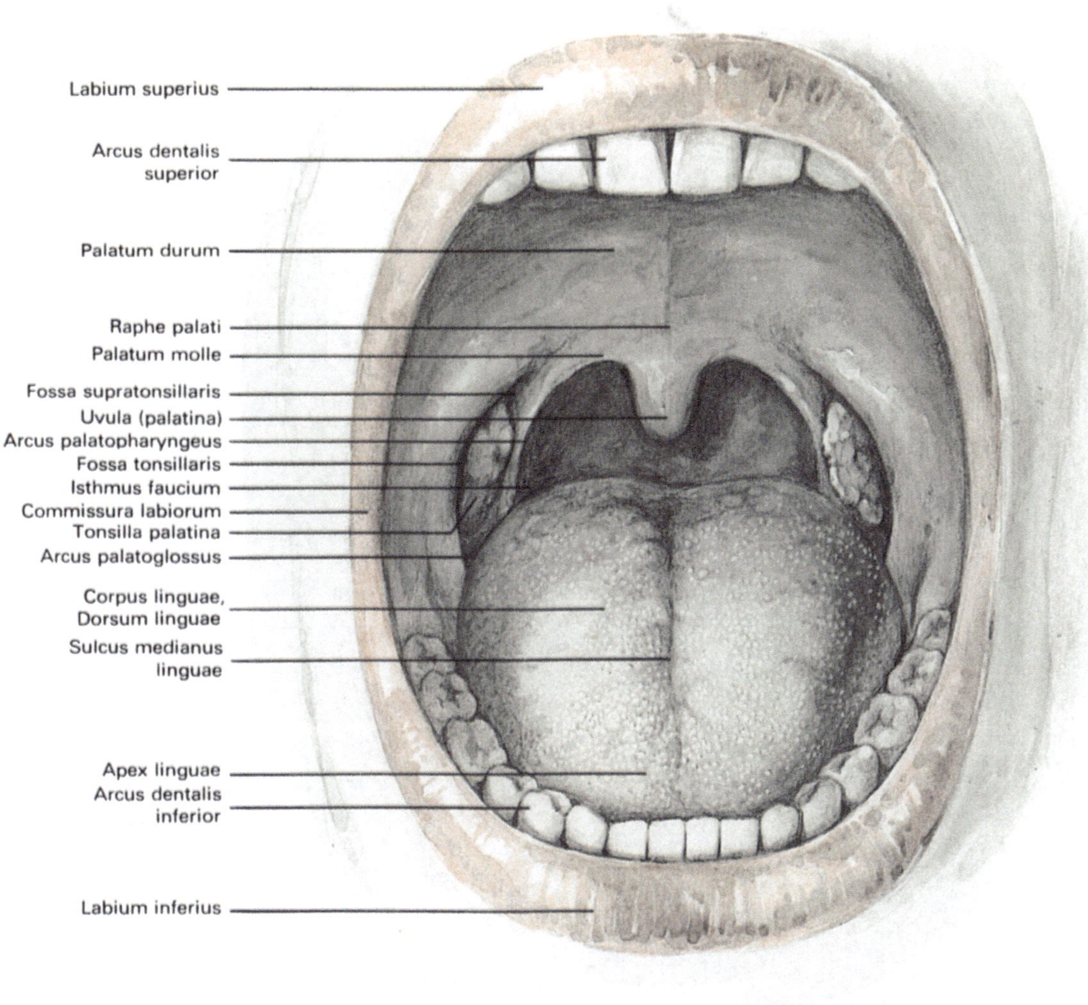

132
Mundhöhle, Cavum oris
von vorn. Gaumensegel, Velum palatinum

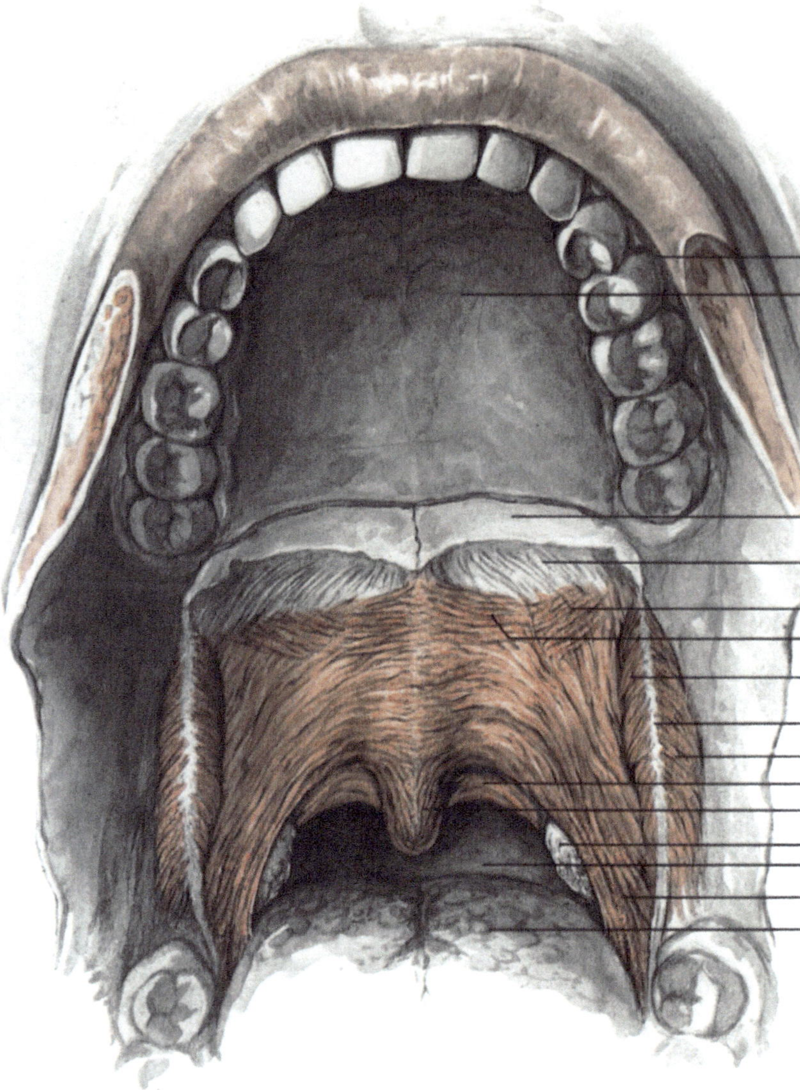

133
Mundhöhle, Cavum oris
von vorn. Muskeln des weichen Gaumens, Musculi palati et faucium

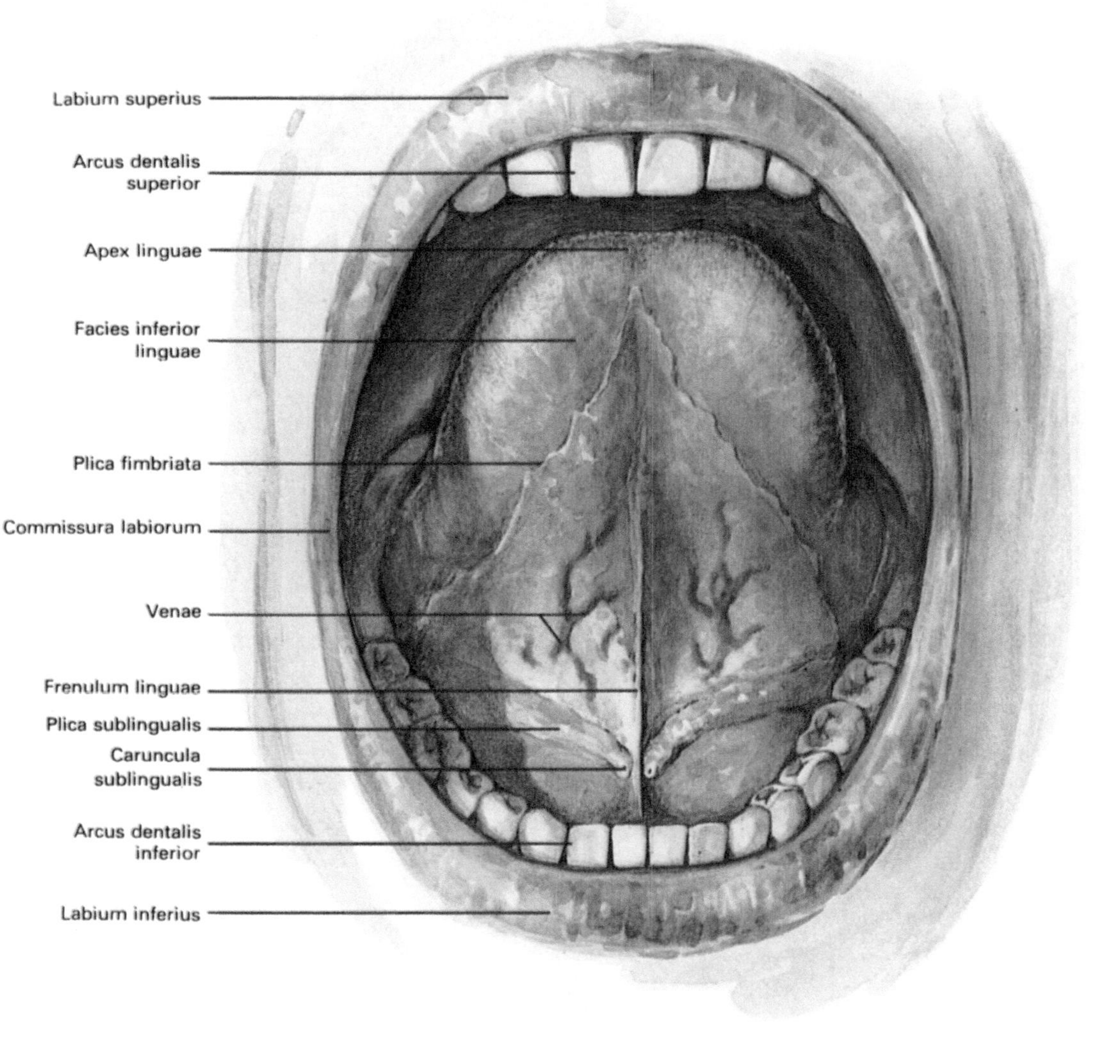

134
Mundhöhle, Cavum oris
von vorn. Zur Inspektion der Unterfläche der Zunge, Facies inferior, wurde die Zunge nach oben geschlagen

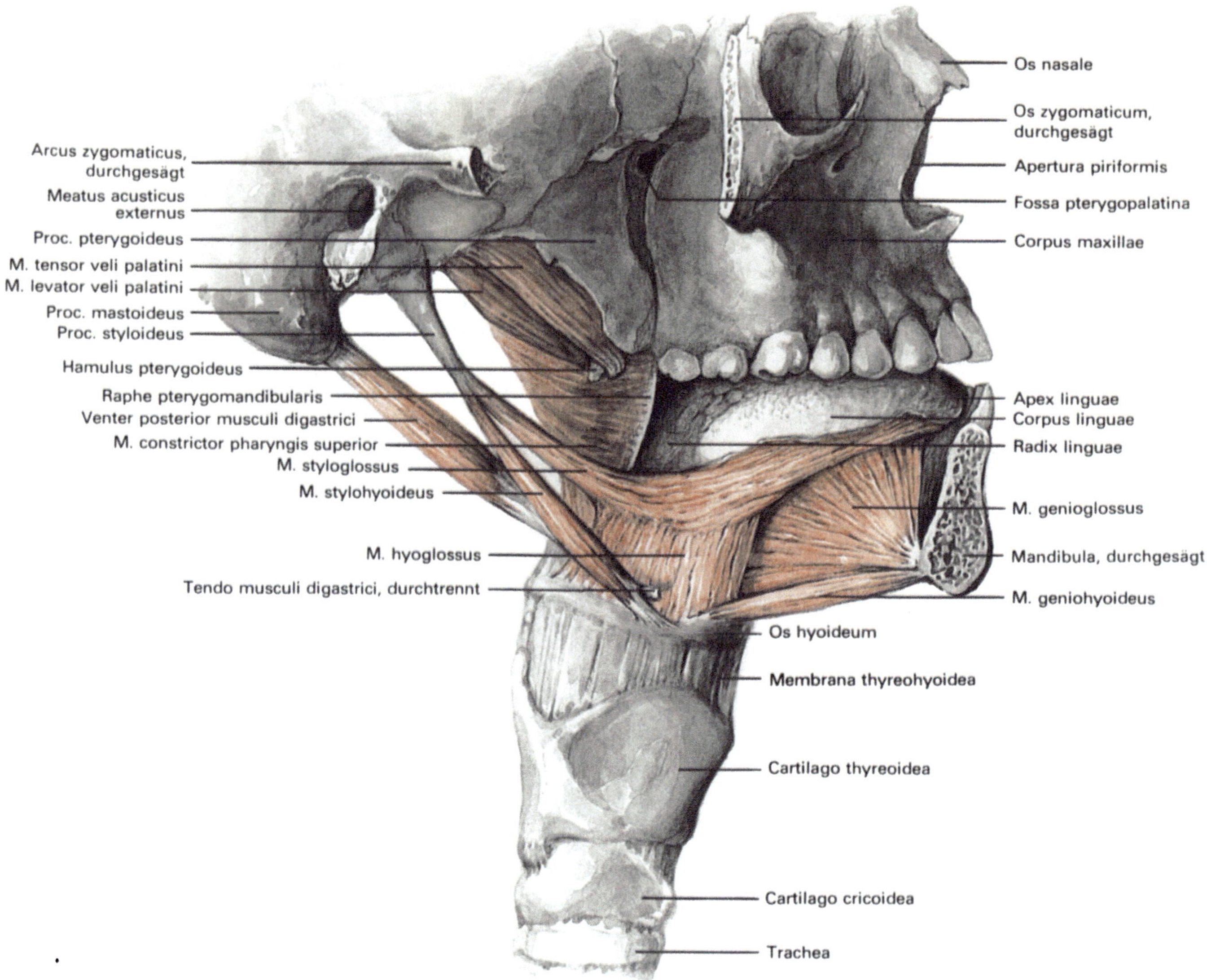

135

Zungenmuskeln, Musculi linguae

von rechts. Außerdem sind dargestellt M. tensor veli palatini, M. levator veli palatini, M. constrictor pharyngis superior und einige obere Zungenbeinmuskeln. Rechte Hälfte des Unterkiefers entfernt

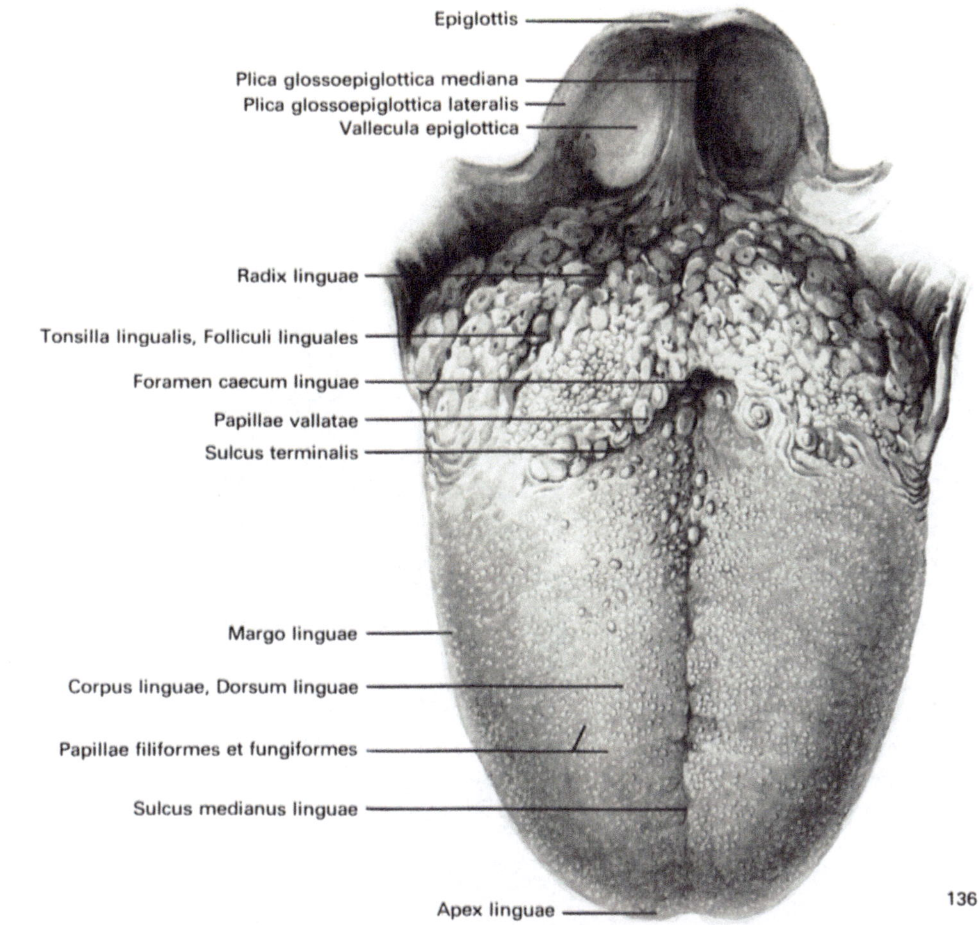

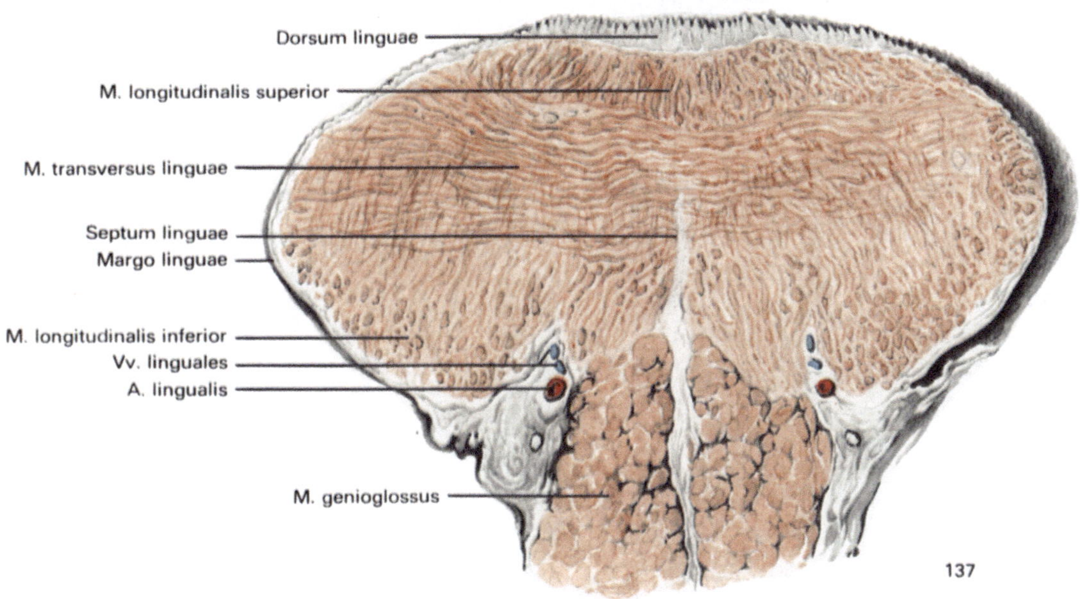

136
Zunge, Lingua
Ansicht von oben. Verbindung mit dem Kehldeckel, Epiglottis

137
Zunge, Lingua
Ansicht von vorn. Querschnitt durch den Zungen-körper, Corpus linguae

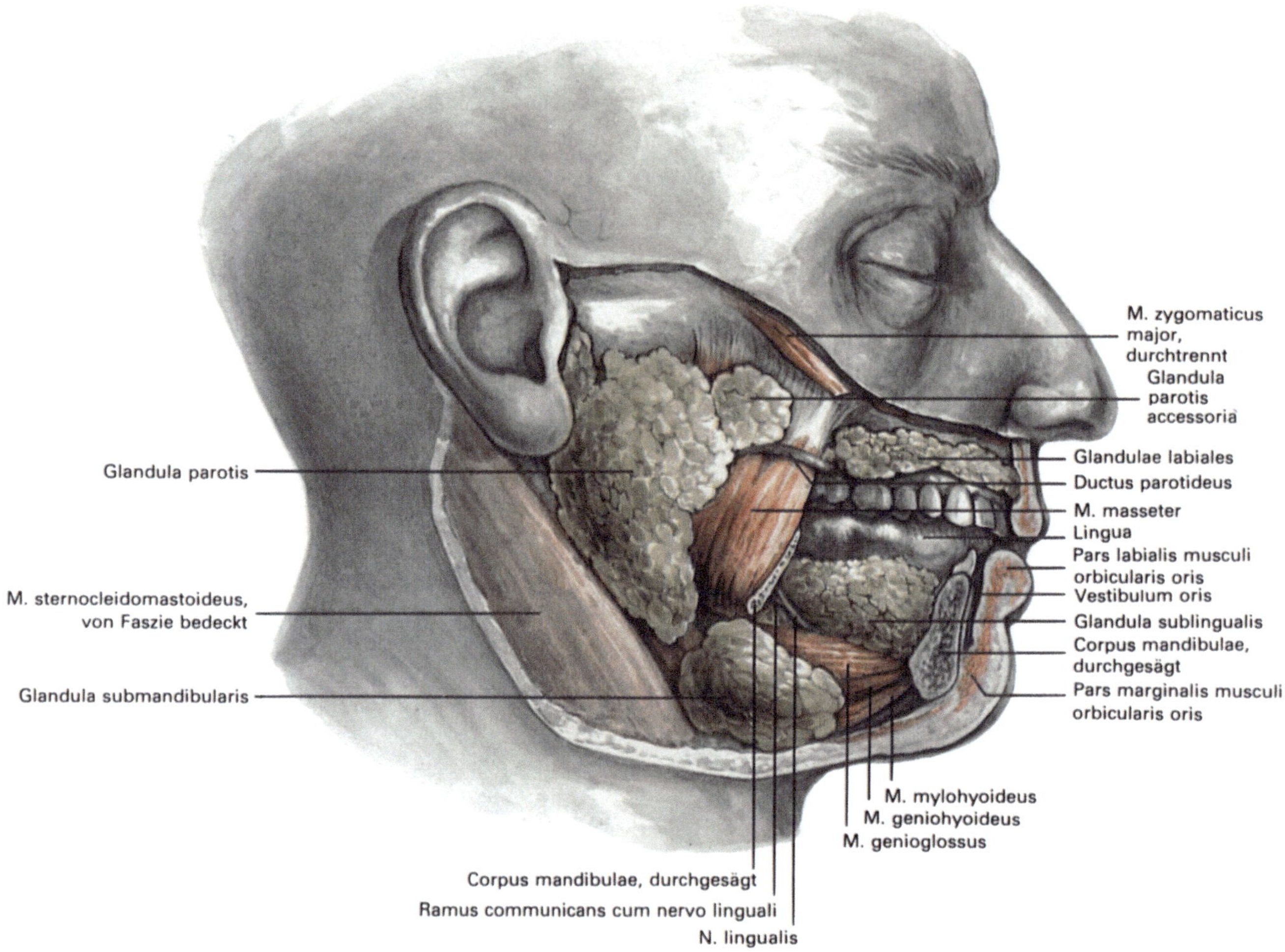

138
Mundspeicheldrüsen, Glandulae oris
von rechts. Rechter Abschnitt des Corpus mandibulae durchgesägt und entfernt

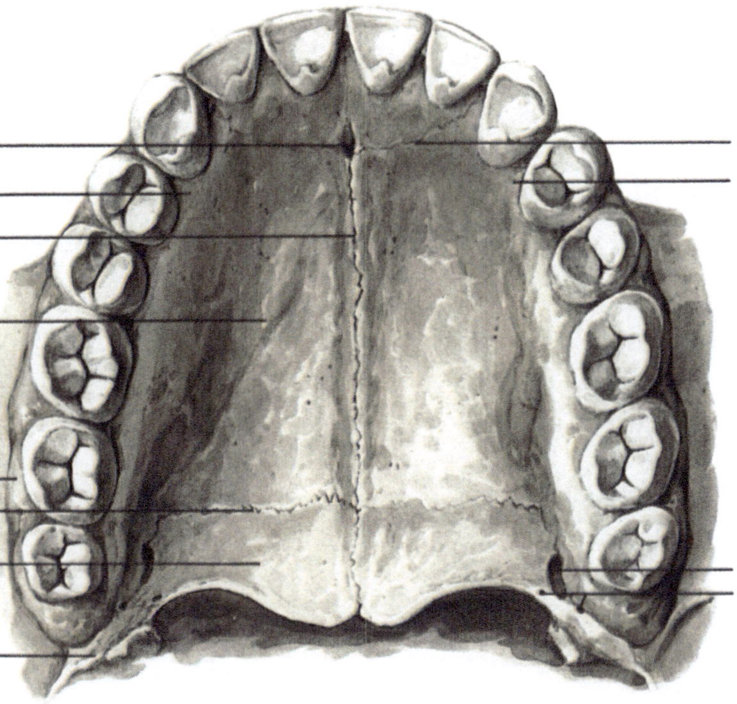

139
Harter Gaumen, Palatum durum
von unten. Vollständiger Zahnbogen, Arcus alveolaris

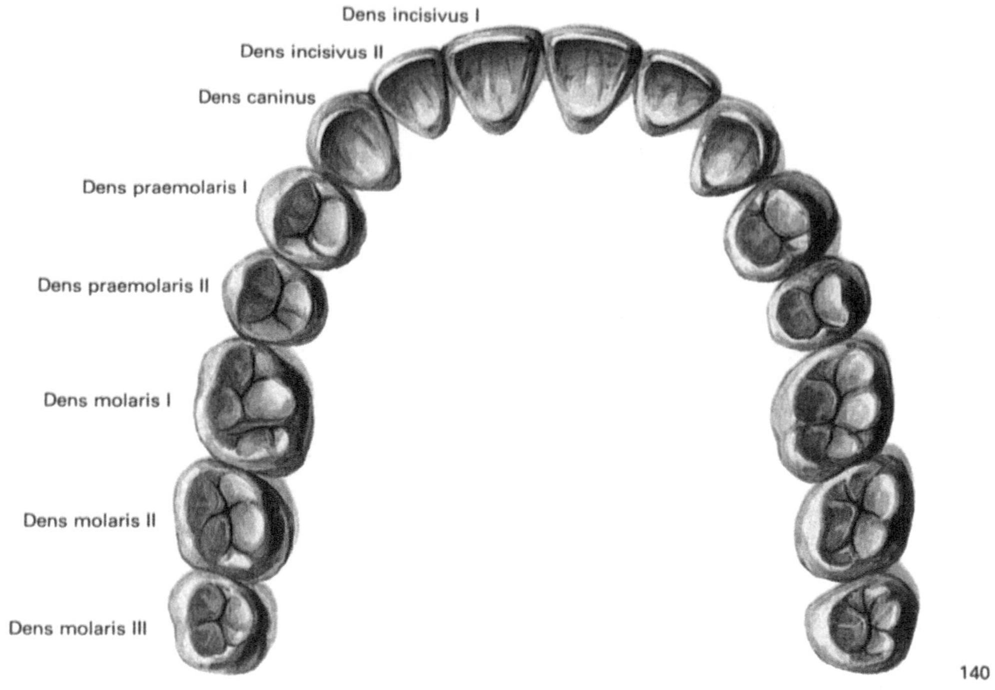

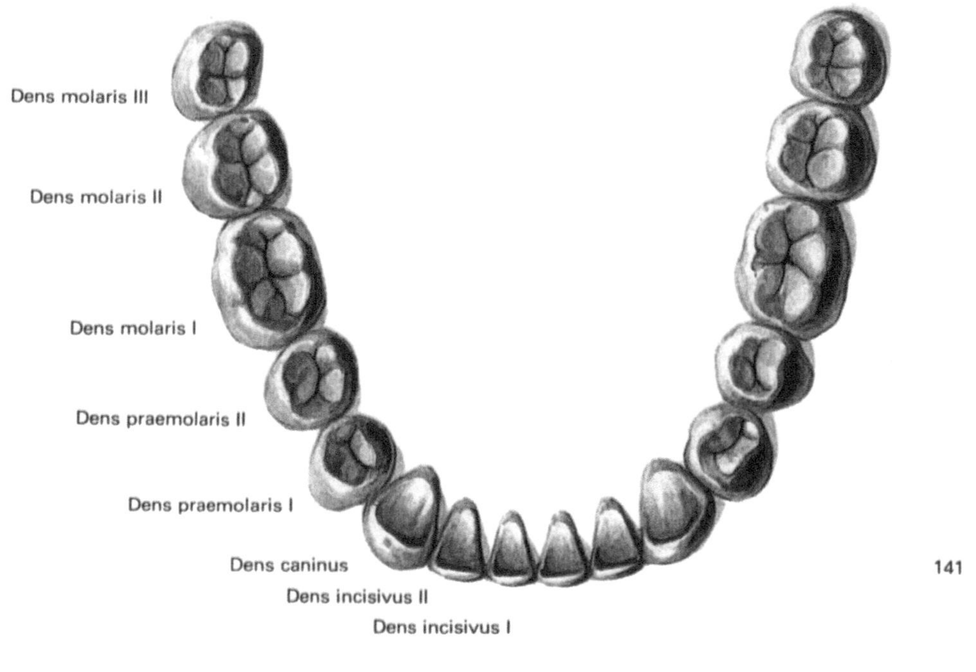

140
Bleibende Zähne des Oberkiefers, Dentes permanentes maxillae
Ansicht der Kauflächen, Facies masticatoriae

141
Bleibende Zähne des Unterkiefers, Dentes permanentes mandibulae
Ansicht der Kauflächen, Facies masticatoriae

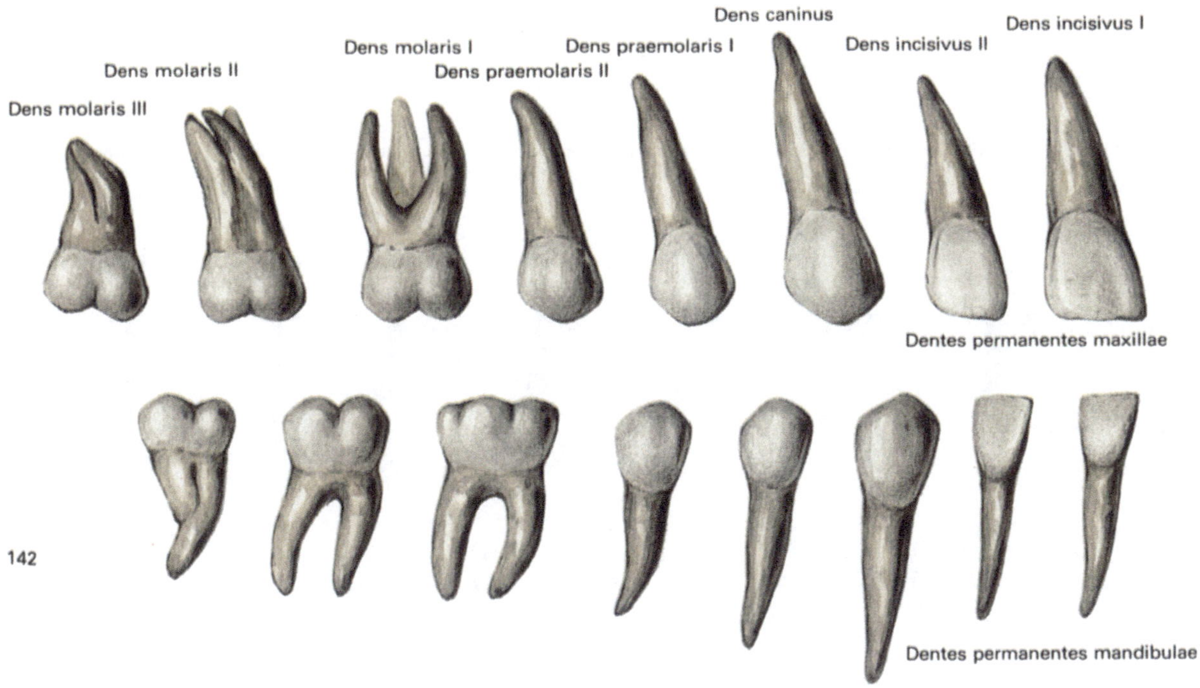

142

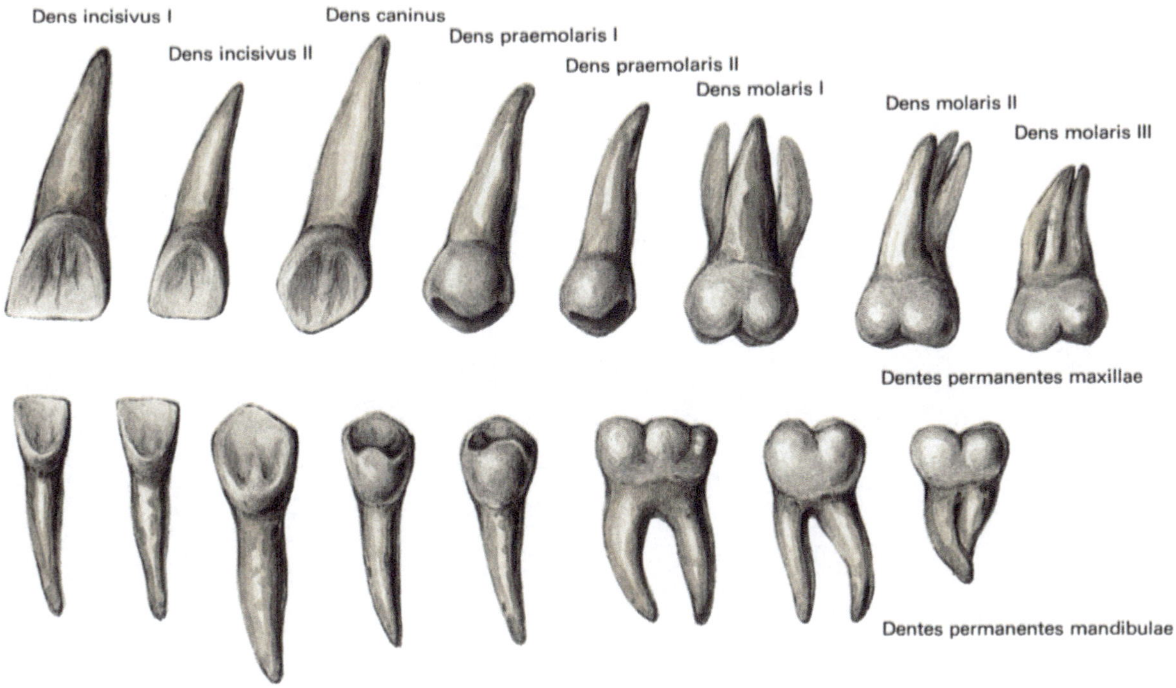

143

142
Bleibende Zähne, Dentes permanentes, von Ober- und Unterkiefer
Ansicht vom Vestibulum oris aus, Facies labiales bzw. Facies buccales

143
Bleibende Zähne, Dentes permanentes, von Ober- und Unterkiefer
Ansicht der zungenseitigen Flächen, Facies linguales

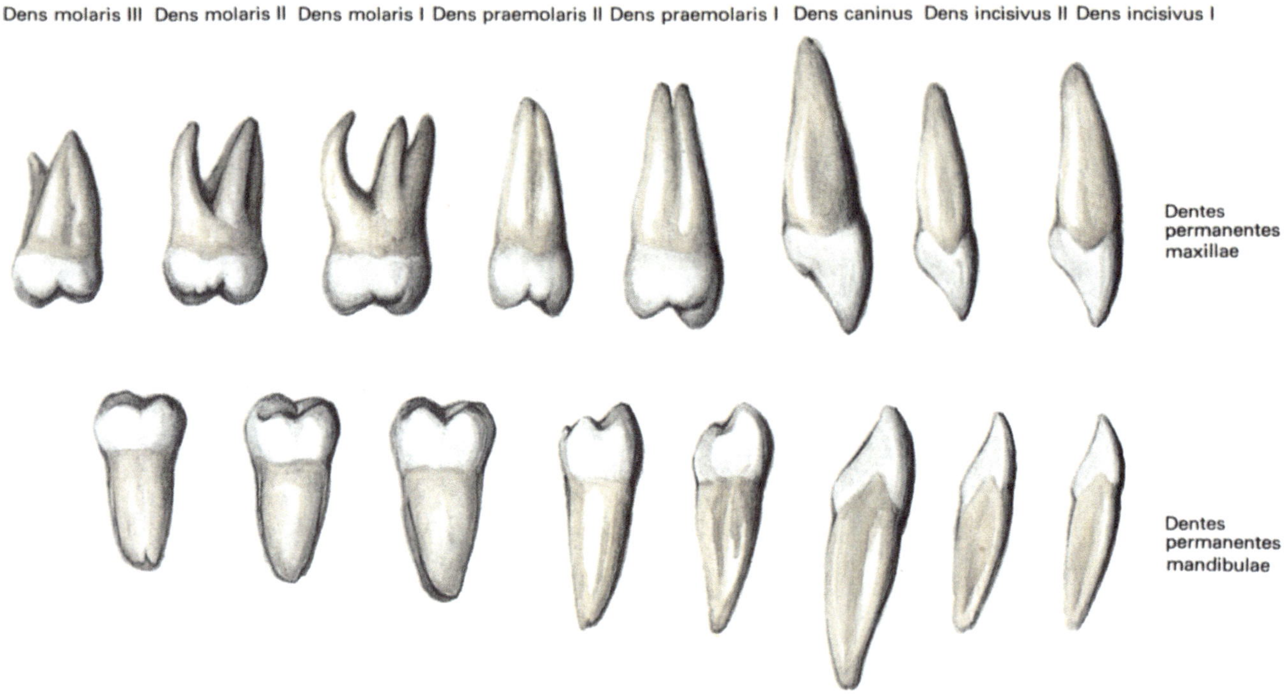

144

Bleibende Zähne, Dentes permanentes, von Ober- und Unterkiefer

Ansicht der Kontaktflächen, Facies contactus laterales dentium incisivorum et caninorum, Facies contactus posteriores dentium praemolarium et molarium

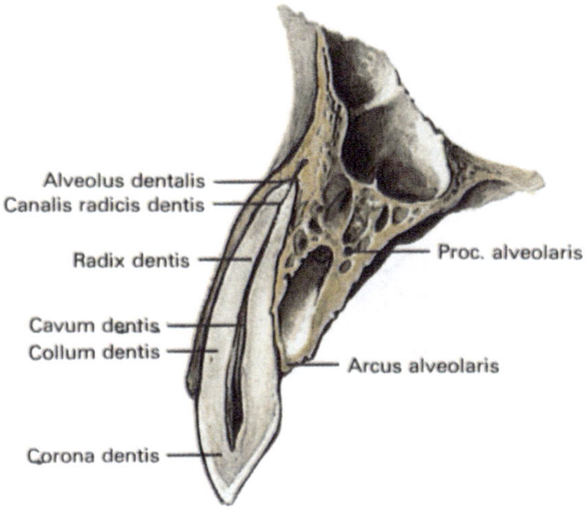

145

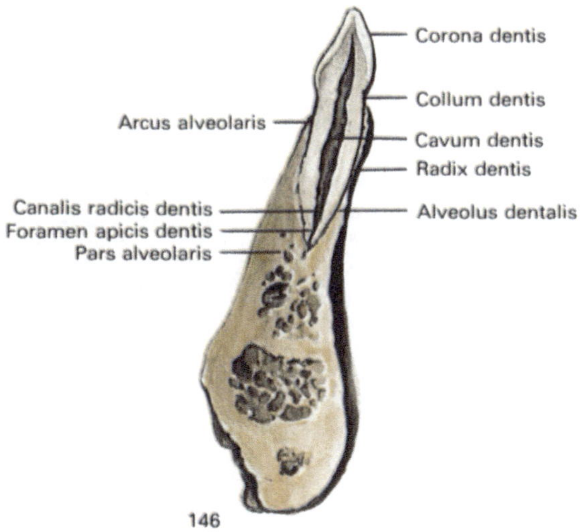

146

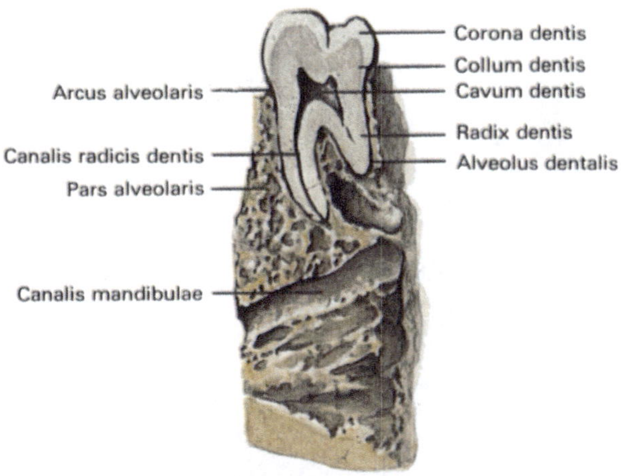

147

145
Bleibender Schneidezahn, Dens incisivus permanens
Sägeschnitt durch Zahn und Oberkiefer, Ansicht von lateral

146
Bleibender Schneidezahn, Dens incisivus permanens
Sägeschnitt durch Zahn und Unterkiefer, Ansicht von lateral

147
Bleibender Mahlzahn, Dens molaris permanens
Sägeschnitt durch Zahn und Unterkiefer, Ansicht von lateral

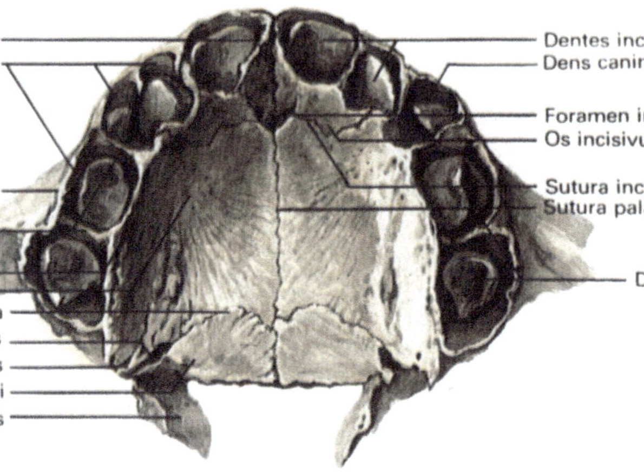

148

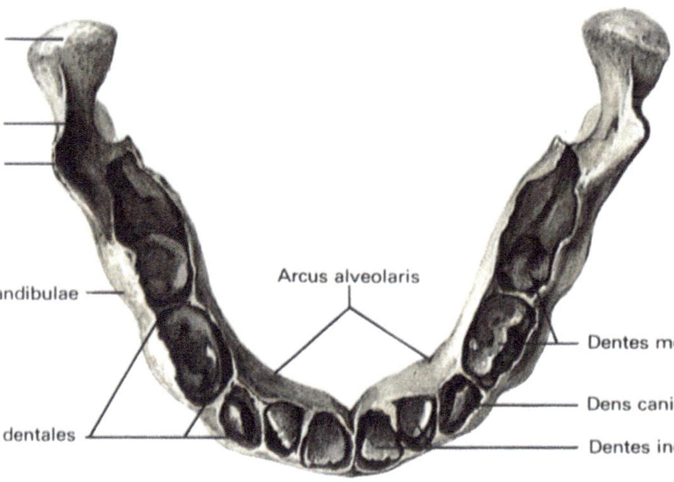

149

148
Anlagen der Milchzähne, Dentes decidui, eines Neugeborenen
Ansicht des Processus alveolaris maxillae von unten. Die Zahnkronen, Coronae dentium, befinden sich in den Zahnfächern, Alveoli dentales

149
Anlagen der Milchzähne, Dentes decidui, eines Neugeborenen
Ansicht der Pars alveolaris mandibulae von oben. Die Zahnkronen, Coronae dentis, befinden sich in den Zahnfächern, Alveoli dentales

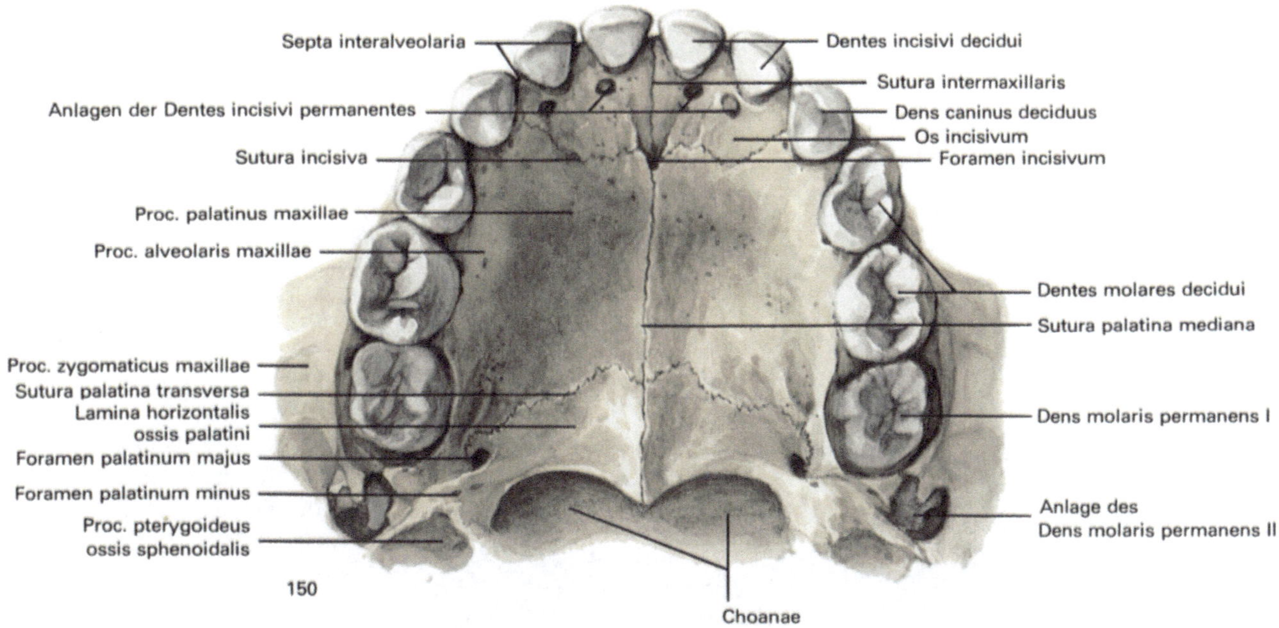

150

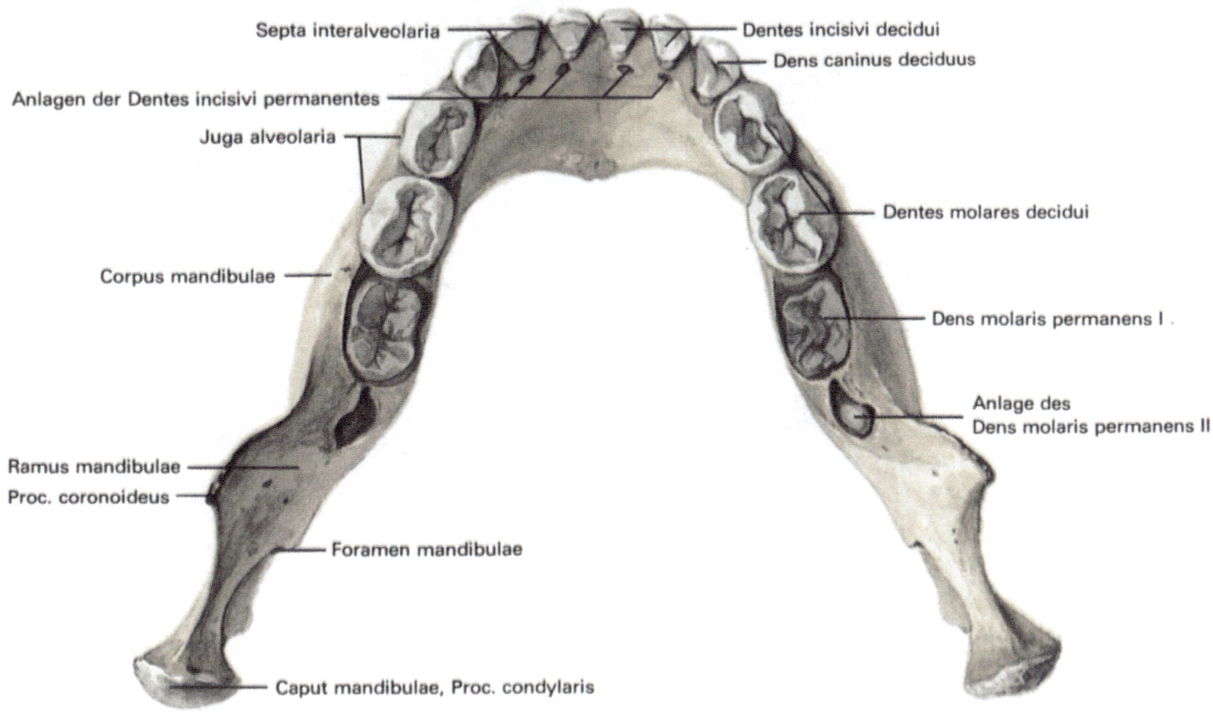

151

150
Wechselgebiß
eines 6jährigen Kindes. Kauflächen der Zähne des Oberkiefers und harter Gaumen

151
Wechselgebiß
eines 6jährigen Kindes. Kauflächen der Zähne des Unterkiefers

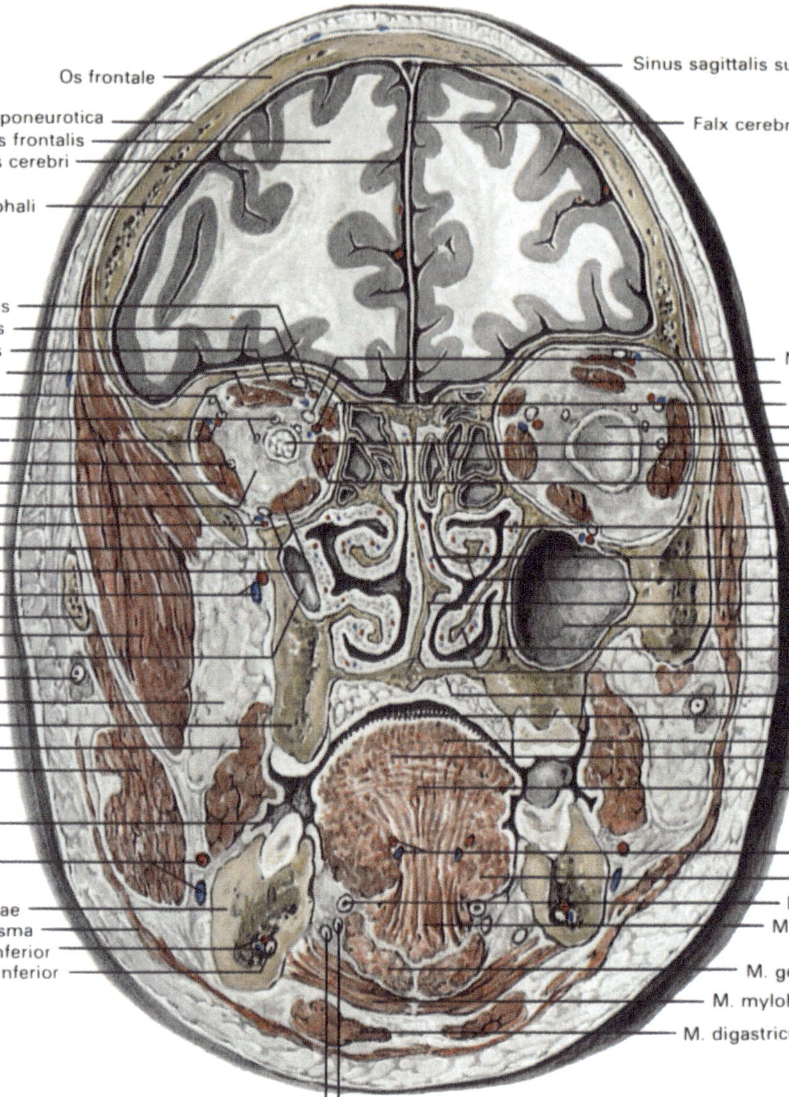

152

Kopf, Caput

Frontalschnitt im Bereich der vorderen Schädelgrube, Fossa cranii anterior. Ansicht von vorn

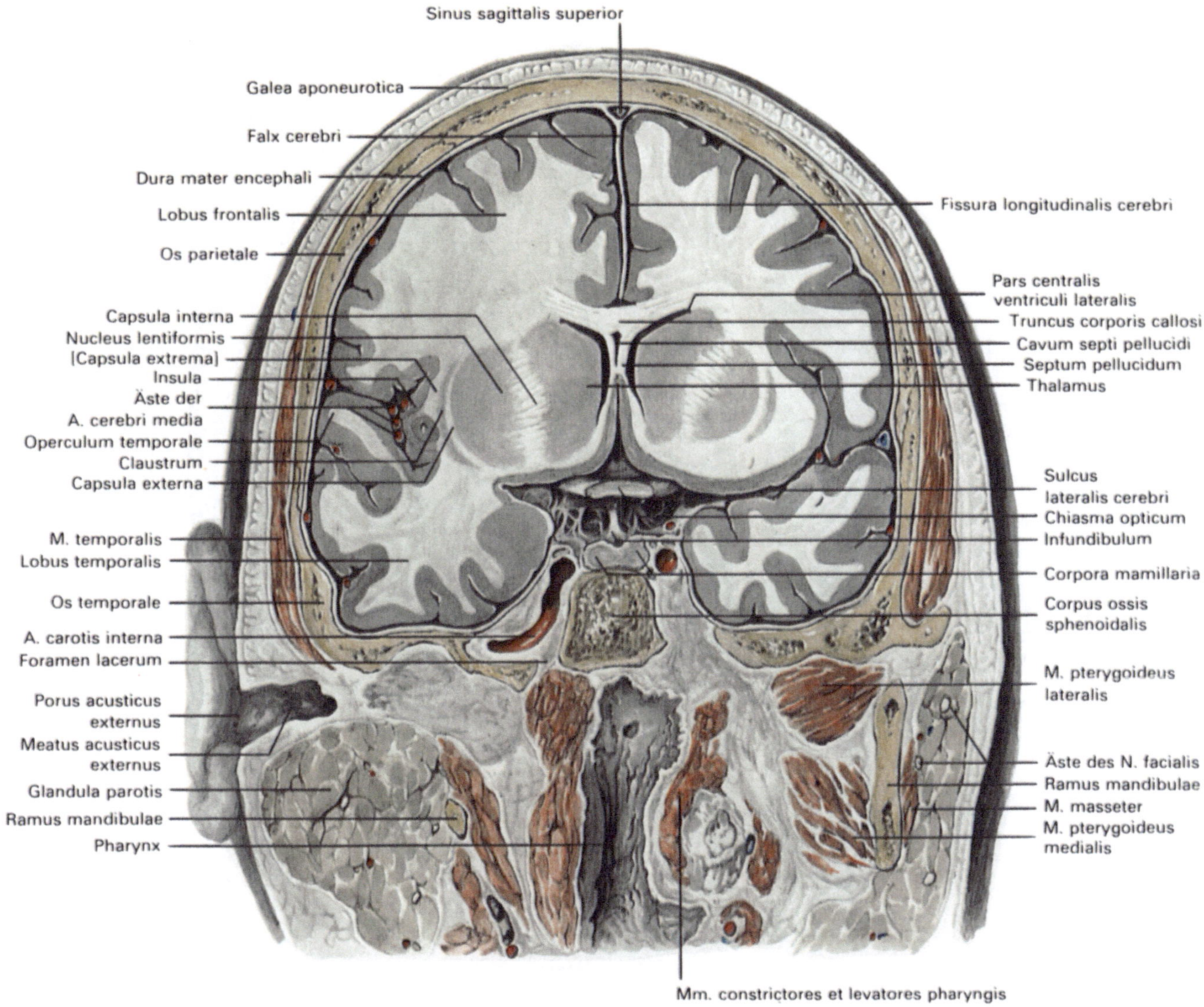

153
Kopf, Caput
Frontalschnitt im Bereich der mittleren Schädelgrube, Fossa cranii media. Ansicht von vorn

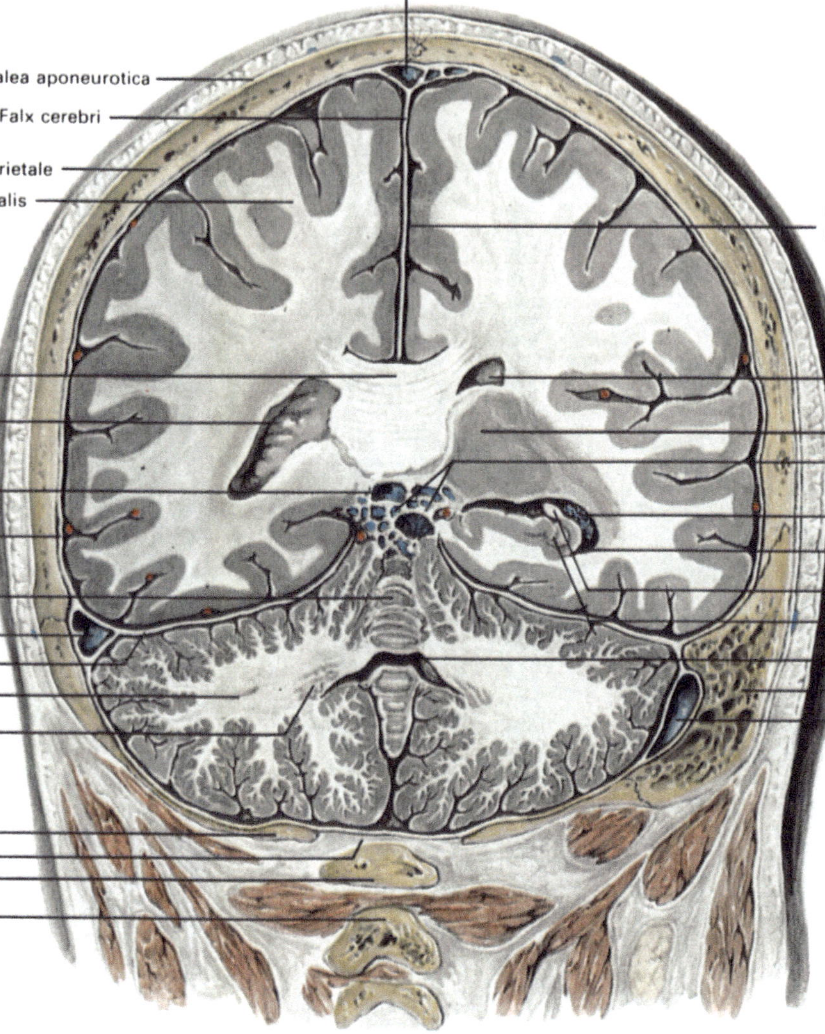

154
Kopf, Caput
Frontalschnitt im Bereich der hinteren Schädelgrube, Fossa cranii posterior. Ansicht von vorn

HALS

Muskeln

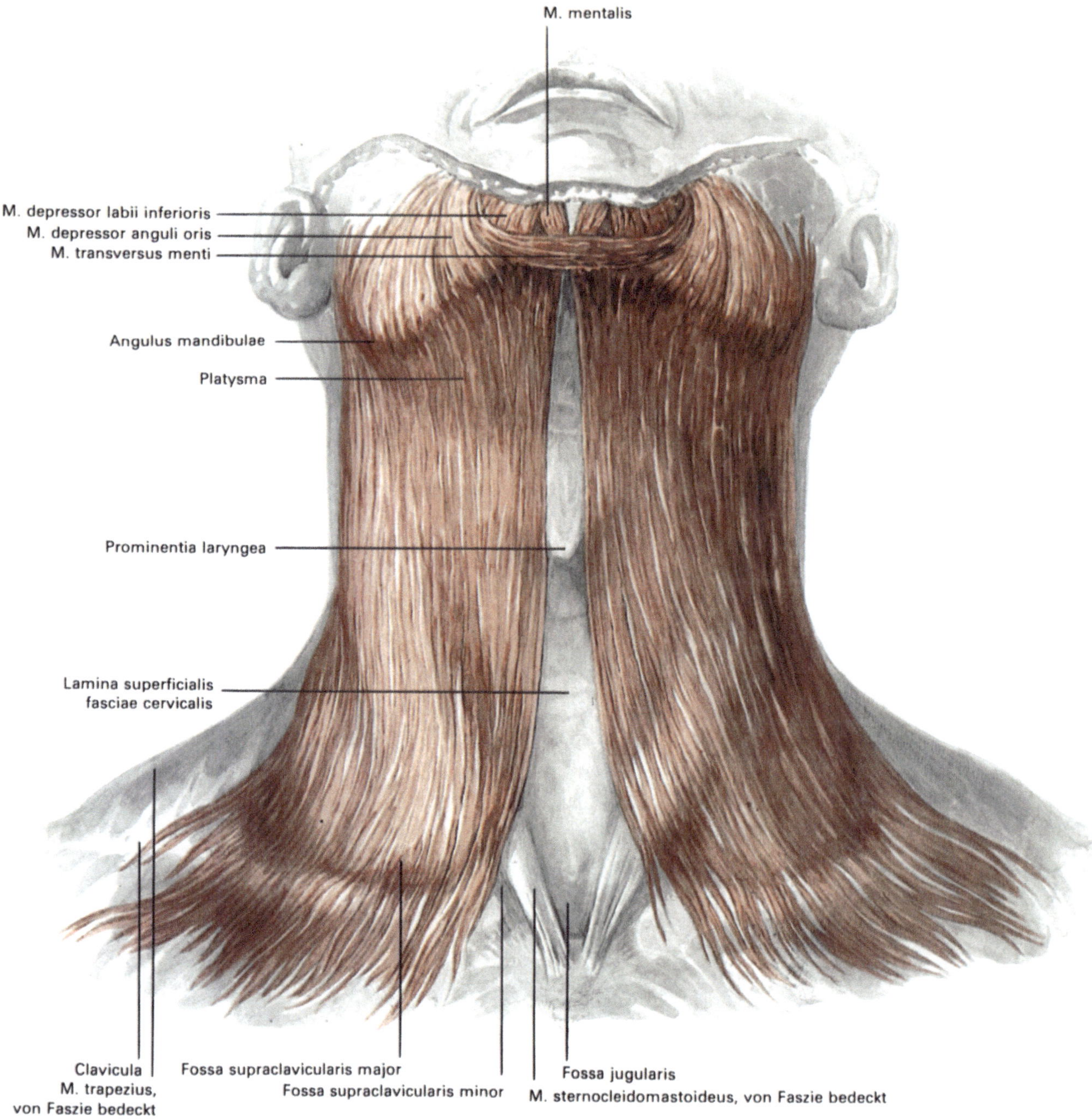

155
Halsmuskeln, Musculi colli
von vorn. Halshautmuskel, Platysma

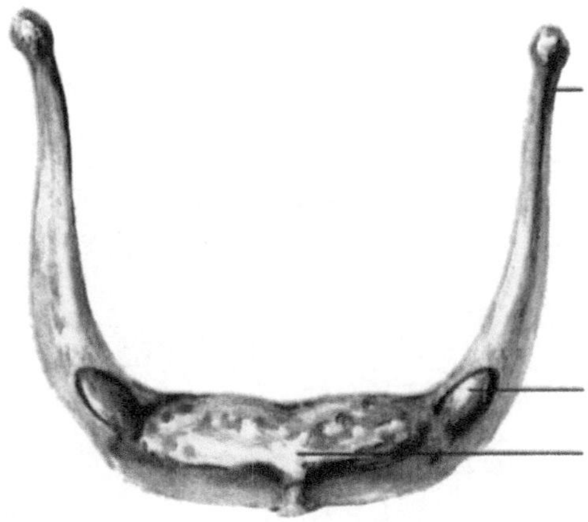

156

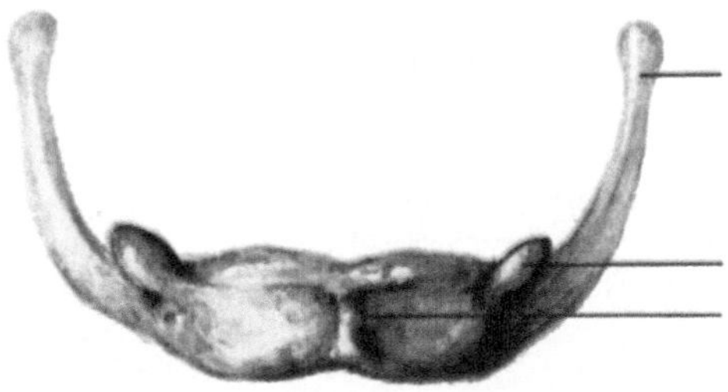

157

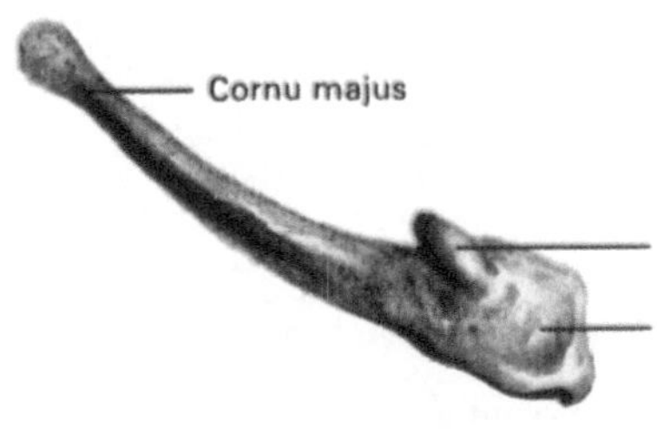

158

156
Zungenbein, Os hyoideum
von oben

157
Zungenbein, Os hyoideum
von vorn

158
Zungenbein, Os hyoideum
von rechts

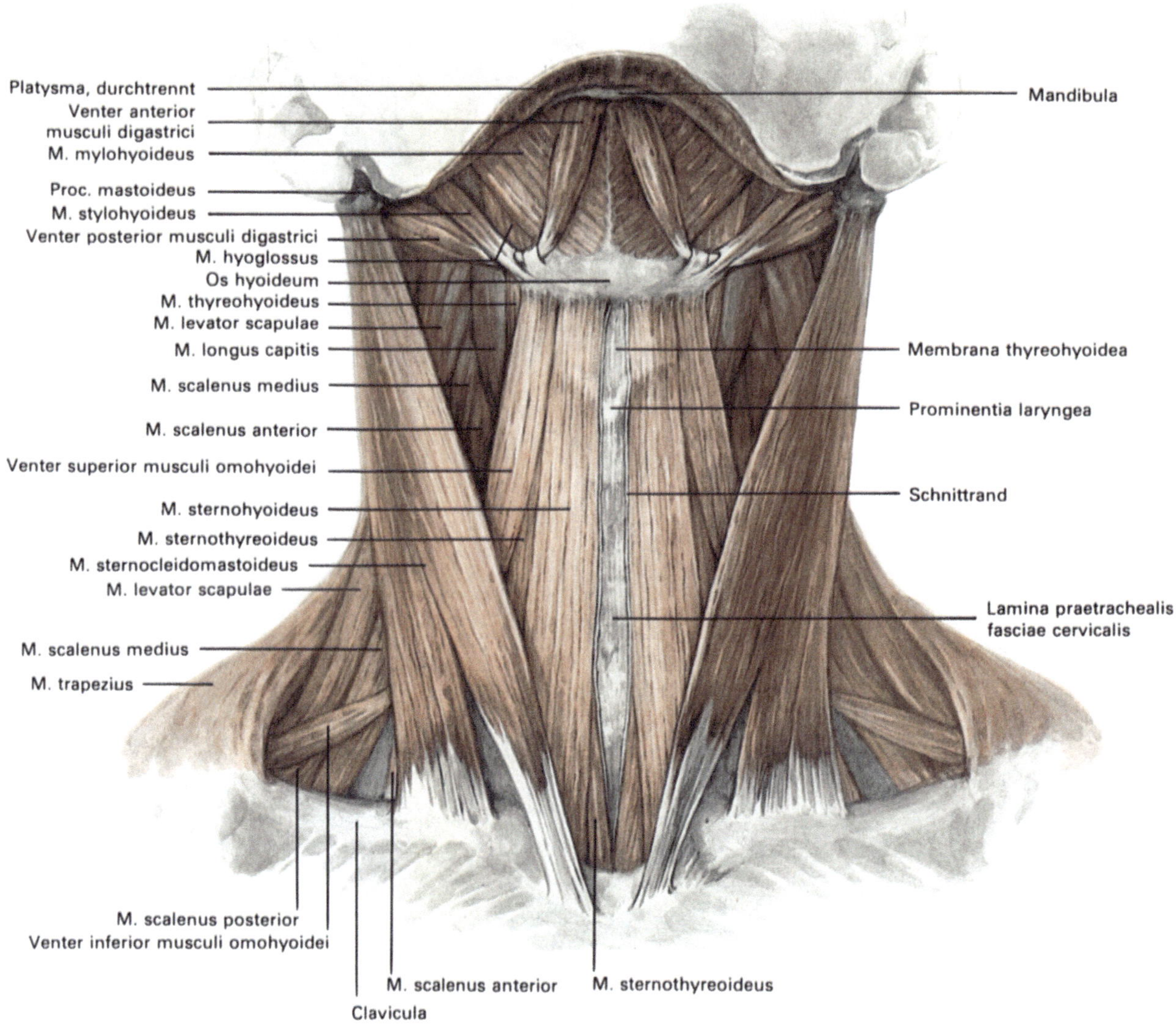

159
Halsmuskeln, Musculi colli
von ventral. Halshautmuskel, Platysma, oberflächliche Halsfaszie, Lamina superficialis fasciae cervicalis, und oberflächliches Blatt der mittleren Halsfaszie, Lamina praetrachealis fasciae cervicalis, entfernt

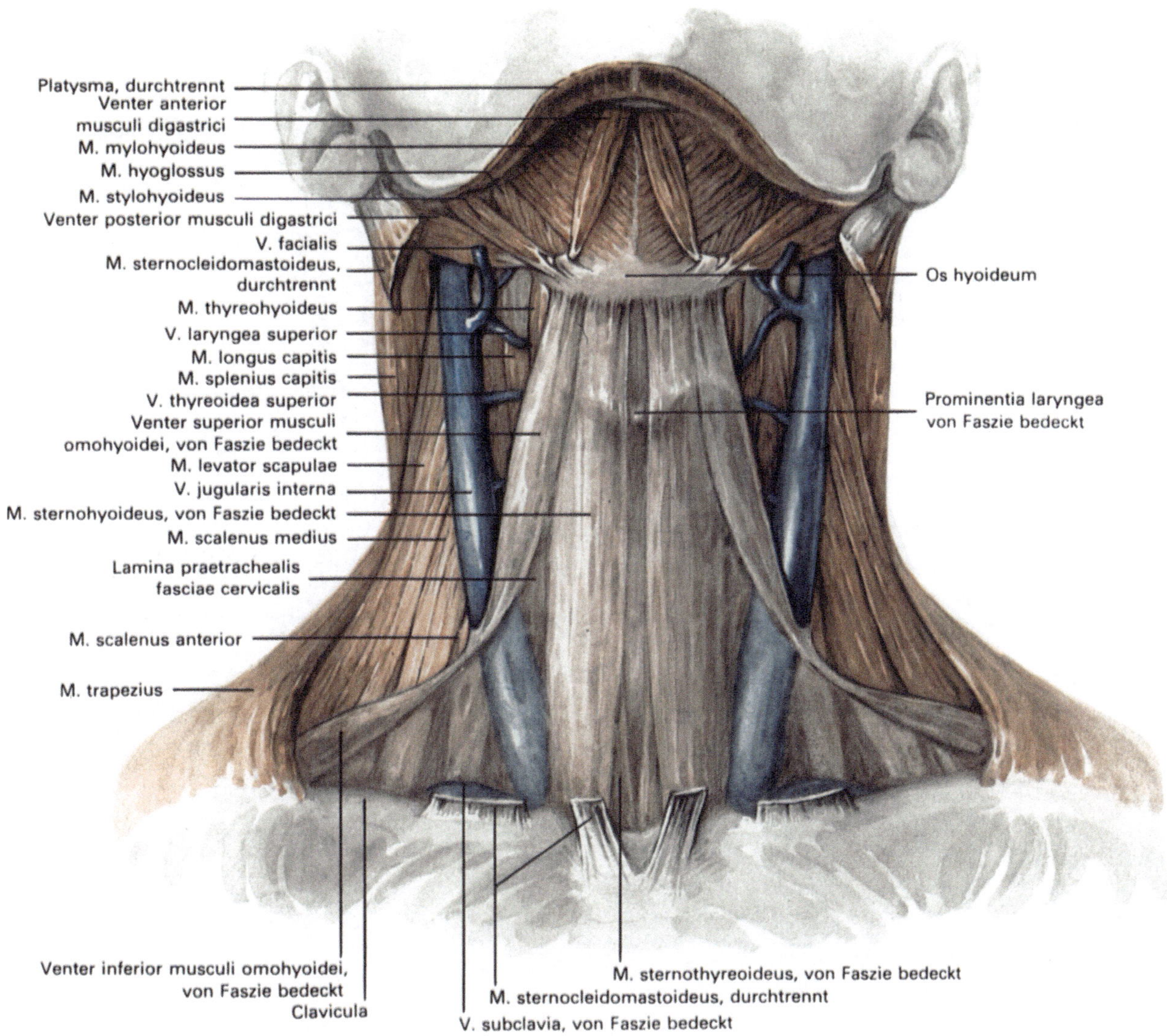

160

Vorderseite des Halses, Regio colli anterior

von ventral. Entfernt wurden: Platysma, Lamina superficialis fasciae cervicalis, M. sternocleidomastoideus, Arterien und Nerven zur isolierten Darstellung der Lamina praetrachealis fasciae cervicalis und ihren Verbindungen zu V. jugularis interna und M. omohyoideus

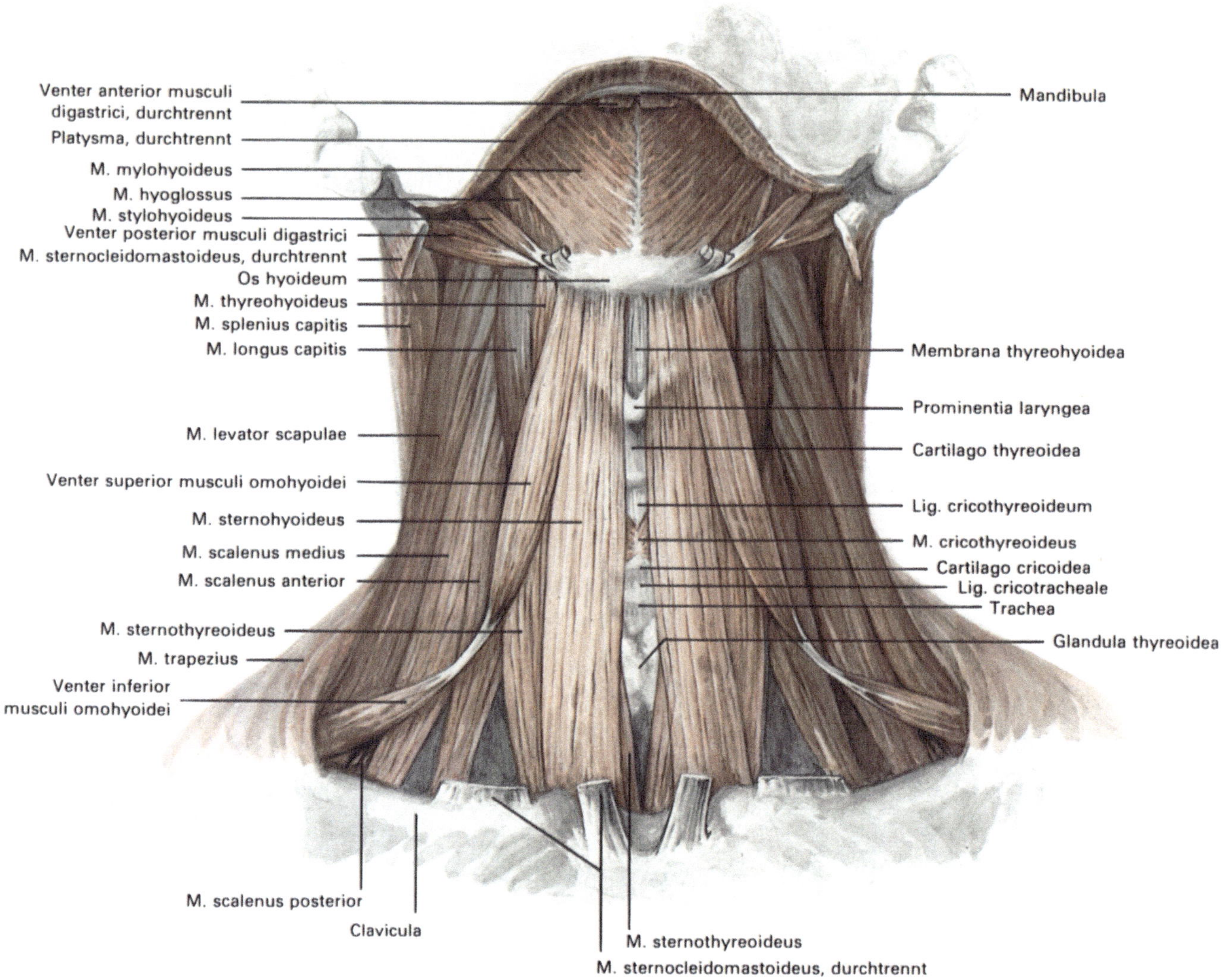

161
Halsmuskeln, Musculi colli
von ventral. M. sternocleidomastoideus und Venter anterior musculi digastrici entfernt. Obere Zungenbeinmuskeln, Musculi suprahyoidei, untere Zungenbeinmuskeln, Musculi infrahyoidei

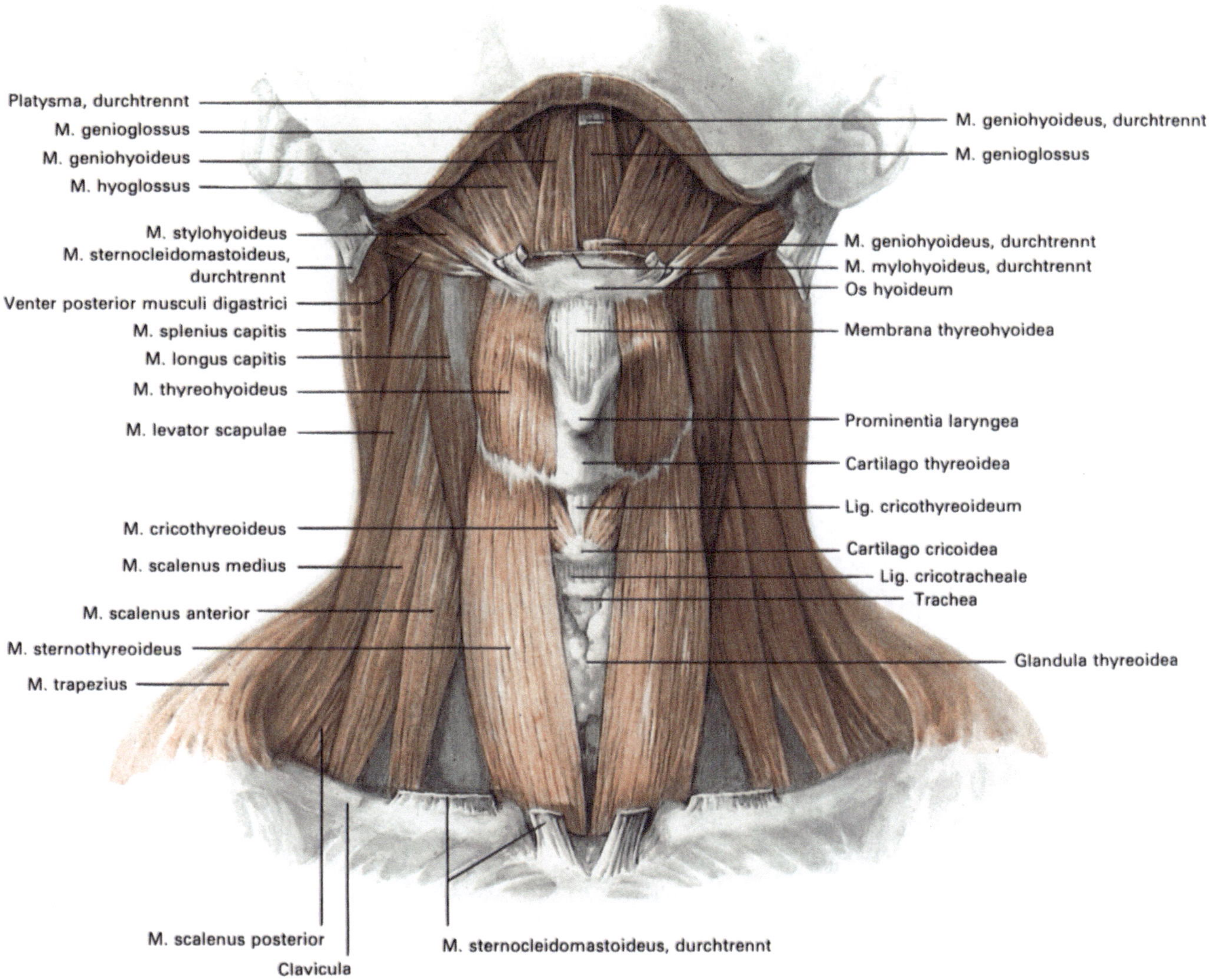

162

Halsmuskeln, Musculi colli

von ventral. Entfernt wurden beiderseits: M. sternocleidomastoideus, M. sternohyoideus, M. omohyoideus, Venter anterior musculi digastrici, M. mylohyoideus, linksseitig: M. geniohyoideus

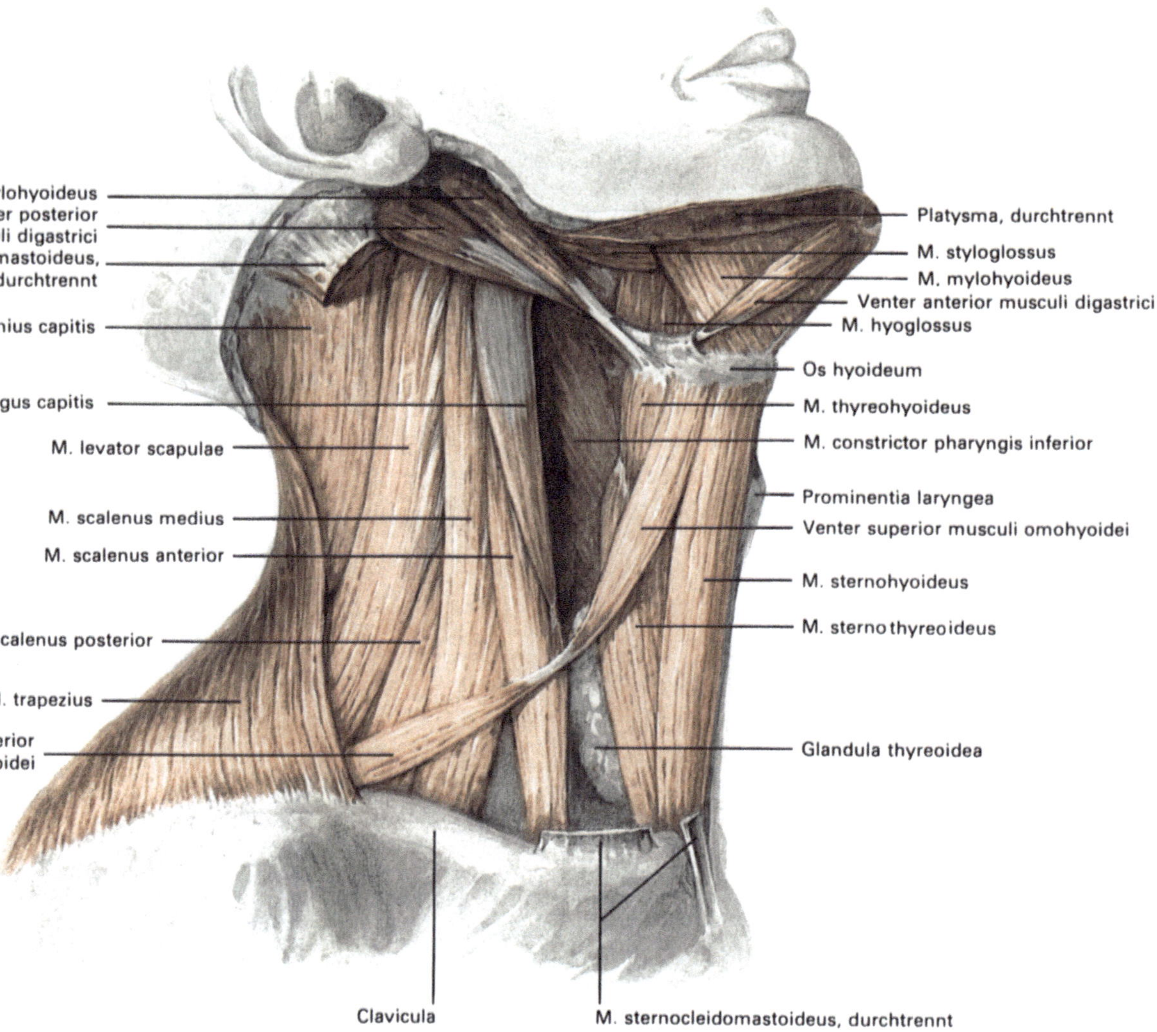

163
Halsmuskeln, Musculi colli
von rechts. Rechter M. sternocleidomastoideus entfernt

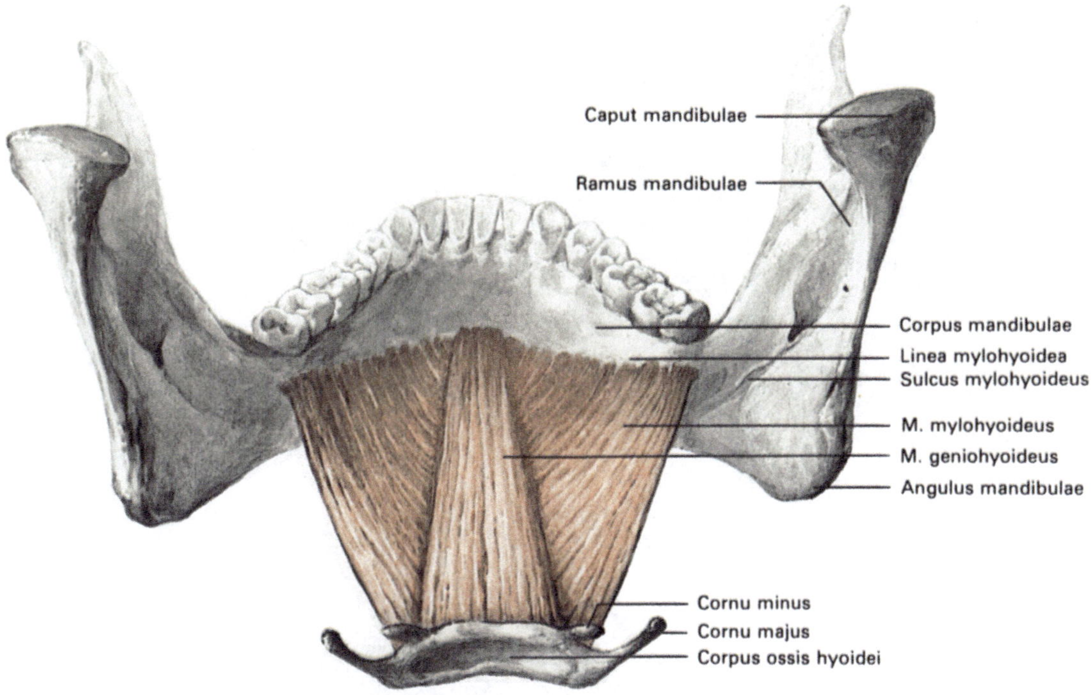

164
Obere Zungenbeinmuskeln, Musculi suprahyoidei
von cranial. Isolierte Darstellung von M. mylohyoideus und M. geniohyoideus

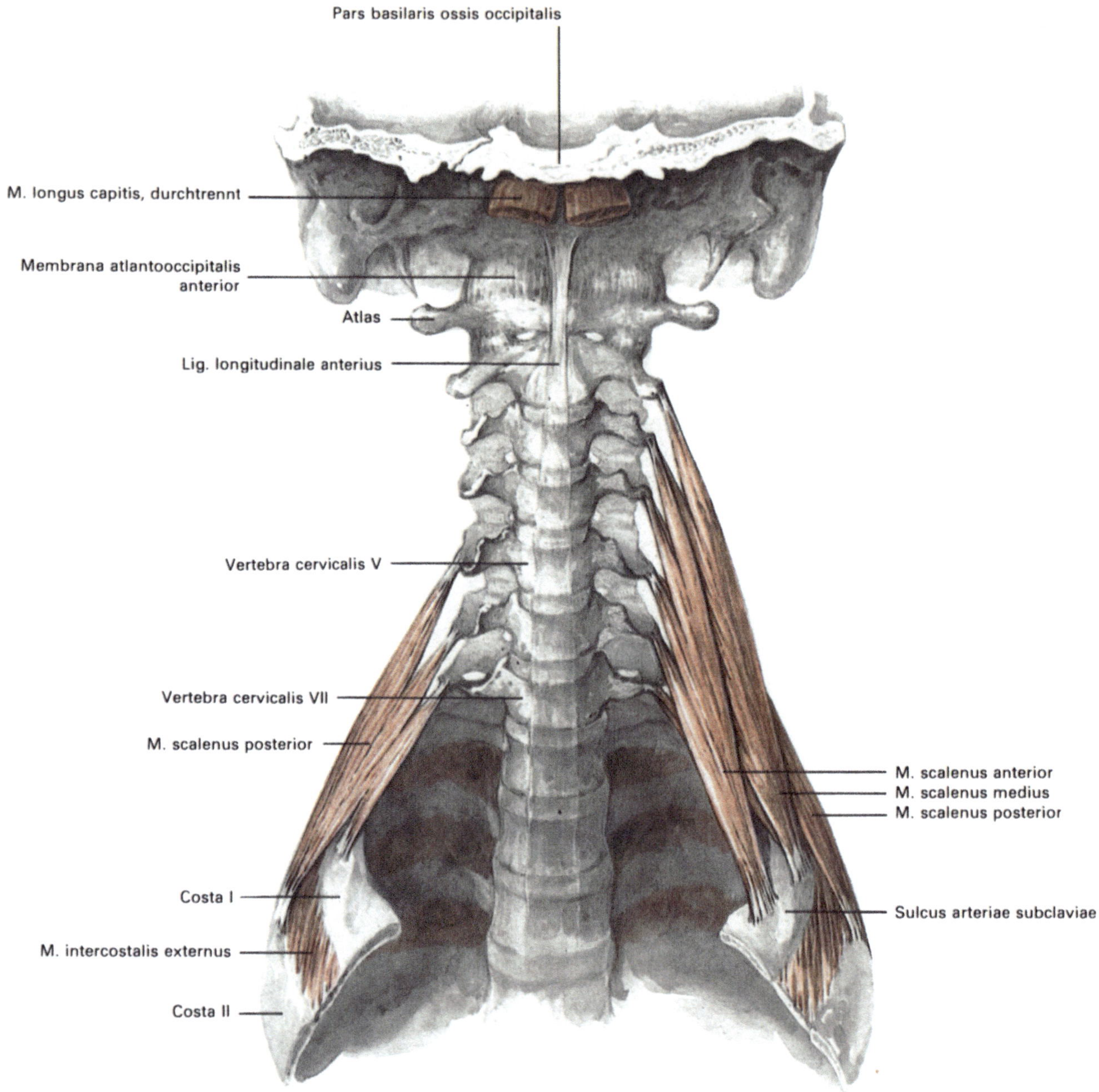

165
Halsmuskeln, Musculi colli
von ventral. Isolierte Darstellung der Musculi scaleni

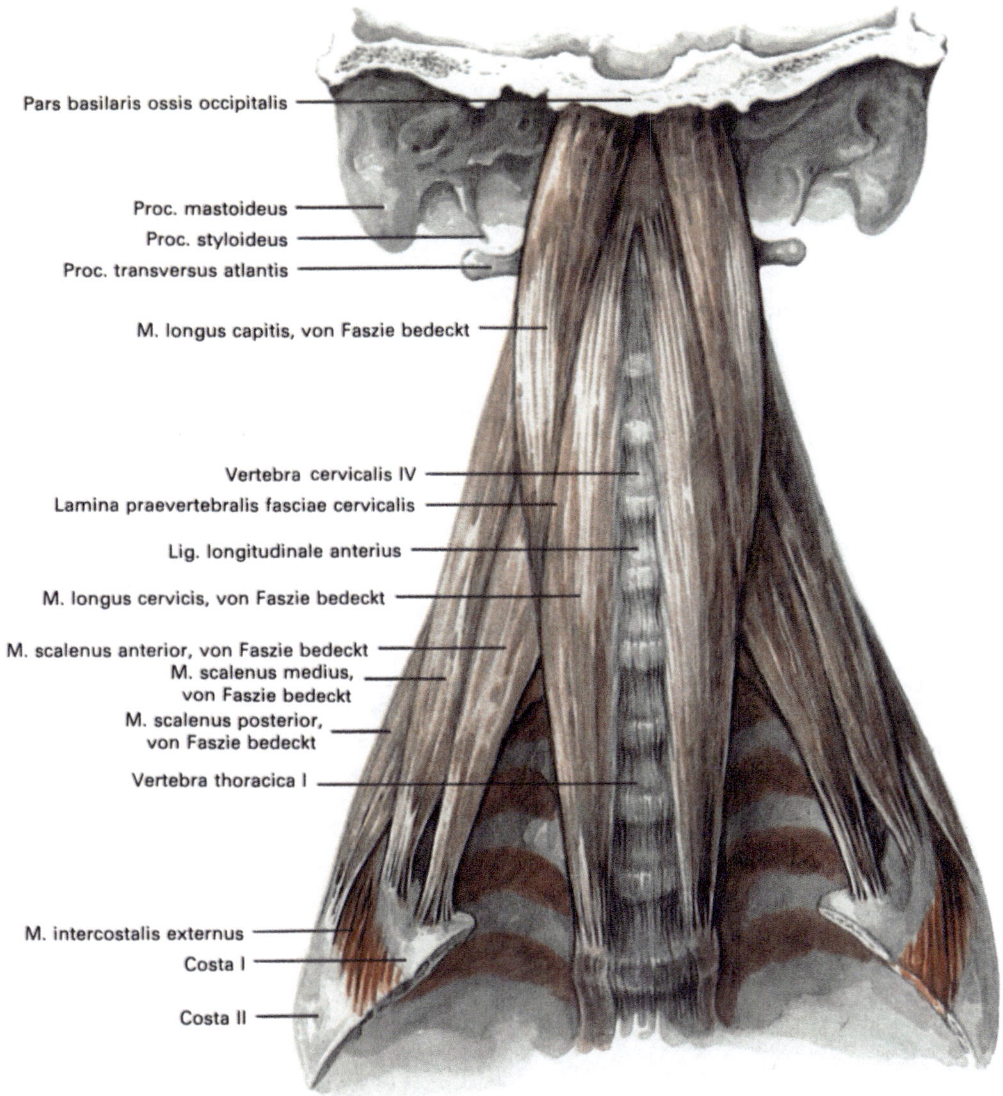

166
Tiefes Blatt der Halsfaszie, Lamina praevertebralis fasciae cervicalis
von ventral. Beziehungen zu den Faszien der Musculi scaleni

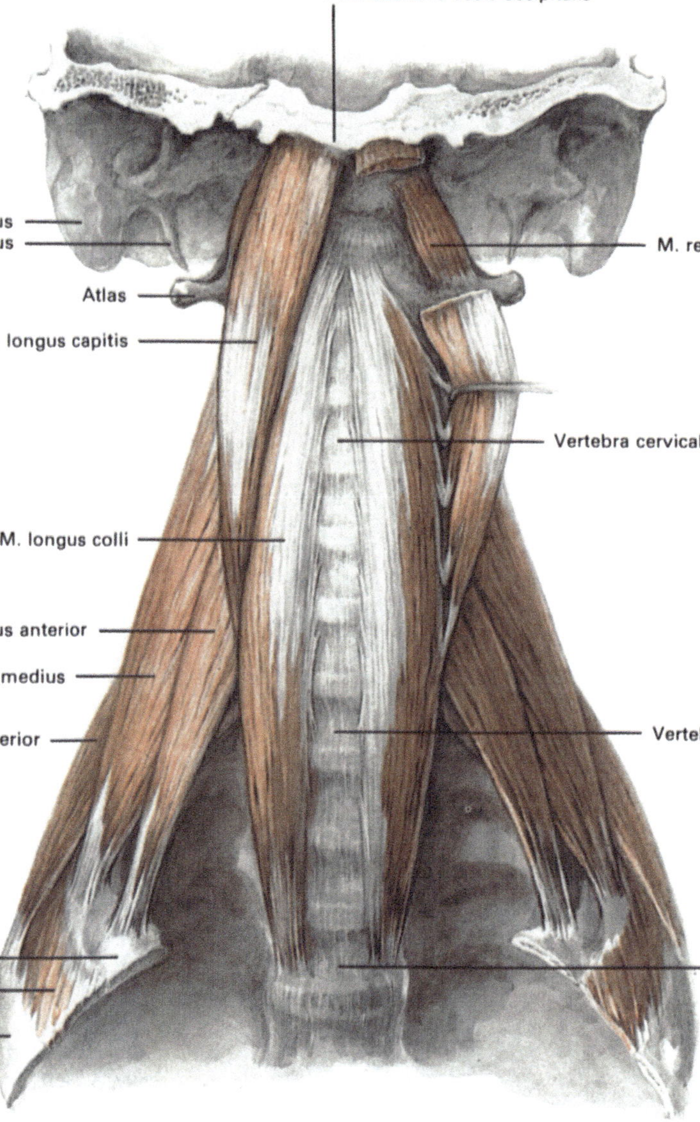

167
Halsmuskeln, Musculi colli
von ventral. Isolierte Darstellung der Musculi scaleni, der praevertebralen Muskeln und des M. rectus capitis anterior

HALS
Gefäße und Nerven

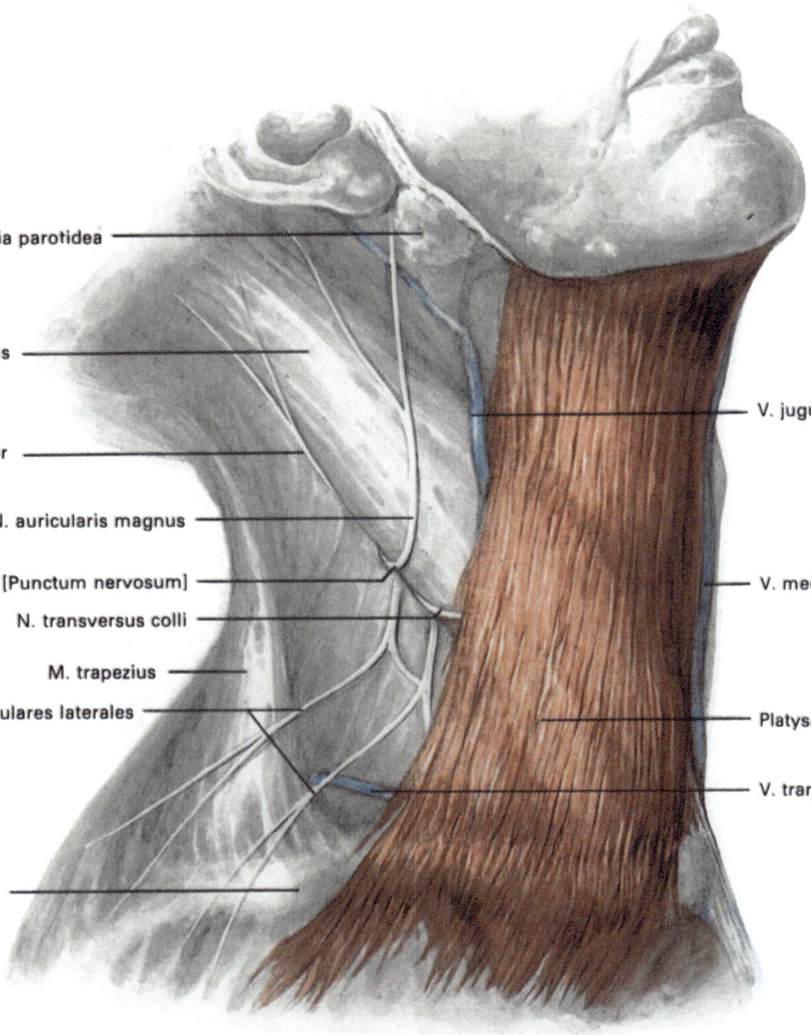

168
Halshautmuskel, Platysma, Hautvenen und Hautnerven des Halses
von rechts

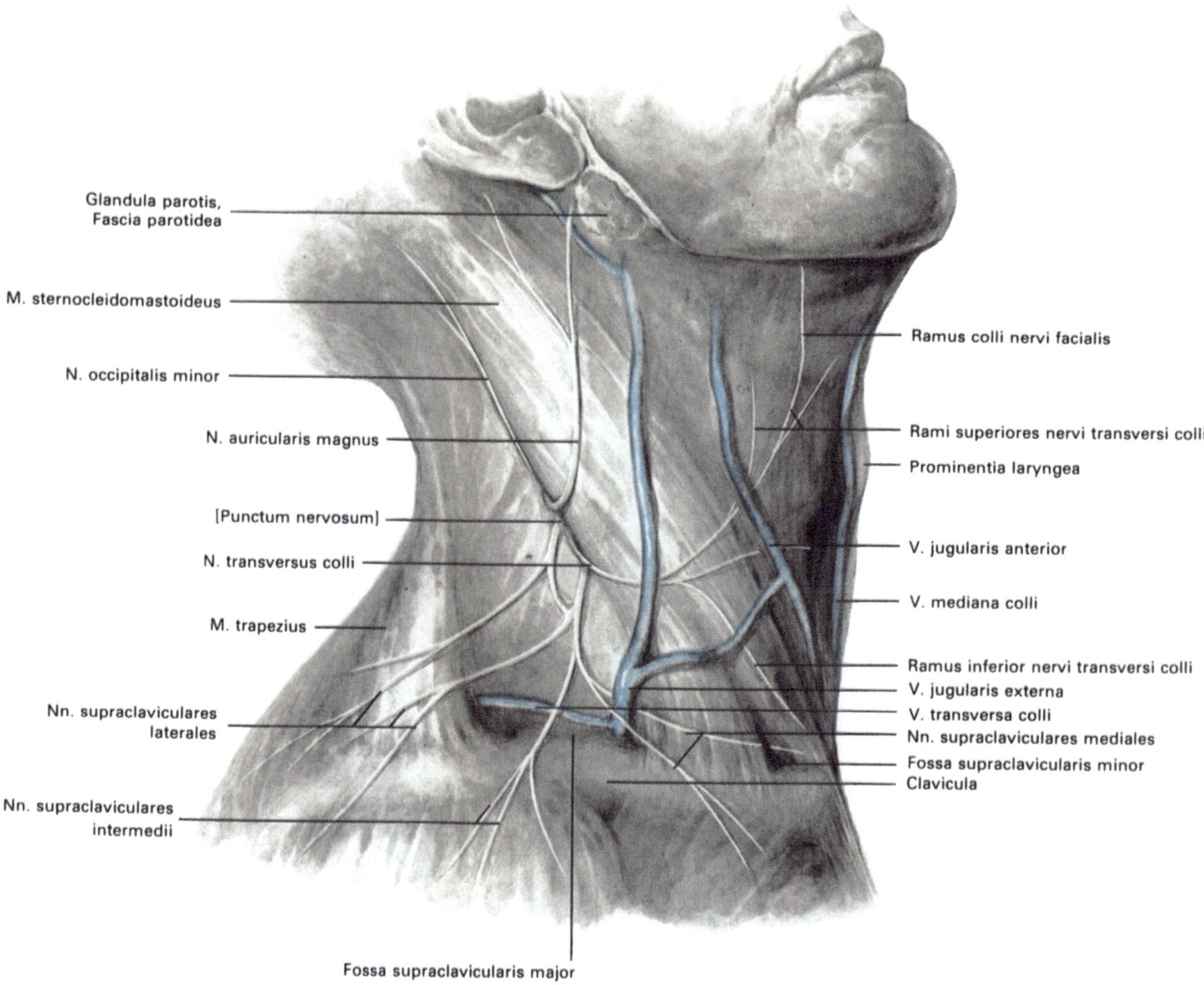

169
Hautvenen und Hautnerven des Halses
von rechts. Oberflächliches Blatt der Halsfaszie, Lamina superficialis fasciae cervicalis

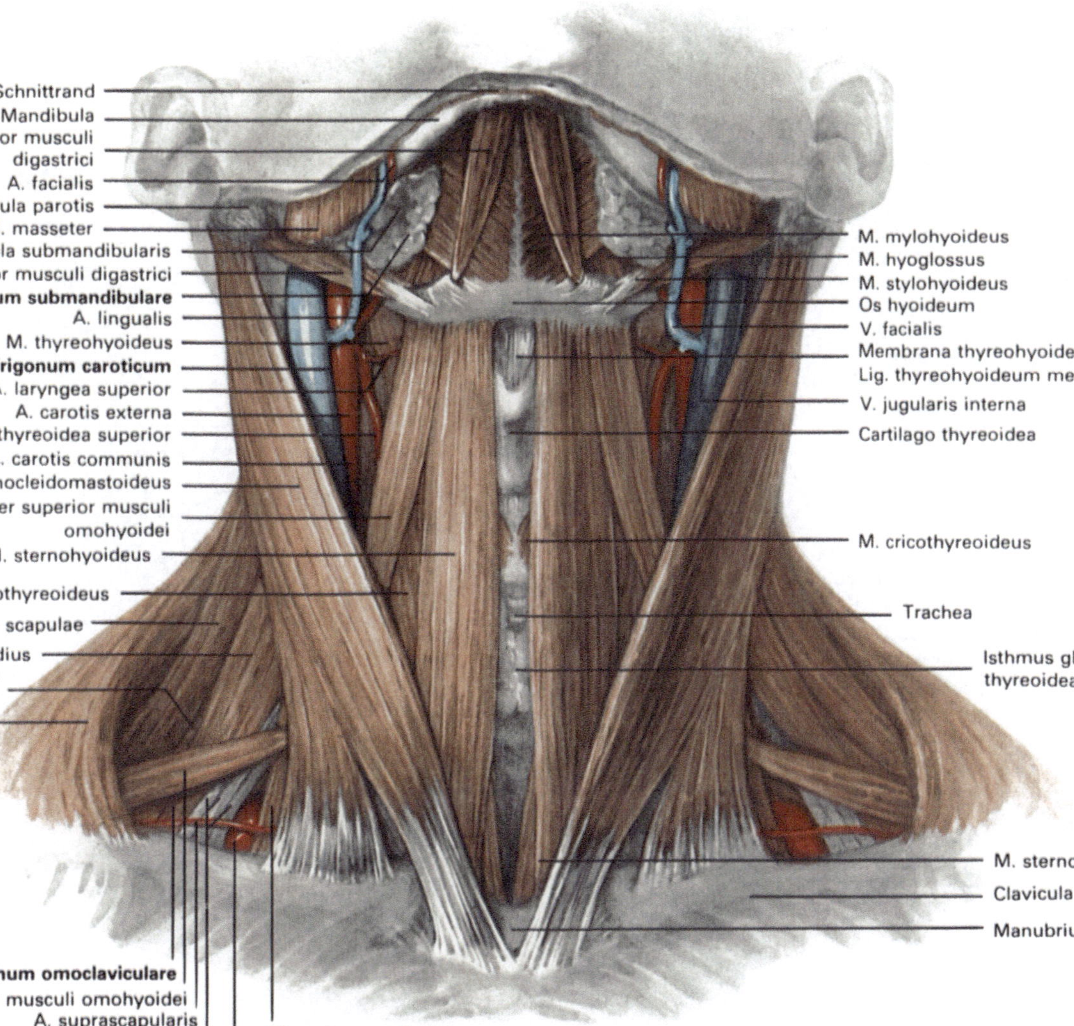

170
Vorderseite des Halses, Regio colli anterior
von ventral. Entfernt wurden: Platysma (beiderseits), Lamina superficialis fasciae cervicalis, Lamina praetrachealis fasciae cervicalis und seitliche Teile beider Musculi trapezii. Gliederung des Halses beiderseits in zwei Dreiecke, Trigonum colli mediale und Trigonum colli laterale; Unterteilung des Trigonum colli mediale in Trigonum caroticum und Trigonum submandibulare; im Trigonum colli laterale Abgrenzung des Trigonum omoclaviculare (Fossa supraclavicularis major)

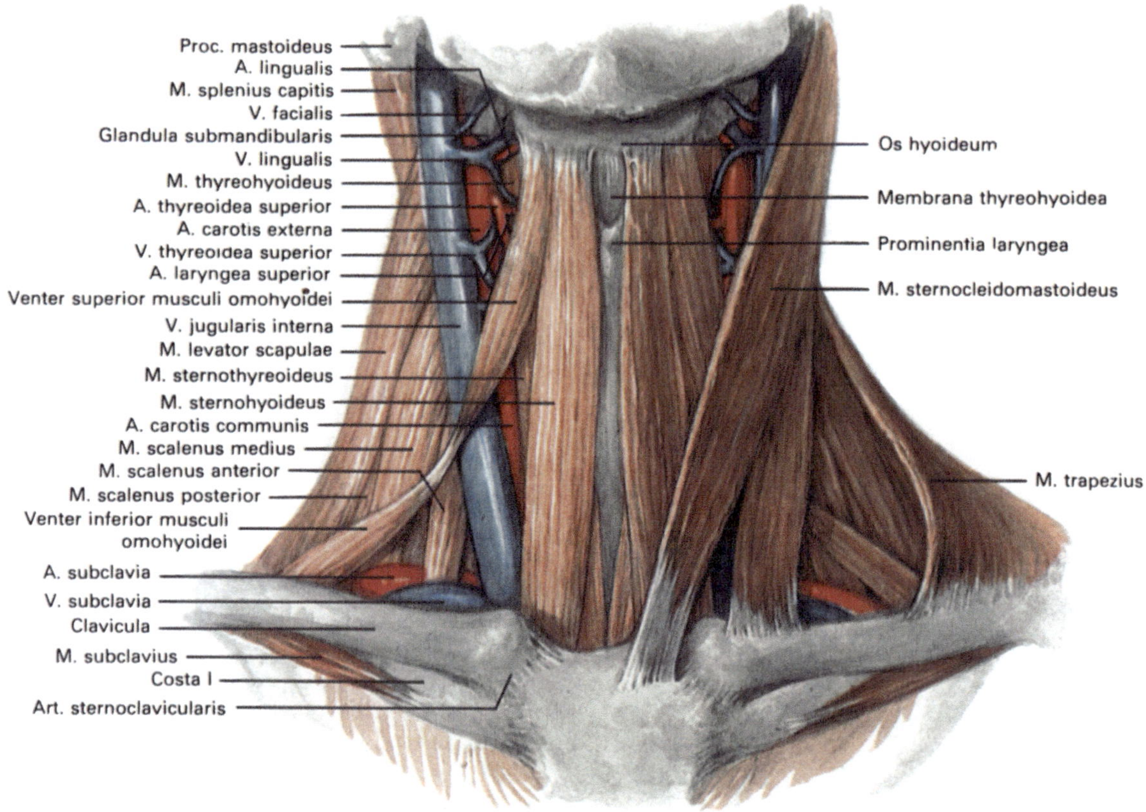

171
Vorderseite des Halses, Regio colli anterior
von ventral. Entfernt wurden: Platysma (beiderseits), Lamina superficialis fasciae cervicalis, Lamina praetrachealis fasciae cervicalis, rechter M. sternocleidomastoideus, rechter M. trapezius und seitlicher Teil des linken M. trapezius. Lagebeziehungen der großen Blutgefäße zu den Muskeln des Halses. Nerven nicht dargestellt

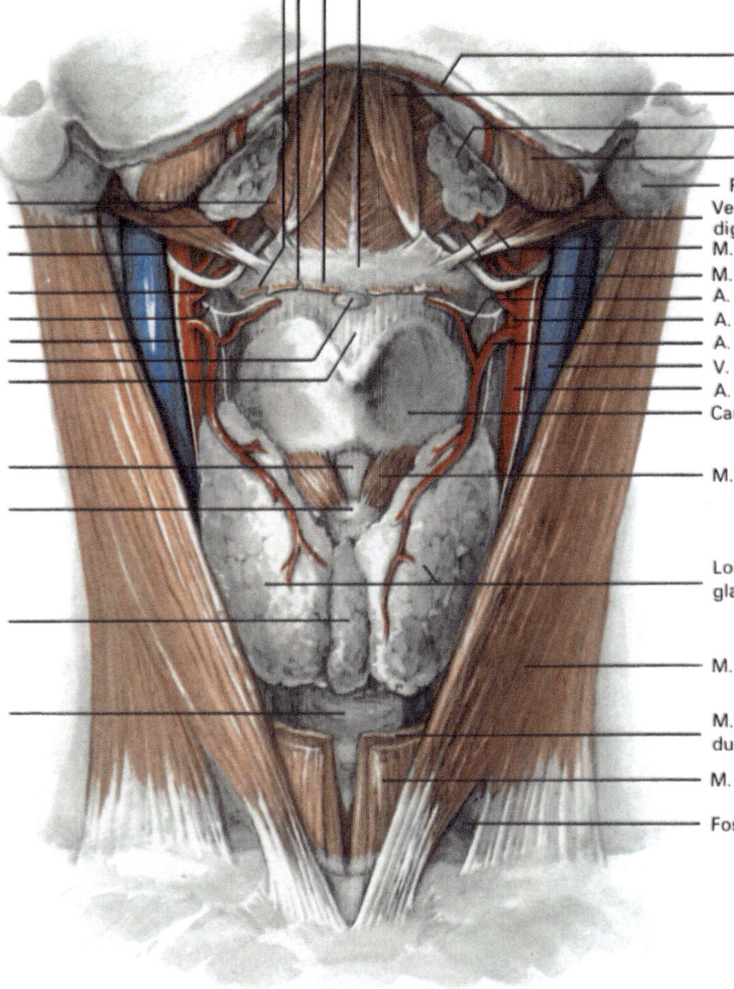

172

Rechtes und linkes mediales Halsdreieck, Trigonum colli mediale dextrum et sinistrum

von ventral. Entfernt wurden: Platysma, Lamina superficialis fasciae cervicalis, Musculi infrahyoidei mit Lamina praetrachealis fasciae cervicalis

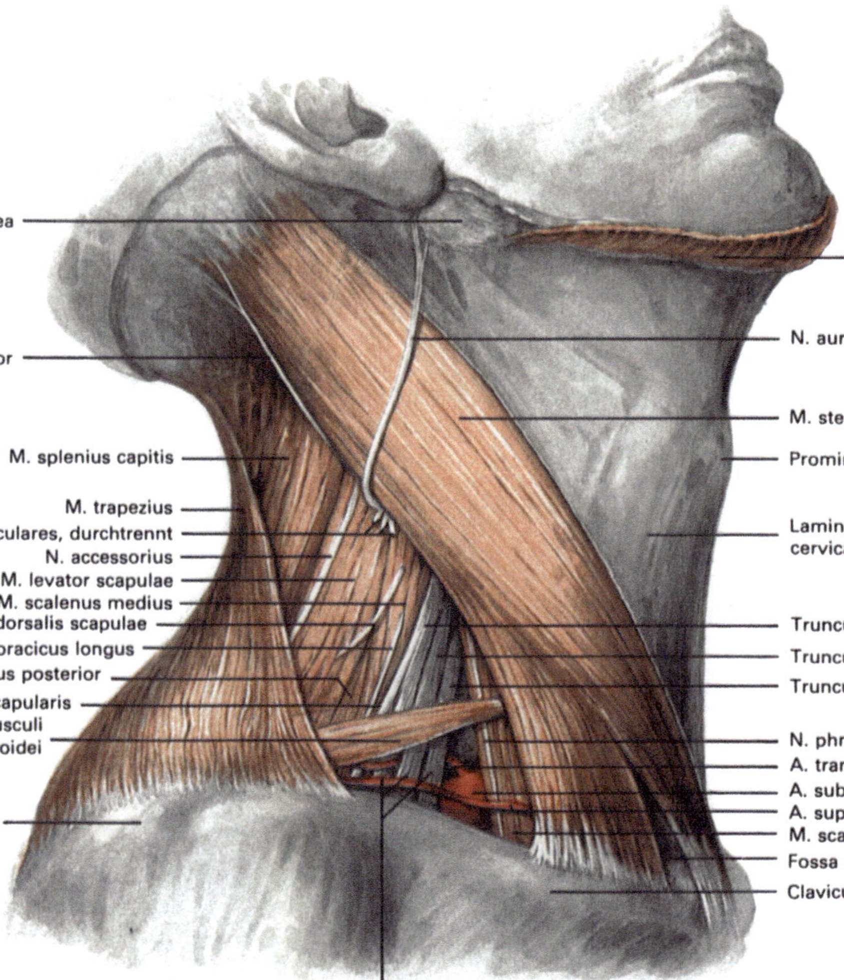

173
Rechte Seite des Halses, Regio colli lateralis dextra
von lateral. Seitliches Halsdreieck, Trigonum colli laterale mit Trigonum omoclaviculare (Fossa supraclavicularis major). A. cervicalis superficialis nicht dargestellt

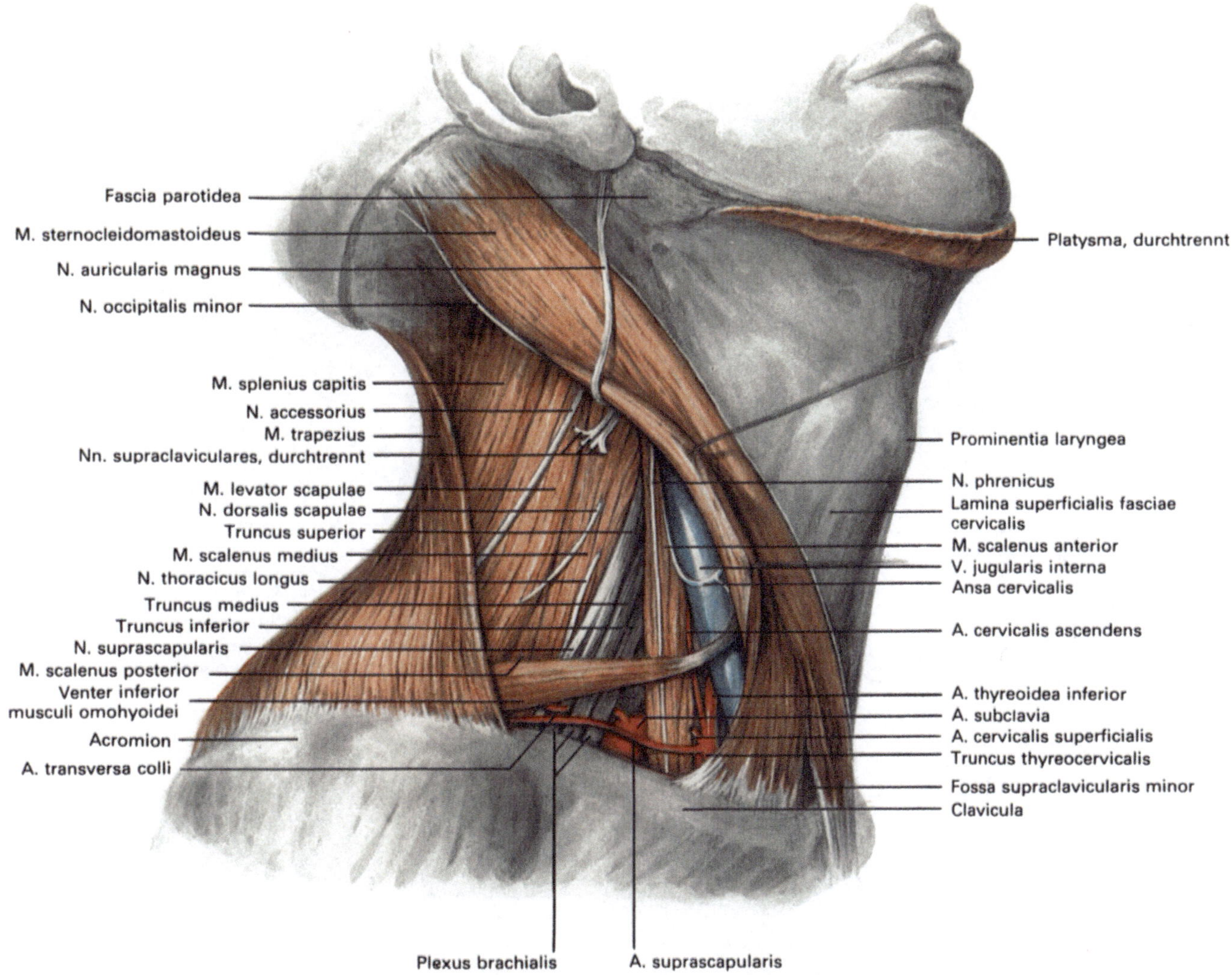

174

Rechte Seite des Halses, Regio colli lateralis dextra

von lateral. Seitliches Halsdreieck, Trigonum colli laterale. Zur Darstellung des N. phrenicus wurde der M. sternocleidomastoideus nach medial gezogen

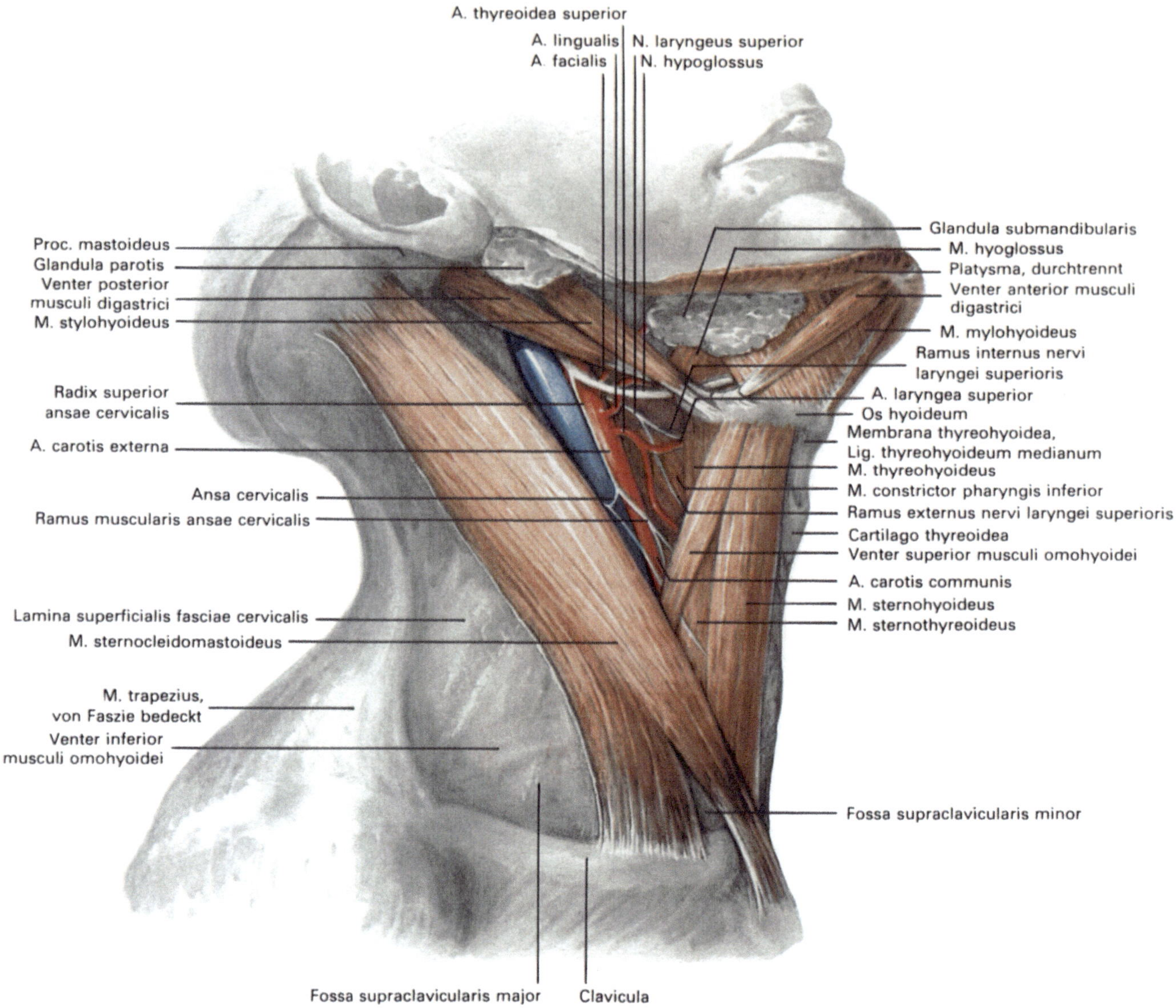

175
Vorderseite des Halses, Regio colli anterior
von rechts. Mediales Halsdreieck, Trigonum colli mediale

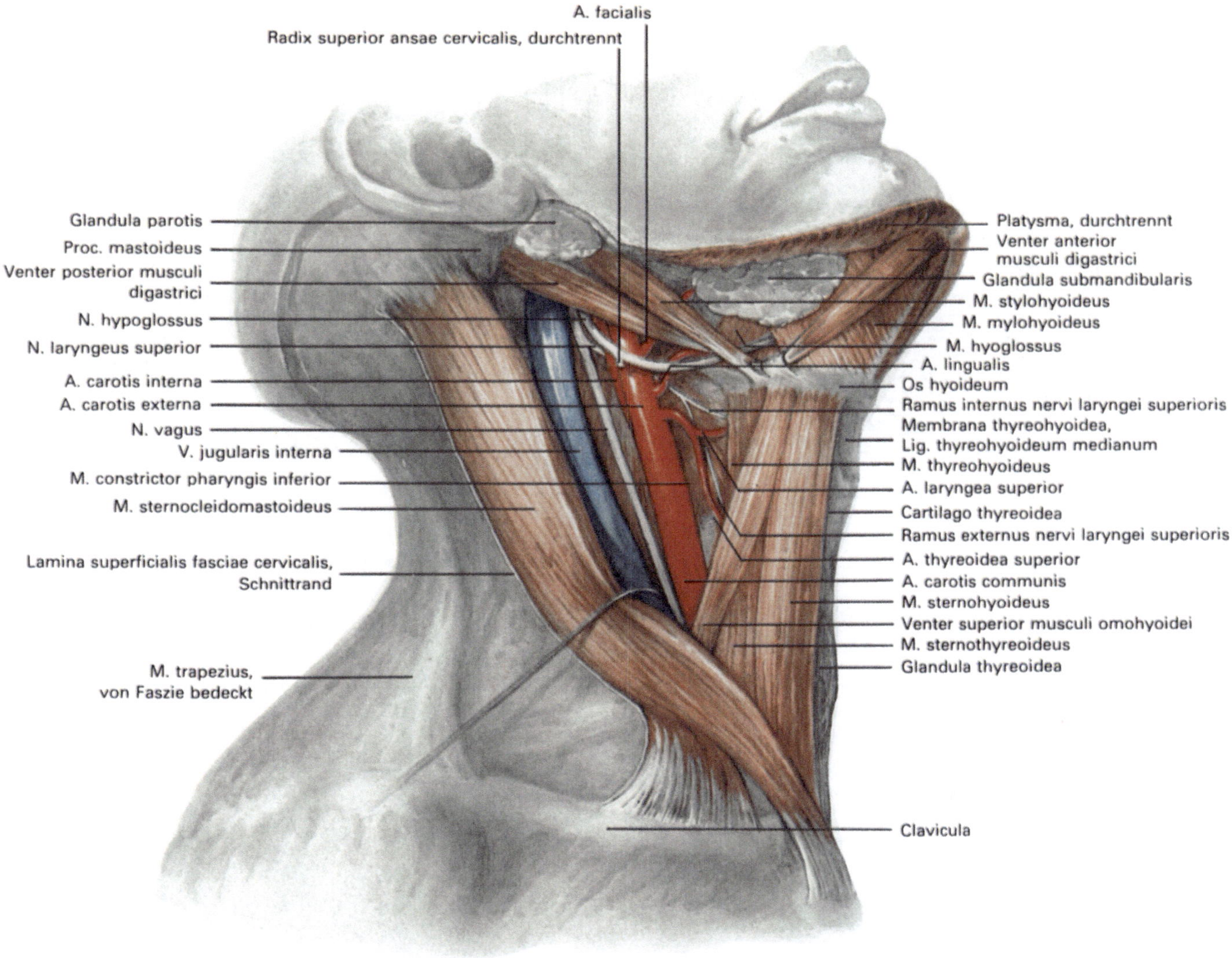

176
Vorderseite des Halses, Regio colli anterior
von rechts. Mediales Halsdreieck, Trigonum colli mediale. Ansa cervicalis entfernt. Zur Darstellung der Teile des Gefäßnervenstranges M. sternocleidomastoideus und V. jugularis nach lateral gezogen

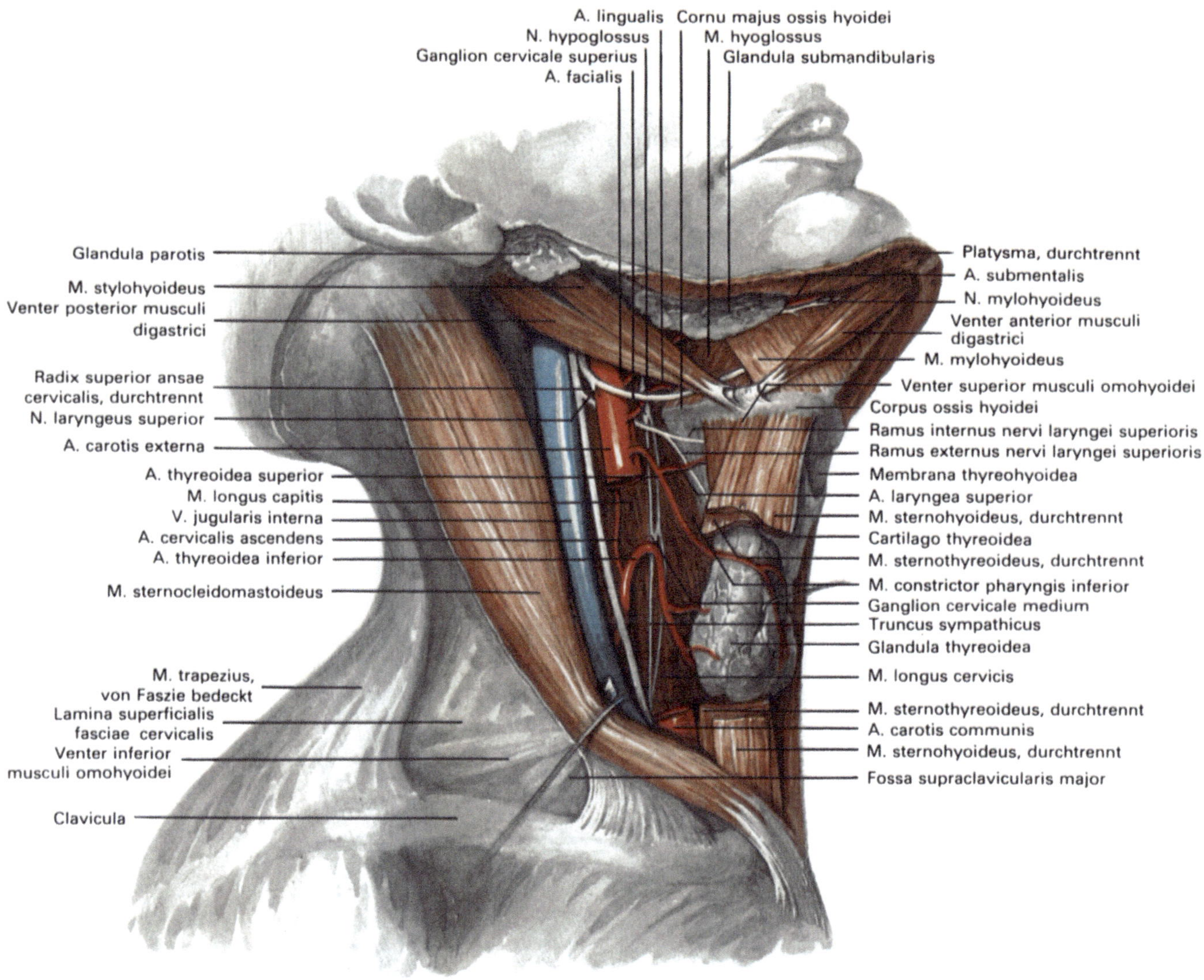

177

Vorderseite des Halses, Regio colli anterior

von rechts. Mediales Halsdreieck, Trigonum colli mediale. Arterien der Schilddrüse

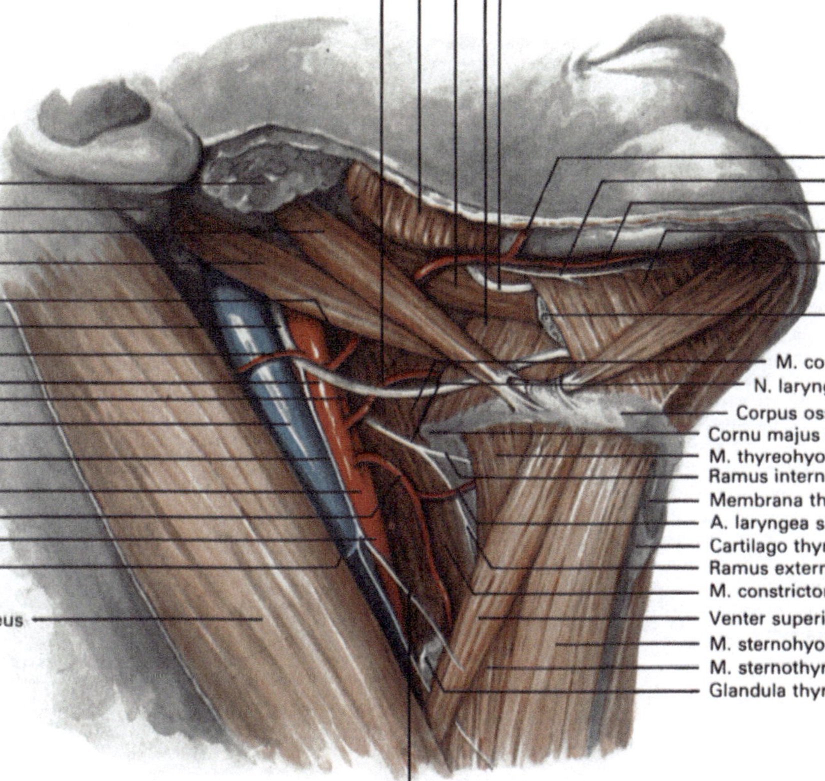

178
Vorderseite des Halses, Regio colli anterior
von rechts. Trigonum submandibulare und Trigonum caroticum. Unterkieferdrüse, Glandula submandibularis, weitgehend entfernt

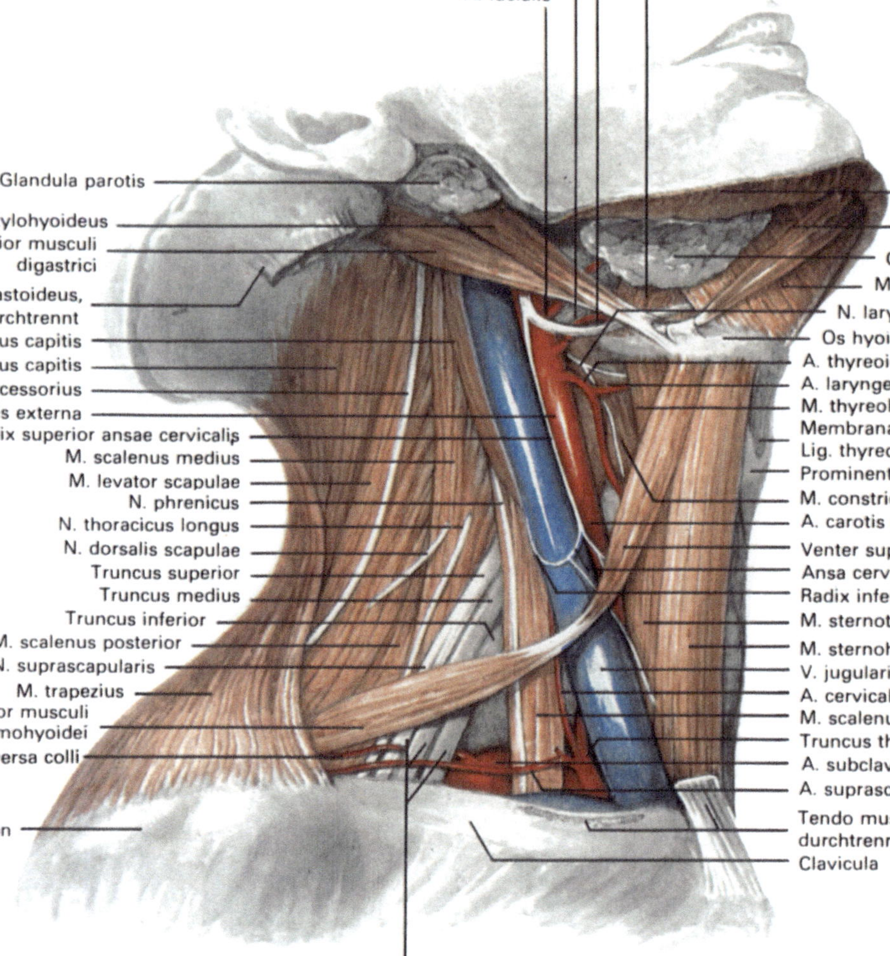

179

Rechte Seite des Halses, Regio colli anterior et Regio colli lateralis dextra

von lateral. Entfernt wurden: Platysma, Lamina superficialis et lamina praetrachealis fasciae cervicalis und M. sternocleidomastoideus

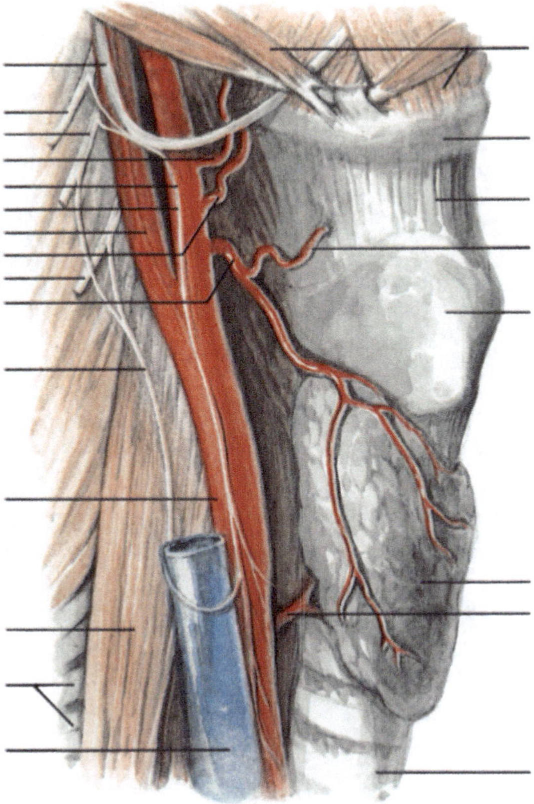

180
Ansa cervicalis
von rechts. V. jugularis interna teilweise, N. vagus vollständig entfernt

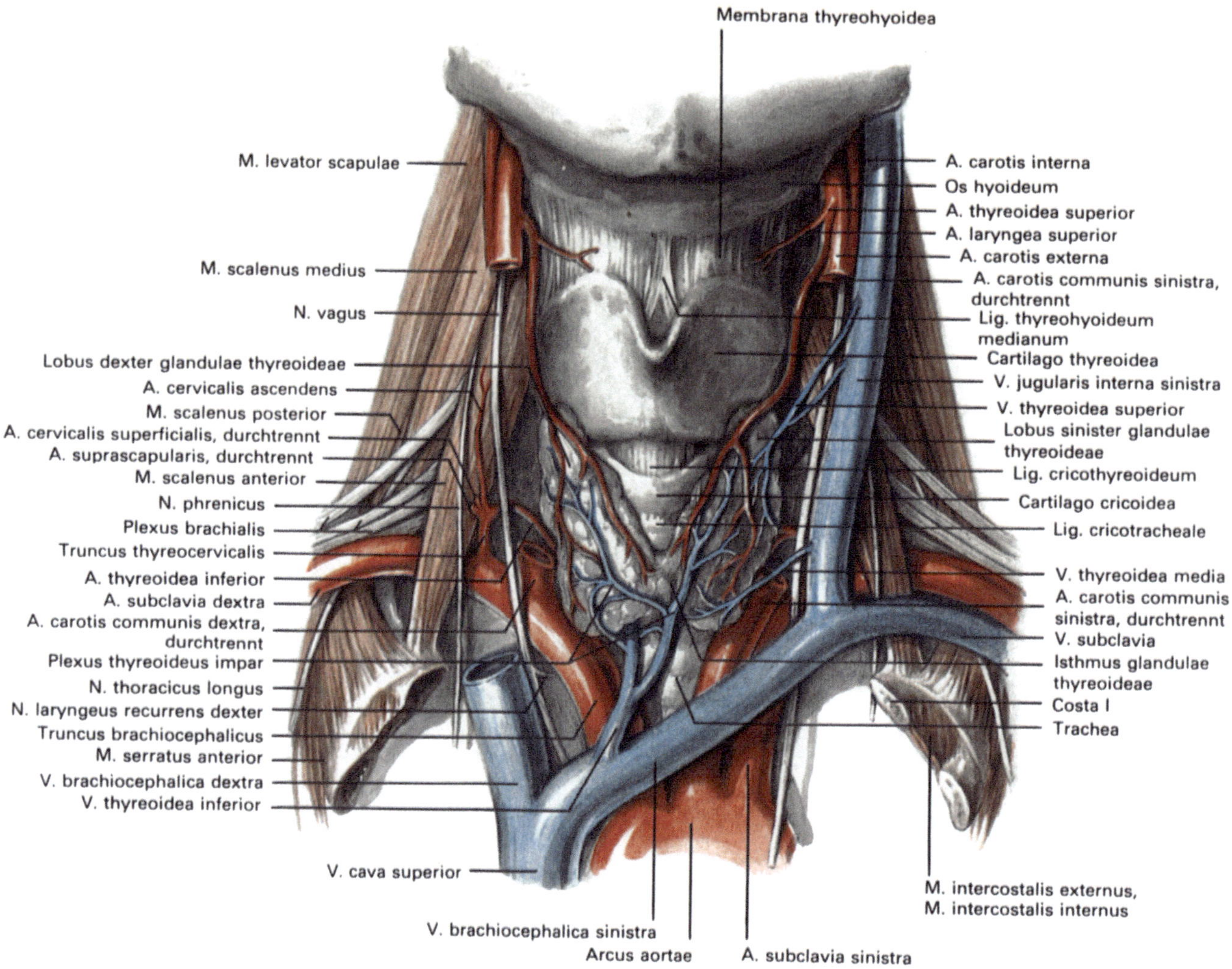

181
Schilddrüse, Glandula thyreoidea
von ventral. Darstellung der Blutgefäße

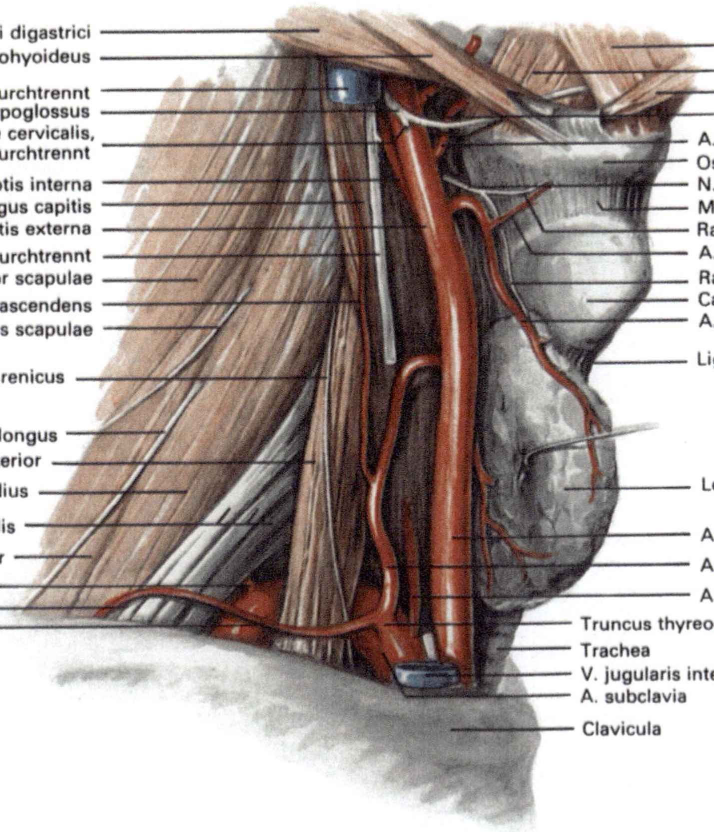

182
Schilddrüse, Glandula thyreoidea
von lateral. Zur Darstellung der Schilddrüsenarterien wurde der Lobus dexter nach vorn gezogen. »Scalenuslücke«. M. sternocleidomastoideus, Musculi infrahyoidei, Ansa cervicalis, V. jugularis interna, Teil des N. vagus, Truncus sympathicus und V. subclavia entfernt

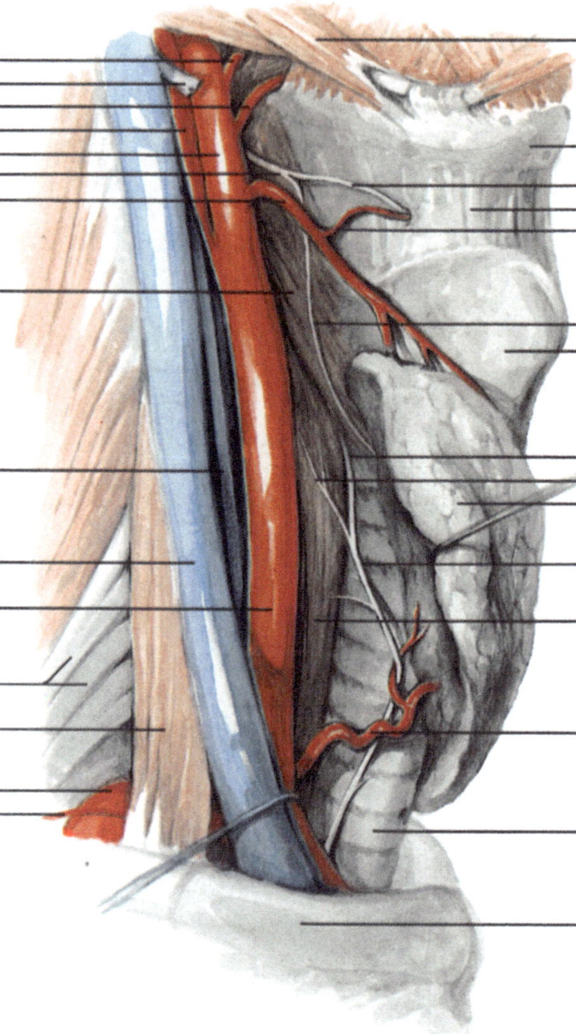

183

Schilddrüse, Glandula thyreoidea

von rechts. Zur Darstellung der Schilddrüsenarterien einer Seite wurde der Lobus dexter angehoben und dadurch der N. laryngeus recurrens nach vorn gezogen

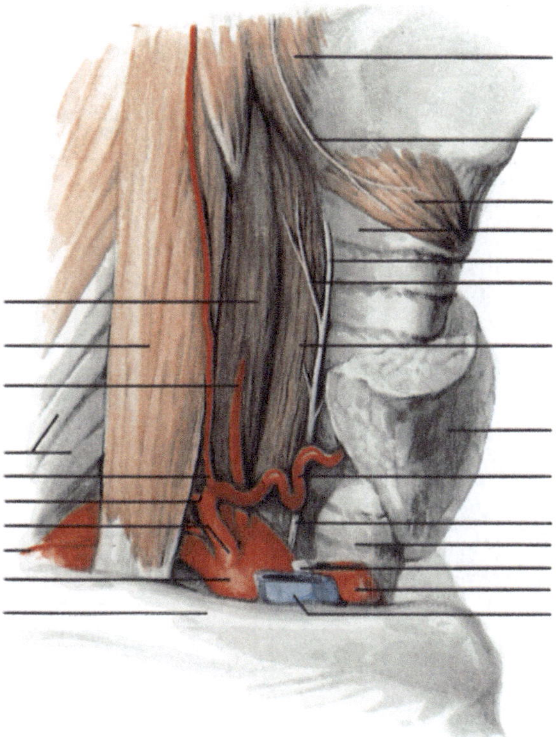

184

A. subclavia dextra

von rechts. Zur Darstellung der Äste des Truncus thyreocervicalis, der A. vertebralis und des N. laryngeus recurrens wurden der Gefäßnervenstrang des Halses, Teile der Schilddrüse und N. phrenicus entfernt

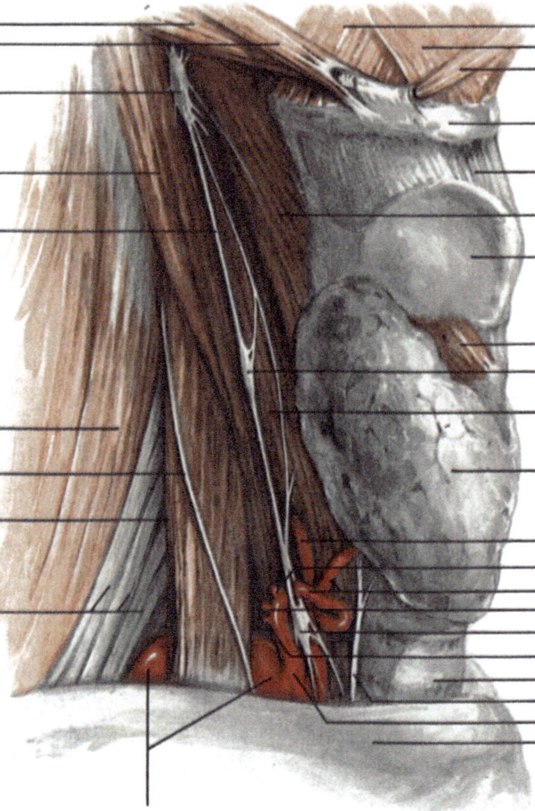

185
Halsgrenzstrang, Pars cervicalis trunci sympathici
von lateral

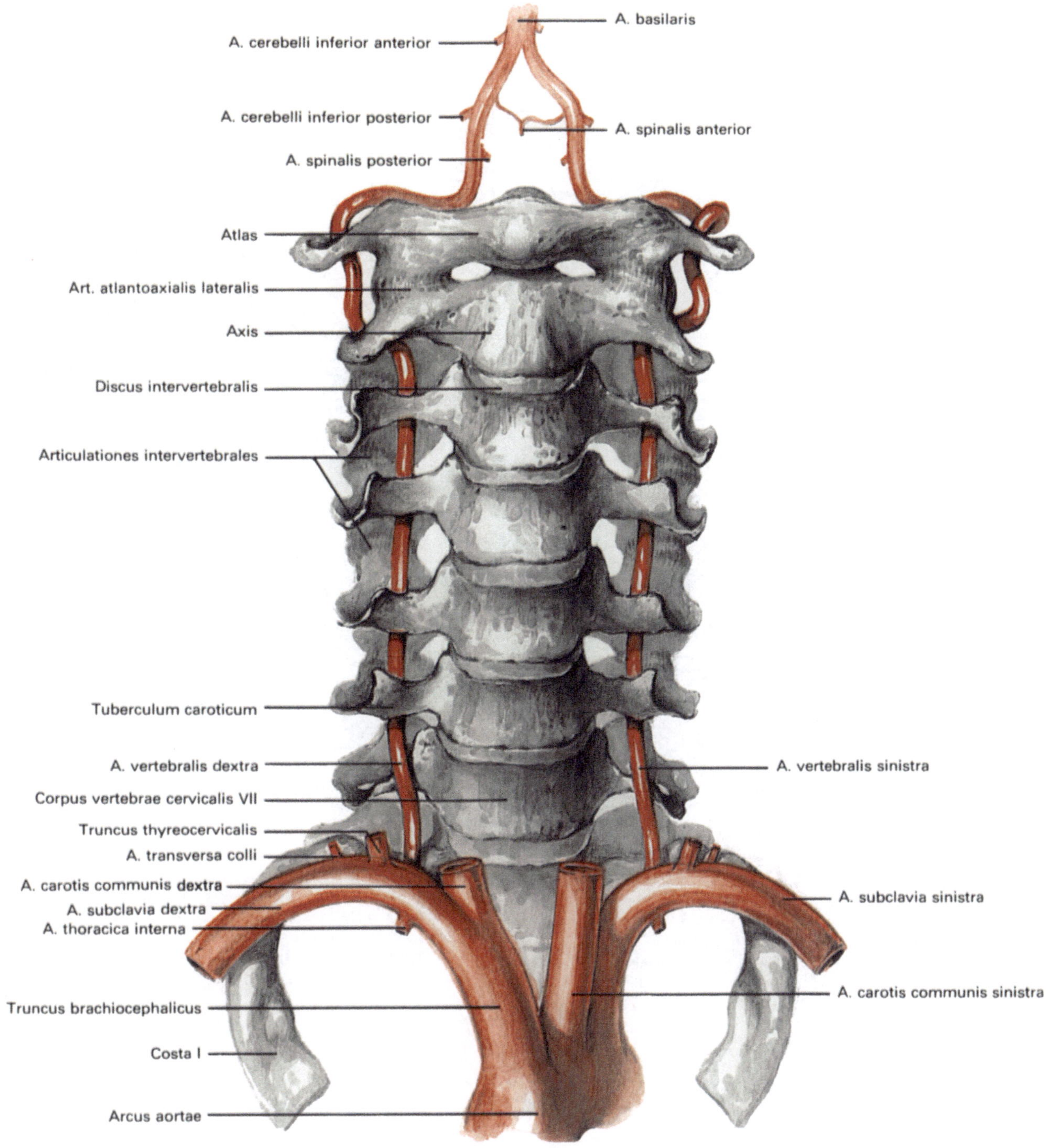

186
Isolierte Darstellung der Arteriae vertebrales
von vorn

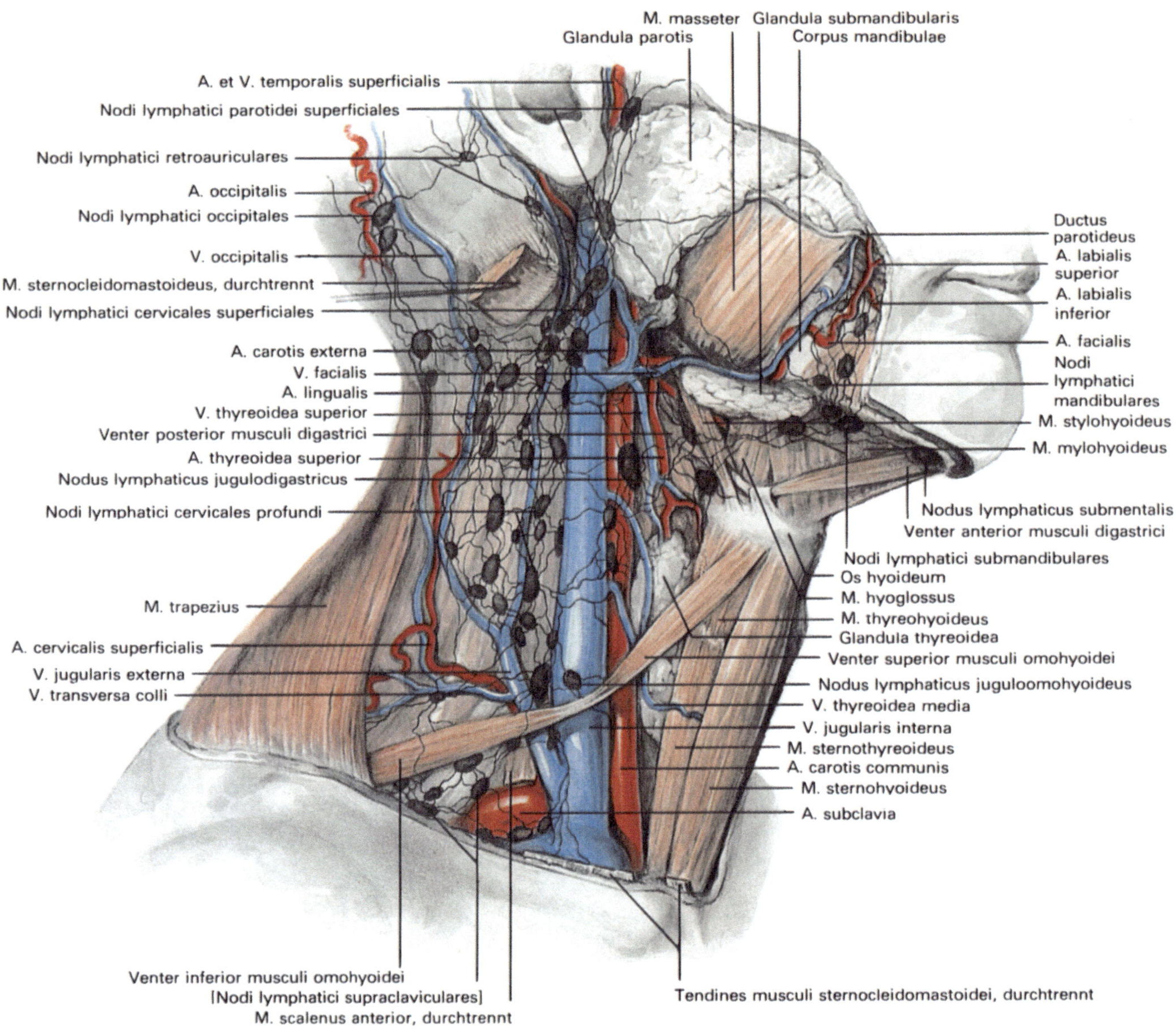

187

Lymphknoten, Nodi lymphatici, und Lymphgefäße, Vasa lymphatica, des Halses und der unteren Kopfregionen
von rechts. M. sternocleidomastoideus entfernt

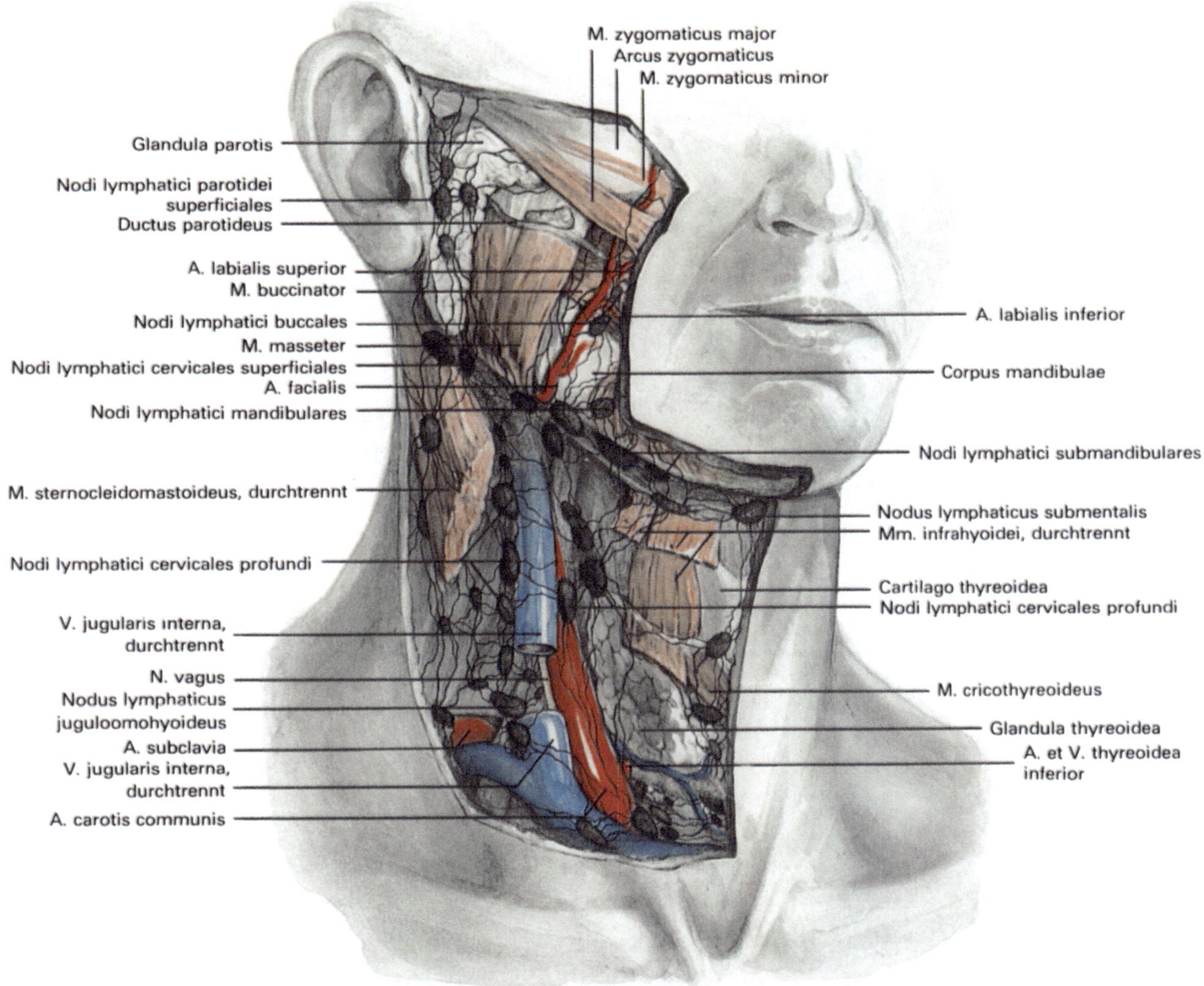

188

Lymphknoten, Nodi lymphatici, und Lymphgefäße, Vasa lymphatica, des Halses und der seitlichen Gesichtsregionen

von rechts vorn. M. sternocleidomastoideus und Musculi infrahyoidei teilweise entfernt

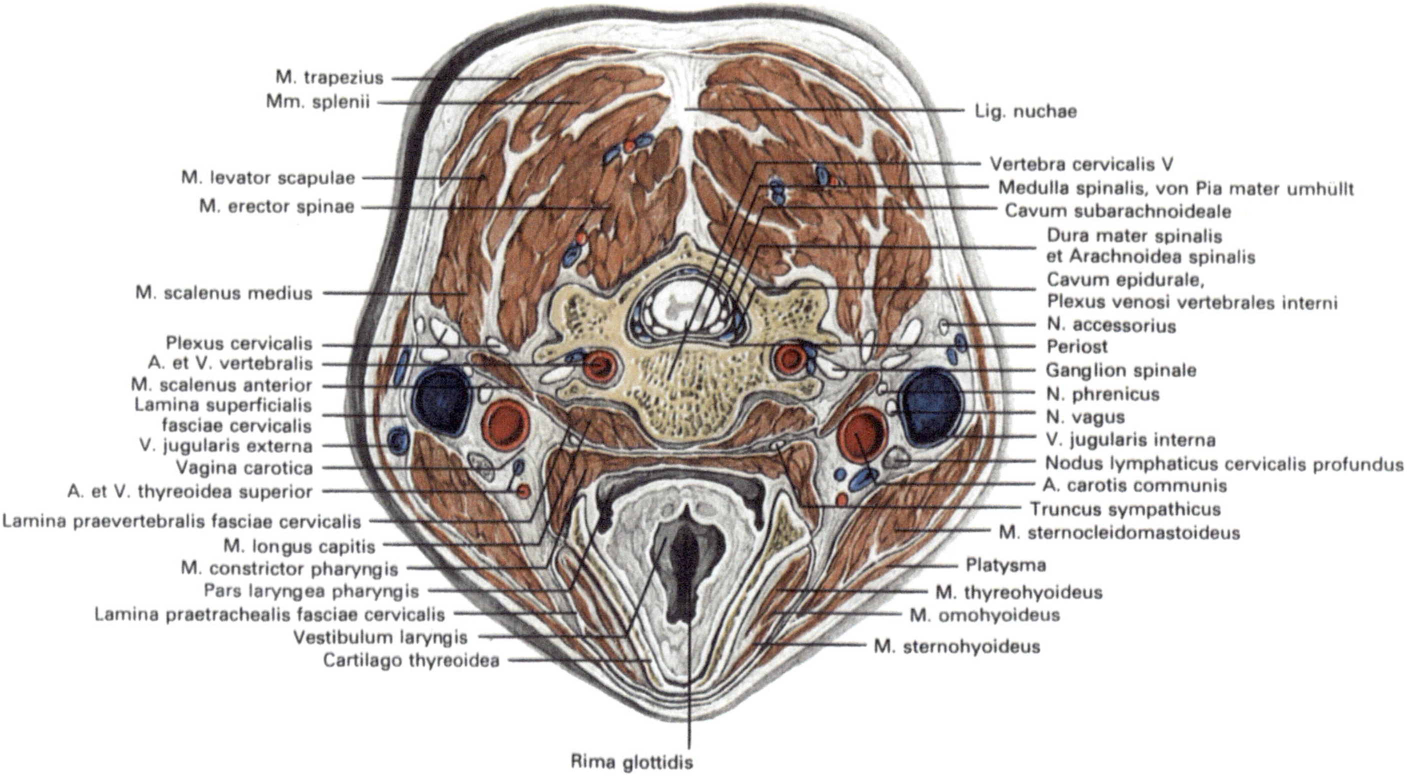

189
Querschnitt durch den Hals
in Höhe des 5. Halswirbels. Ansicht von oben

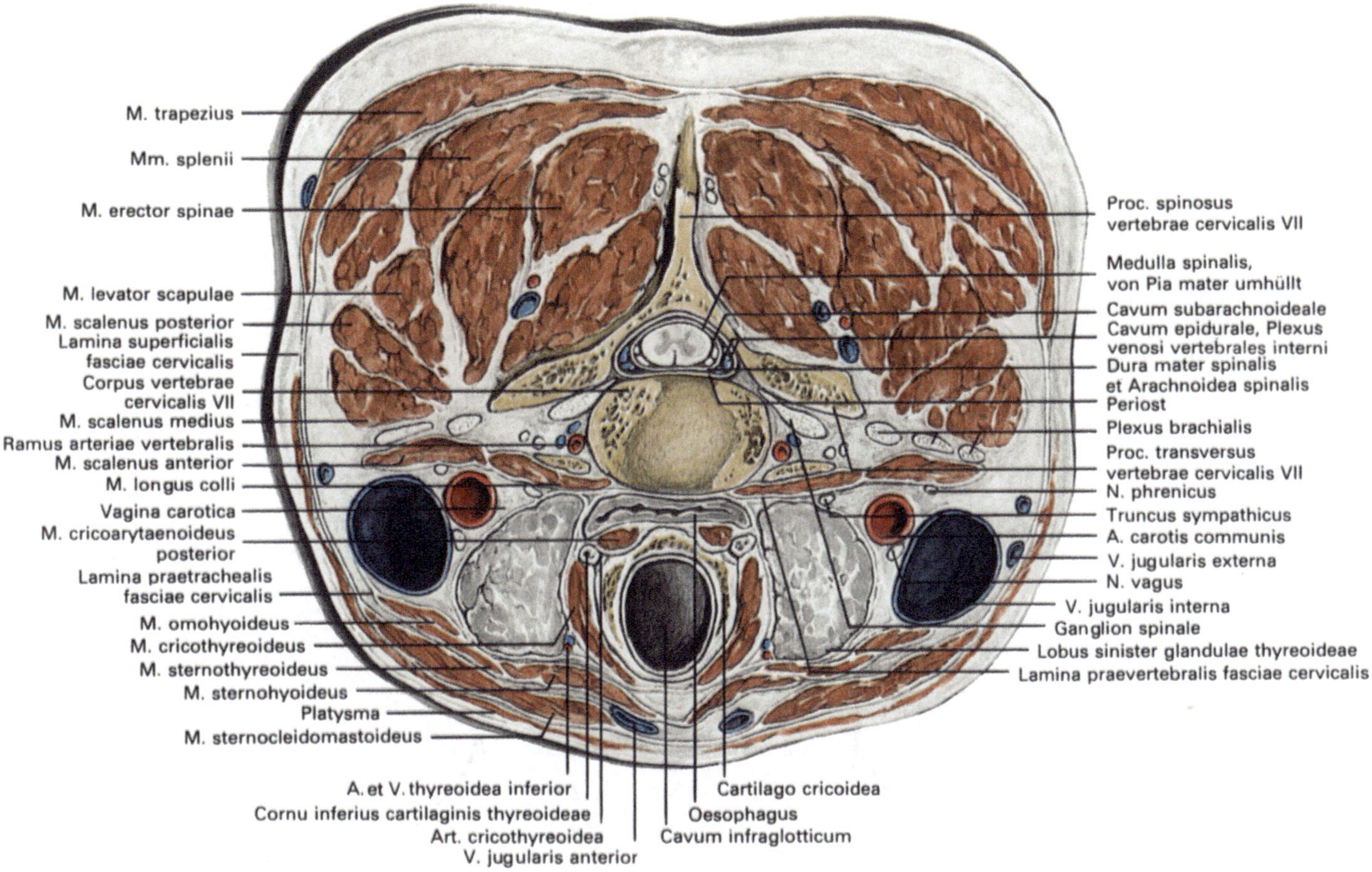

190
Querschnitt durch den Hals
in Höhe des 7. Halswirbels. Ansicht von oben

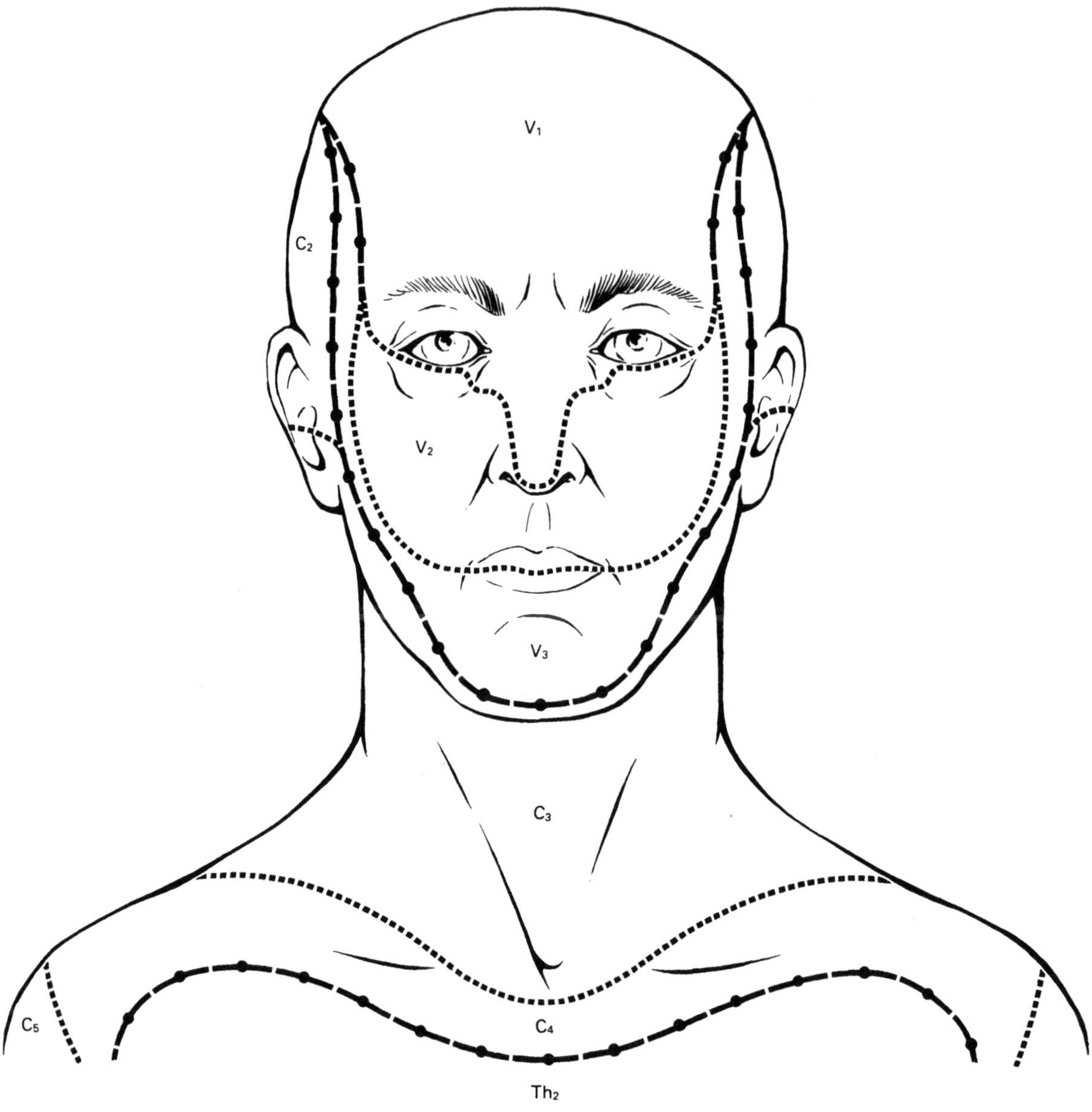

191
Hautnervengebiete des N. trigeminus und Dermatome des Halses
von vorn (nach Hansen-Schliack, verändert)

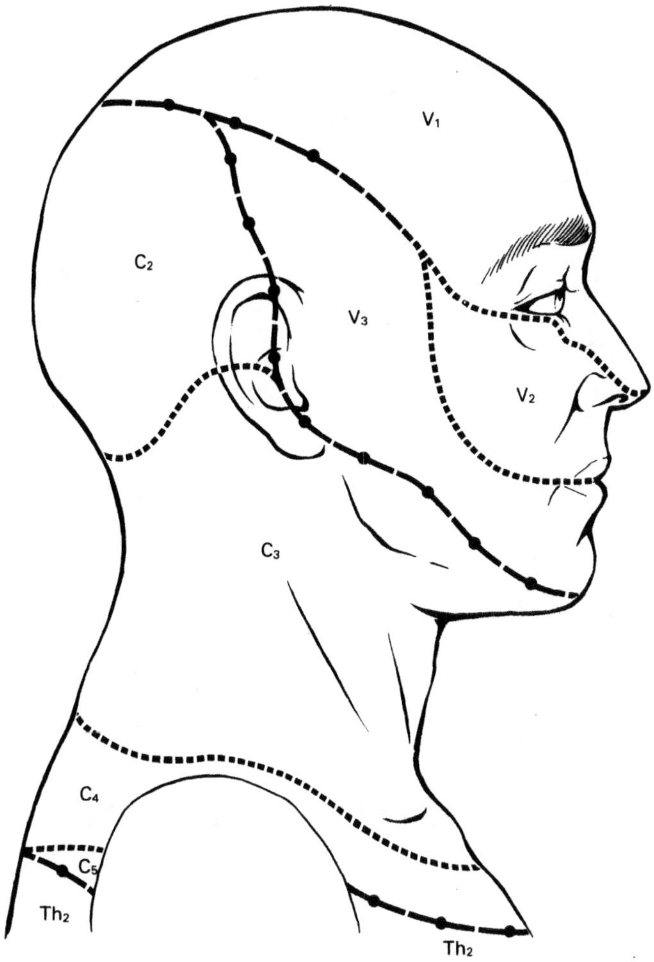

192
Hautnervengebiete des N. trigeminus und Dermatome des Halses
von rechts (nach Hansen-Schliack, verändert)

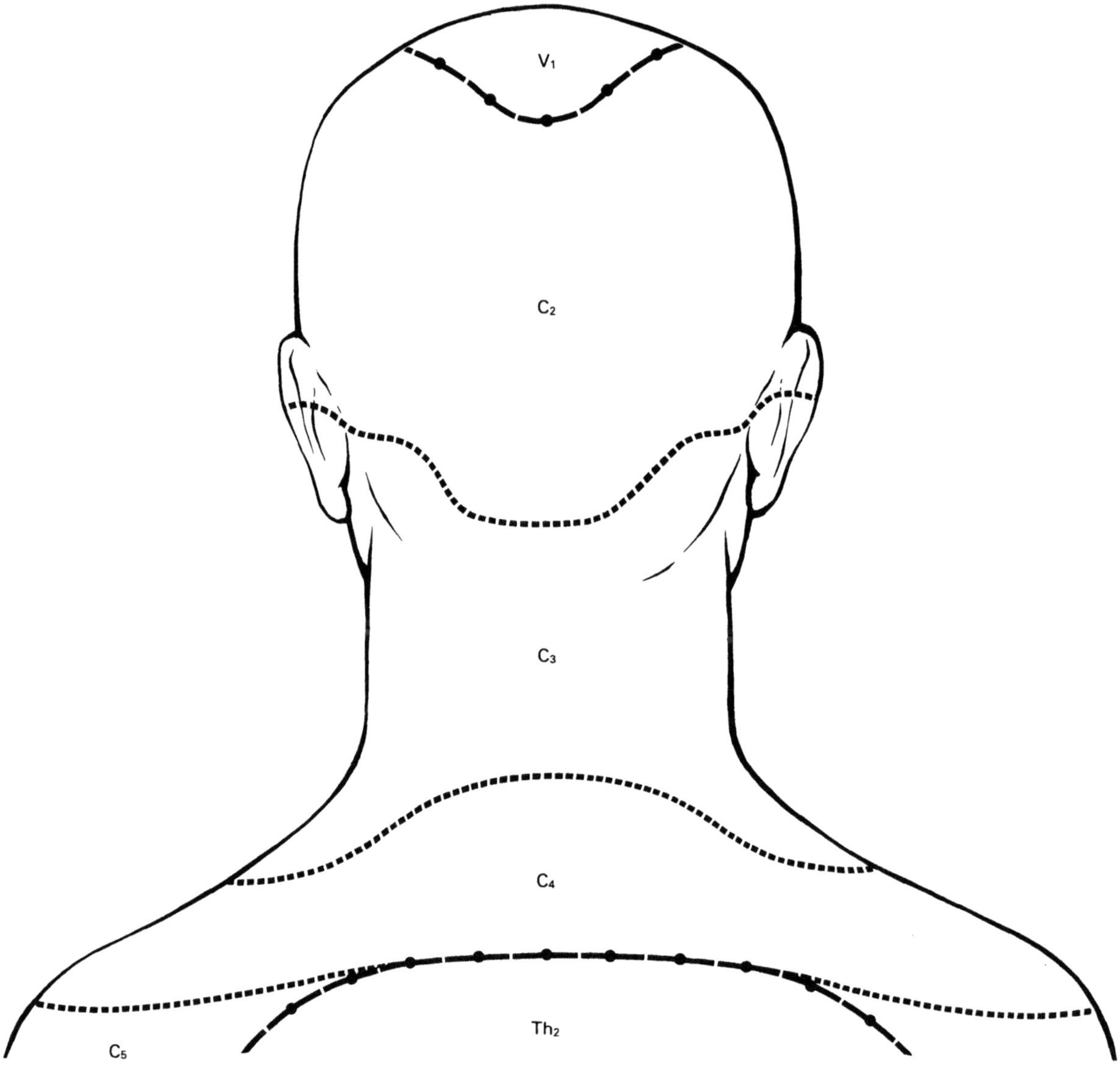

193
Hautnervengebiete des N. trigeminus und Dermatome des Halses
von hinten (nach Hansen-Schliack, verändert)

HALS

Pharynx

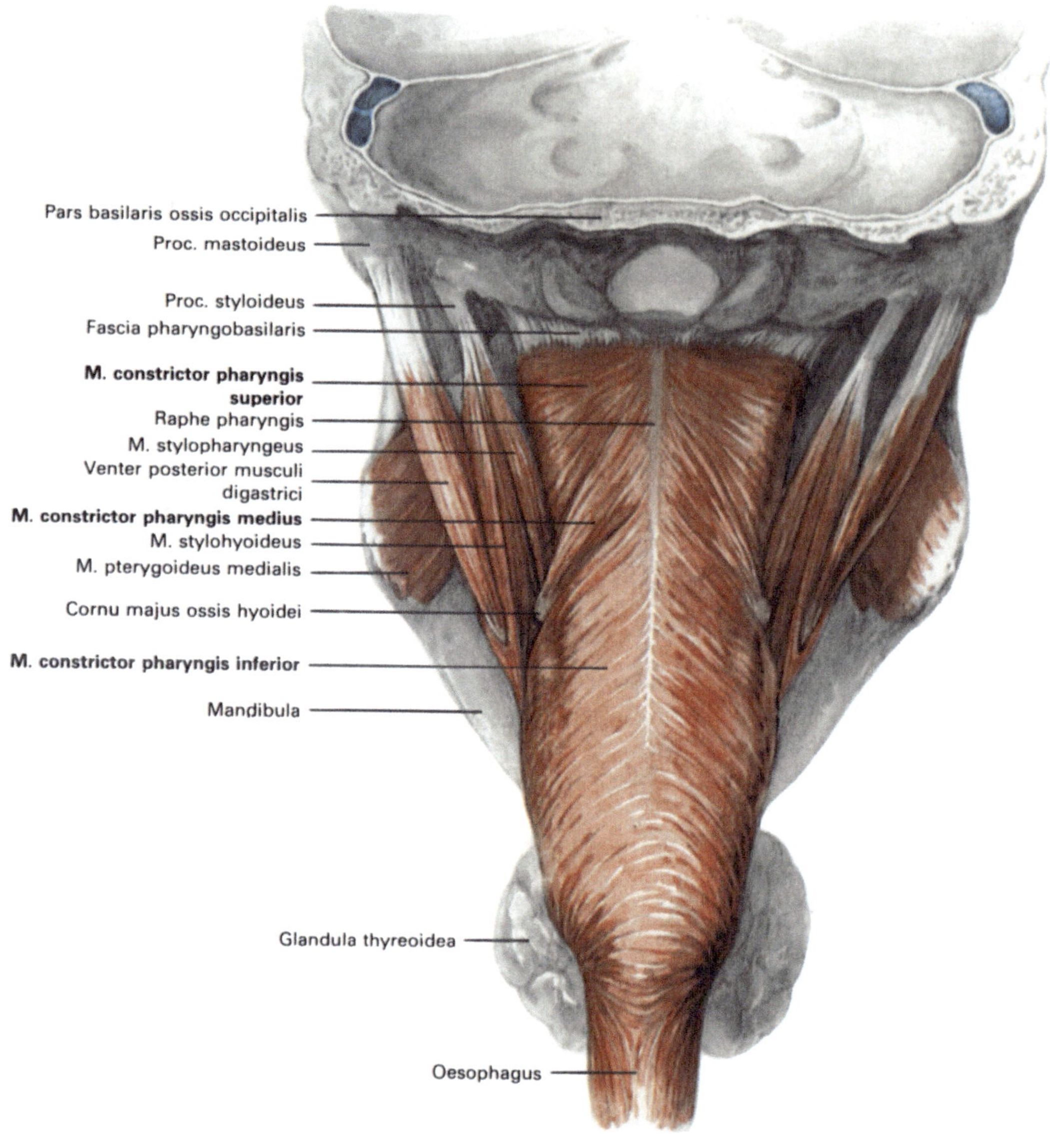

194
Schlund, Pharynx
von hinten. Schlundschnürer, Musculi constrictores pharyngis, und benachbarte Muskeln

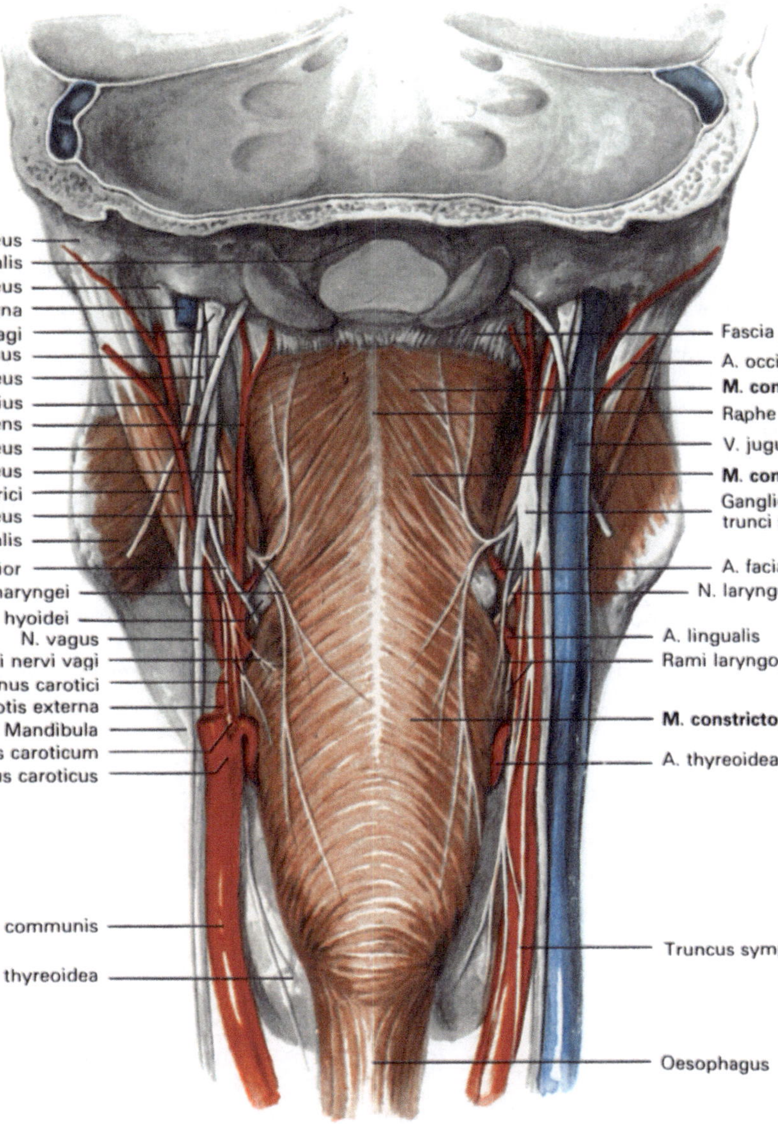

195
Spatium parapharyngeum
von hinten. A. carotis interna, V. jugularis interna und Truncus sympathicus auf der linken Seite entfernt

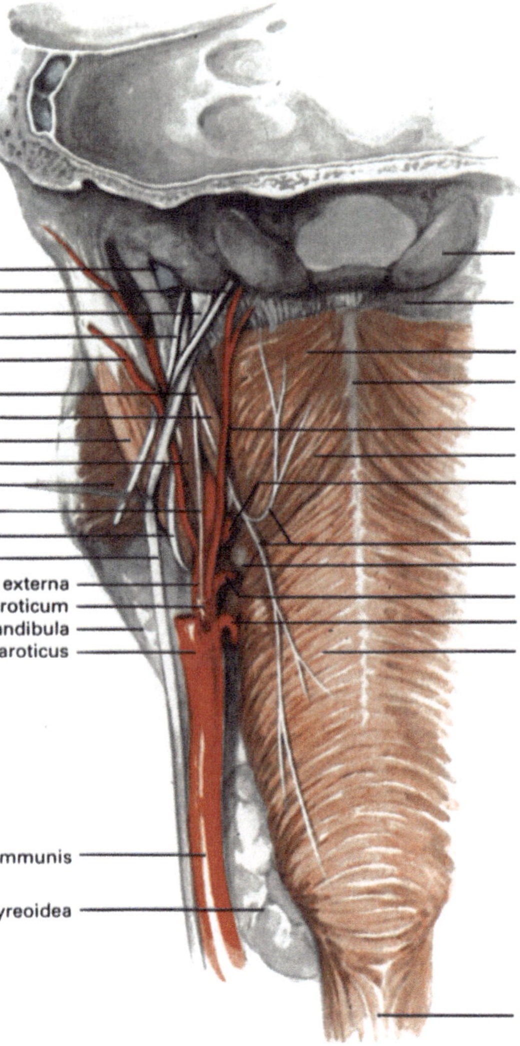

196
Linkes Spatium parapharyngeum
von hinten. Zur Darstellung der Äste des N. glossopharyngeus wurden A. carotis interna, V. jugularis interna und Truncus sympathicus entfernt sowie der N. vagus nach lateral gezogen

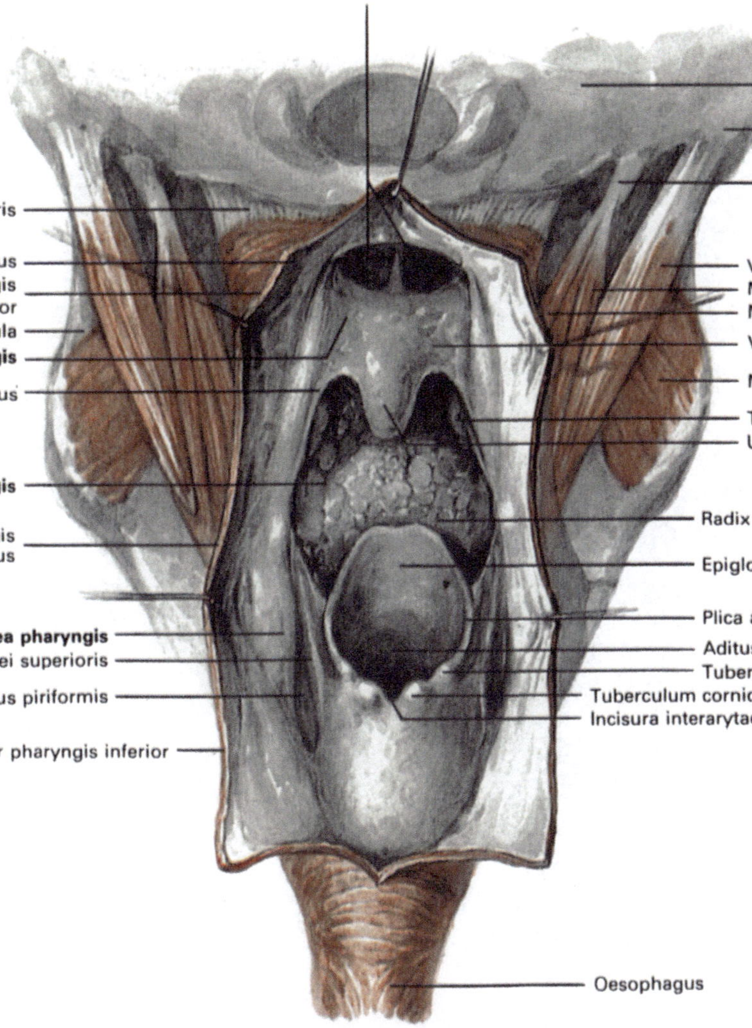

197
Schlund, Pharynx
von hinten. Durch die breite Eröffnung des Cavum pharyngis Einblick in Nasenhöhle, Mundhöhle und Kehlkopf

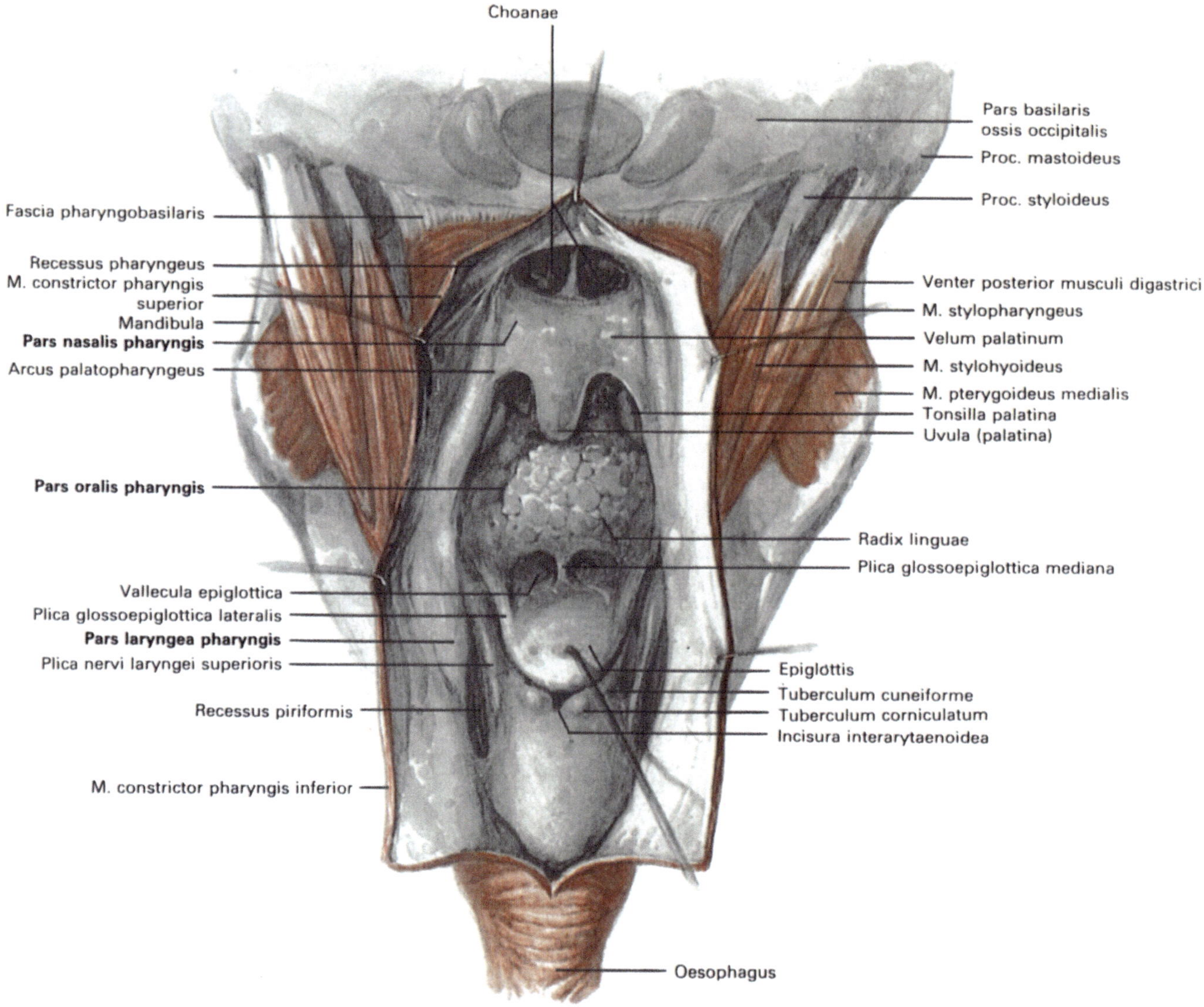

198
Schlund, Pharynx
von hinten. Durch die breite Eröffnung des Cavum pharyngis Einblick in Nasenhöhle, Mundhöhle und Kehlkopf. Zur Darstellung der Valleculae epiglotticae wurde der Kehldeckel nach unten gezogen

HALS

Larynx

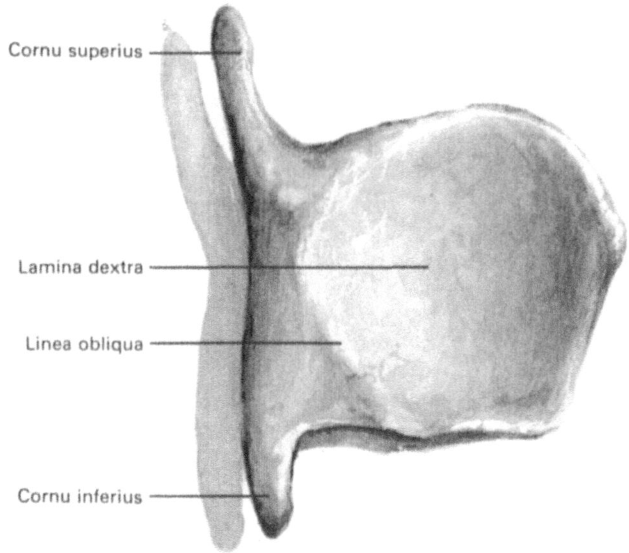

199

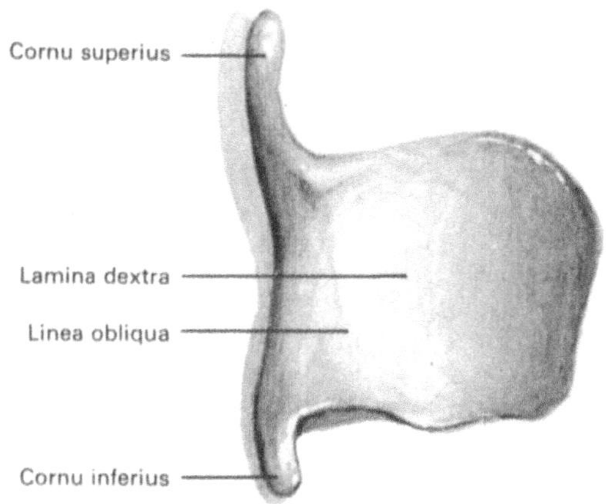

200

199
Schildknorpel, Cartilago thyreoidea, des Mannes
von rechts

200
Schildknorpel, Cartilago thyreoidea, der Frau
von rechts

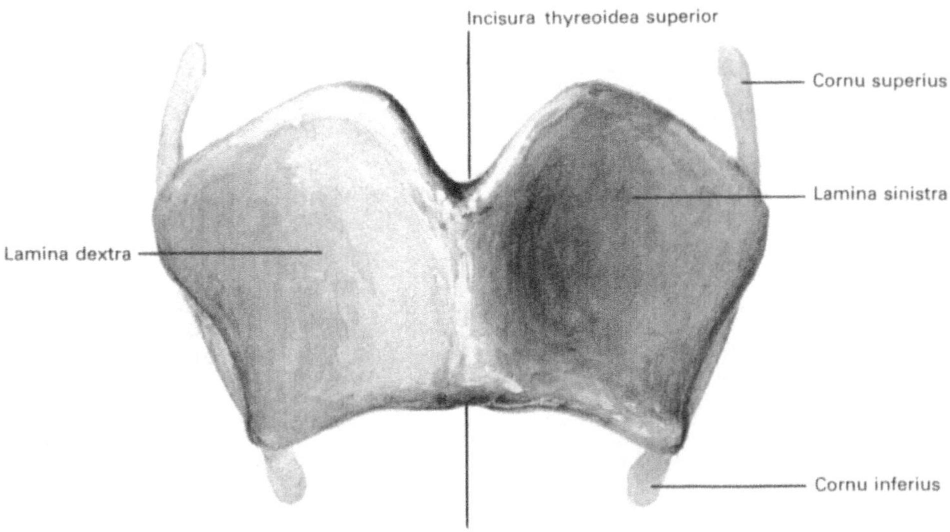

201

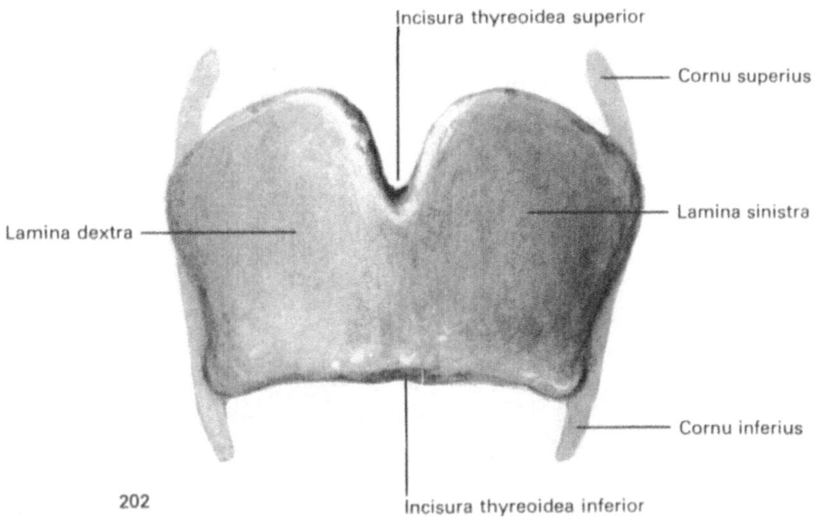

202

201
Schildknorpel, Cartilago thyreoidea, des Mannes
von vorn

202
Schildknorpel, Cartilago thyreoidea, der Frau
von vorn

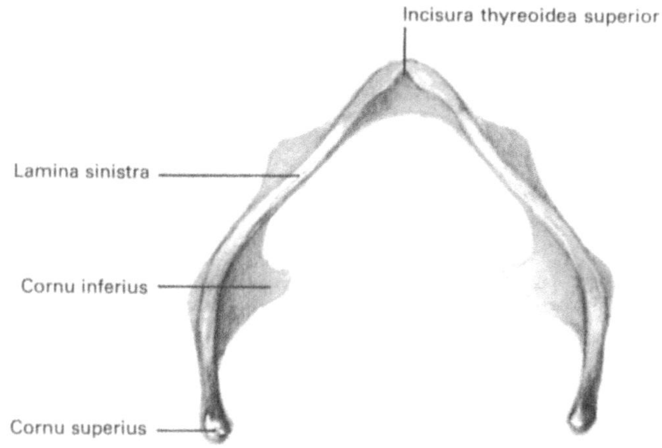

203

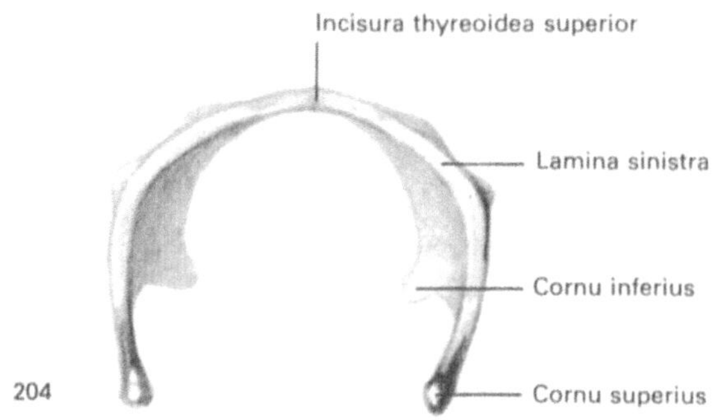

204

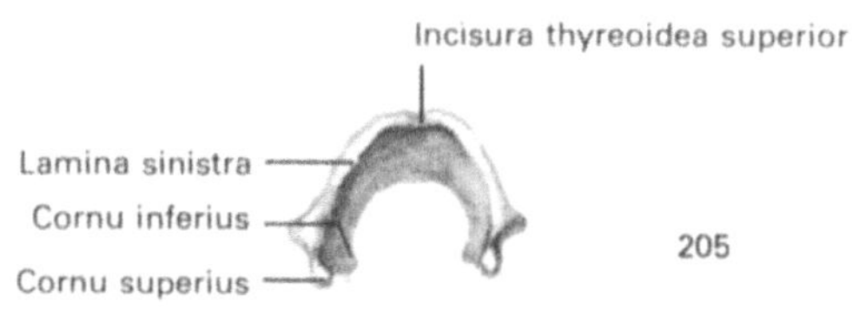

205

203
Schildknorpel, Cartilago thyreoidea, des Mannes
von oben

204
Schildknorpel, Cartilago thyreoidea, der Frau
von oben

205
Schildknorpel, Cartilago thyreoidea, eines weiblichen Neugeborenen
von oben

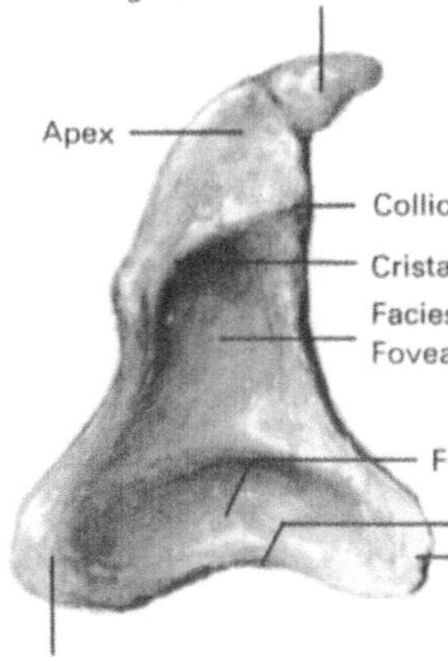

206

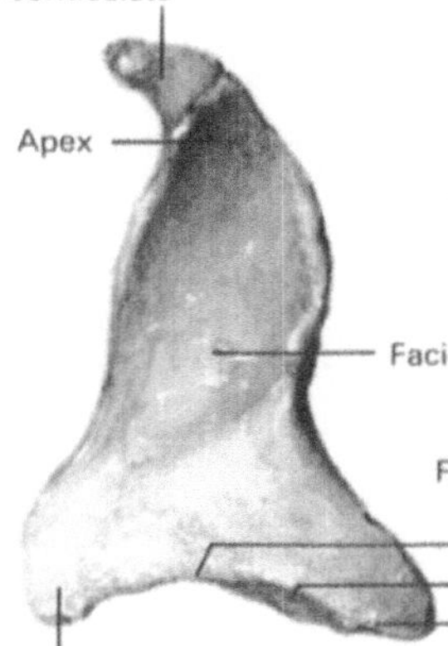

207

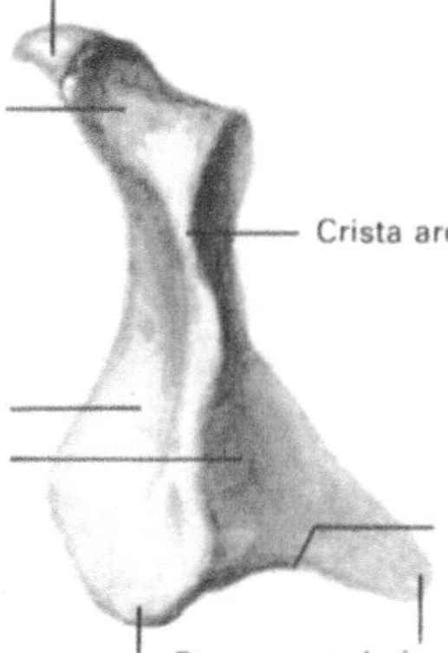

208

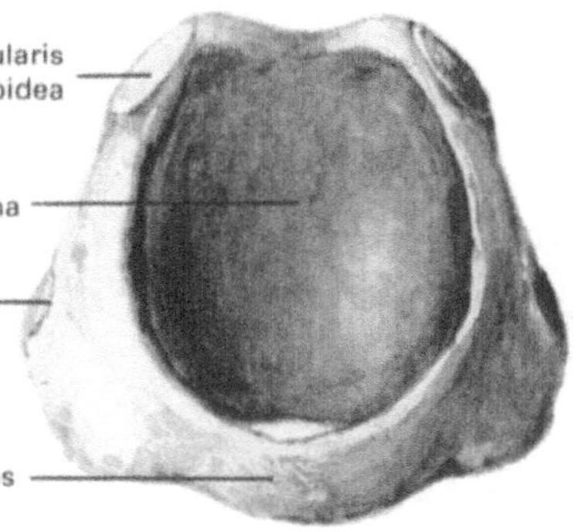

209

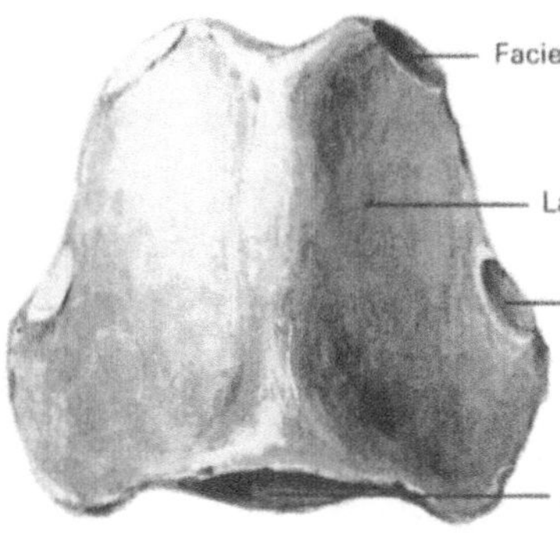

210

206
Rechter Stellknorpel, Gießbeckenknorpel, Cartilago arytaenoida
von vorn seitlich. Die Cartilago corniculata sitzt der Cartilago arytaenoidea auf

207
Rechter Stellknorpel, Gießbeckenknorpel, Cartilago arytaenoidea
von hinten. Die Cartilago corniculata sitzt der Cartilago arytaenoidea auf

208
Rechter Stellknorpel, Gießbeckenknorpel, Cartilago arytaenoidea
von rechts. Die Cartilago corniculata sitzt der Cartilago arytaenoidea auf

209
Ringknorpel, Cartilago cricoidea
von vorn

210
Ringknorpel, Cartilago cricoidea
von hinten

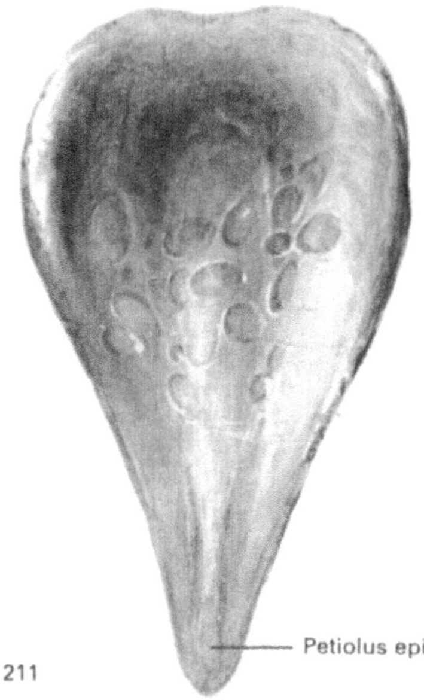

211

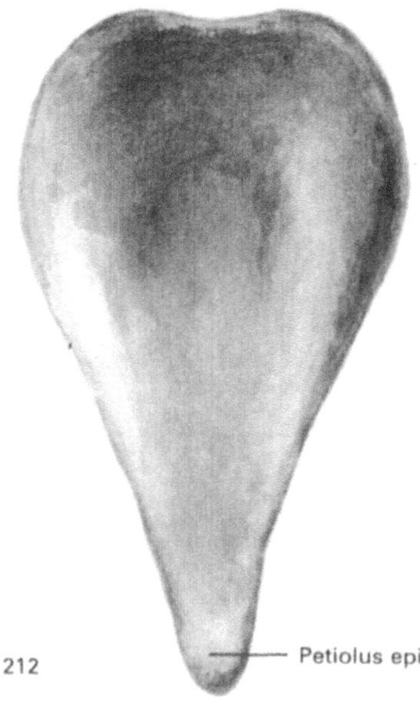

212

211
Kehldeckelknorpel, Cartilago epiglottica
von hinten

212
Kehldeckelknorpel, Cartilago epiglottica
von vorn

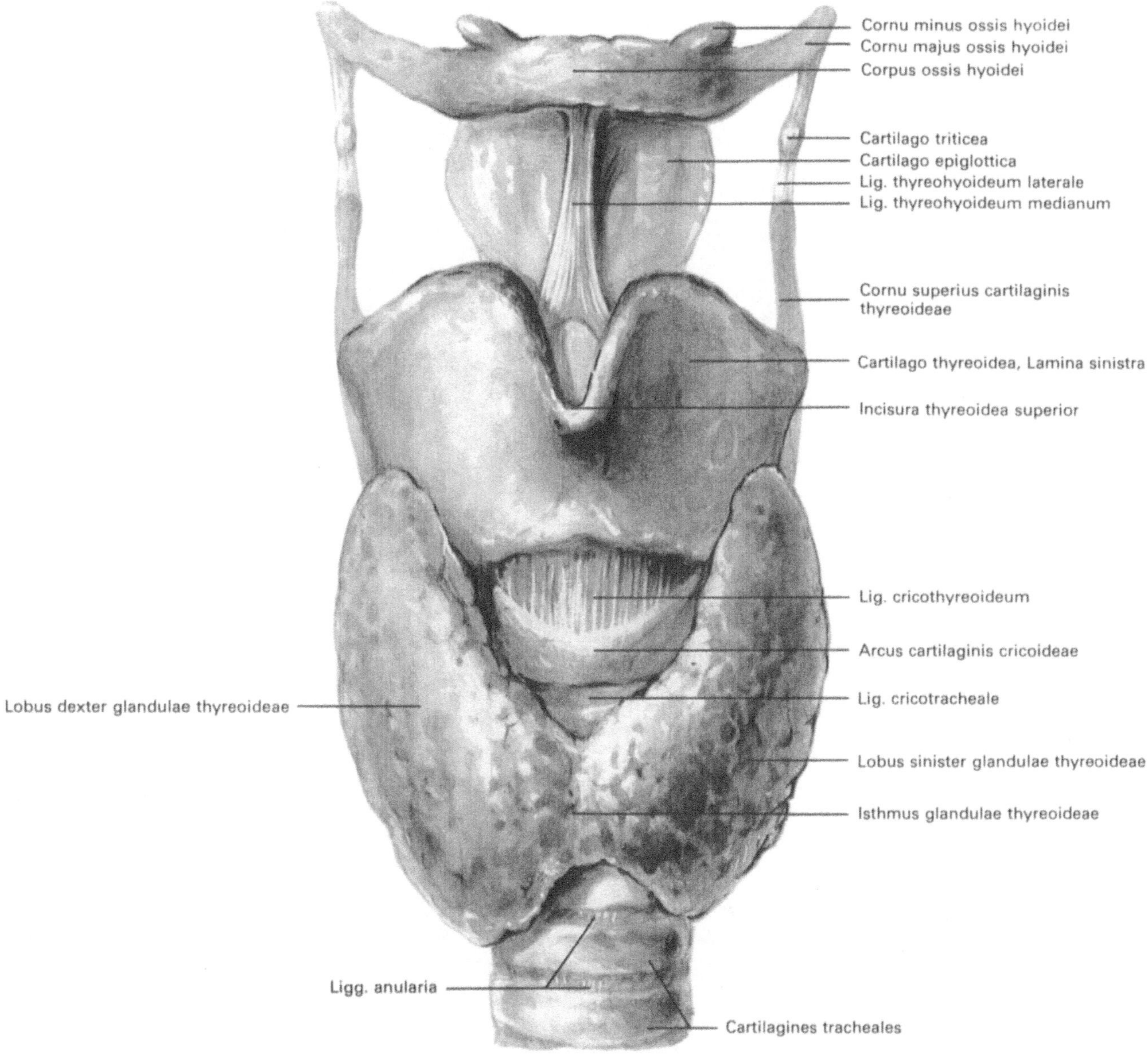

213
Schilddrüse, Glandula thyreoidea
von ventral. Zungenbein, Os hyoideum, Kehlkopf, Larynx, und Luftröhre, Trachea

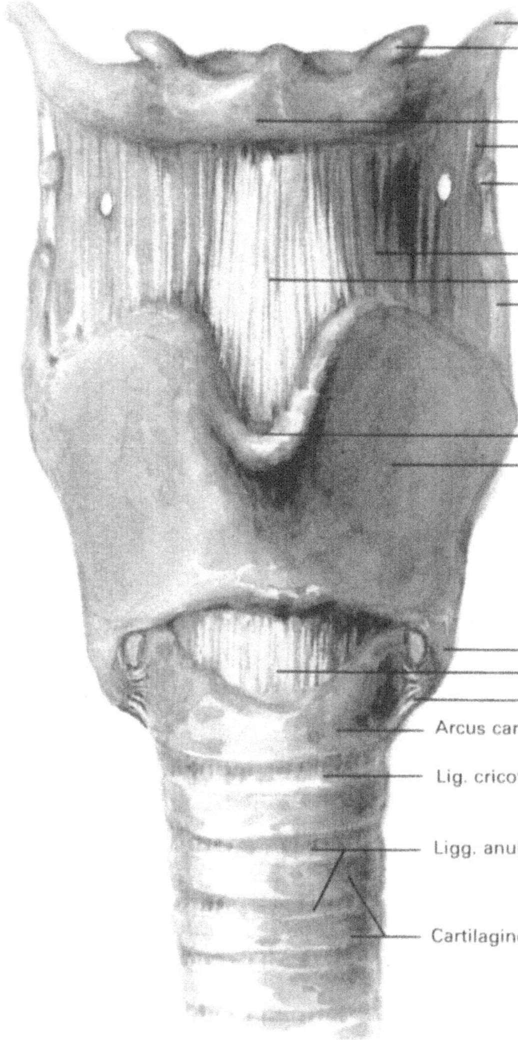

214
Kehlkopf, Larynx
von vorn. Verbindungen der Kehlkopfknorpel, Cartilagines laryngis, mit Zungenbein, Os hyoideum, und Luftröhre, Trachea

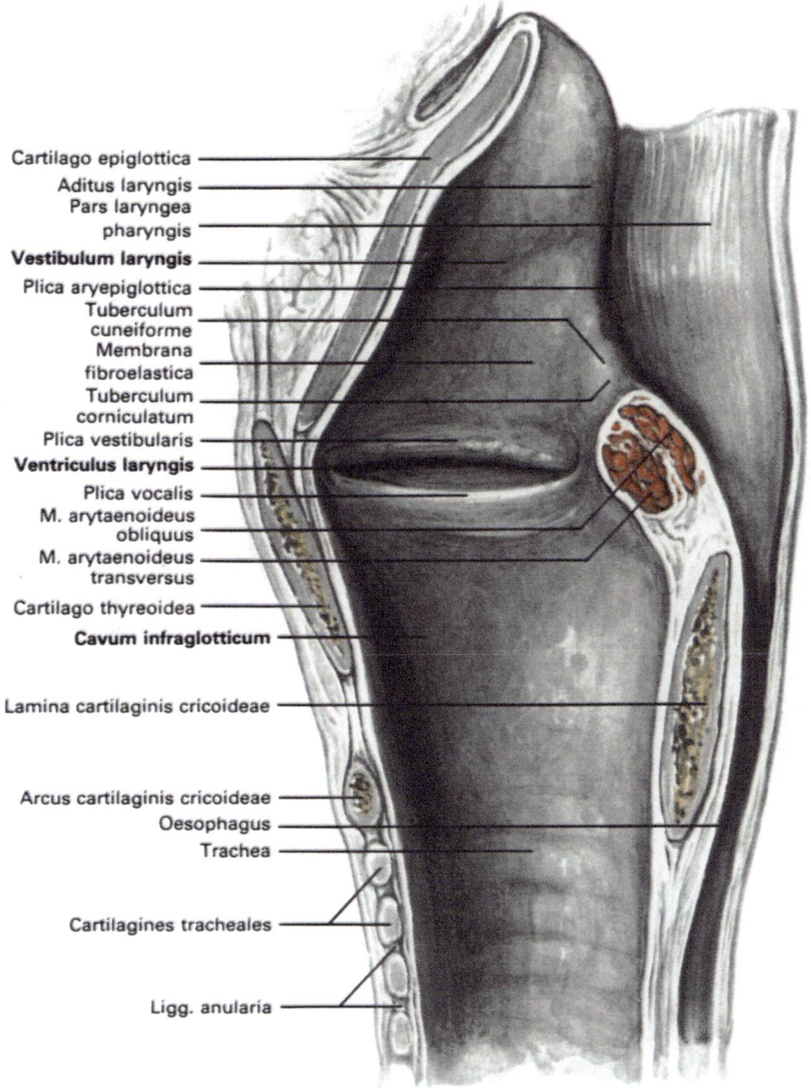

215
Kehlkopf, Larynx
Sagittalschnitt, Ansicht von links

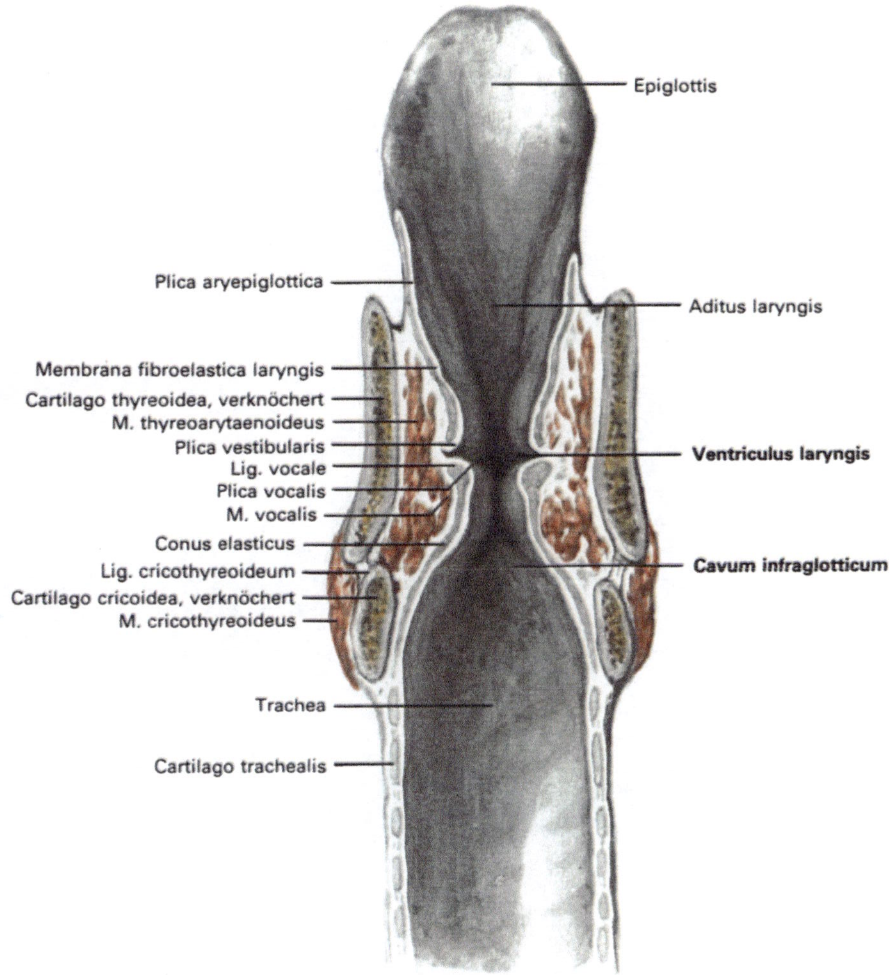

216
Kehlkopf, Larynx
Frontalschnitt, Ansicht von hinten

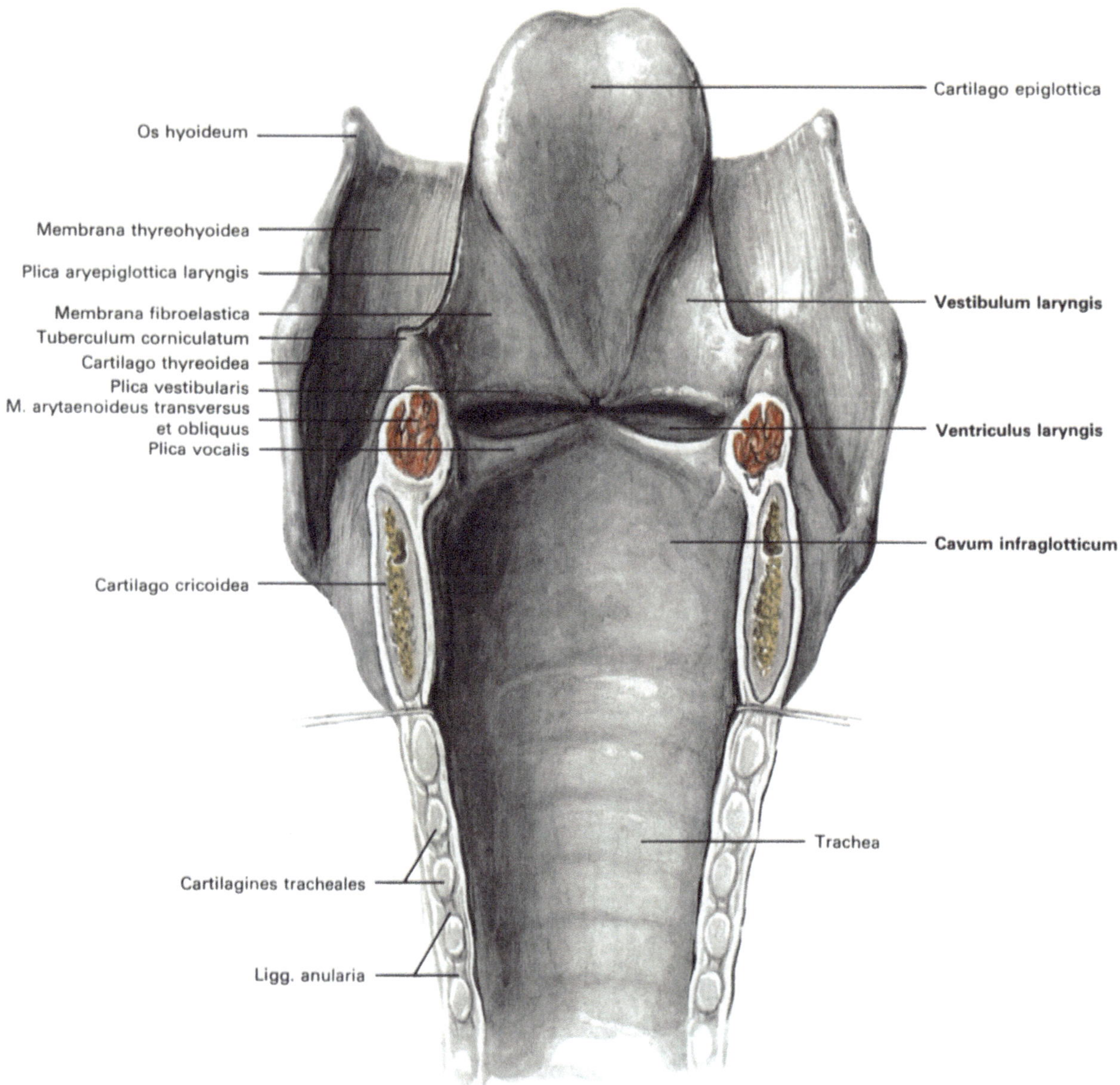

217
Kehlkopf, Larynx
von hinten. Ringknorpel durchtrennt und nach lateral gezogen. Paries membranaceus tracheae entfernt

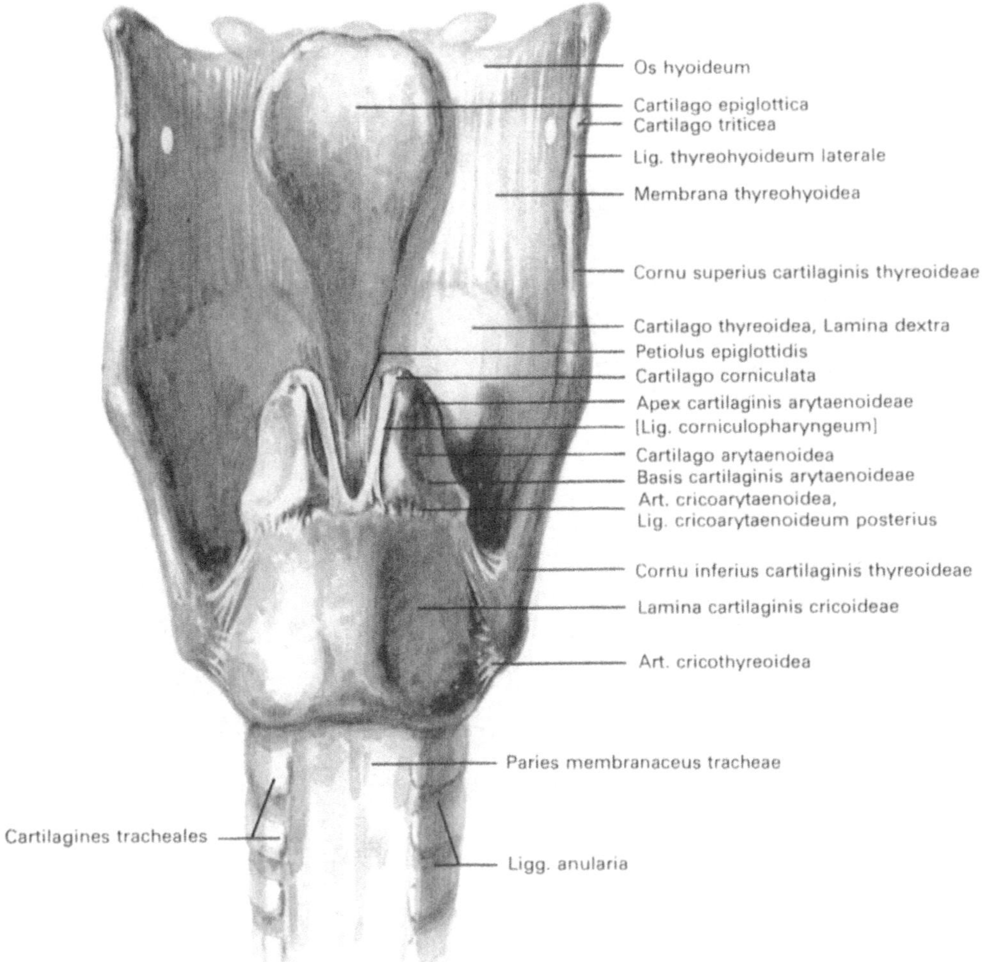

218

Kehlkopf, Larynx

von hinten. Verbindungen der Kehlkopfknorpel, Cartilagines laryngis, mit Zungenbein, Os hyoideum, und Luftröhre, Trachea

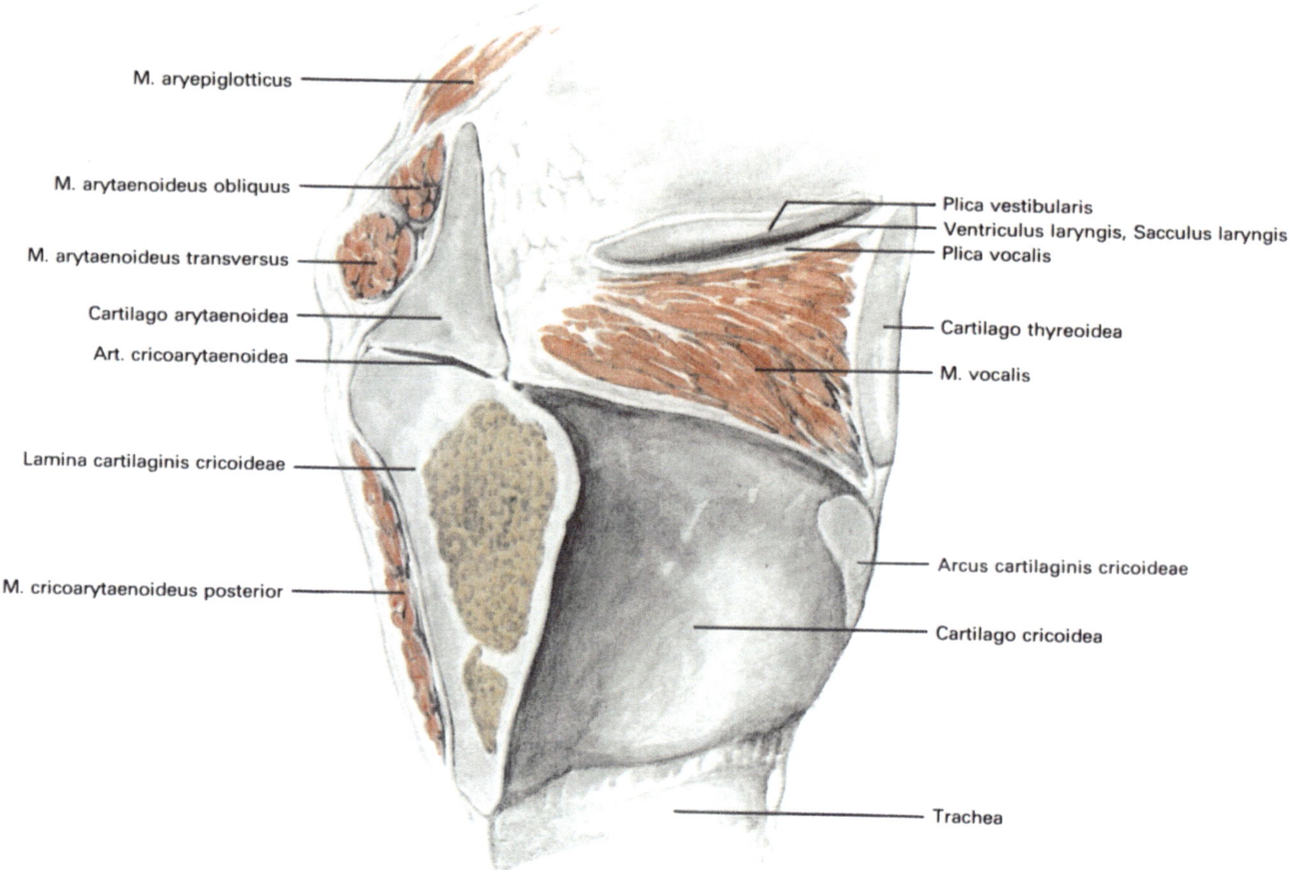

219
Kehlkopf, Larynx
Sagittalschnitt, Ansicht von rechts. Articulatio cricoarytaenoidea

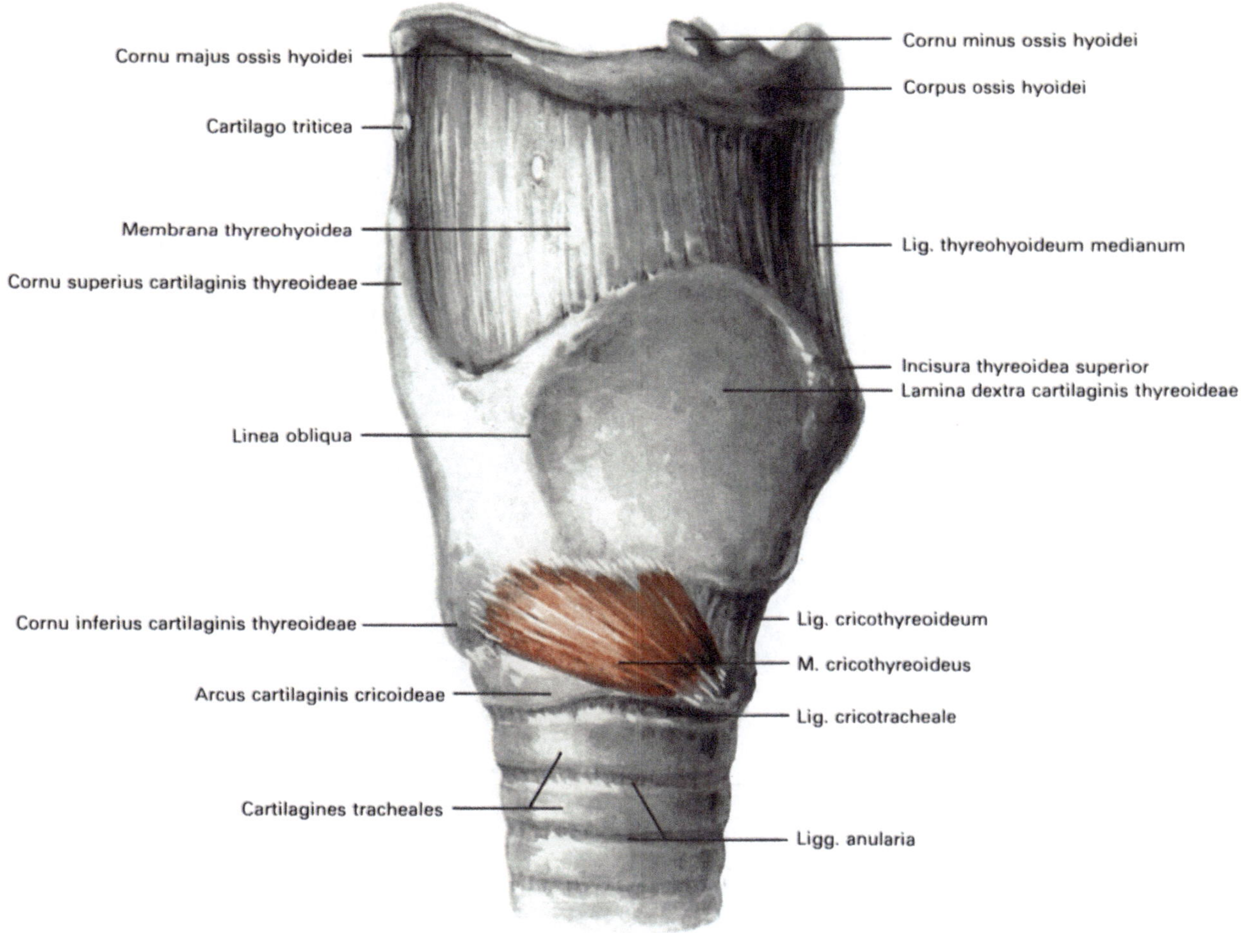

220
Kehlkopf, Larynx
von rechts. Verbindungen der Kehlkopfknorpel, Cartilagines laryngis, mit Zungenbein, Os hyoideum, und Luftröhre, Trachea. M. cricothyreoideus

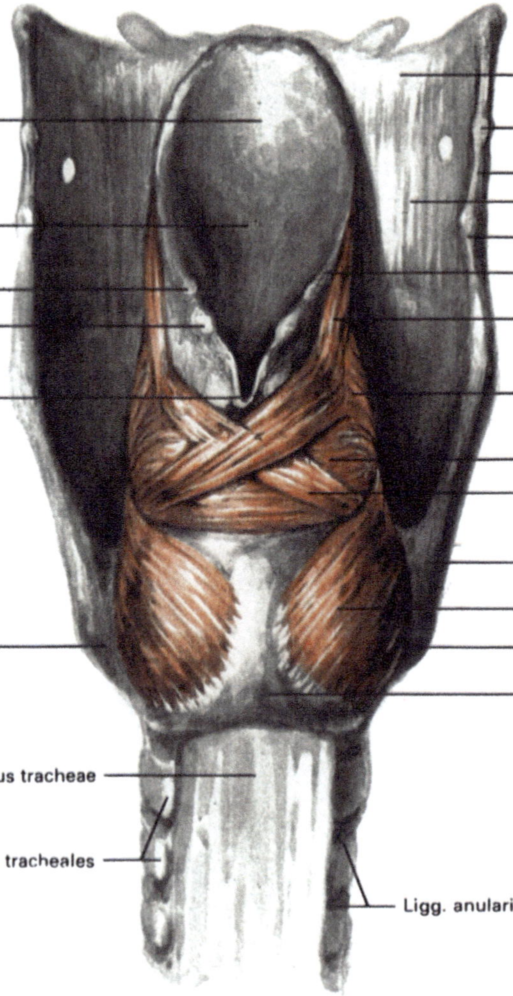

221
Kehlkopfmuskeln, Musculi laryngis
von hinten

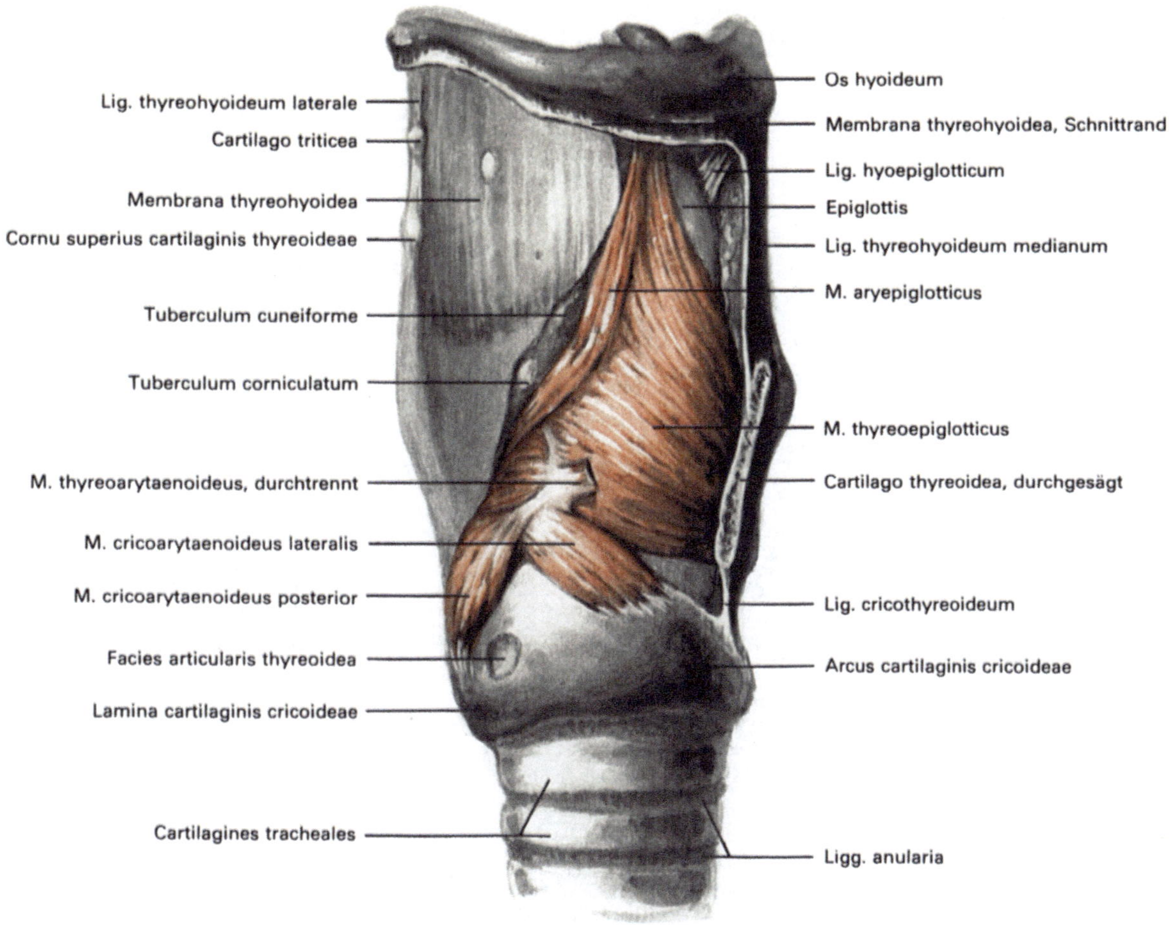

222

Kehlkopfmuskeln, Musculi laryngis

von rechts. Rechtsseitig Teile von Schildknorpel, Membrana thyreohyoidea und M. thyreoarytaenoideus entfernt

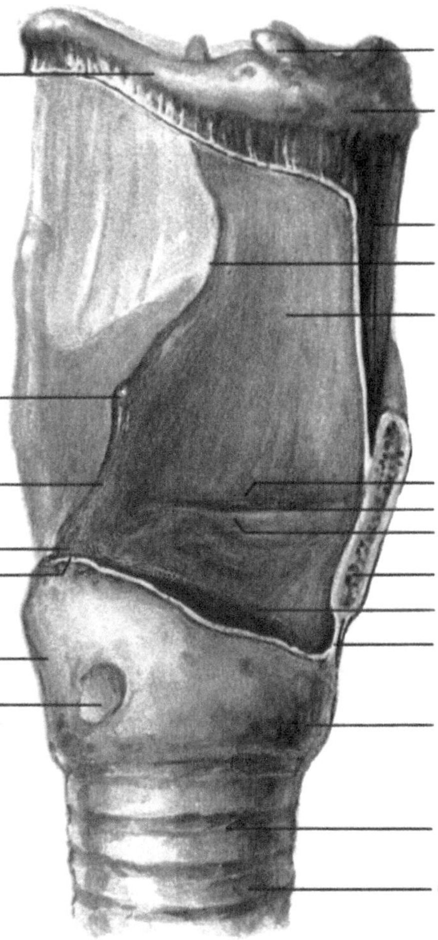

223
Kehlkopf, Larynx
von rechts. Rechtsseitig Stellknorpel, Teile von Schildknorpel und Membrana thyreohyoidea entfernt

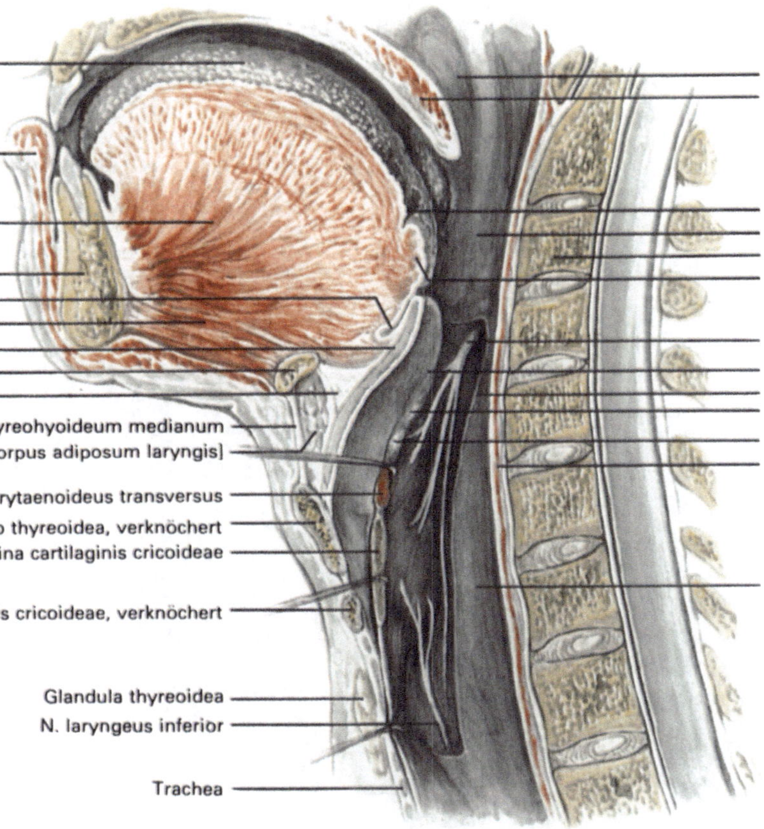

224
Kehlkopf, Larynx; Nerven
von links. Schleimhaut von Pharynx und Oesophagus gefenstert, Hinterwand von Larynx und Trachea nach vorn gezogen

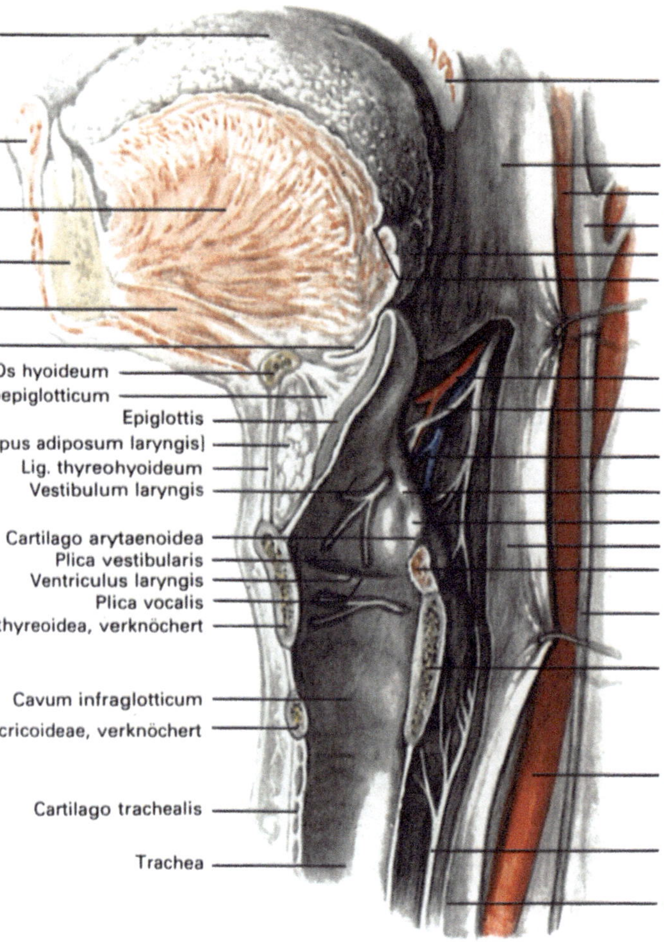

225
Kehlkopf, Larynx; Blutgefäße und Nerven
von links. Schleimhaut von Pharynx und Oesophagus gefenstert, Hinterwand nach hinten gezogen

GEHIRN

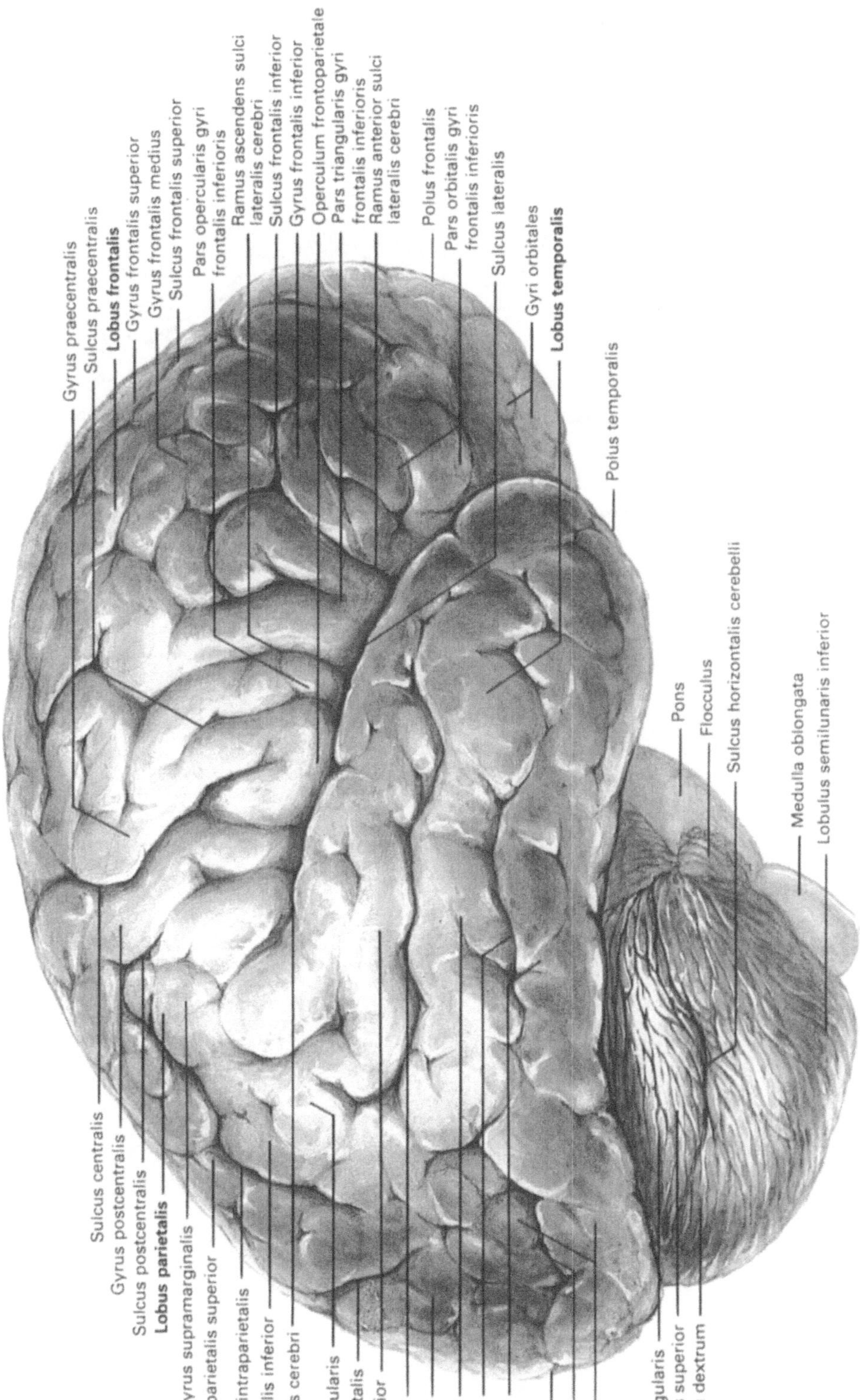

226
Gehirn, Encephalon
von rechts. Facies superolateralis cerebri

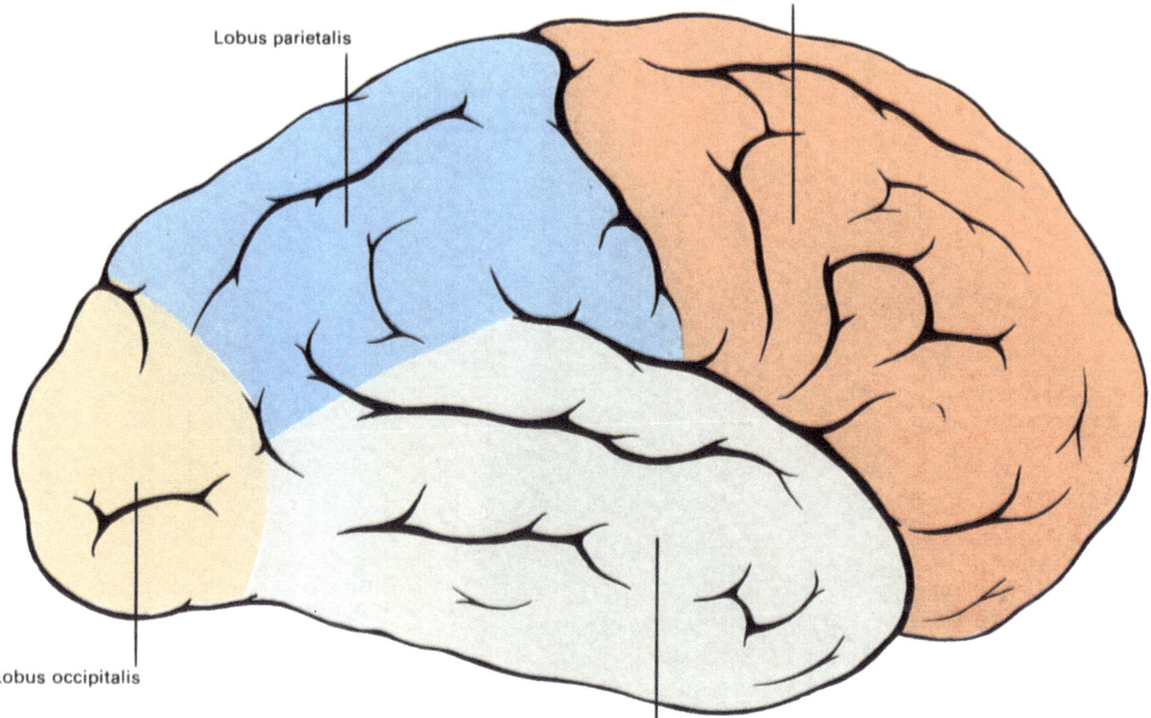

227
Gehirn, Encephalon
Hirnlappen, Lobi cerebri, der rechten Hemisphaere

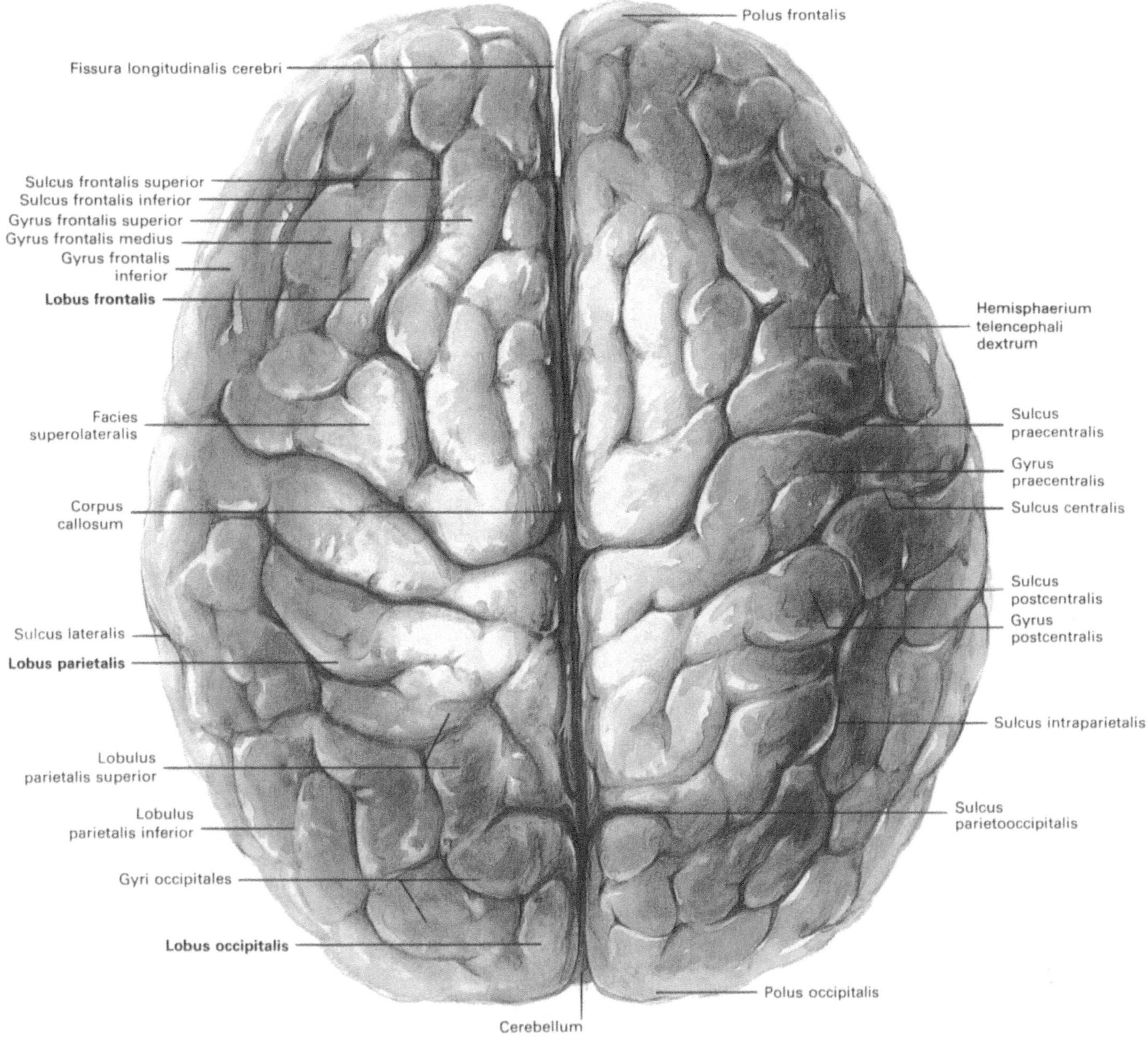

228
Gehirn, Encephalon
von oben. Facies superolateralis cerebri

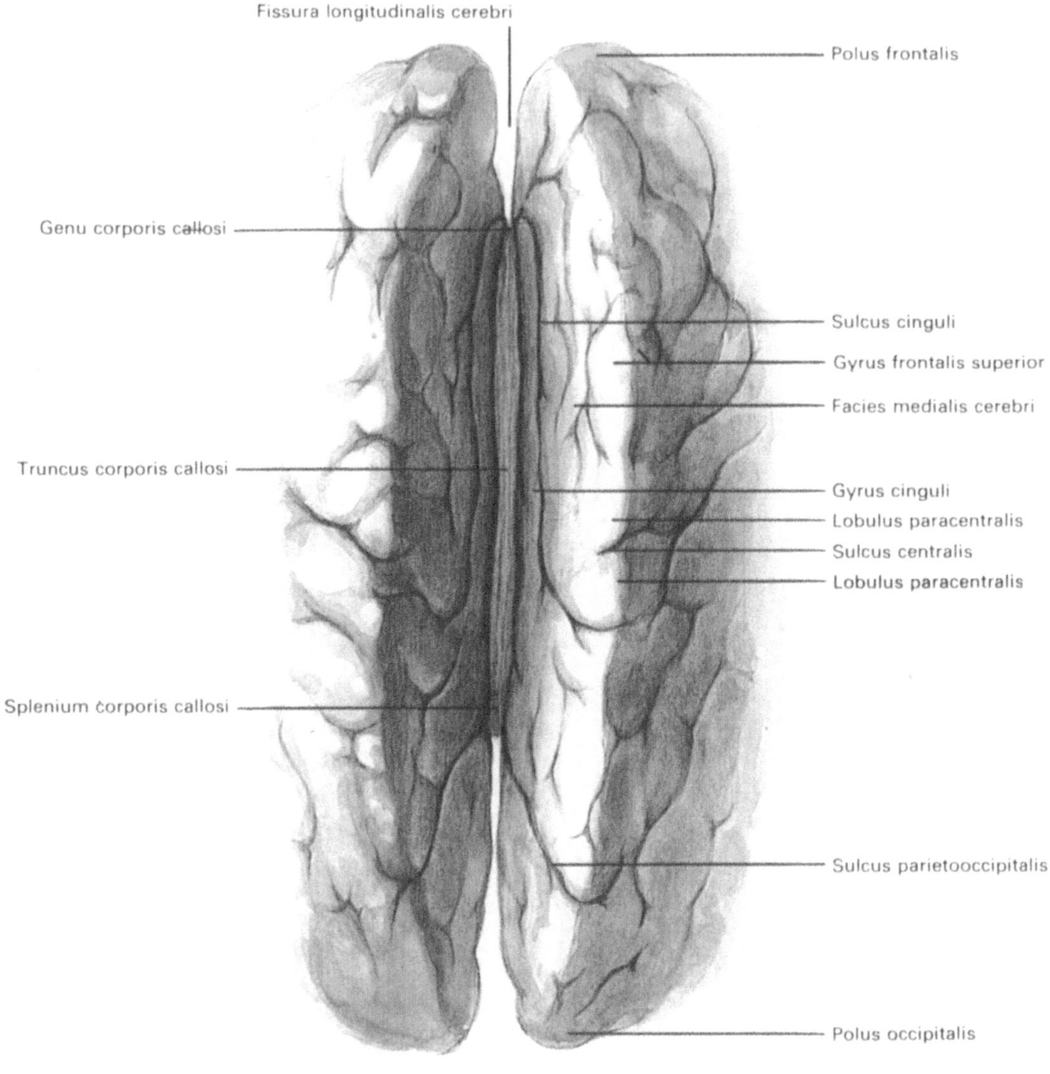

229
Gehirn, Encephalon
von oben. Beide Großhirnhemisphaeren nach lateral gezogen. Ansicht der Facies medialis cerebri

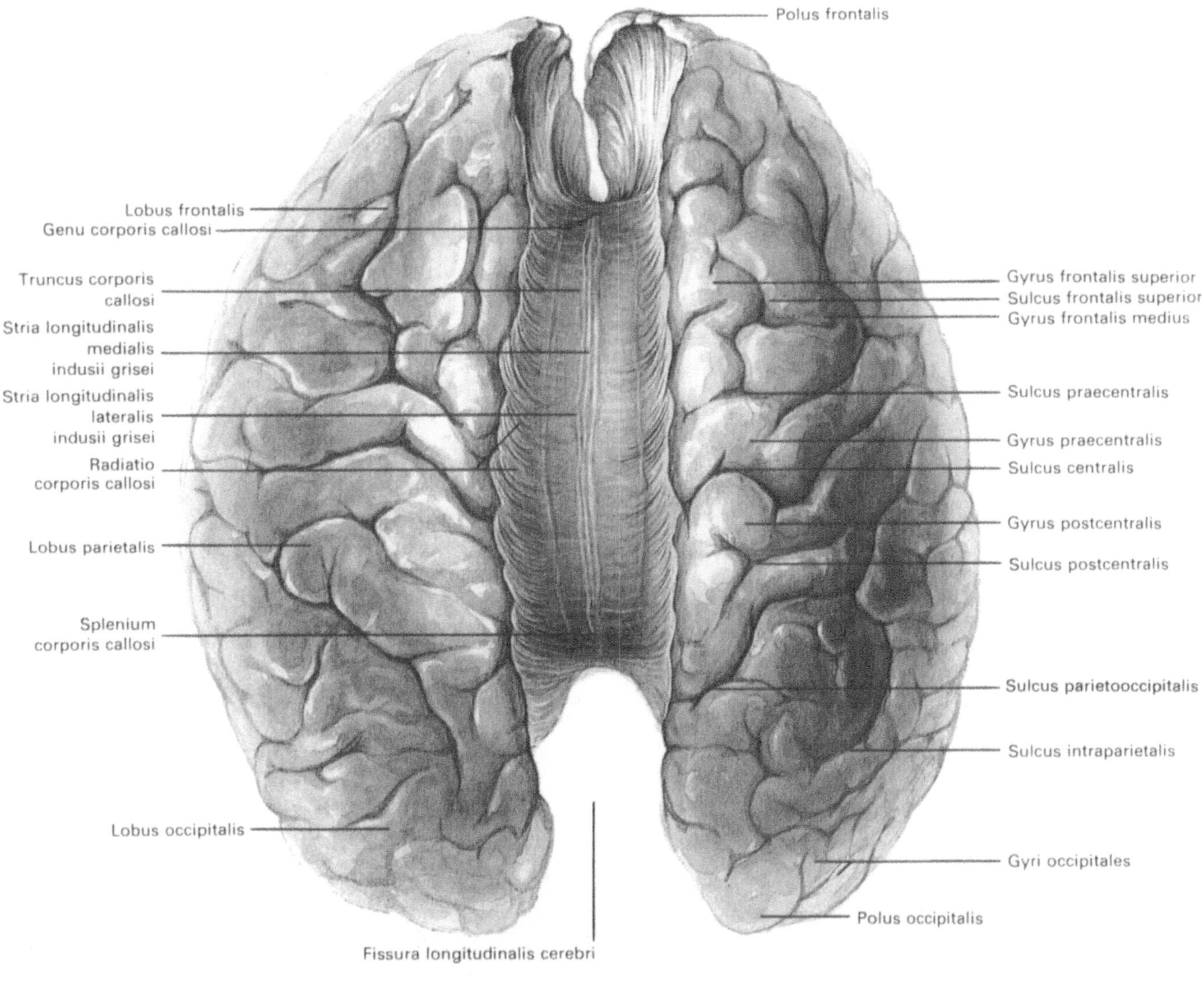

230
Gehirn, Encephalon
von oben. Beide Großhirnhemisphaeren nach lateral gezogen. Balkenstrahlung, Radiatio corporis callosi

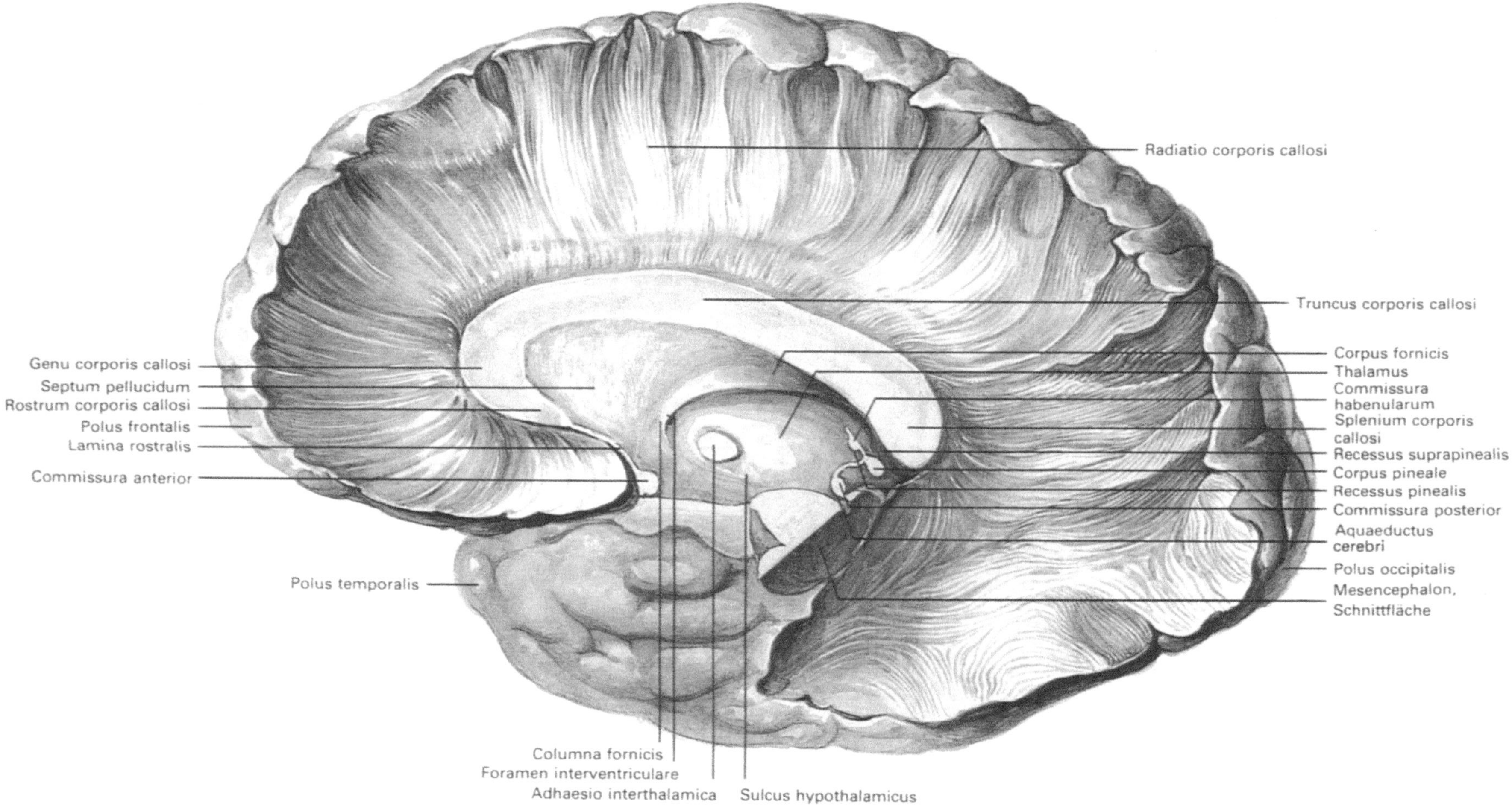

231
Gehirn, Encephalon
Medianschnitt, Ansicht von medial. Linke Großhirnhemisphaere, Teile des Hirnstammes und Tela chorioidea ventriculi tertii entfernt. Darstellung der Balkenstrahlung, Radiatio corporis callosi

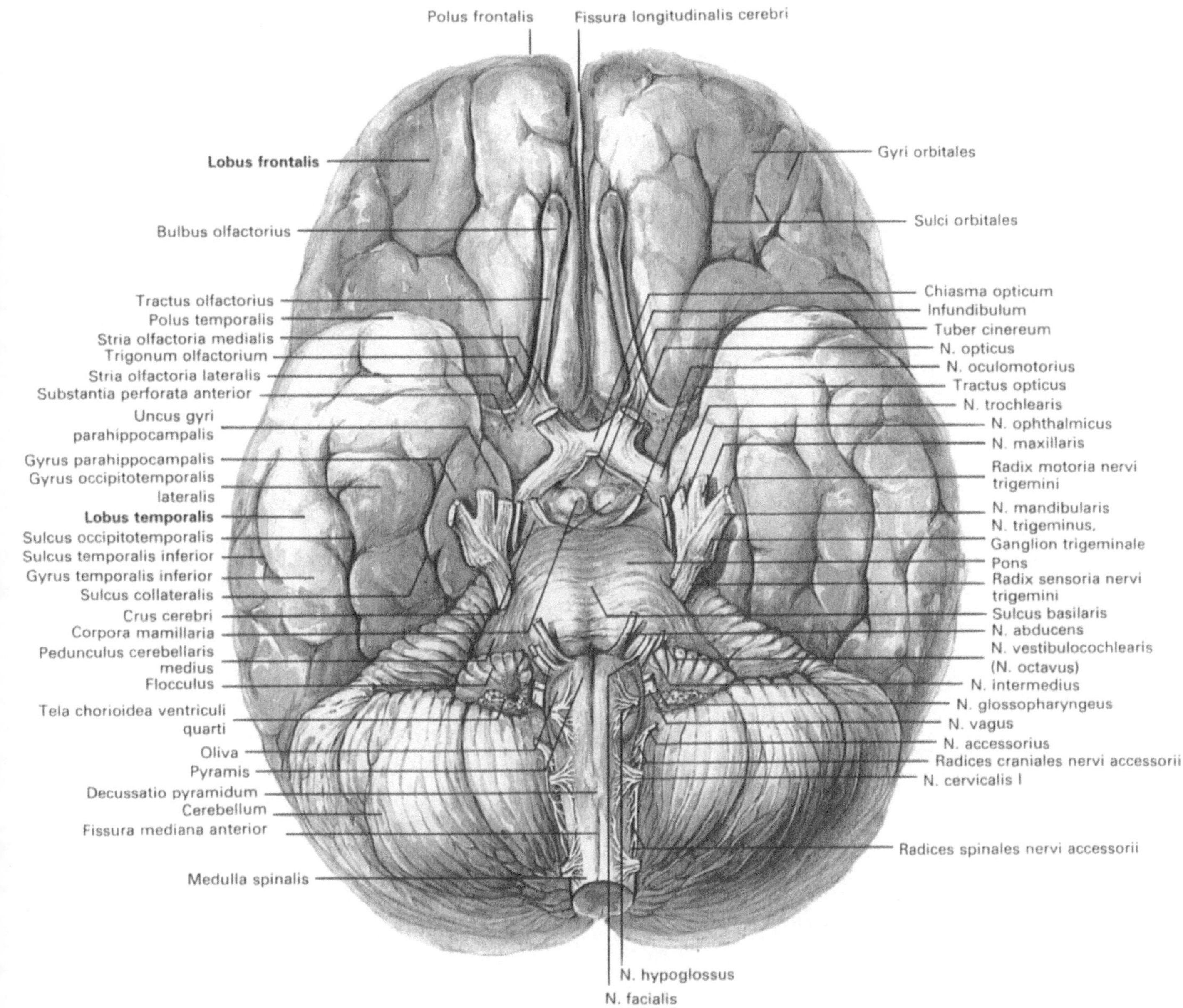

232
Gehirn, Encephalon
von unten. Austrittsstellen der Hirnnerven, Nervi craniales

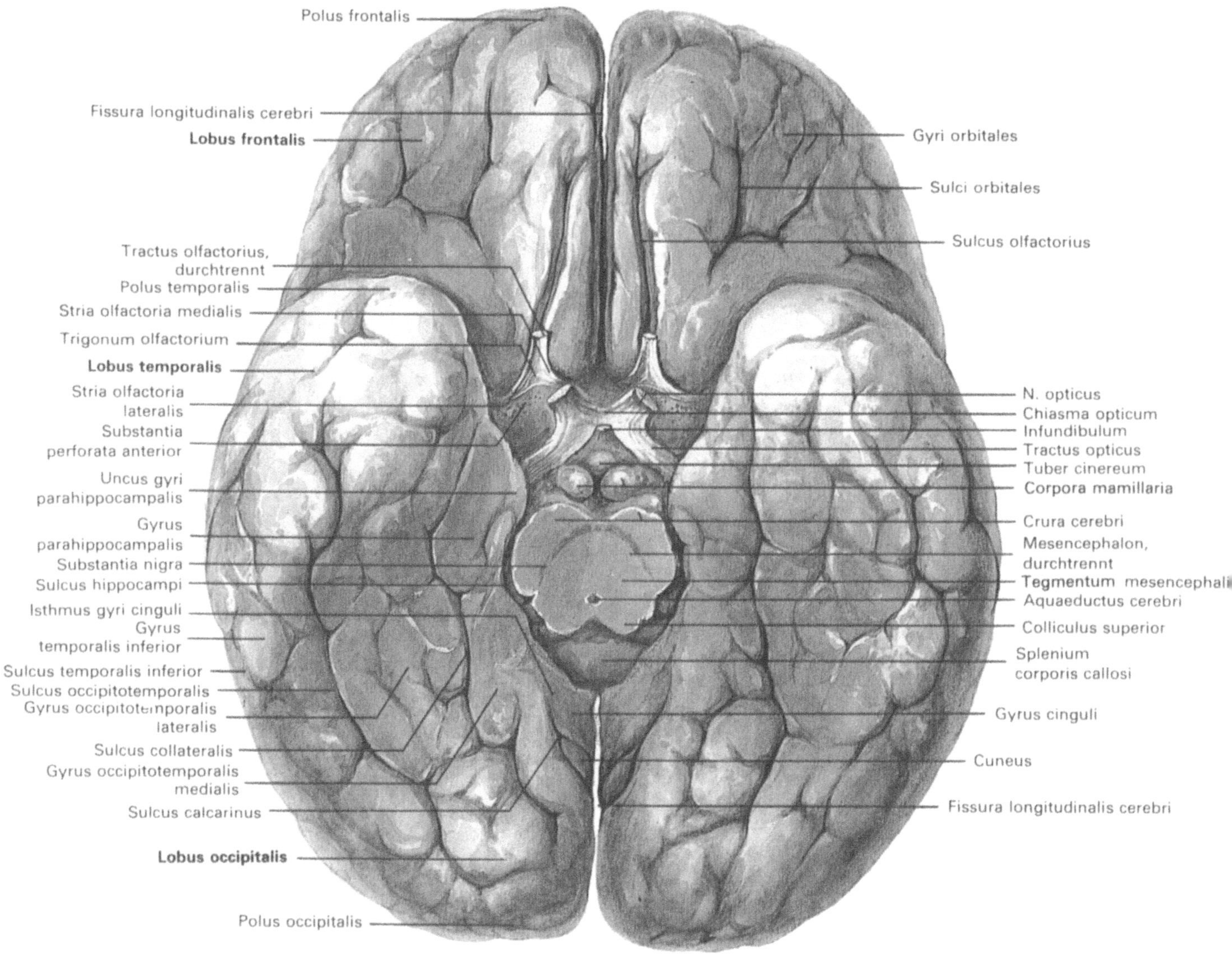

233
Gehirn, Encephalon
von unten. Hirnstamm im Bereich des Mittelhirnes, Mesencephalon, abgetrennt; Bulbus et Tractus olfactorius beiderseits entfernt. Facies inferior cerebri

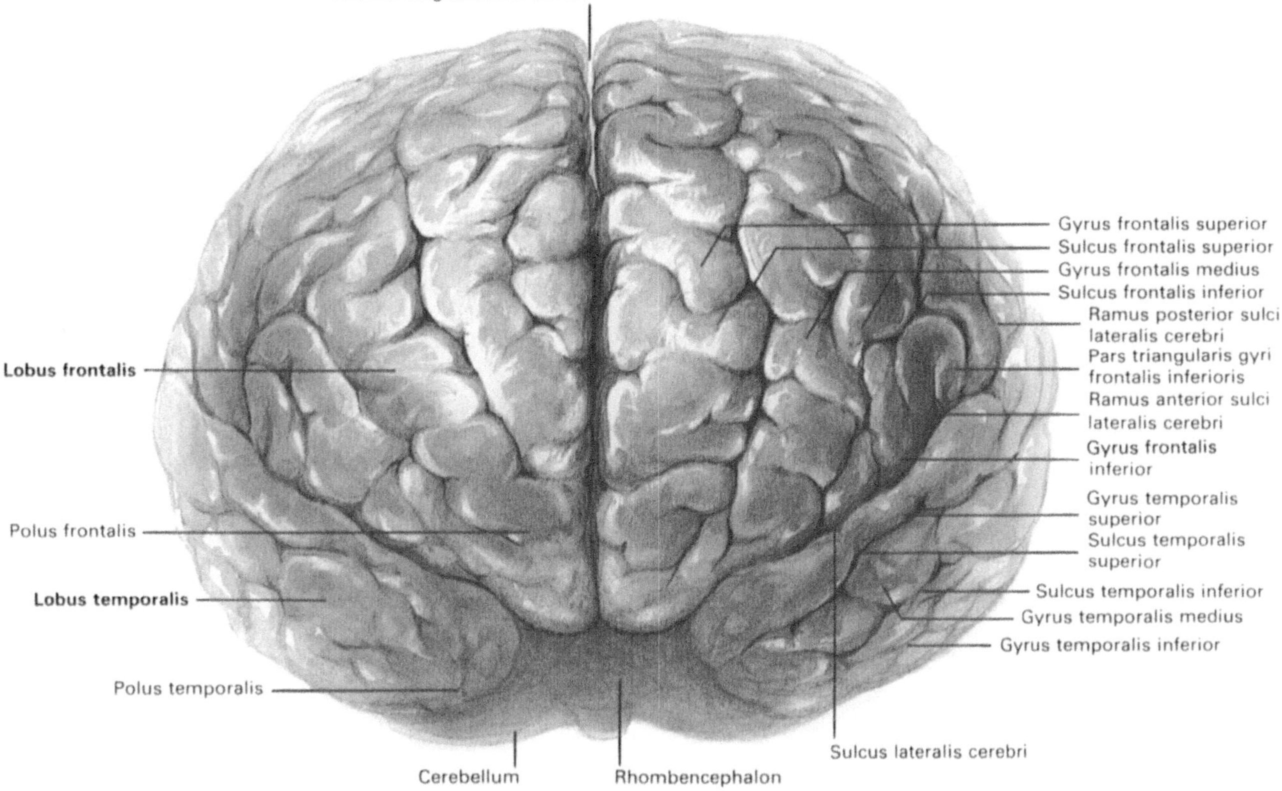

234
Gehirn, Encephalon
von vorn

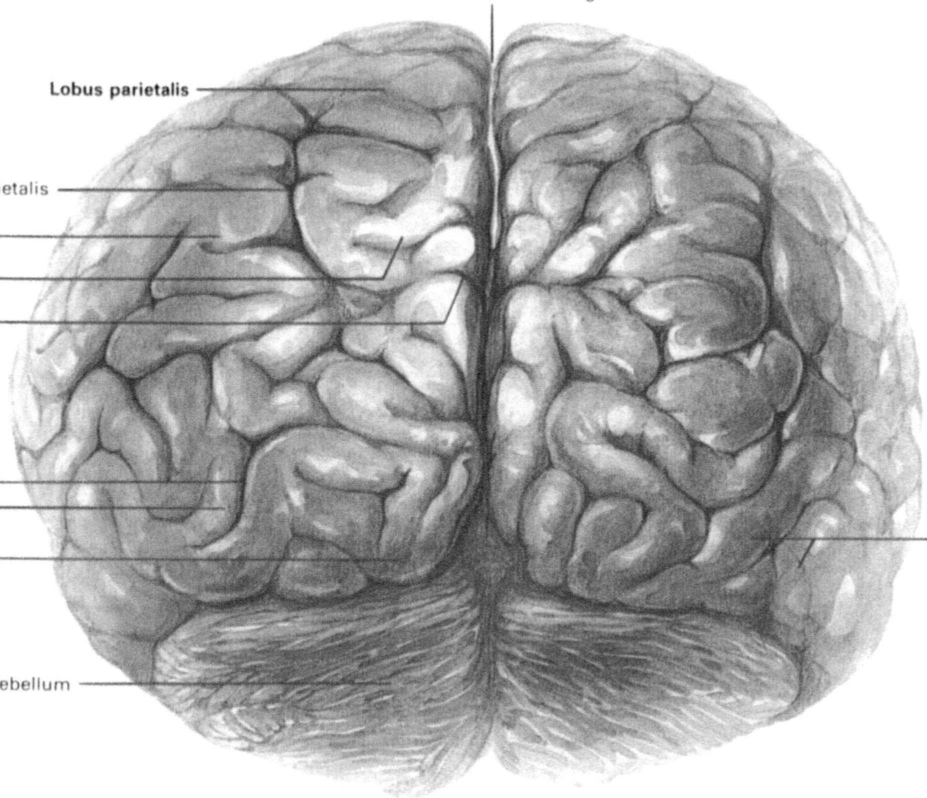

235
Gehirn, Encephalon
von hinten

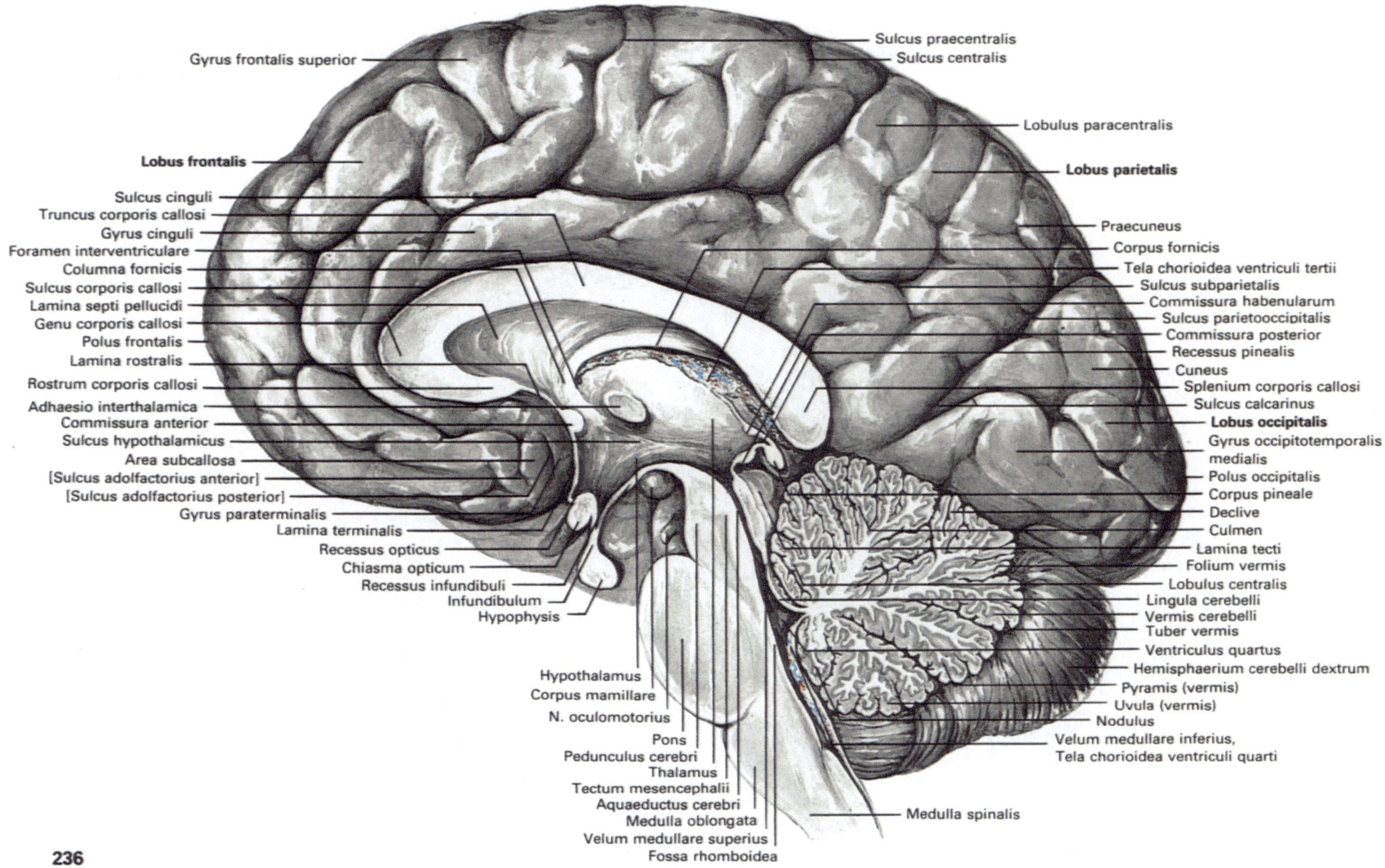

236

Gehirn, Encephalon

Medianschnitt, Ansicht von medial. Facies medialis cerebri, Balken, Hirnstamm und Kleinhirn

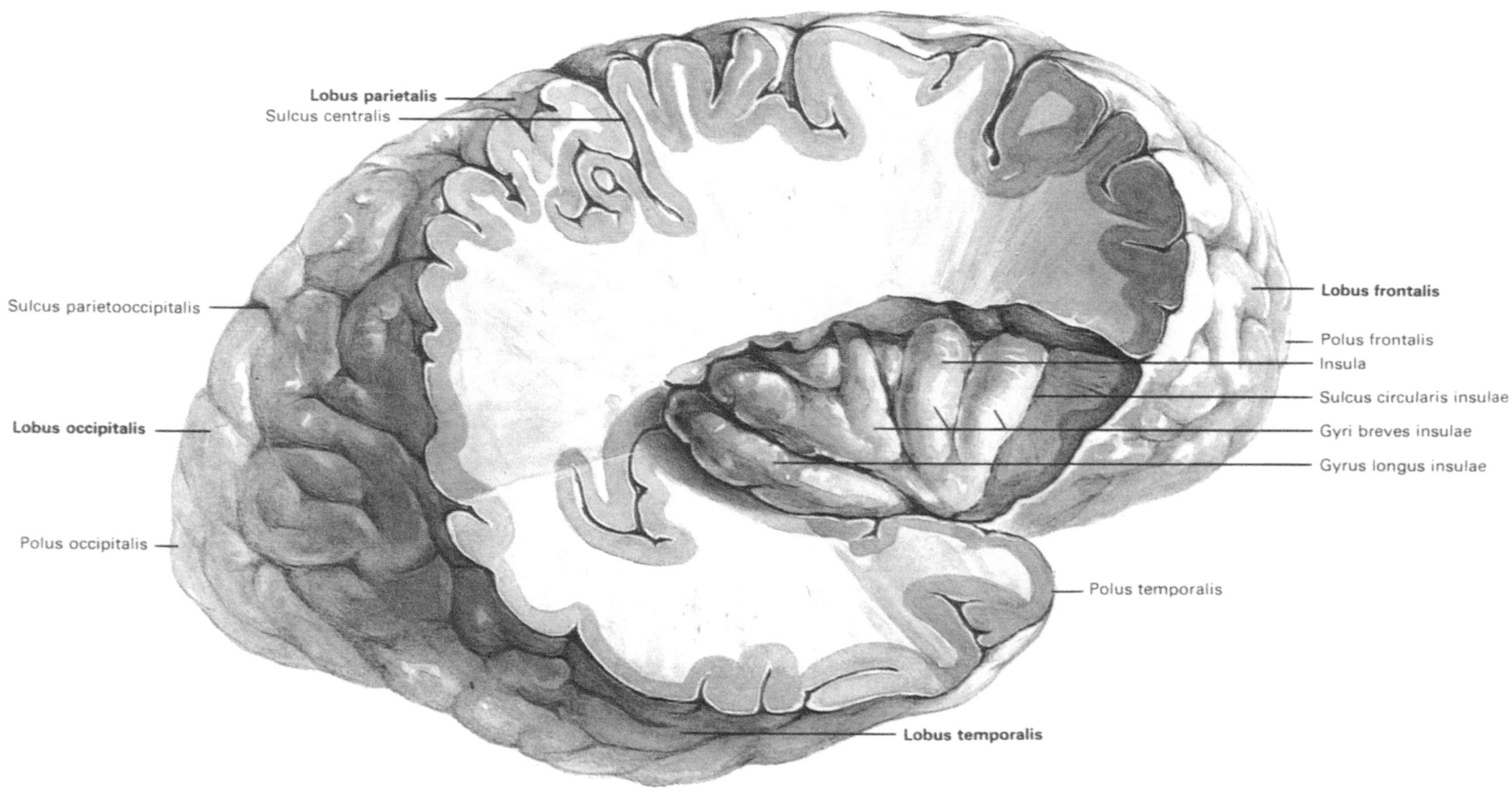

237
Gehirn, Encephalon
von rechts. Zur Darstellung der Insel, Insula, wurden Teile der rechten Großhirnhemisphaere entfernt

238–251: Frontalschnitte durch das Gehirn, Encephalon, in der Folge von frontal nach occipital. Pia mater encephali entfernt, Darstellung der größeren Arterien

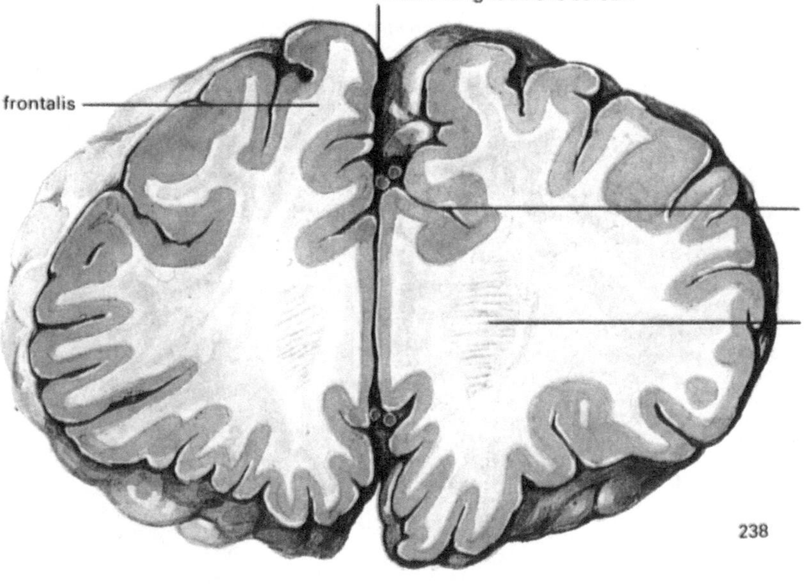

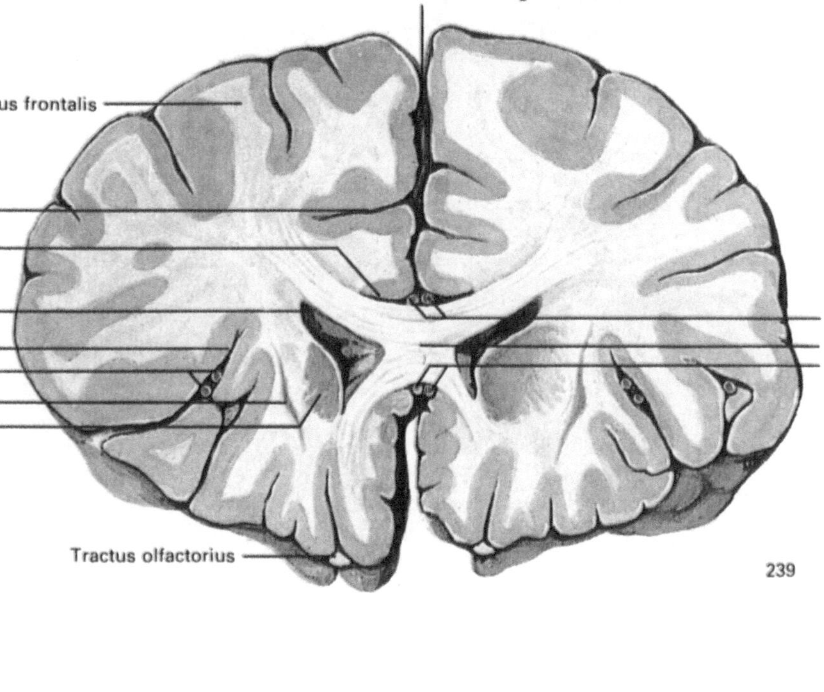

238
Frontalschnitt durch die Stirnlappen, Lobi frontales
Ansicht von vorn

239
Frontalschnitt durch die Stirnlappen, Lobi frontales
im Bereich des Genu corporis callosi
Ansicht von hinten. Seitenventrikel, Ventriculi laterales

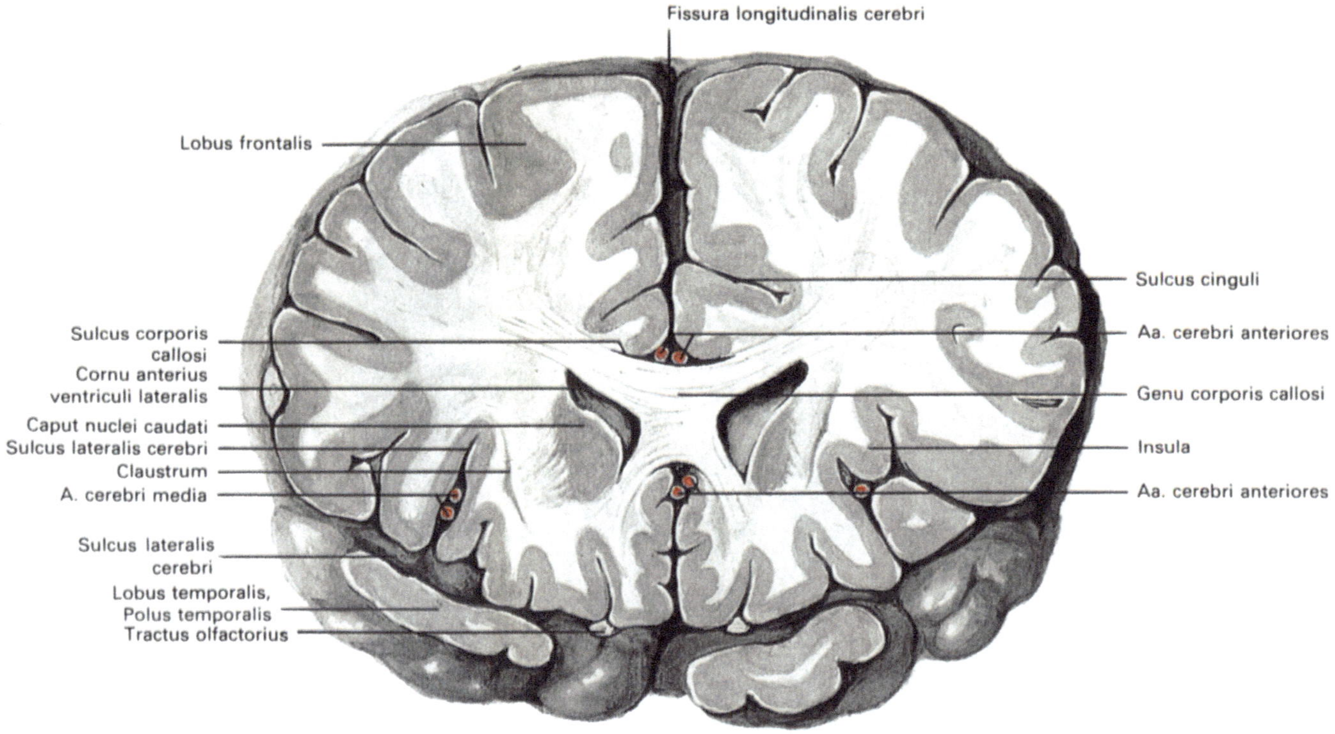

240

Frontalschnitt durch die Stirnlappen, Lobi frontales, und die Pole der Schläfenlappen, Poli temporales
Ansicht von vorn. Seitenventrikel, Ventriculi laterales

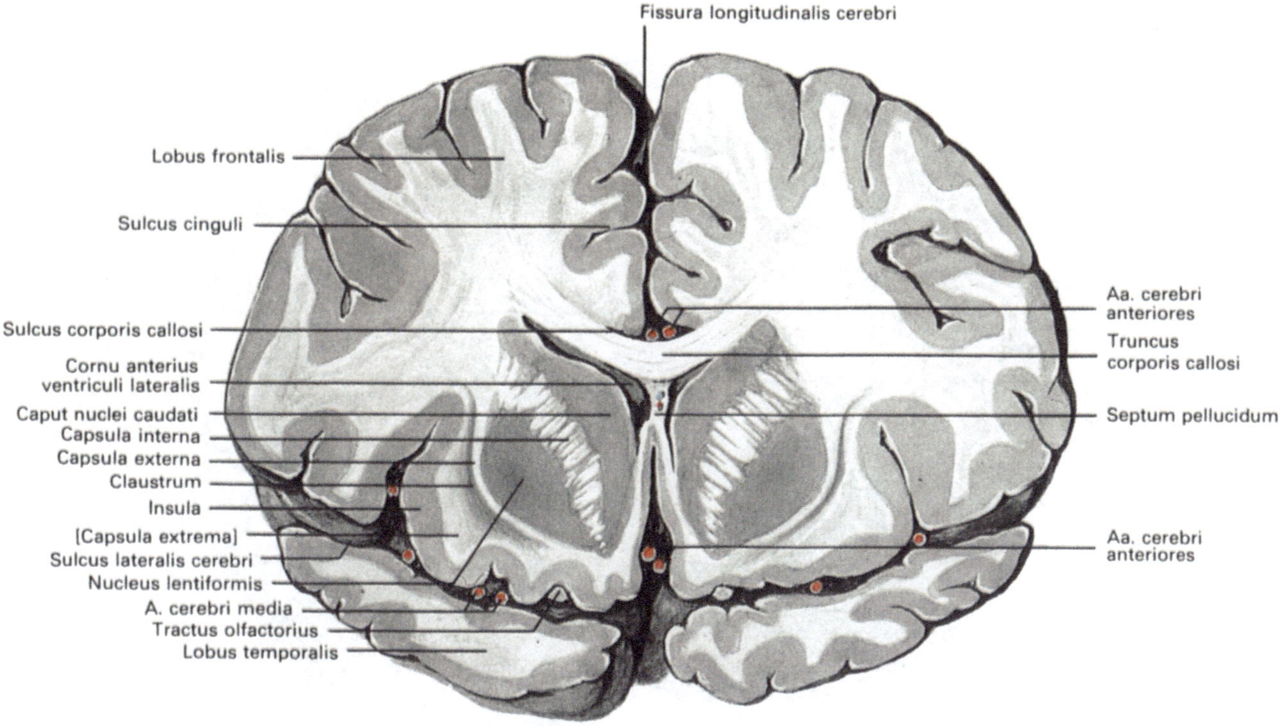

241
Frontalschnitt durch die Stirnlappen, Lobi frontales, und die Pole der Schläfenlappen, Poli temporales
Ansicht von hinten. Teile der Stammganglien (Basalganglien), Seitenventrikel, Ventriculi laterales

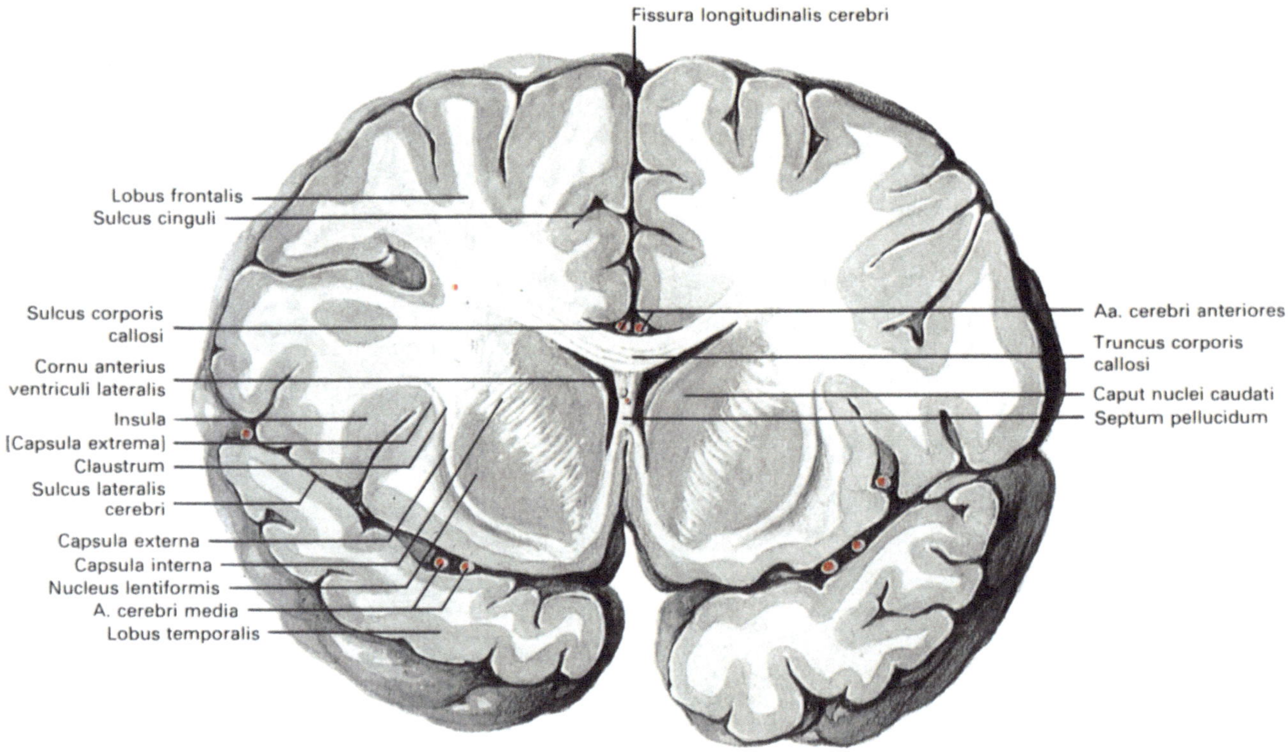

242

Frontalschnitt durch die Stirnlappen, Lobi frontales, und die Schläfenlappen, Lobi temporales

Ansicht von vorn, Teile der Basalganglien. Seitenventrikel, Ventriculi laterales

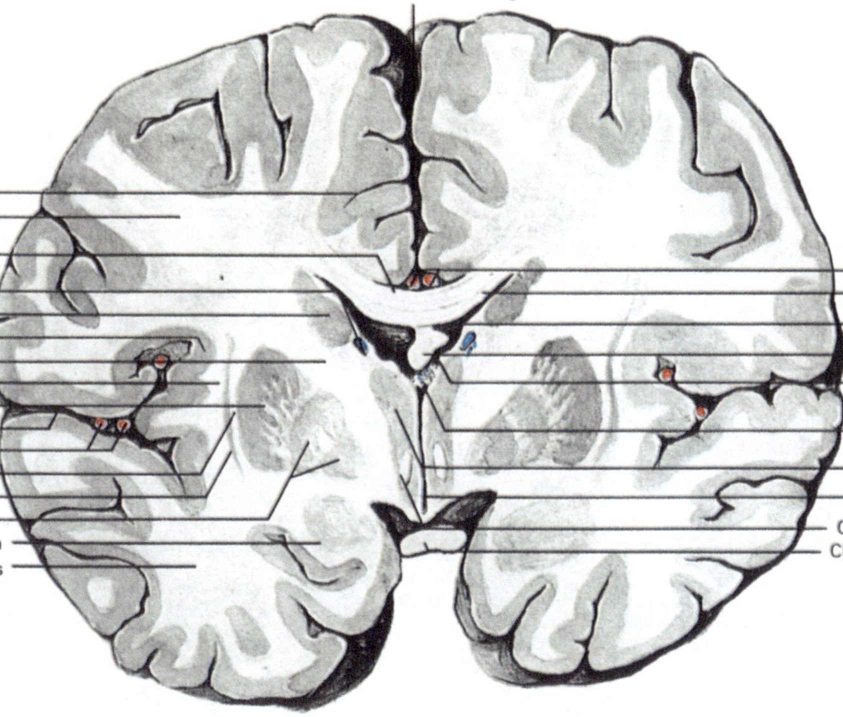

243

Frontalschnitt durch die Stirnlappen, Lobi frontales, und die Schläfenlappen, Lobi temporales

Ansicht von hinten. Stammganglien (Basalganglien), Seitenventrikel, Ventriculi laterales, 3. Ventrikel, Ventriculus tertius

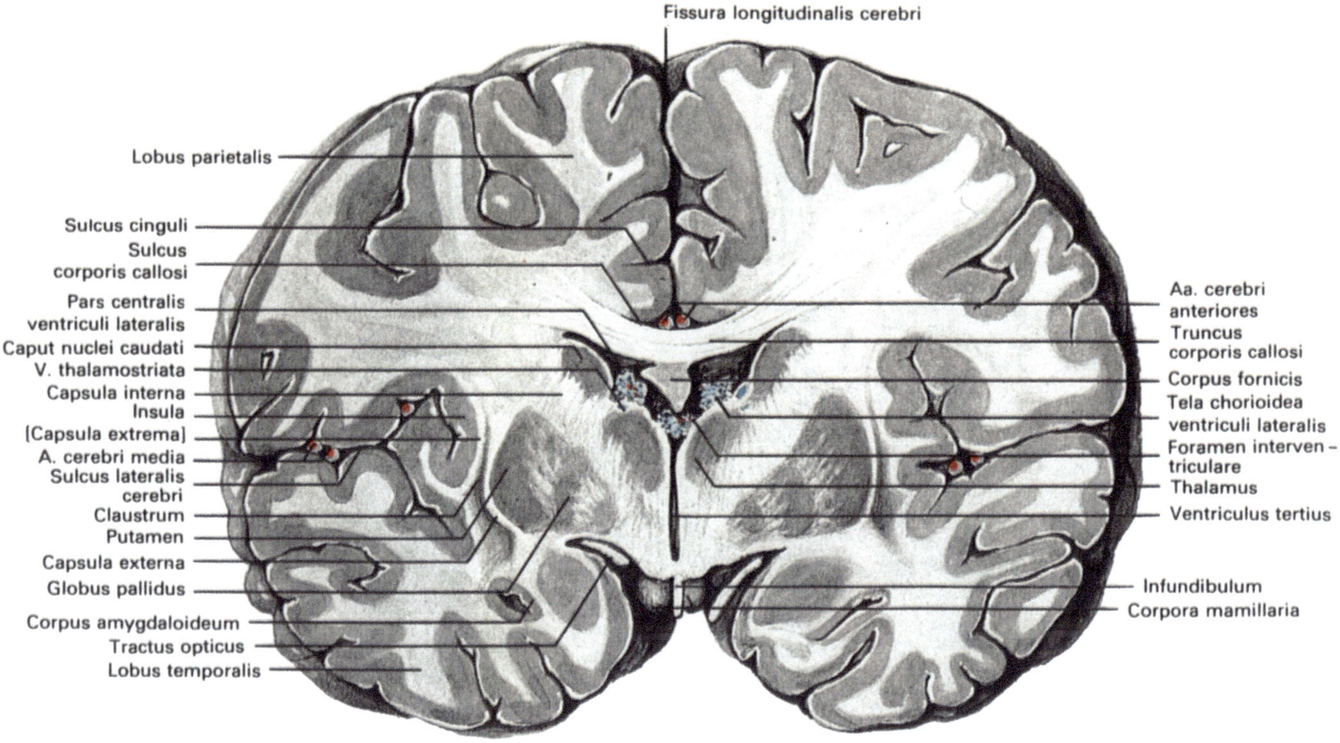

244

Frontalschnitt durch die Scheitellappen, Lobi parietales, und die Schläfenlappen, Lobi temporales

Ansicht von vorn. Stammganglien (Basalganglien), Seitenventrikel, Ventriculi laterales, 3. Ventrikel, Ventriculus tertius

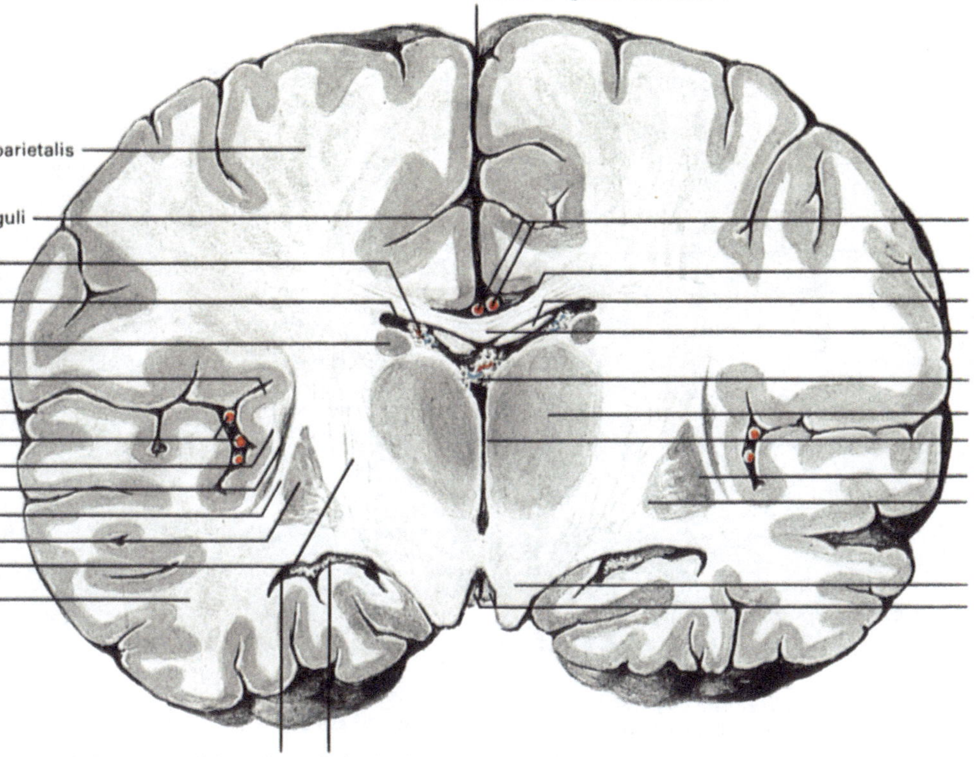

245

Frontalschnitt durch die Scheitellappen, Lobi parietales, und die Schläfenlappen, Lobi temporales

Ansicht von hinten. Stammganglien (Basalganglien), Seitenventrikel, Ventriculi laterales, 3. Ventrikel, Ventriculus tertius. Hirnschenkel, Crura cerebri

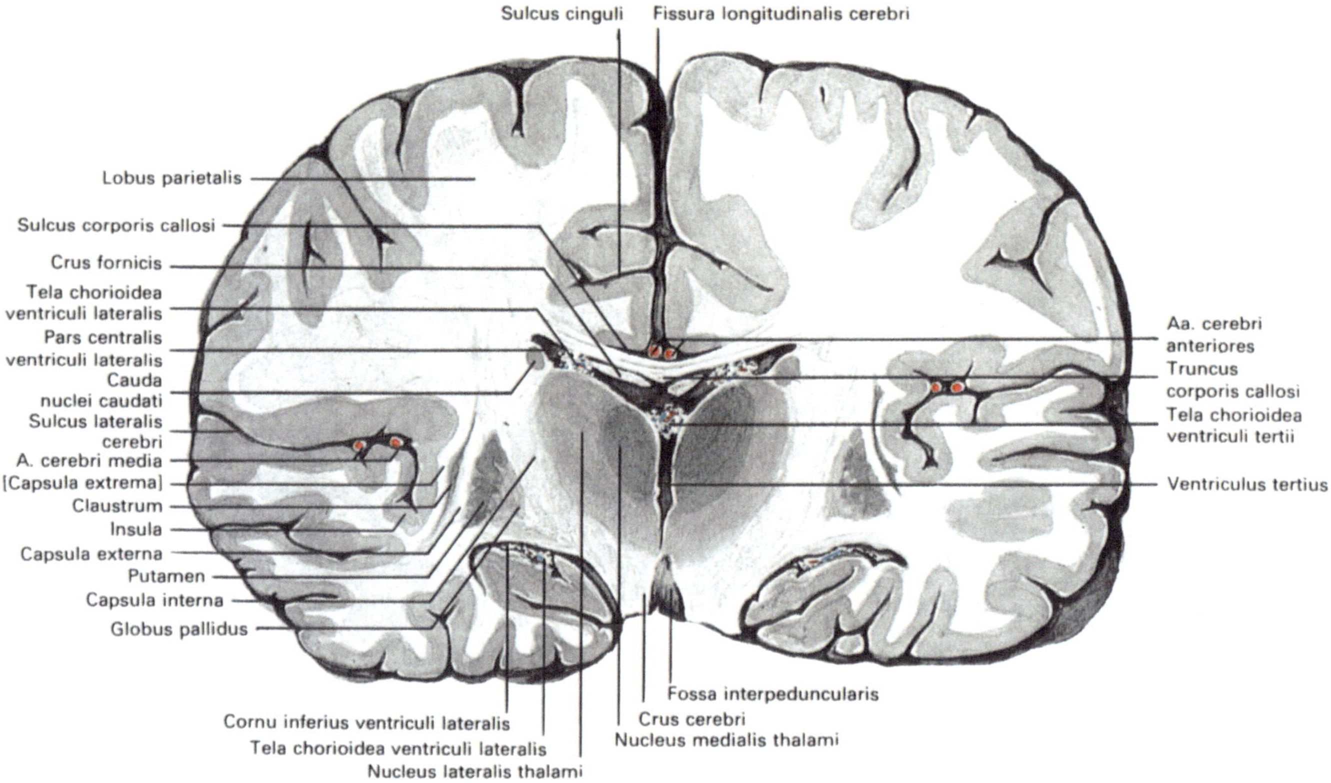

246

Frontalschnitt durch die Scheitellappen, Lobi parietales, und die Schläfenlappen, Lobi temporales
Ansicht von vorn. Stammganglien (Basalganglien), Seitenventrikel, Ventriculi laterales, 3. Ventrikel, Ventriculus tertius. Hirnschenkel, Crura cerebri

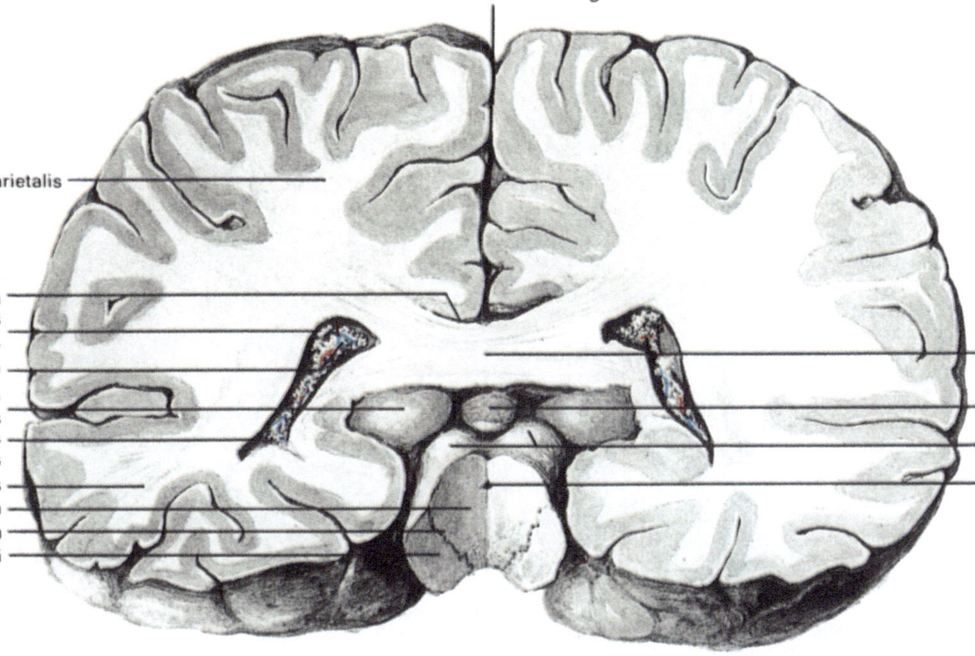

247

Frontalschnitt durch die Scheitellappen, Lobi parietales, und die Hinterhauptslappen, Lobi occipitales, im Bereich des Splenium corporis callosi

Ansicht von hinten. Seitenventrikel, Ventriculi laterales

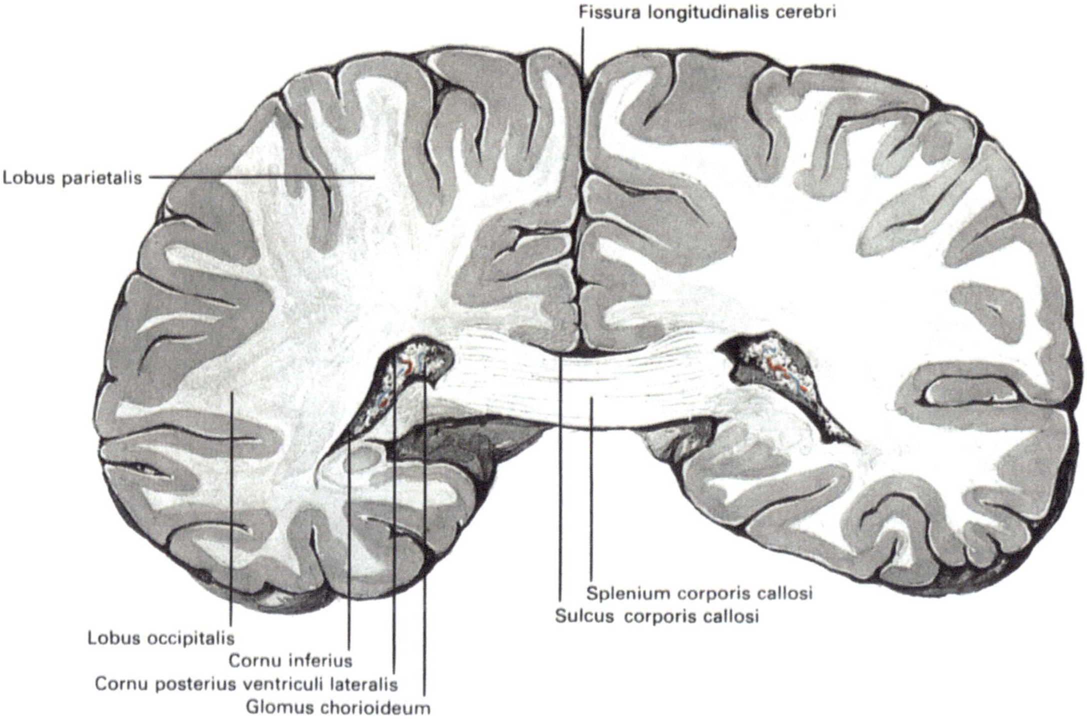

248

Frontalschnitt durch die Scheitellappen, Lobi parietales, und die Hinterhauptslappen, Lobi occipitales, im Bereich des Splenium corporis callosi

Ansicht von vorn. Seitenventrikel, Ventriculi laterales

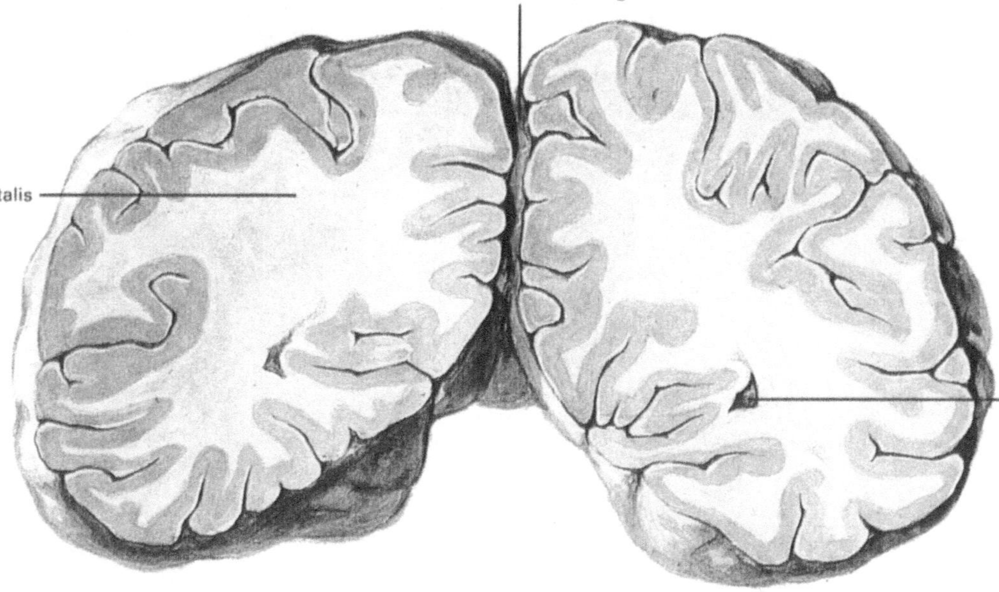

249
Frontalschnitt durch die Hinterhauptslappen, Lobi occipitales
Ansicht von hinten. Hinterhörner beider Seitenventrikel, Cornua posteriora ventriculorum lateralium

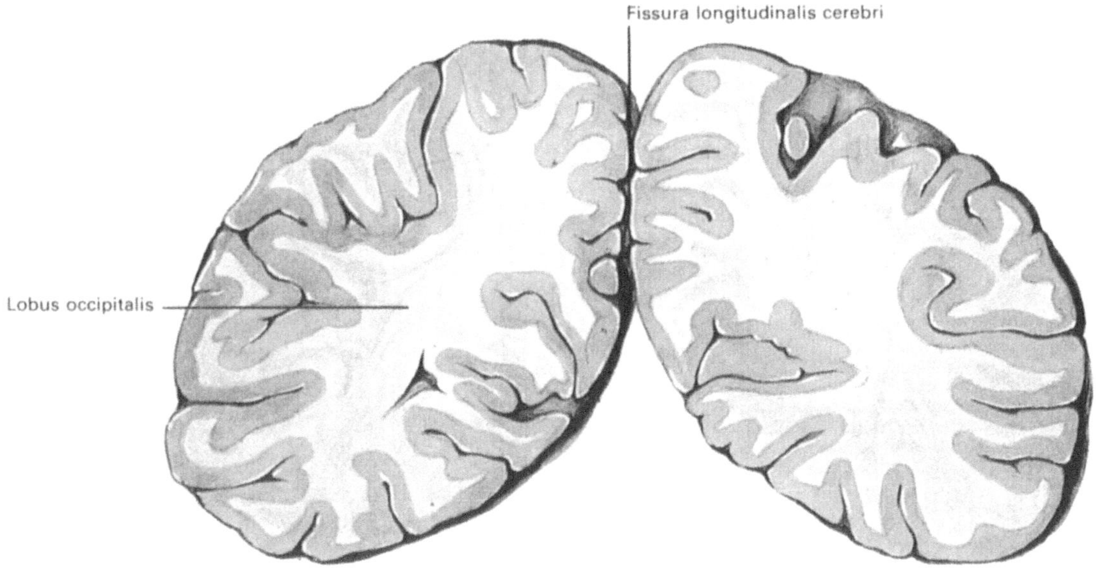

250

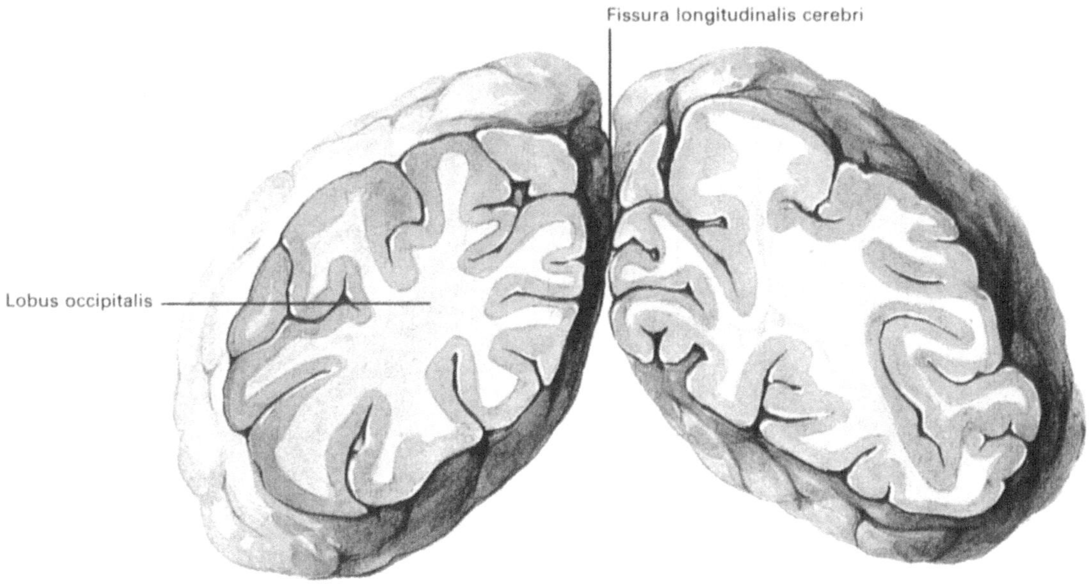

251

250
Frontalschnitt durch die Hinterhauptslappen, Lobi occipitales
Ansicht von vorn

251
Frontalschnitt durch die Hinterhauptslappen, Lobi occipitales
Ansicht von hinten

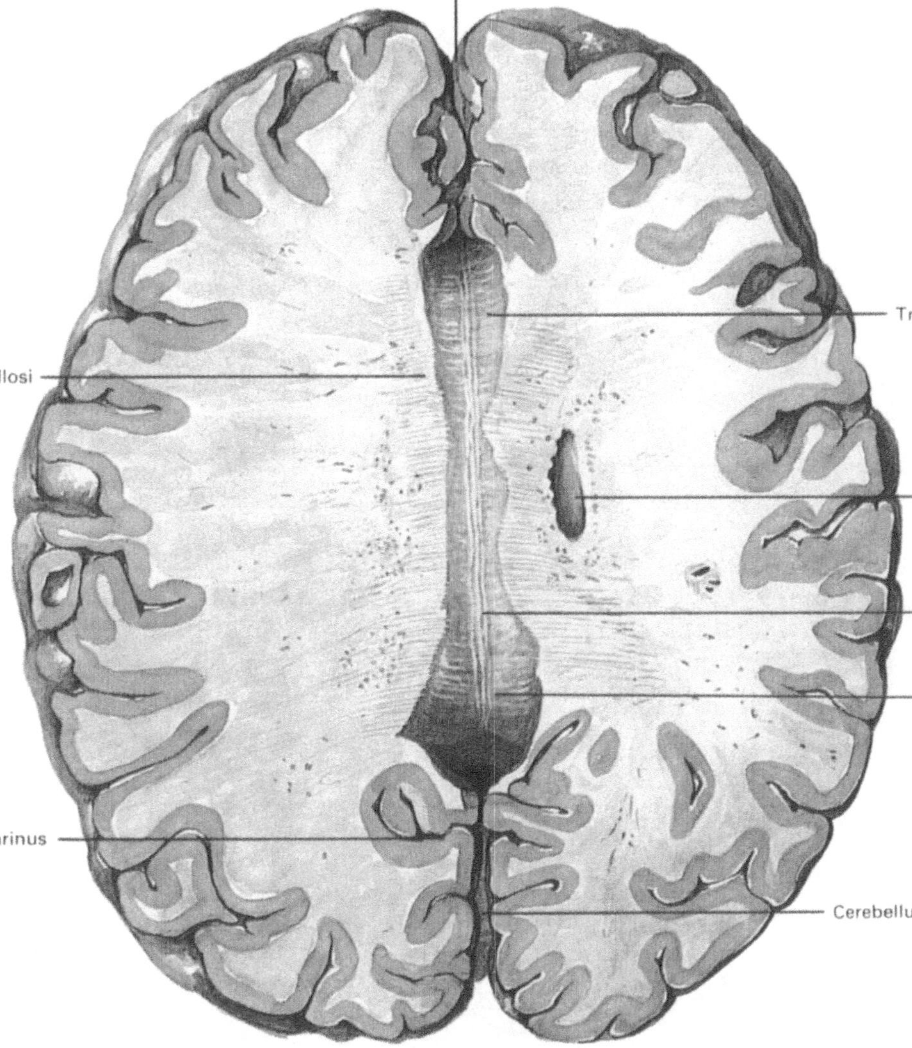

252
Gehirn, Encephalon
Horizontalschnitt oberhalb des Balkens, Ansicht von oben

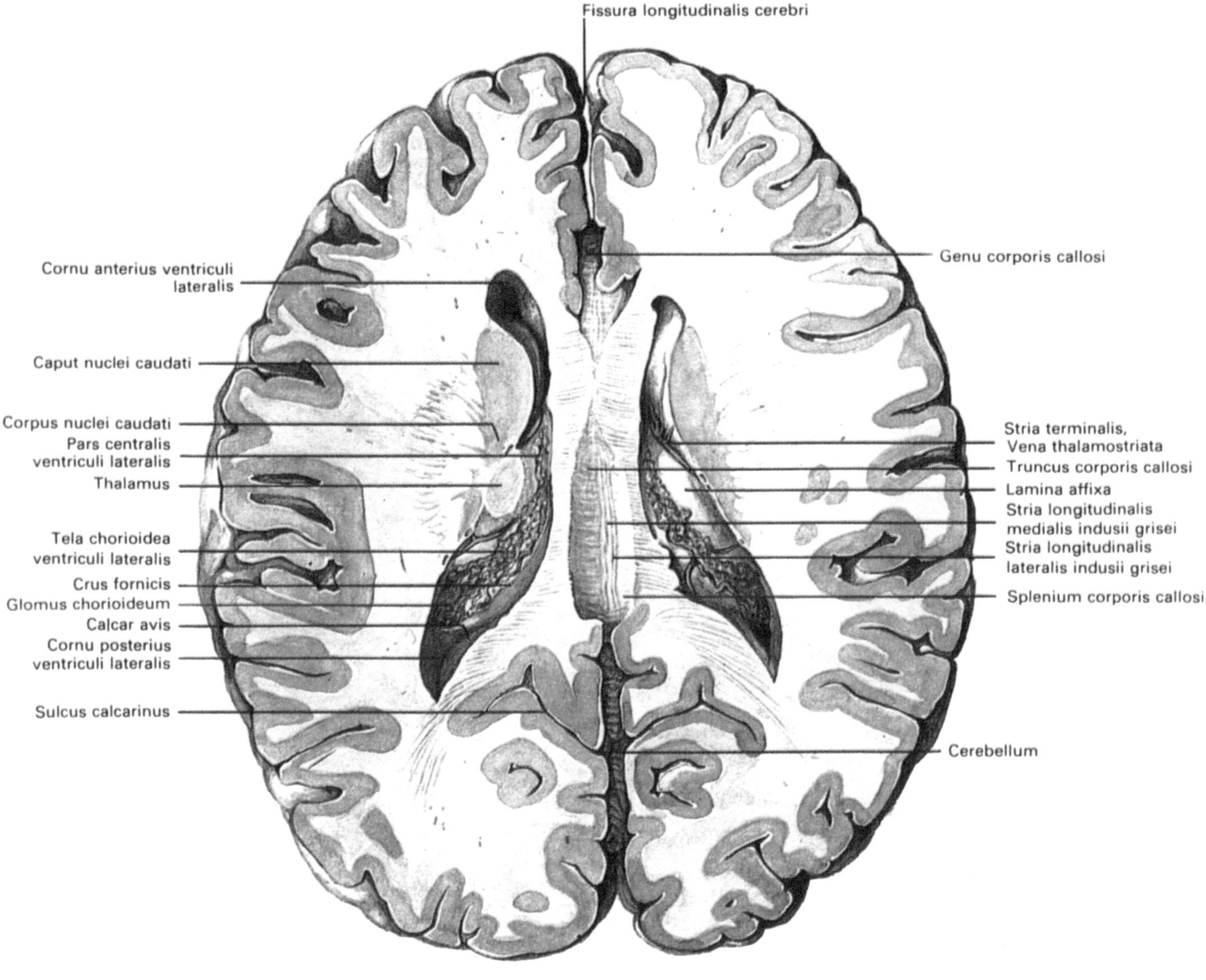

253
Gehirn, Encephalon
Horizontalschnitt in Höhe des Balkens, Ansicht von oben. Seitenventrikel, Ventriculi laterales, eröffnet

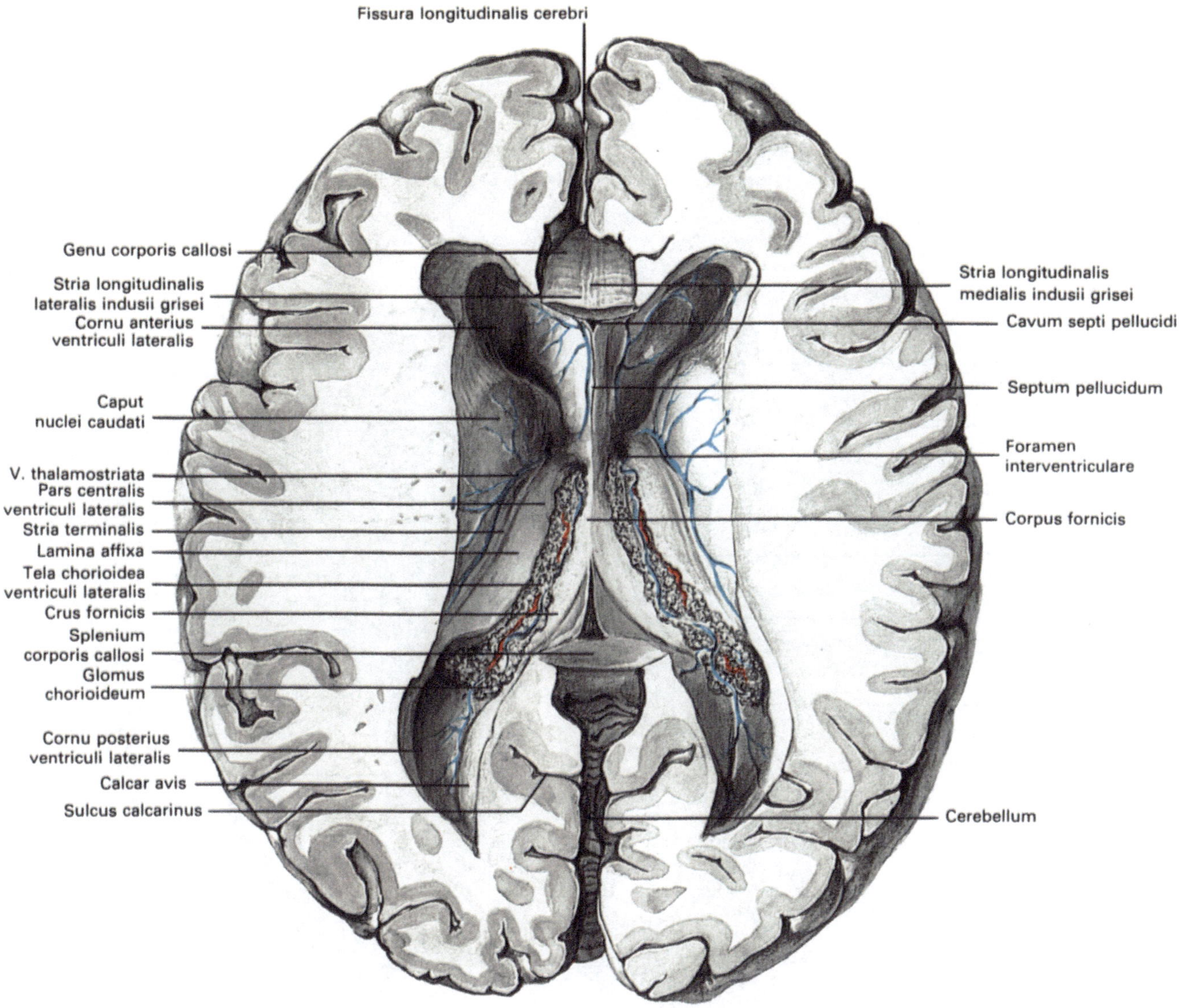

254
Gehirn, Encephalon
Horizontalschnitt unmittelbar unterhalb des Truncus corporis callosi, Ansicht von oben. Vorderhorn, Cornu anterius, zentraler Teil, Pars centralis, und Hinterhorn, Cornu posterius, beider Seitenventrikel, Ventriculi laterales

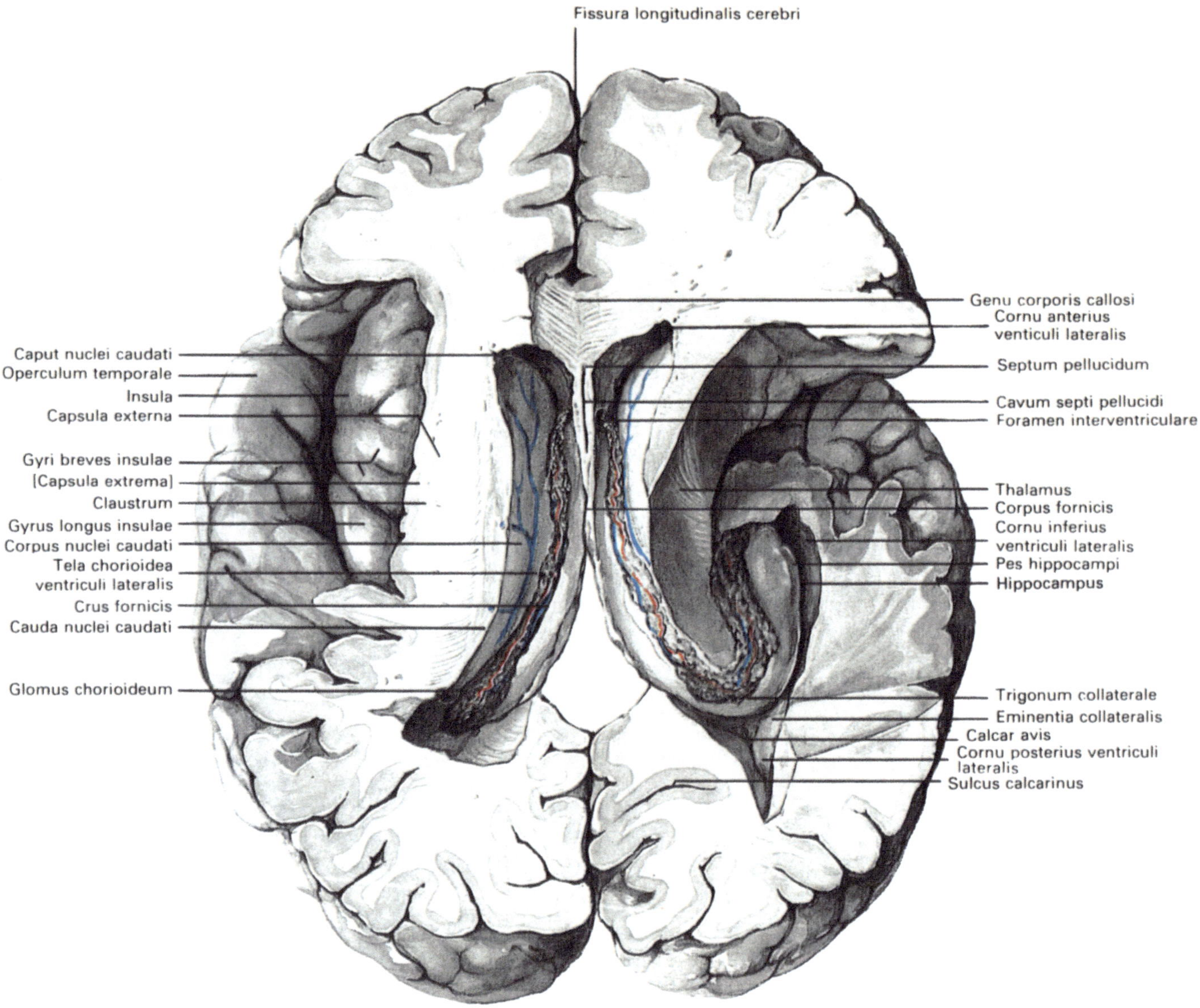

255
Gehirn, Encephalon
Horizontalschnitt unmittelbar unterhalb des Truncus corporis callosi, Ansicht von oben. Darstellung des Unterhorns des rechten Seitenventrikels, Cornu inferius ventriculi lateralis

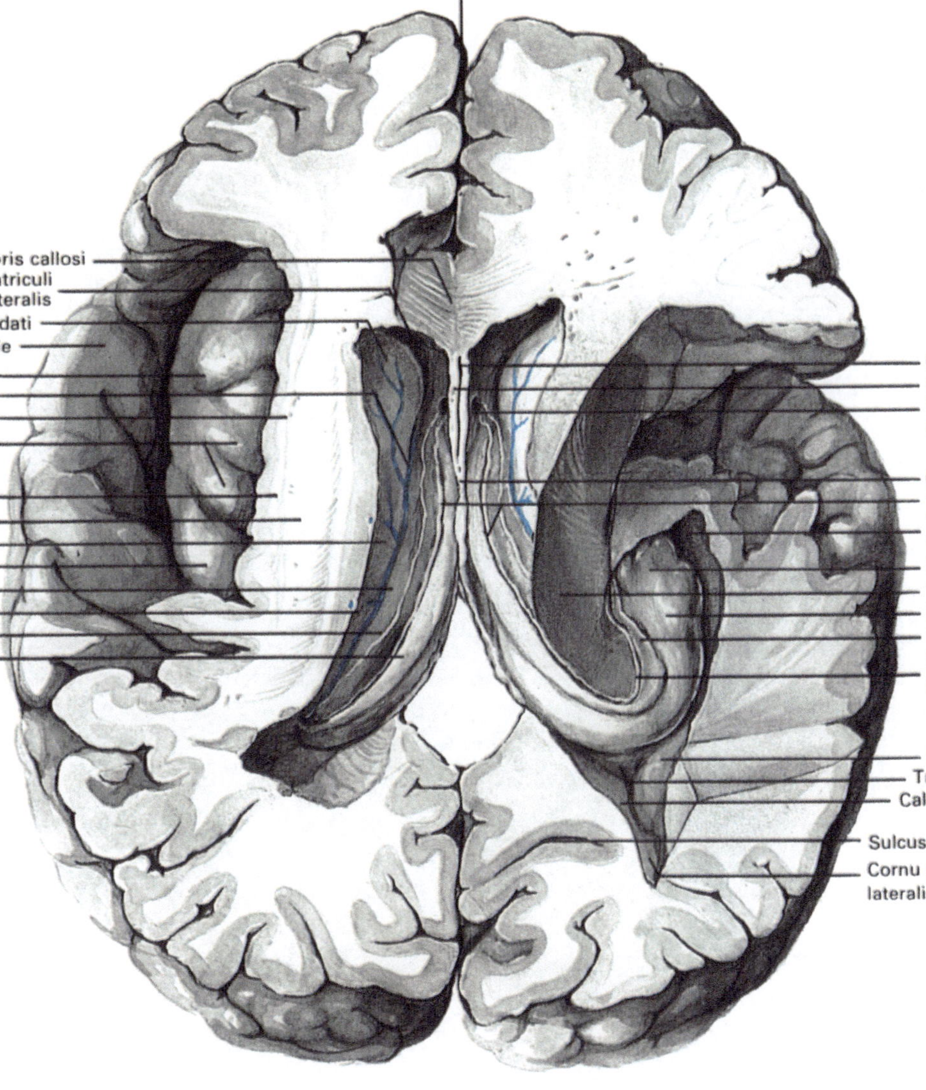

256
Gehirn, Encephalon
Horizontalschnitt unmittelbar unterhalb des Truncus corporis callosi, Ansicht von oben. Darstellung des Unterhorns des rechten Seitenventrikels, Cornu inferius ventriculi lateralis. Tela chorioidea auf beiden Seiten entfernt

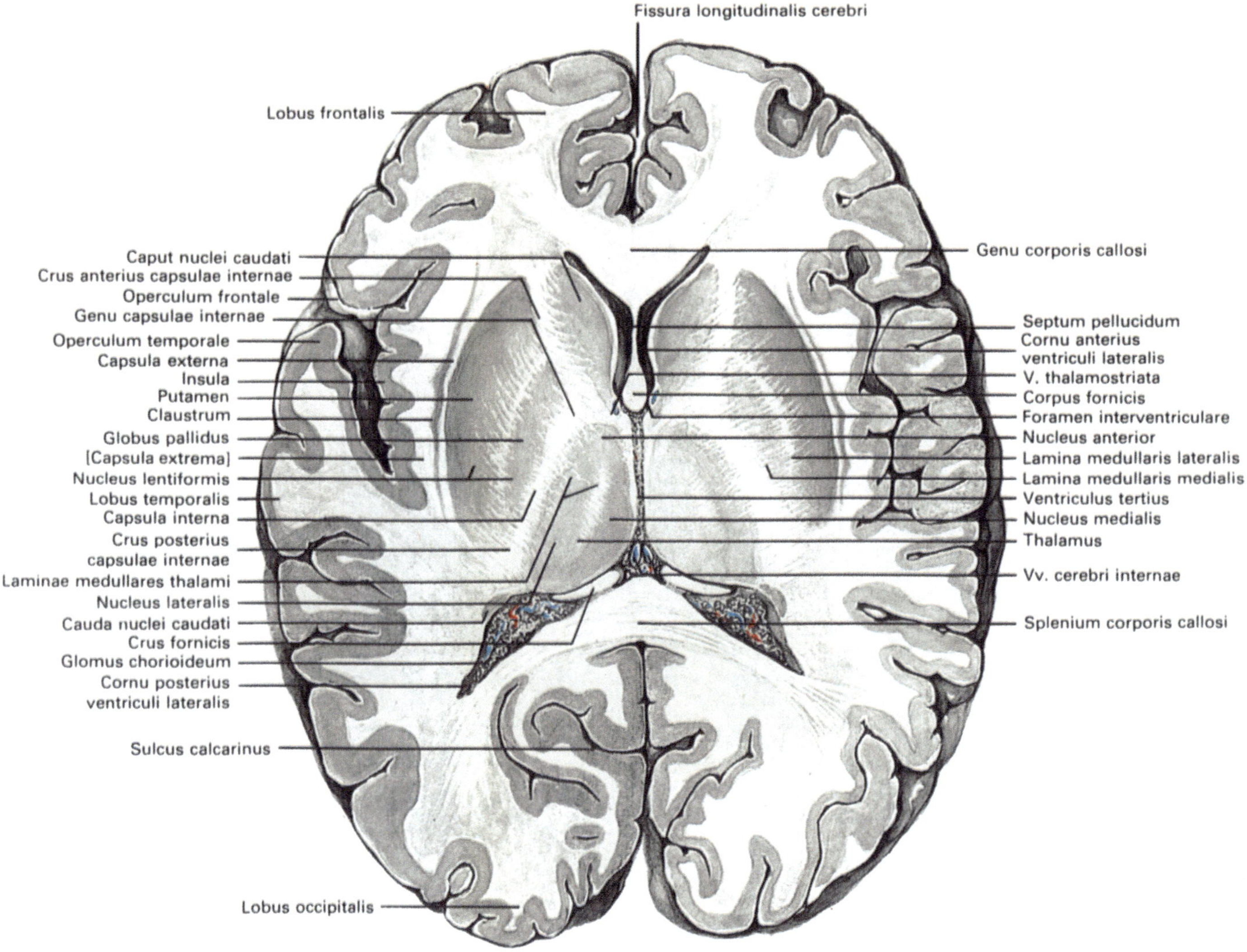

257
Gehirn, Encephalon
Horizontalschnitt unterhalb des Truncus corporis callosi, Ansicht von oben. Darstellung der Stammganglien (Basalganglien)

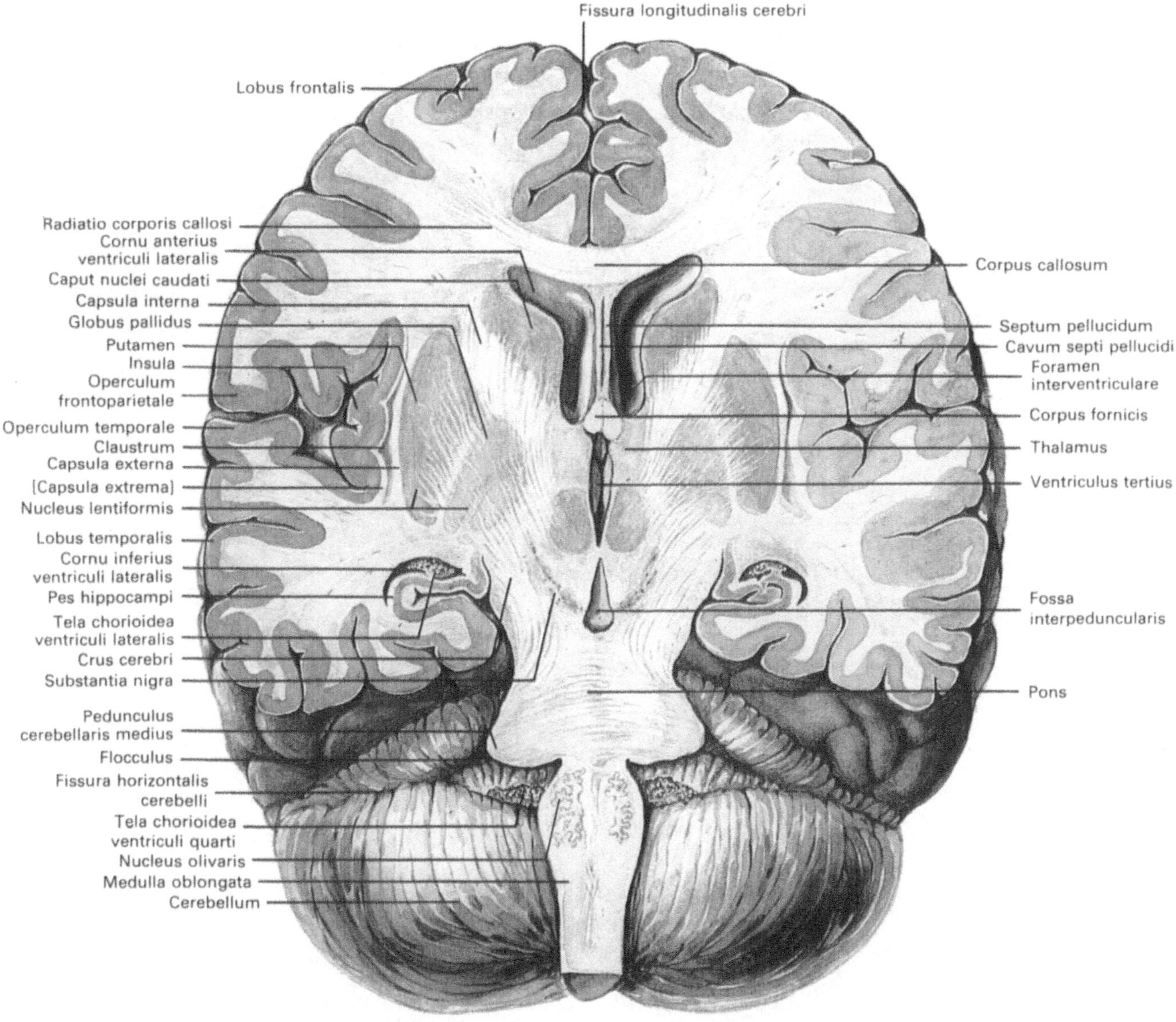

258
Gehirn, Encephalon
Schnittführung von vorn oben (Großhirn) nach hinten unten (Hirnstamm). Ansicht von vorn

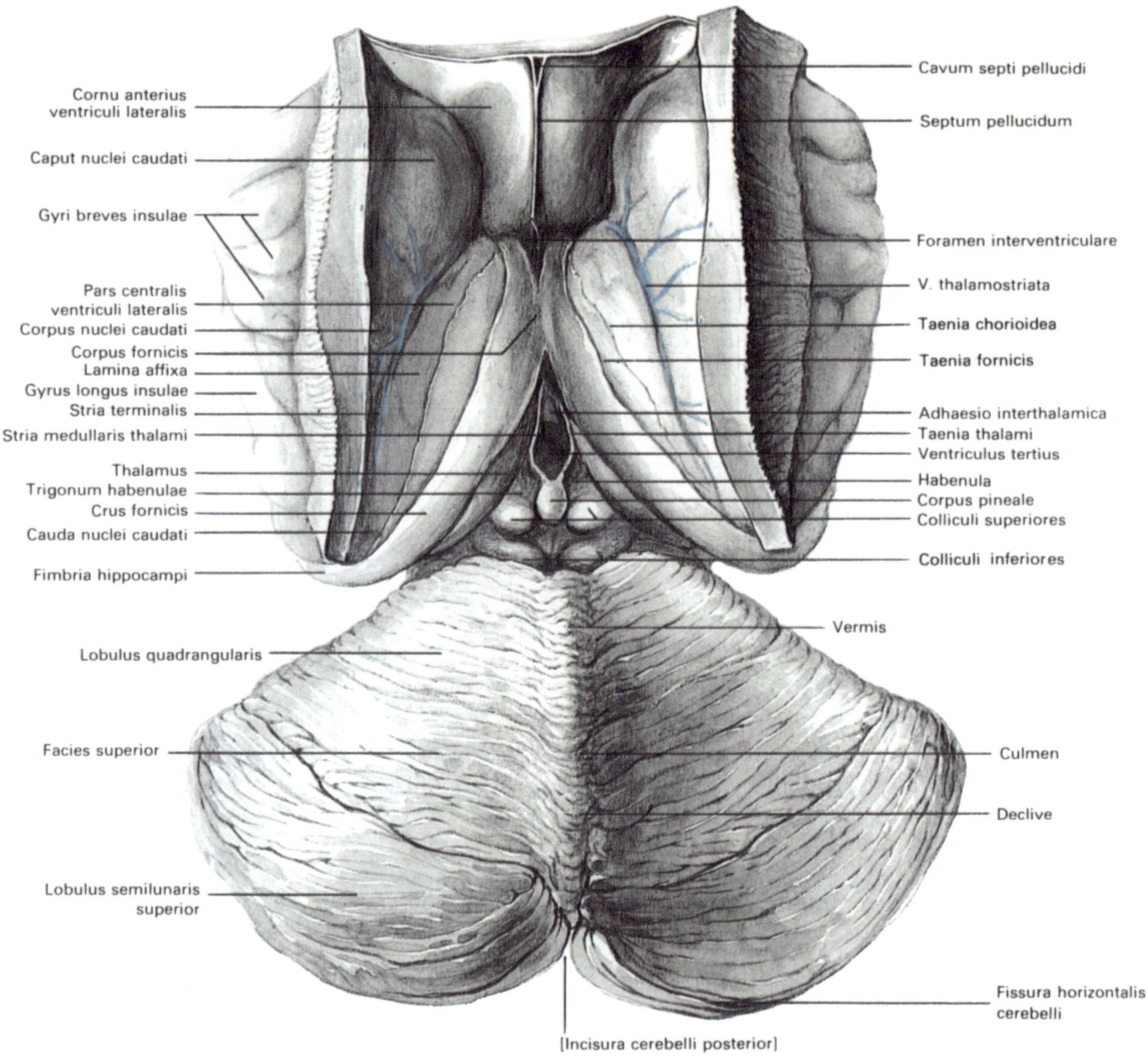

259
Teile von Telencephalon, Hirnstamm und Kleinhirn
Ansicht von oben

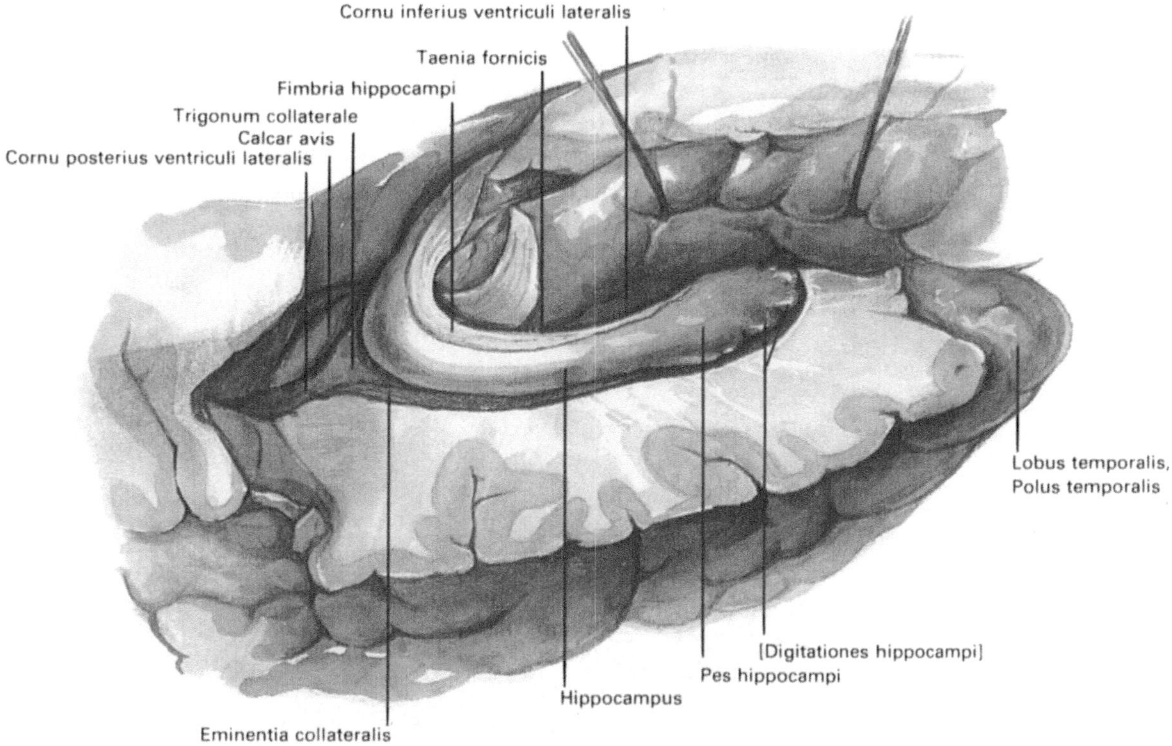

260
Hippocampus (Ammonshorn)
von rechts. Zur Darstellung des Hippocampus wurden das Unterhorn des Seitenventrikels eröffnet und Teile des Lobus temporalis entfernt

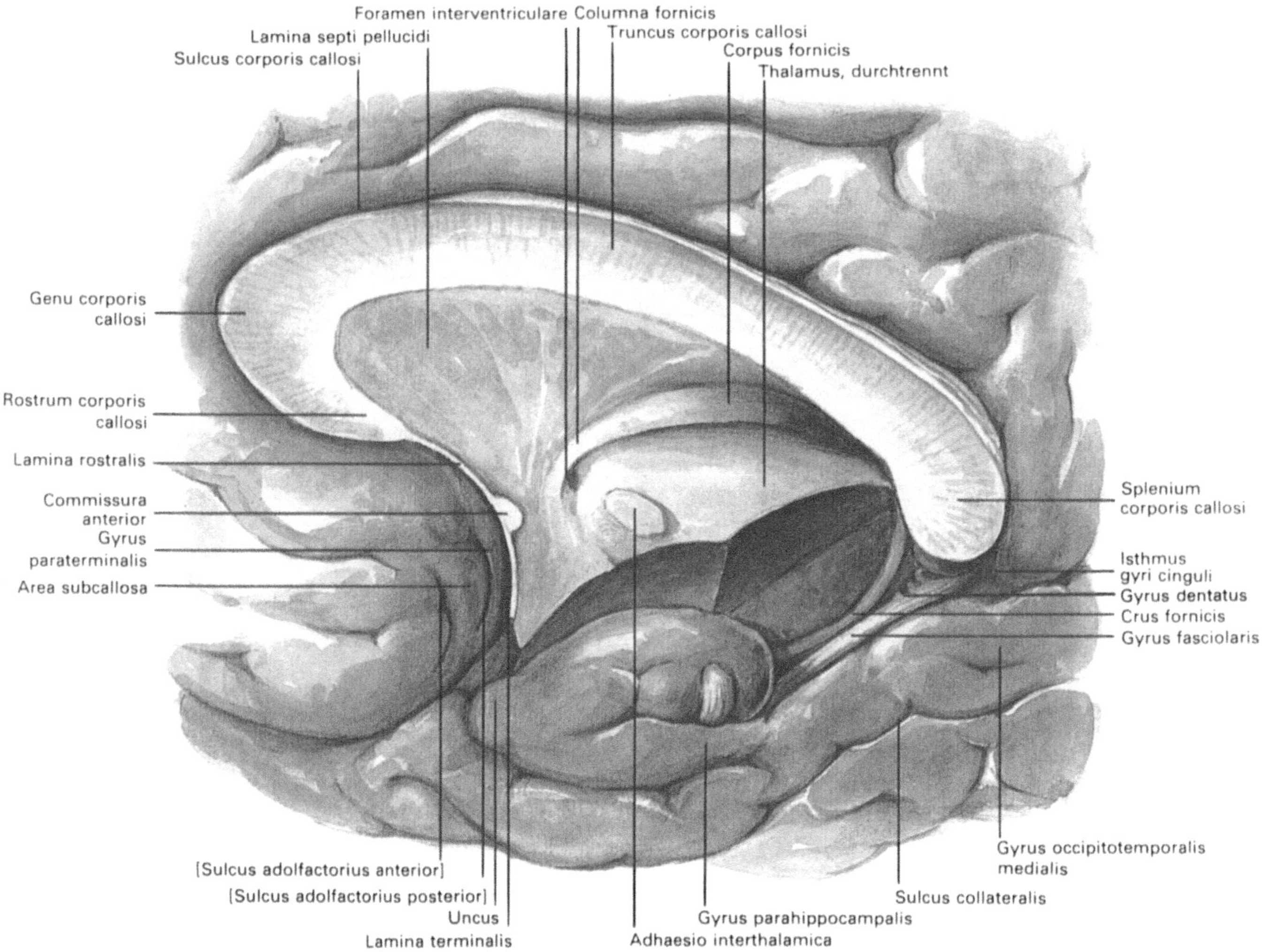

261

Teile des Telencephalon

Medianschnitt. Ansicht von medial. Hirnstamm weitgehend entfernt. Uncus gyri parahippocampalis, Gyrus fasciolaris, Gyrus dentatus

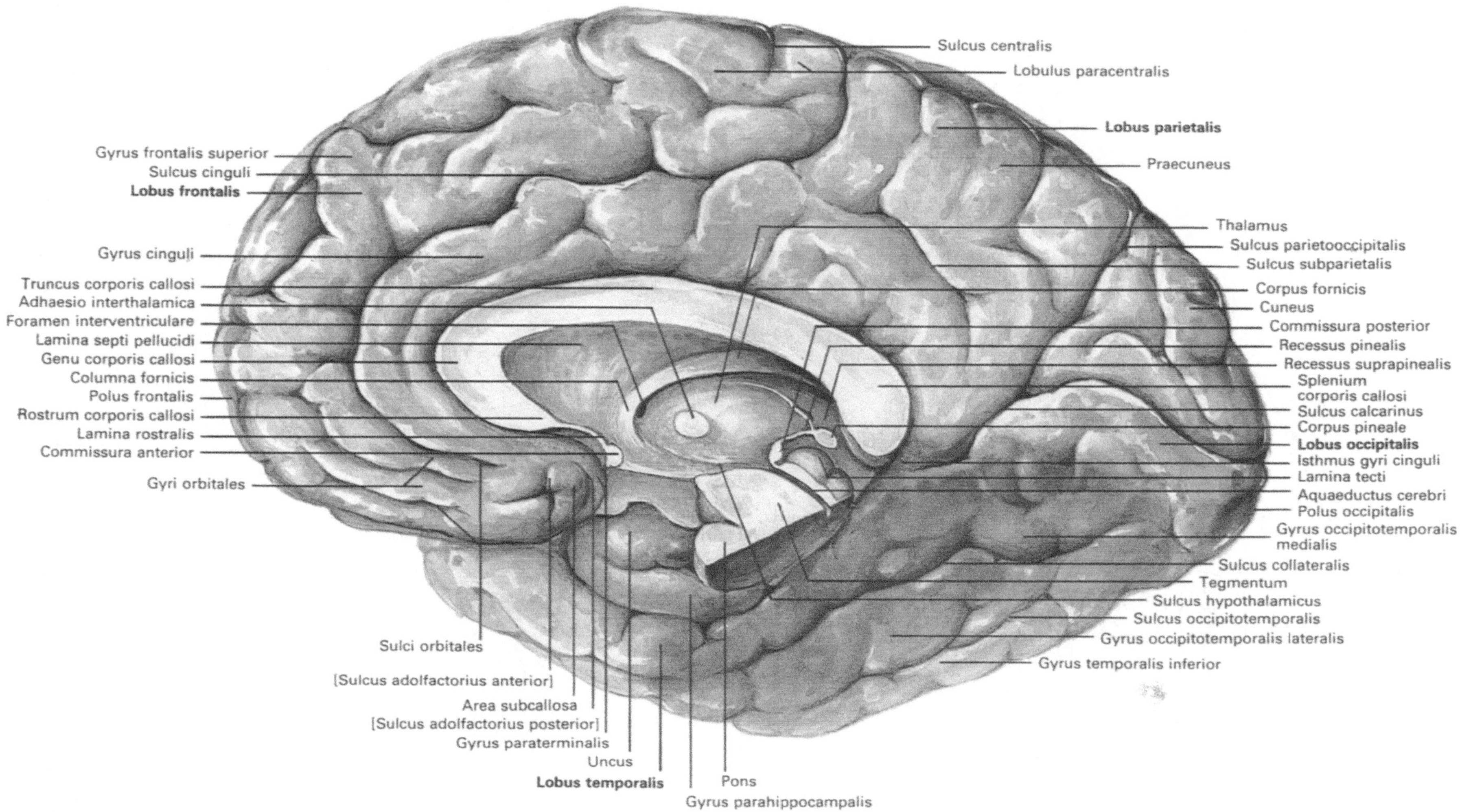

262
Gehirn, Encephalon
Medianschnitt, Ansicht von medial. Hirnstamm teilweise, Kleinhirn vollständig entfernt

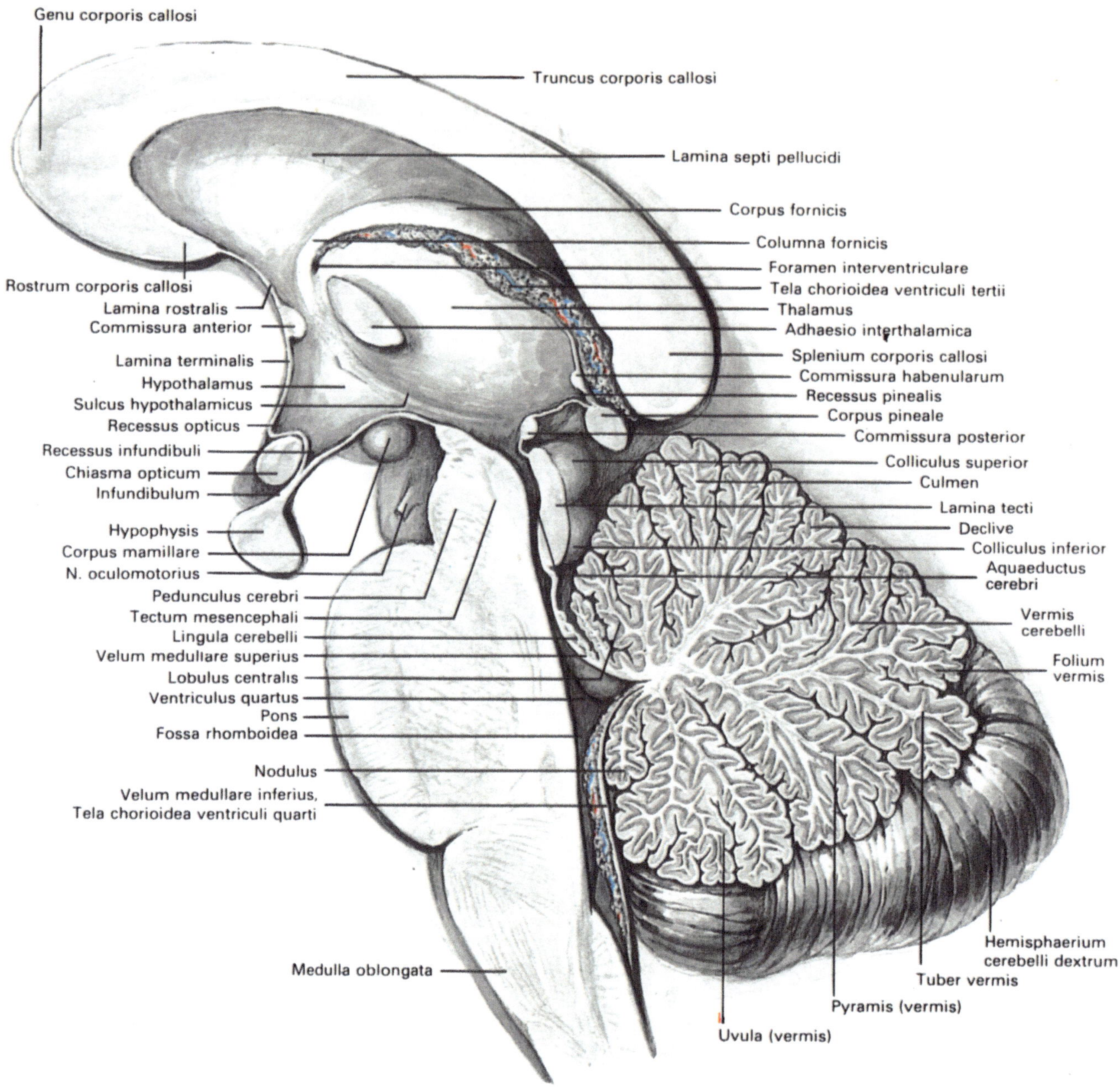

263
Teile von Telencephalon, Hirnstamm und Kleinhirn
Medianschnitt. Ansicht von medial. Ventriculus tertius, Aquaeductus cerebri, Ventriculus quartus

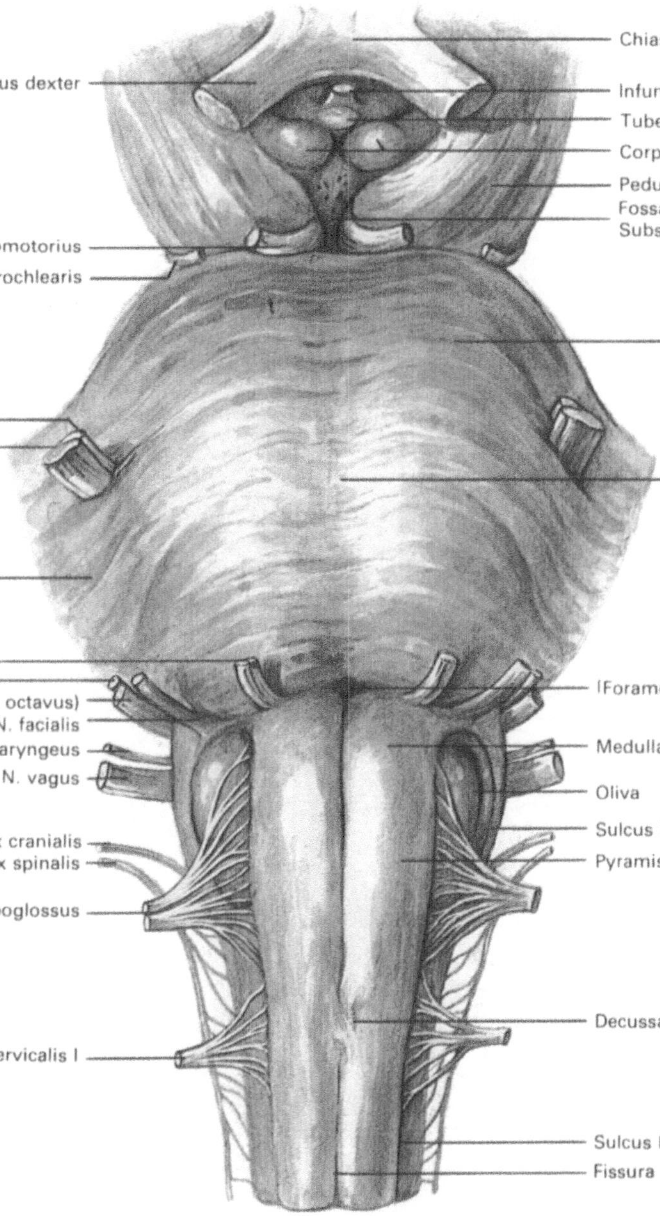

264
Hirnstamm
von vorn. Austrittsstellen der Hirnnerven, Nervi craniales

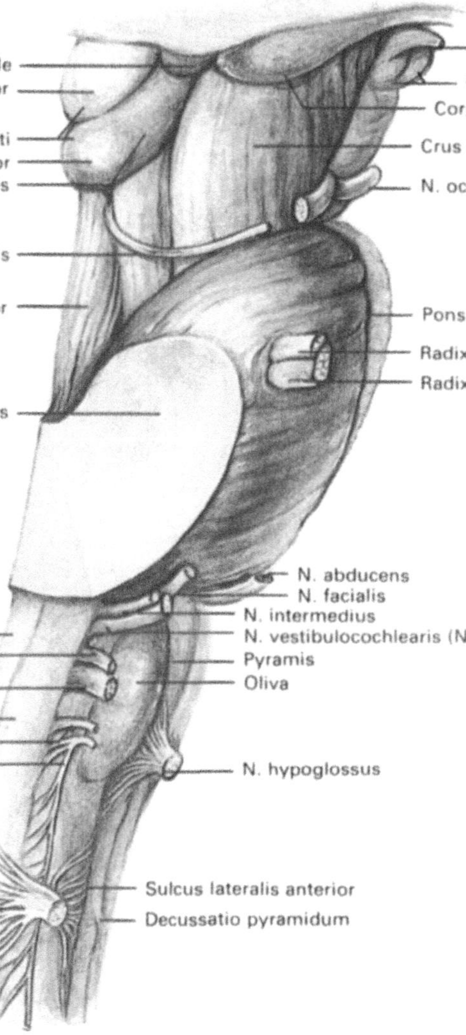

265
Hirnstamm
von rechts. Austrittsstellen der Hirnnerven, Nervi craniales

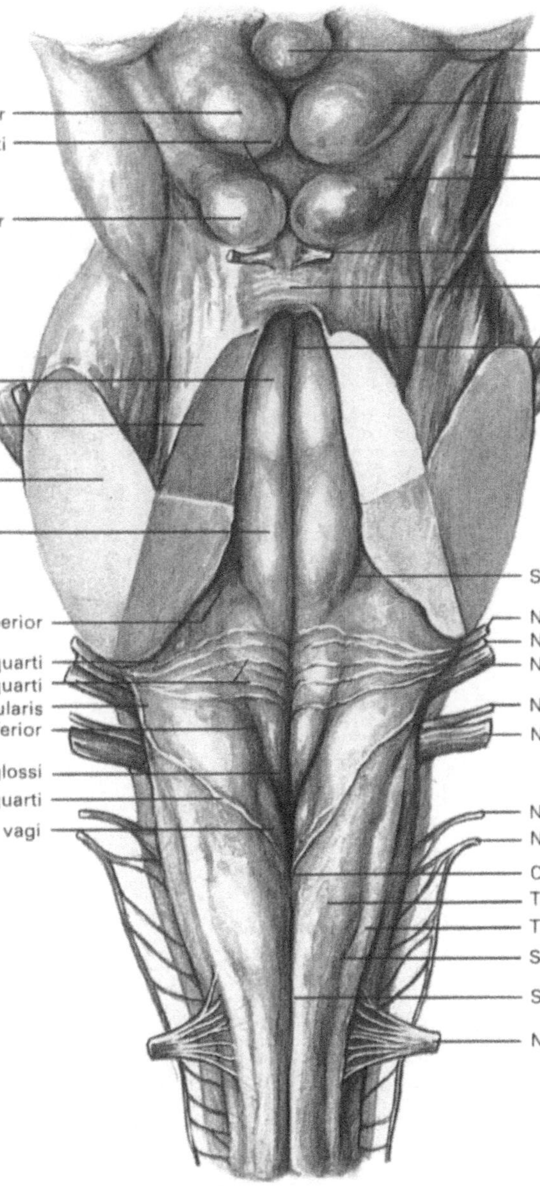

266
Hirnstamm
von hinten. Zur Darstellung der Rautengrube, Fossa rhomboidea, wurde das Kleinhirn entfernt. Austrittsstellen der Hirnnerven, Nervi craniales

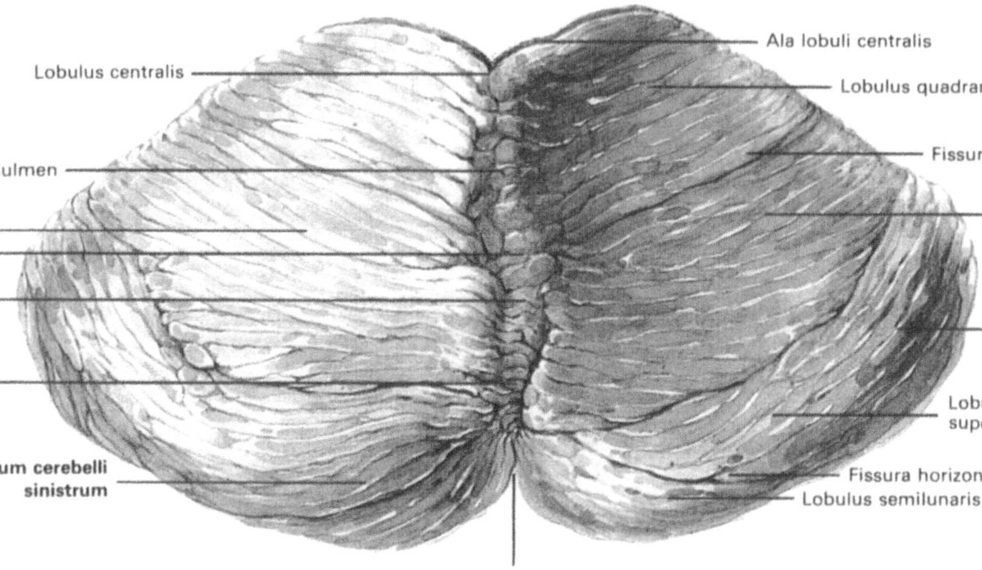

267
Kleinhirn, Cerebellum
von oben

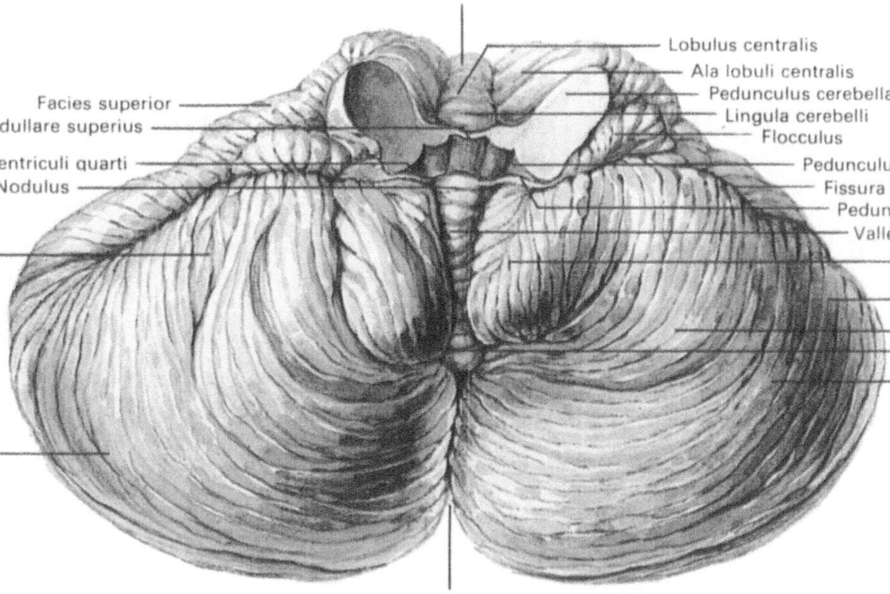

268
Kleinhirn, Cerebellum
von vorn unten

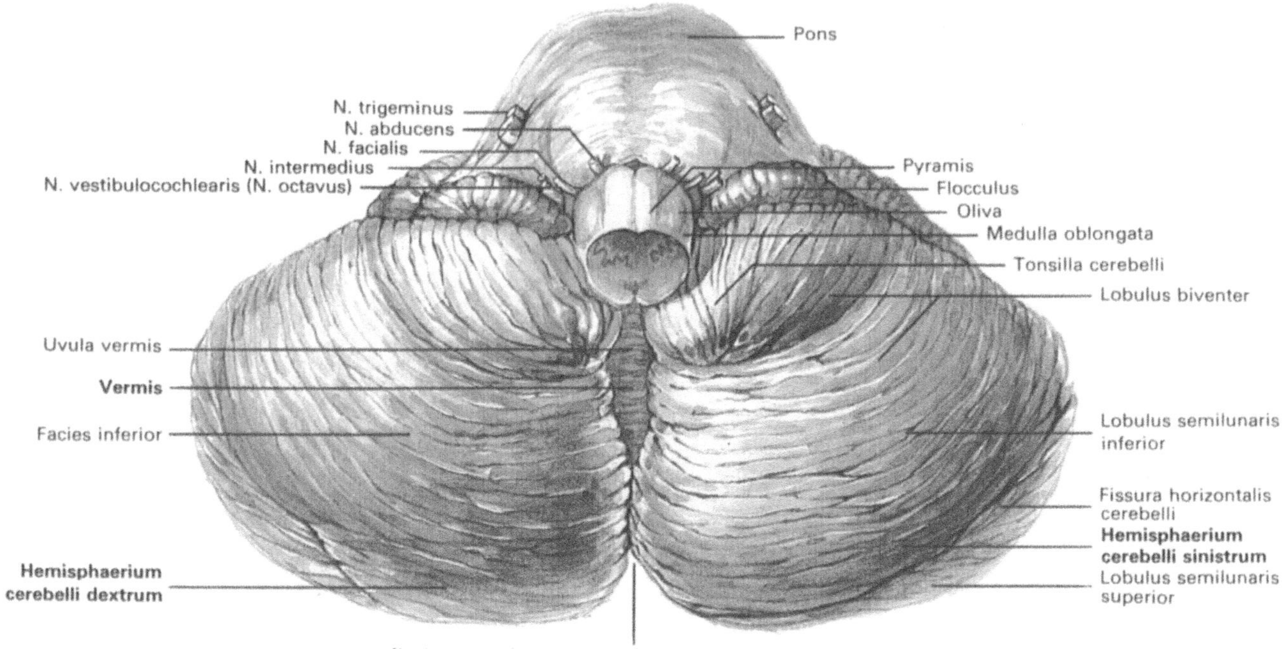

269

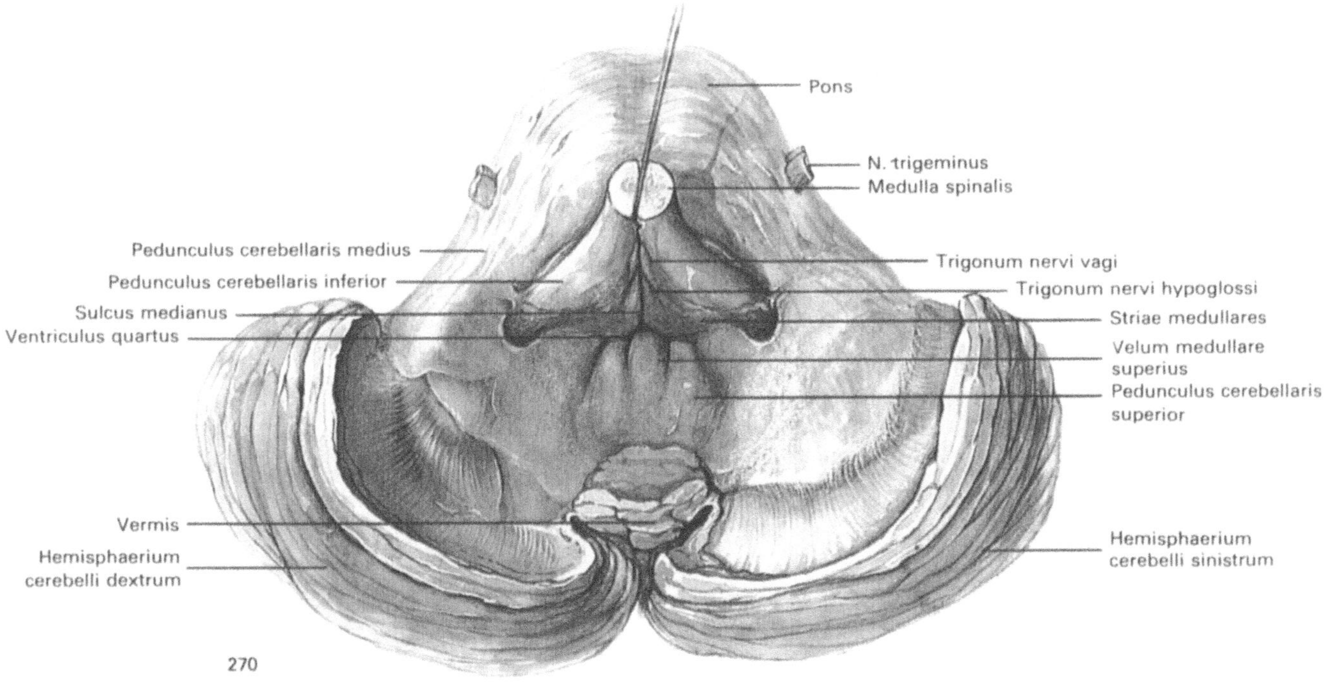

270

269
Kleinhirn, Cerebellum
von vorn unten. Verbindungen mit dem Rautenhirn, Rhombencephalon, erhalten

270
Kleinhirn, Cerebellum
von unten. Darstellung der Kleinhirnstiele, Pedunculi cerebellares. Verlängertes Mark, Medulla oblongata, nach vorn gezogen; Einblick in den IV. Hirnventrikel, Ventriculus quartus

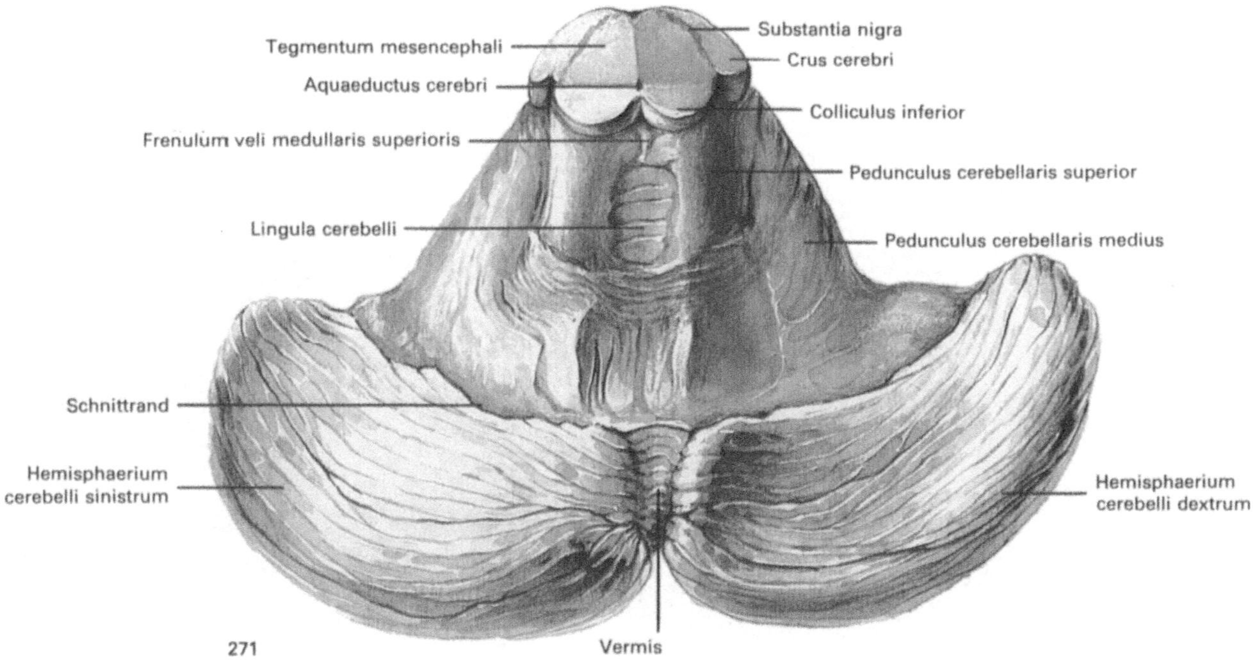

271

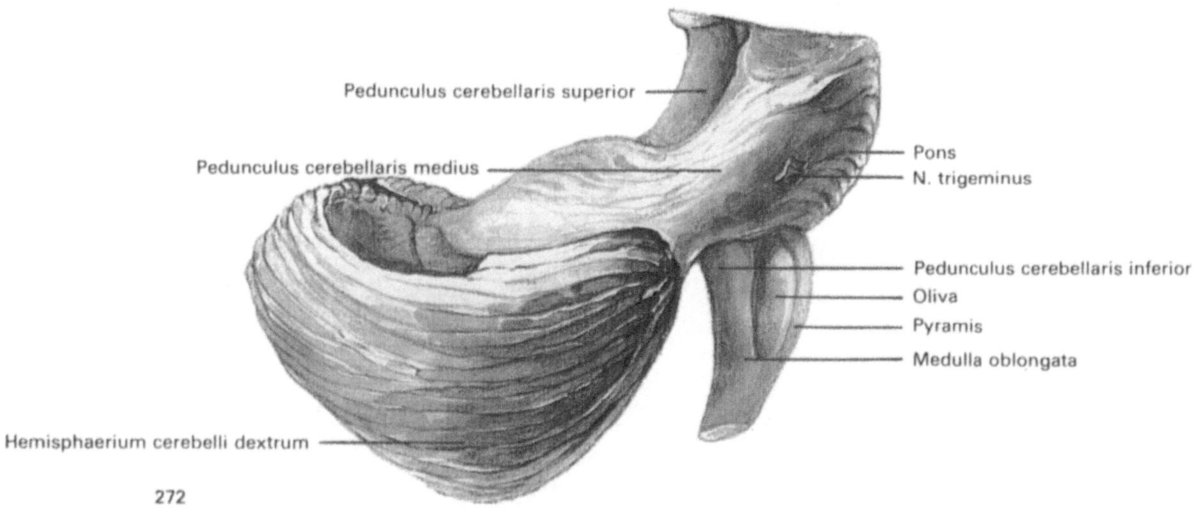

272

271
Kleinhirn, Cerebellum
von oben. Durch Abfaserung dargestellte obere Kleinhirnstiele, Pedunculi cerebellares superiores, und mittlere Kleinhirnstiele, Pedunculi cerebellares medii

272
Kleinhirn, Cerebellum
von rechts. Darstellung der Kleinhirnstiele, Pedunculi cerebellares

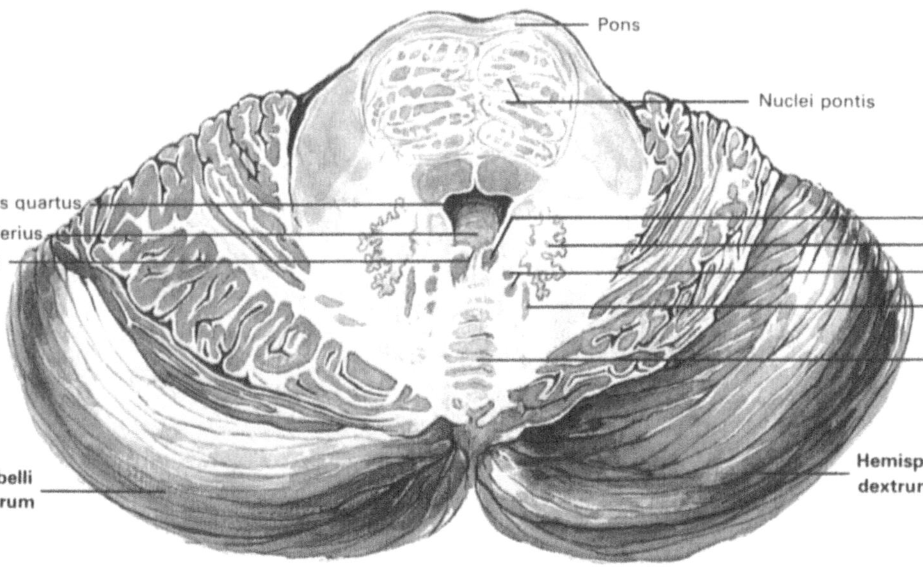

273
Kleinhirn, Cerebellum
Horizontalschnitt in Höhe des Fastigium, Ansicht von oben. Kleinhirnkerne

GEHIRN

Hirnhäute und Gefäße

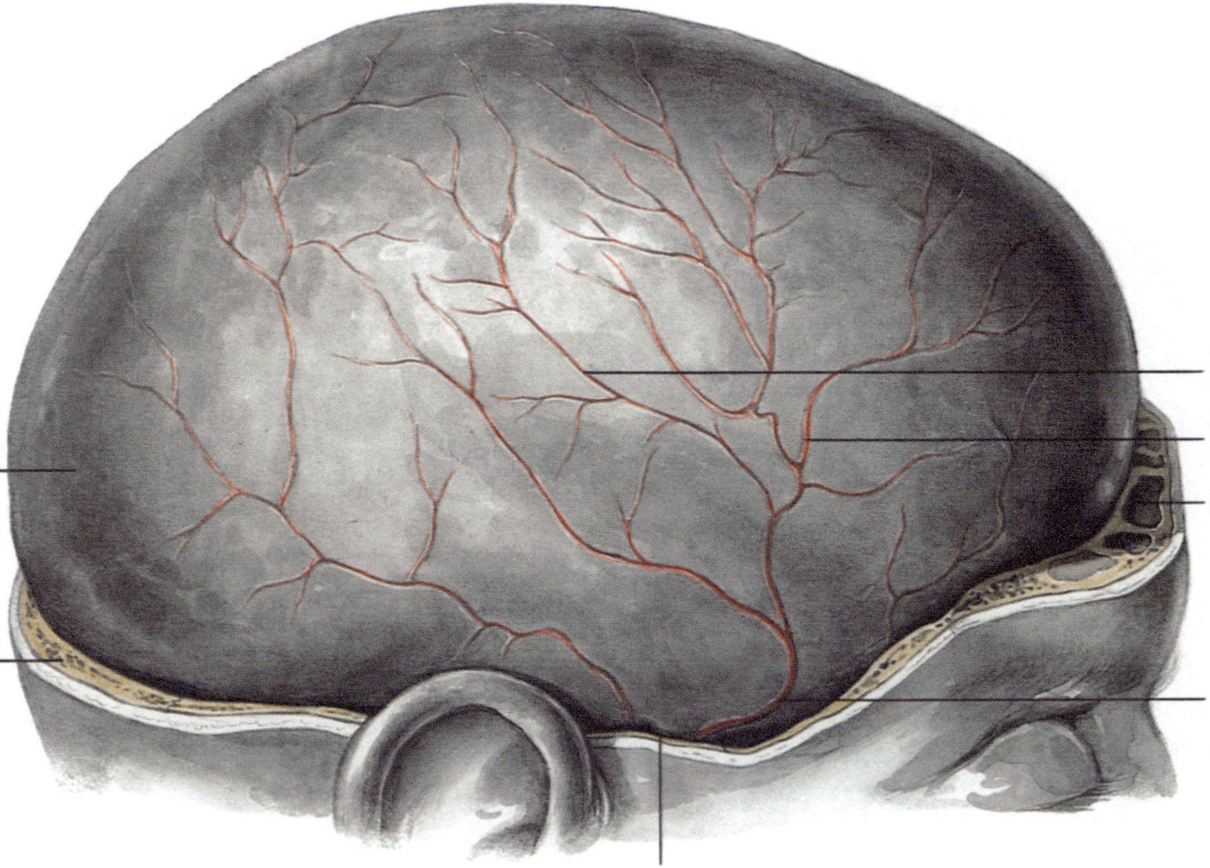

274
Harte Hirnhaut, Dura mater encephali, und A. meningea media
von rechts. Schädeldach, Calvaria, entfernt

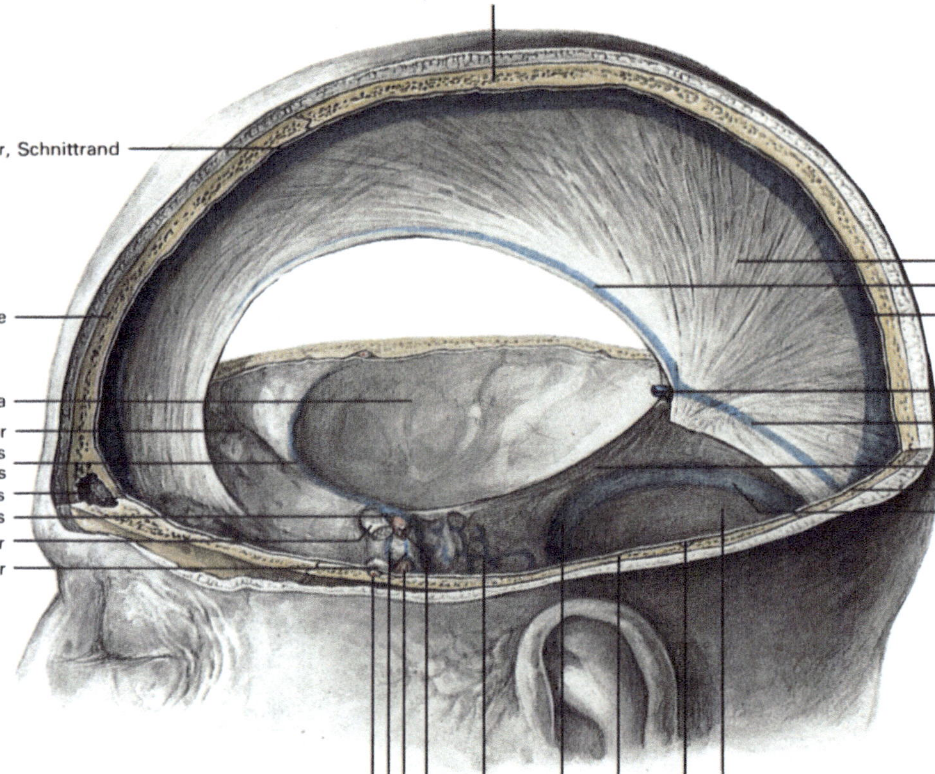

275

Harte Hirnhaut, Dura mater encephali

von links. Hirnsichel, Falx cerebri. Seitenteile des Schädeldaches, Gehirn, Encephalon, und linker Abschnitt des Tentorium cerebelli entfernt

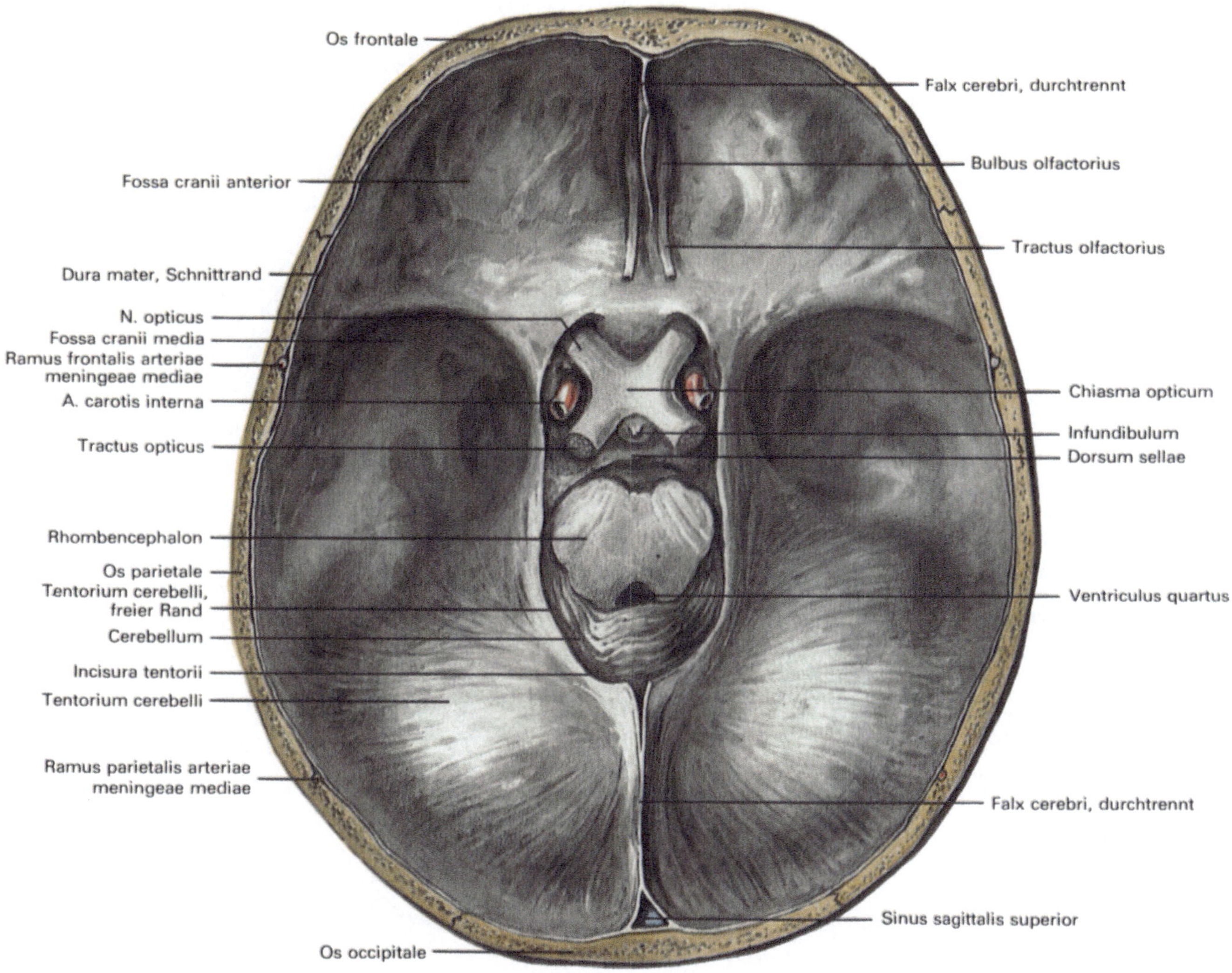

276
Harte Hirnhaut, Dura mater encephali
von oben. Kleinhirnzelt, Tentorium cerebelli. Schädeldach, Calvaria, mit anliegender Dura mater encephali, Großhirnsichel, Falx cerebri, und Großhirn sowie Teile des Hirnstammes entfernt

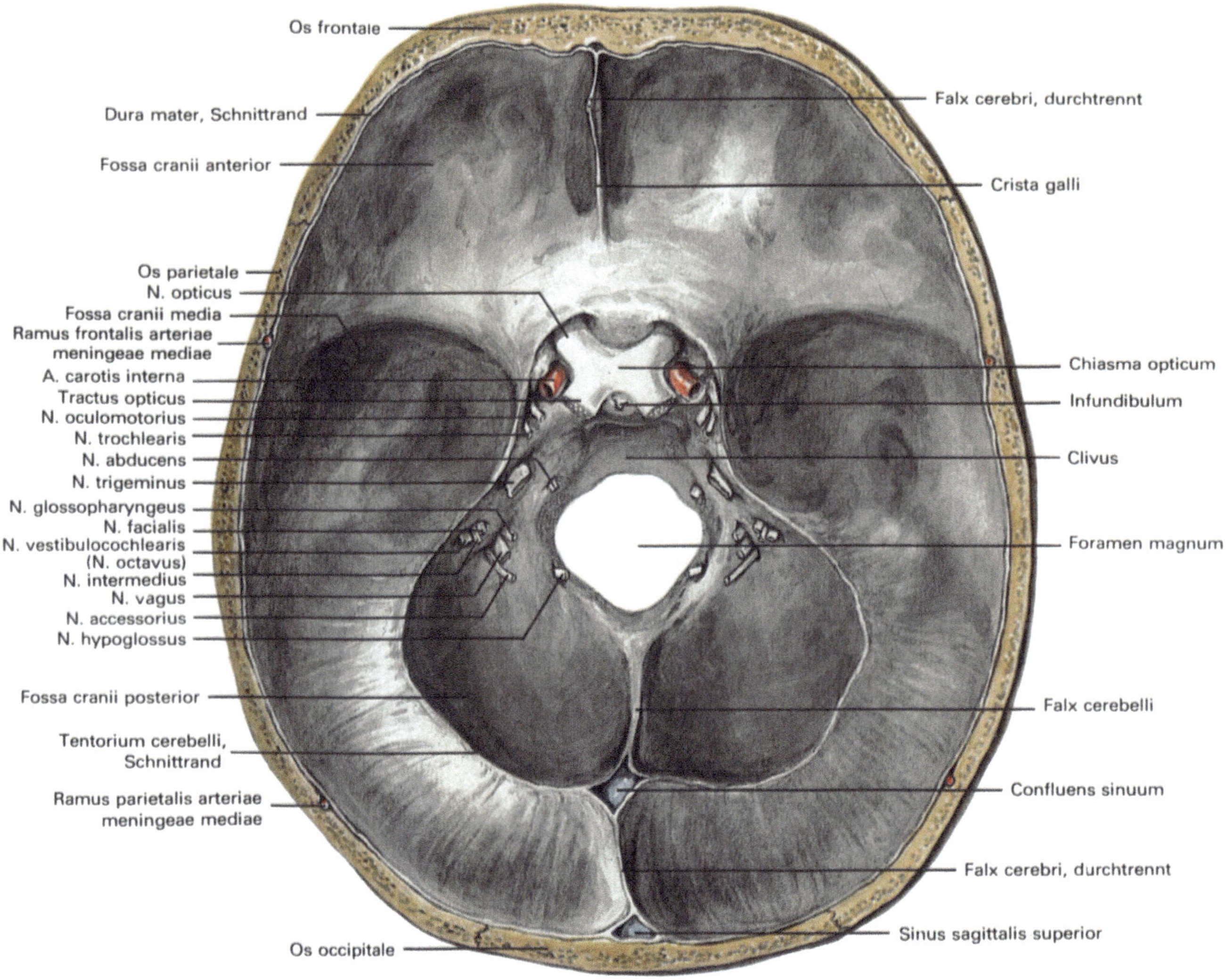

277
Harte Hirnhaut, Dura mater encephali
von oben. Verlauf der Hirnnerven durch Dura mater encephali und Schädelbasis. Kleinhirnzelt. Tentorium cerebelli. Schädeldach, Calvaria, mit anliegender Dura mater encephali, Großhirnsichel, Falx cerebri, und Gehirn, Encephalon, entfernt

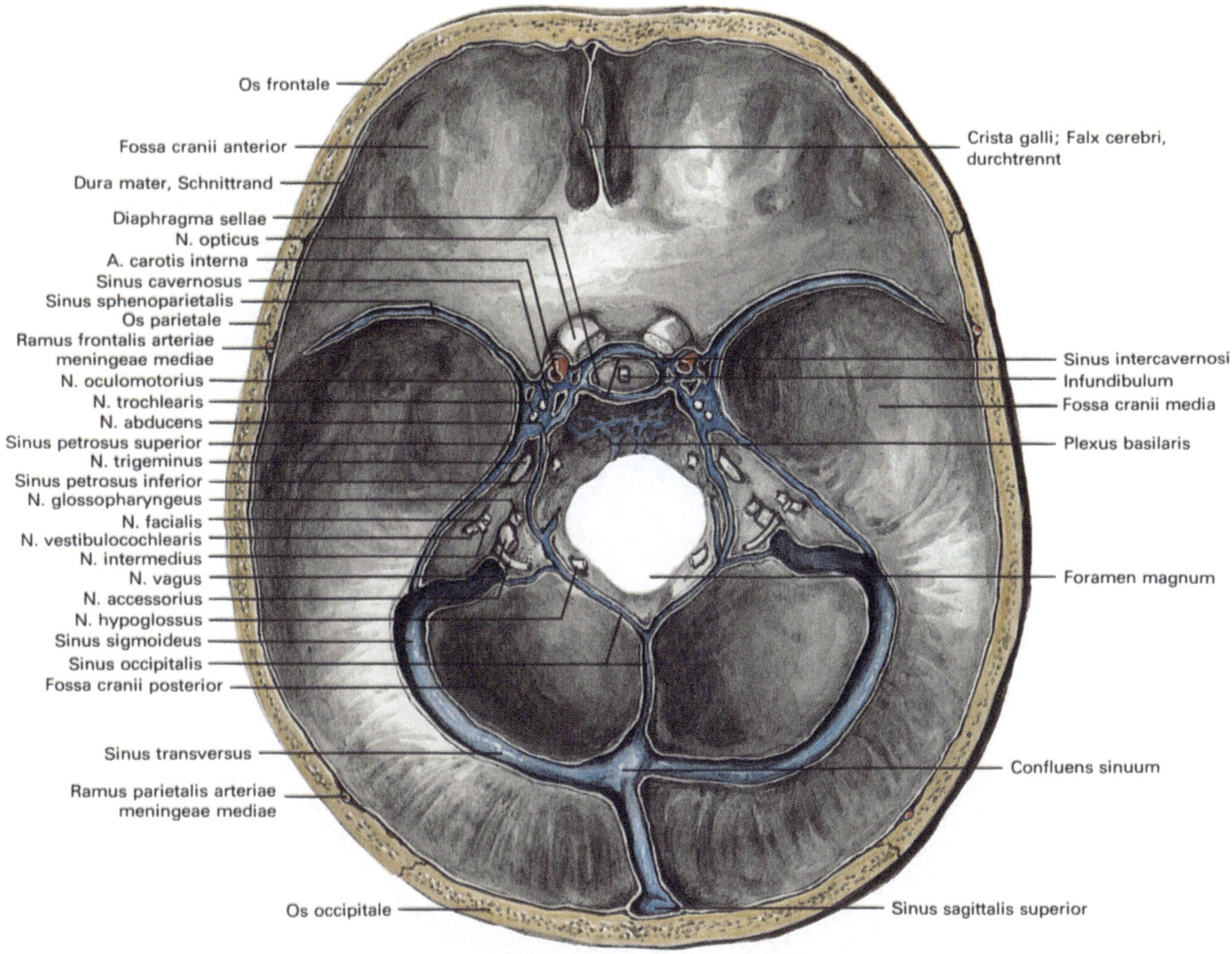

278
Harte Hirnhaut, Dura mater encephali
von oben. Hirnblutleiter, Sinus durae matris, eröffnet. Schädeldach, Calvaria, mit anliegender Dura mater encephali, Großhirnsichel, Falx cerebri, Kleinhirnzelt, Tentorium cerebelli, und Gehirn, Encephalon, entfernt

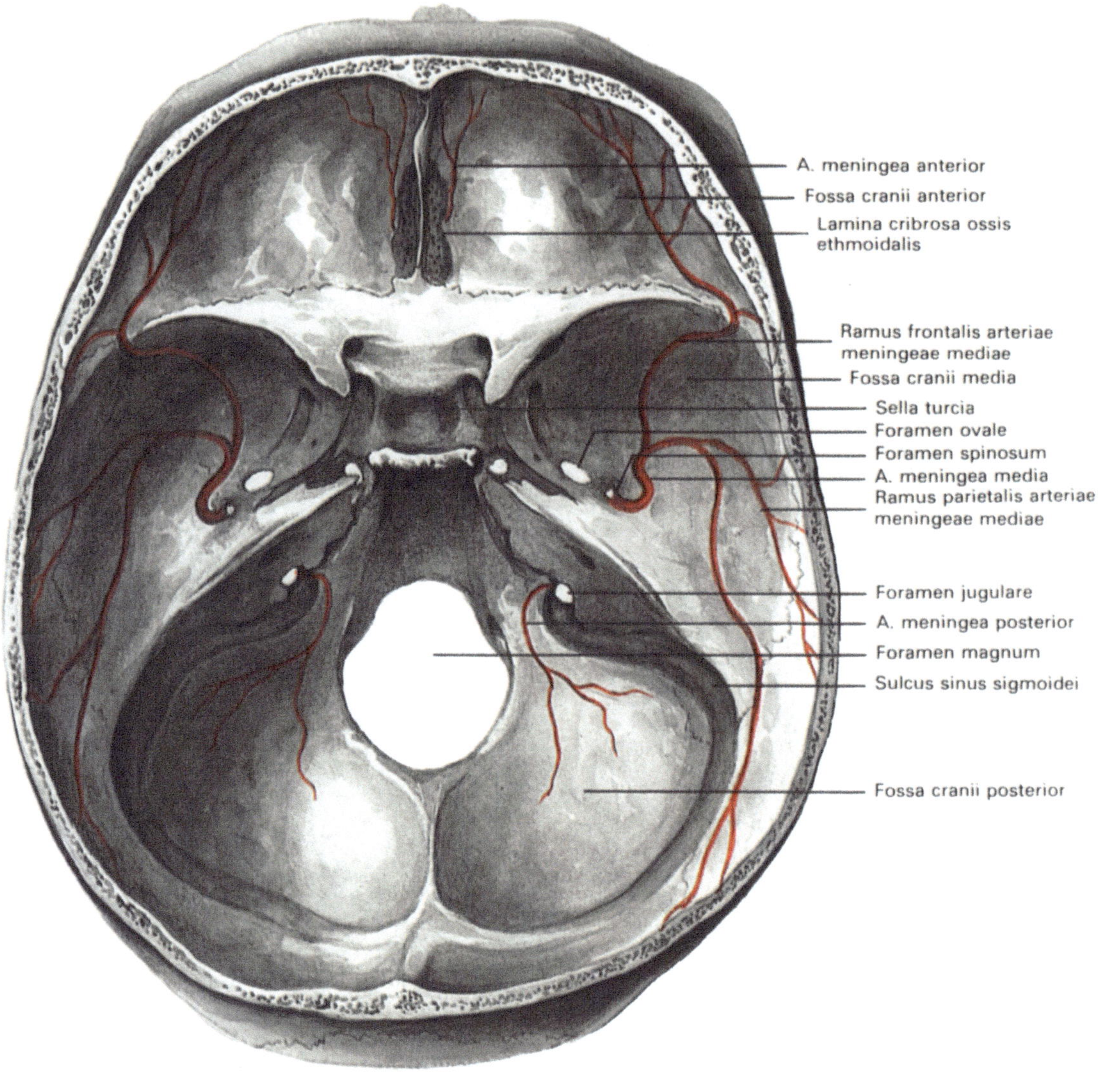

279
Schädelbasis, Basis cranii interna
von oben. Arterien der Dura mater encephali

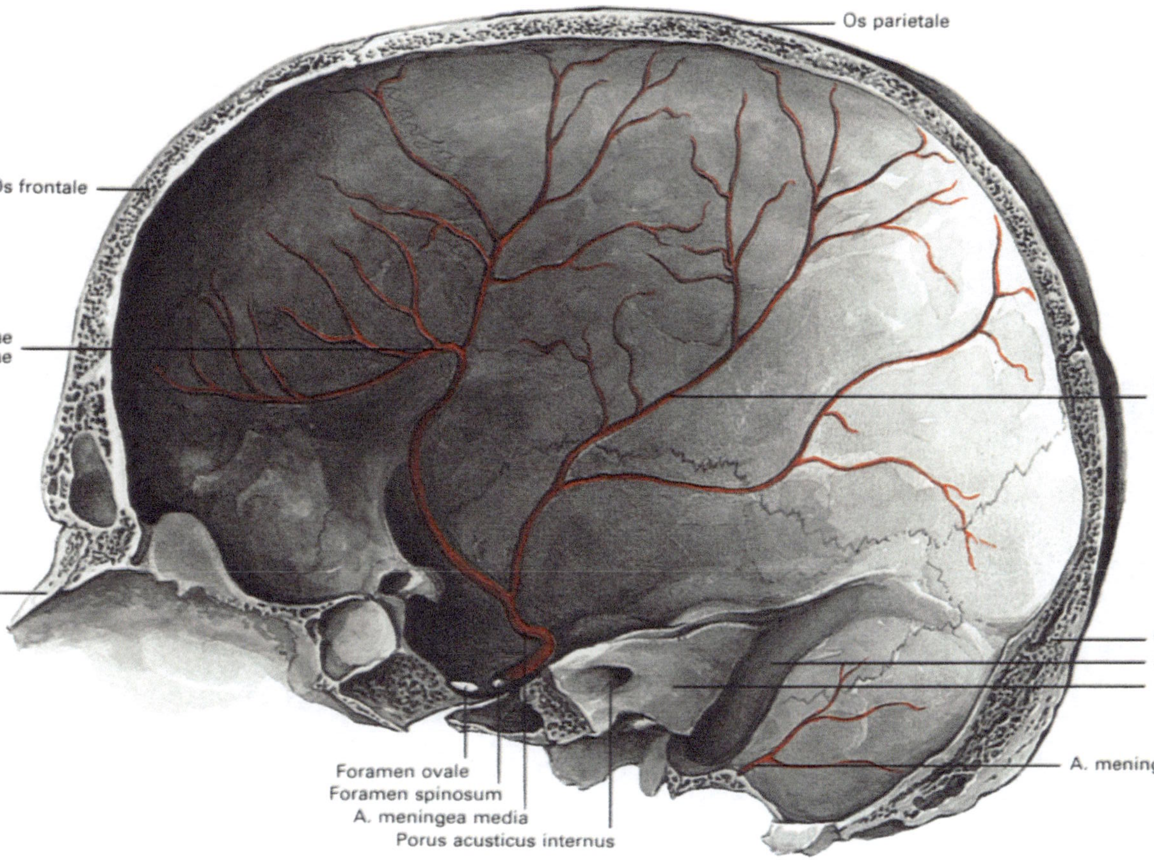

280
Schädel, Cranium
Sagittalschnitt, Ansicht von medial. A. meningea media und A. meningea posterior

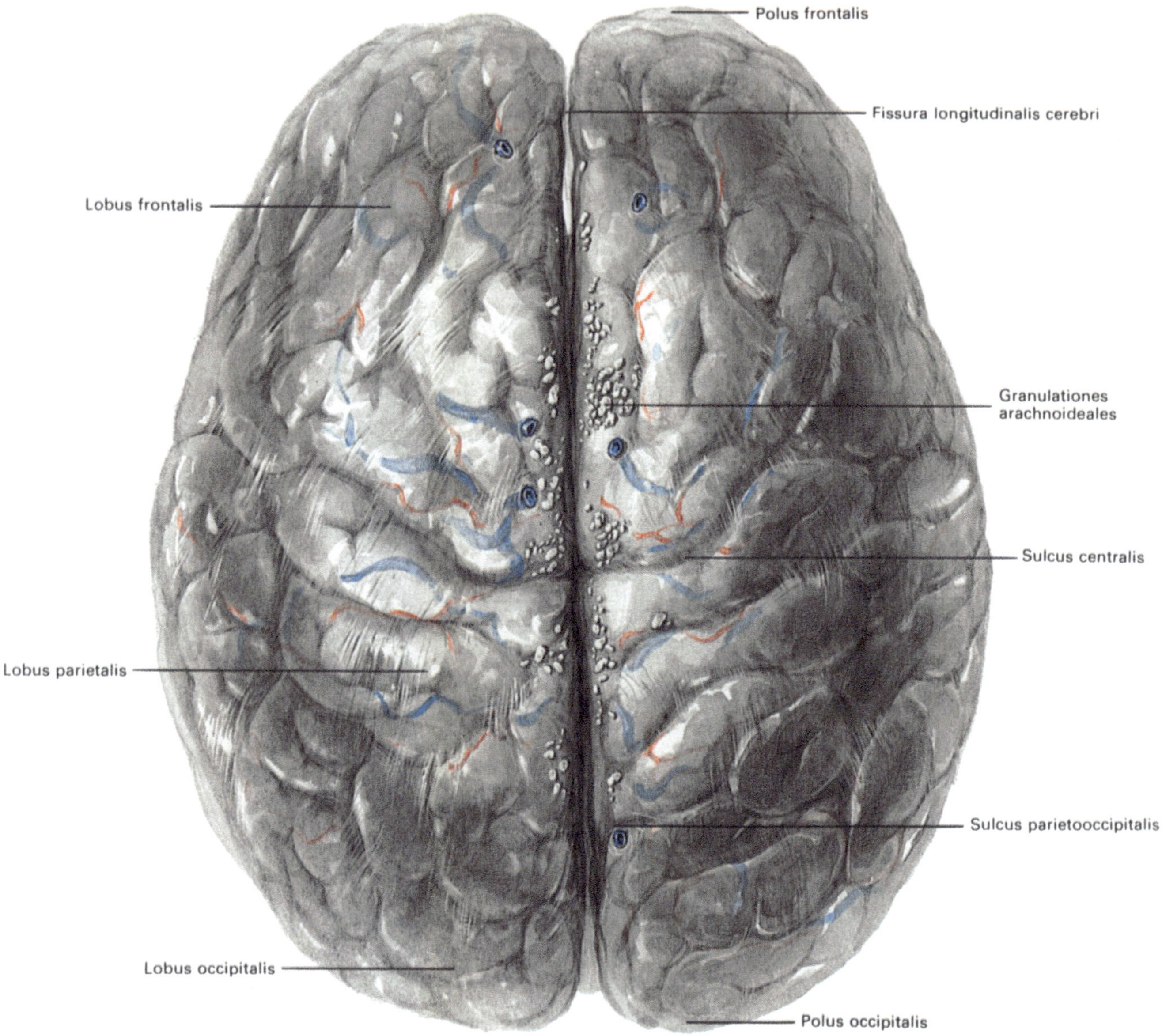

281
Gehirn, Encephalon
von oben. Arachnoidea encephali erhalten

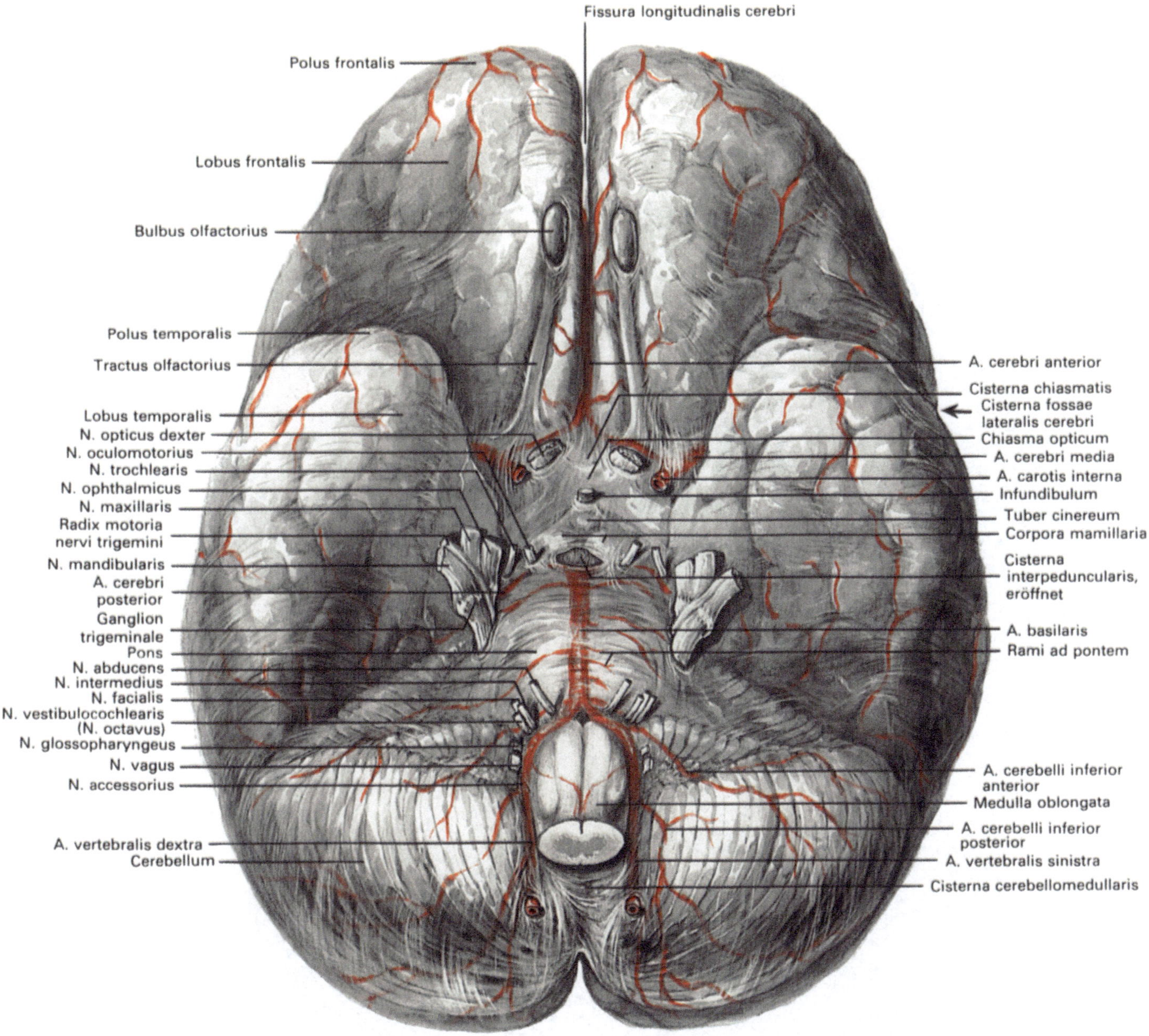

282
Gehirn, Encephalon
von unten. Arachnoidea encephali erhalten, Durchtrittsstellen der Hirnnerven

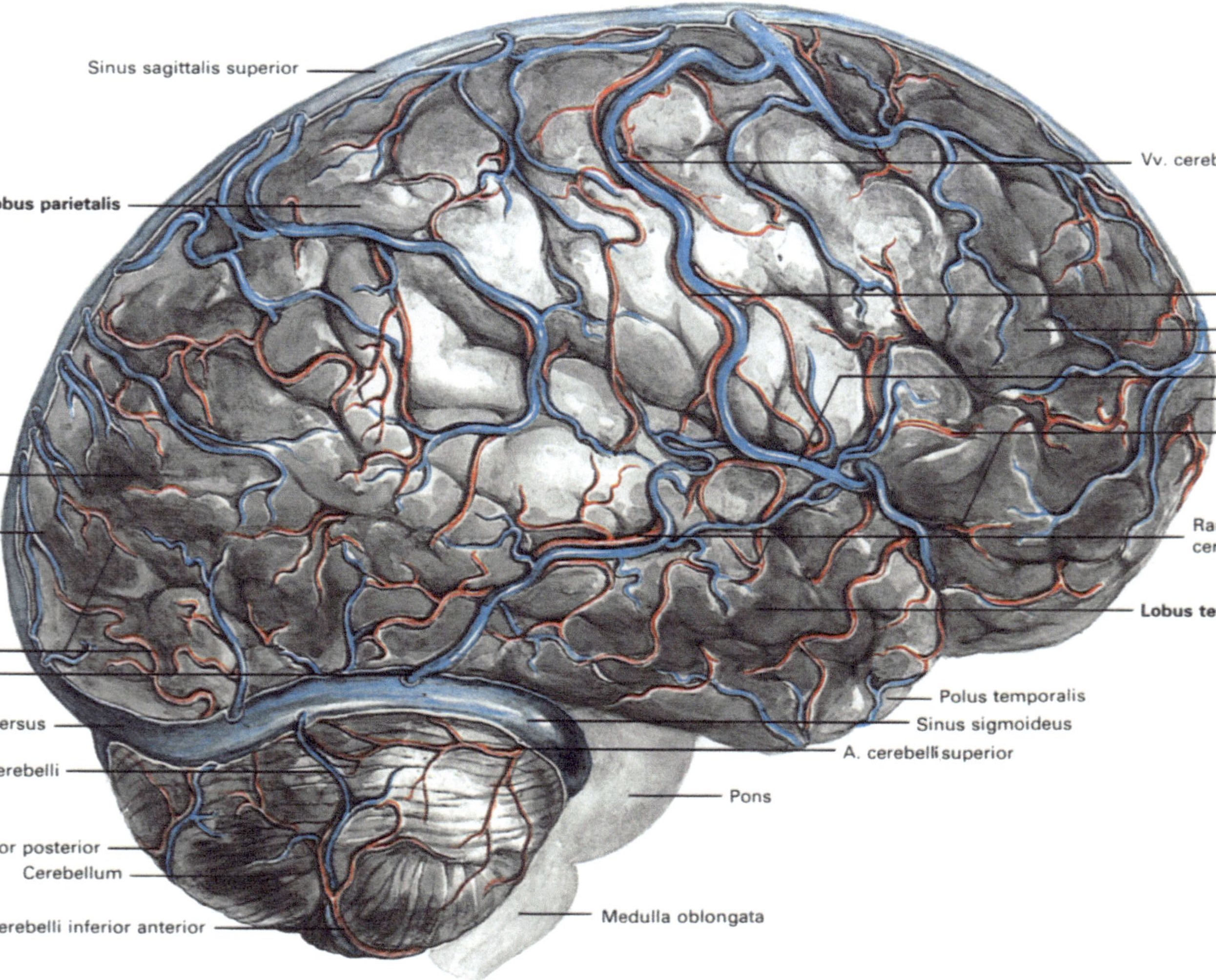

283
Gehirn, Encephalon
von rechts. Arterien und Venen

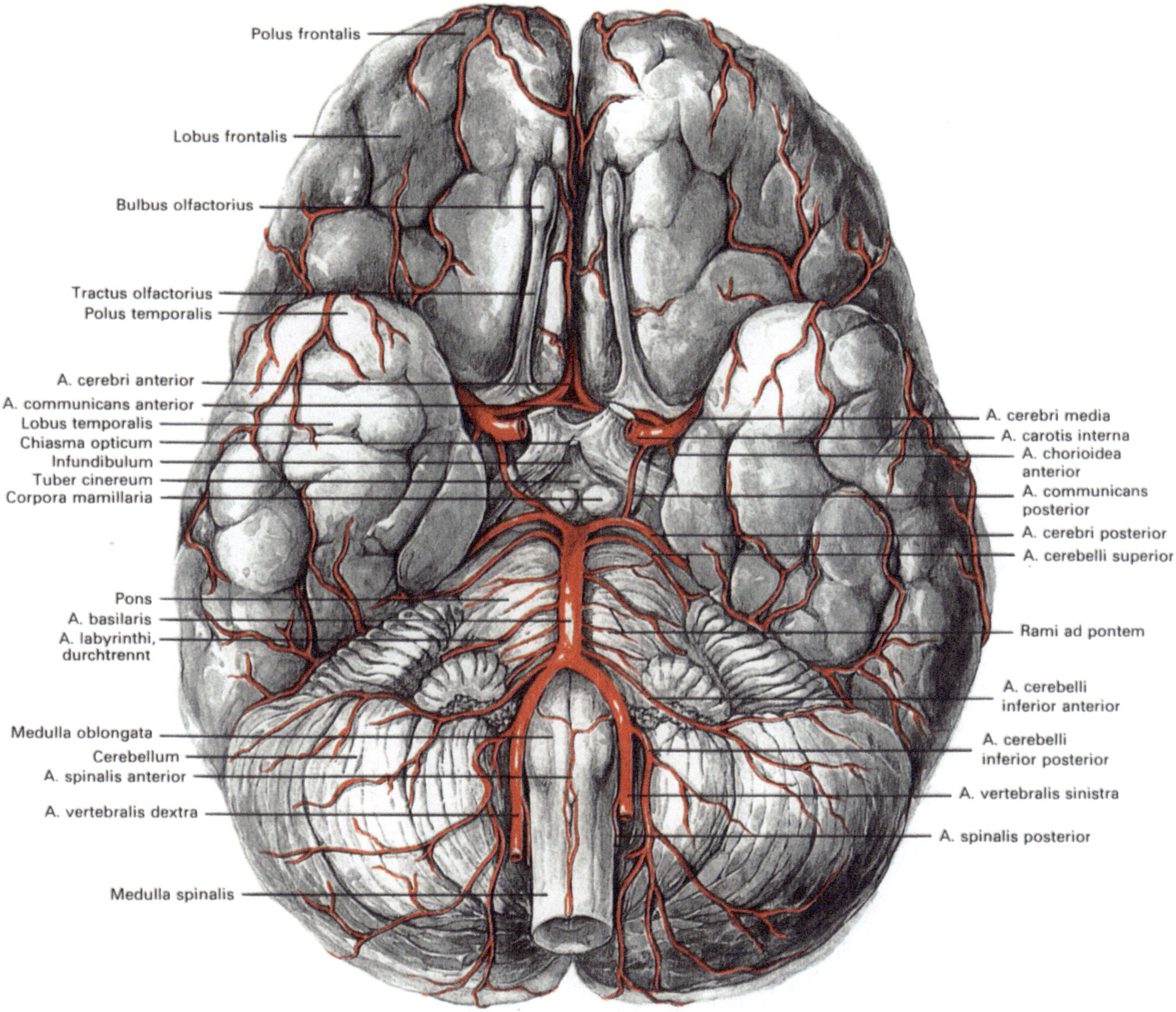

284
Gehirn, Encephalon
von unten. Circulus arteriosus cerebri, Hirnarterien. Die Hirnnerven wurden entfernt

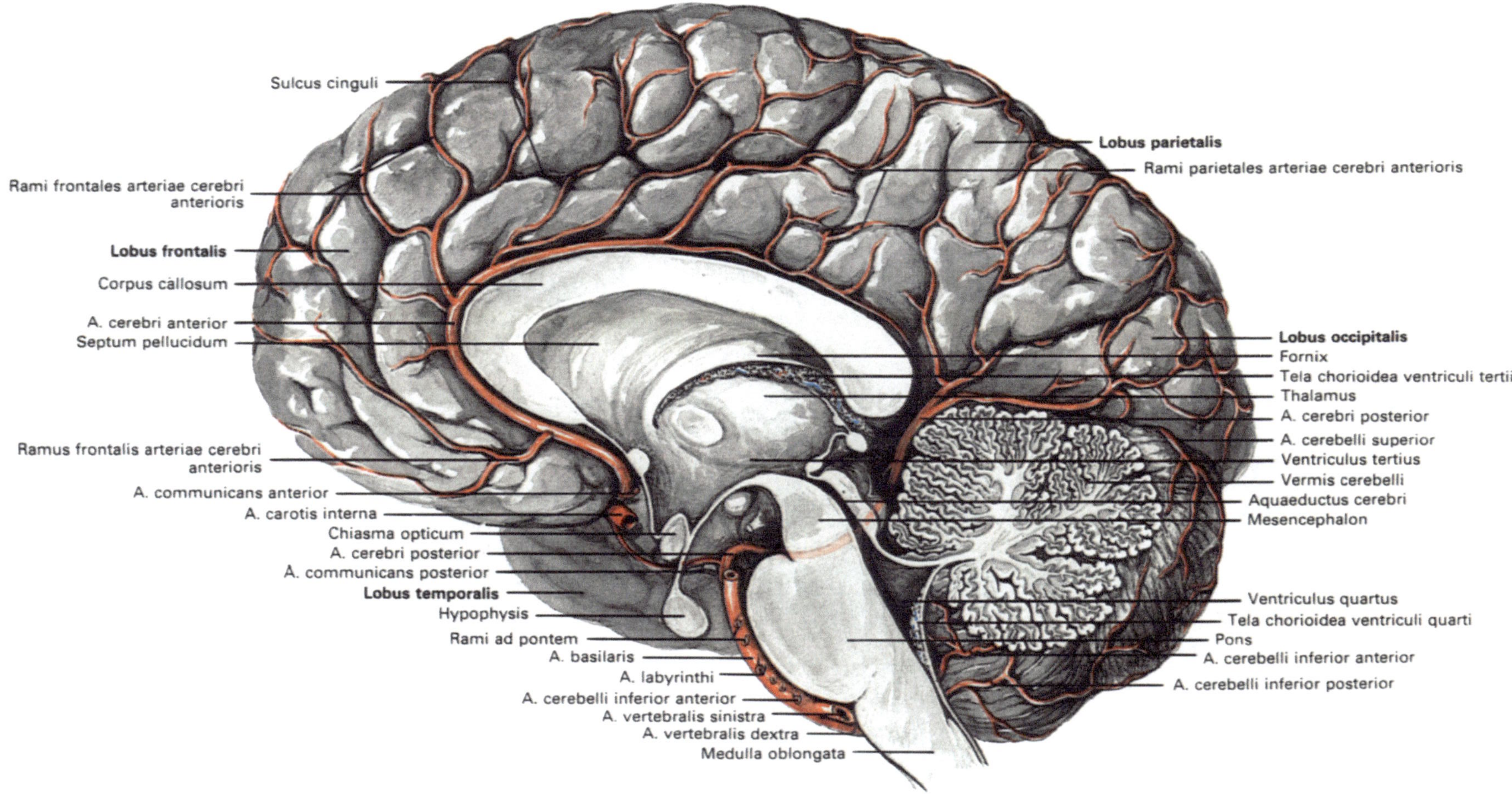

285
Gehirn, Encephalon
Medianschnitt, Ansicht von medial. Arterien

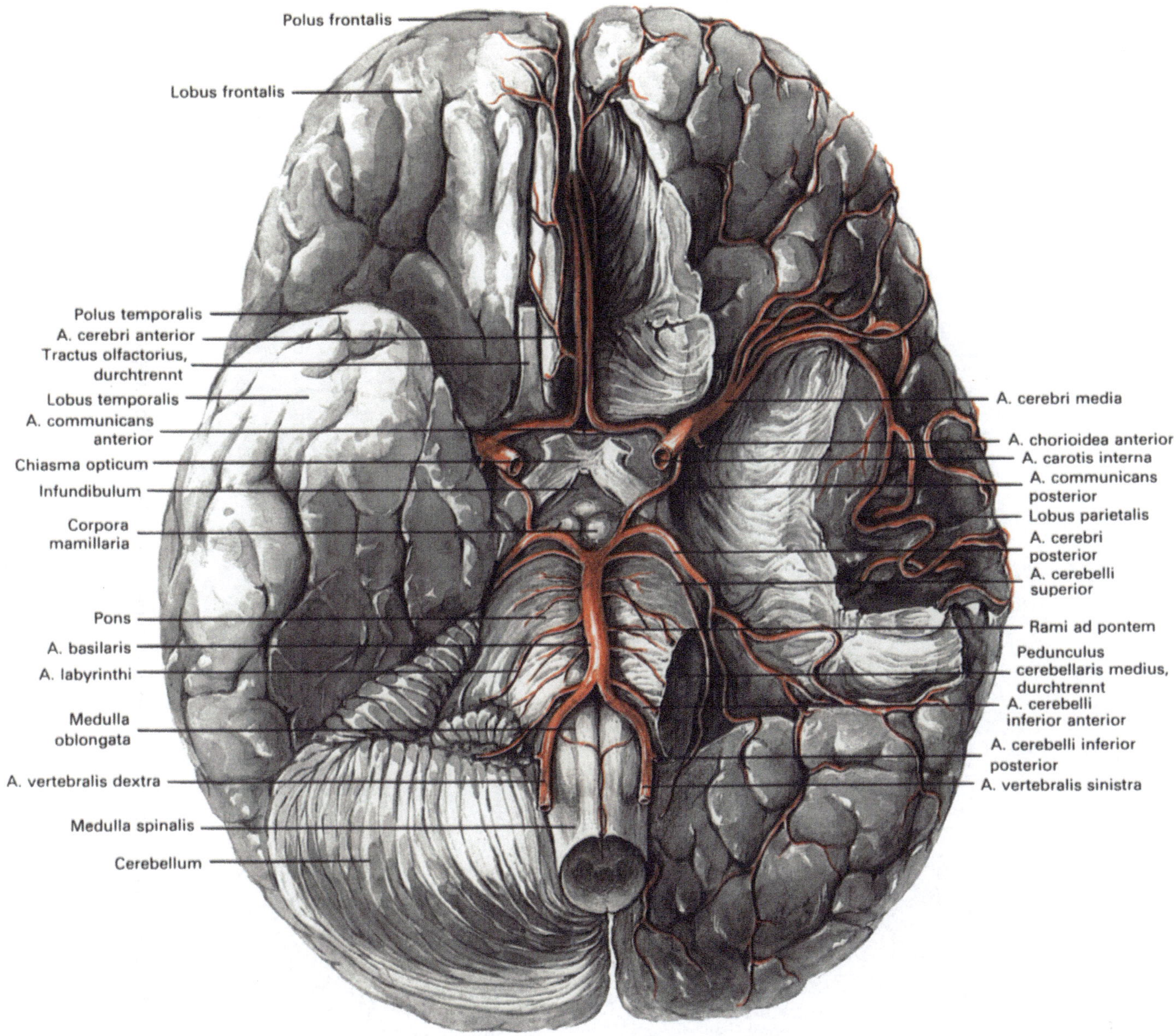

286
Gehirn, Encephalon
von unten. Circulus arteriosus cerebri, Hirnarterien. Zur Darstellung von A. cerebri anterior und A. cerebri media wurden Teile von Großhirn und Kleinhirn entfernt. Austrittsstellen der Hirnnerven nicht berücksichtigt

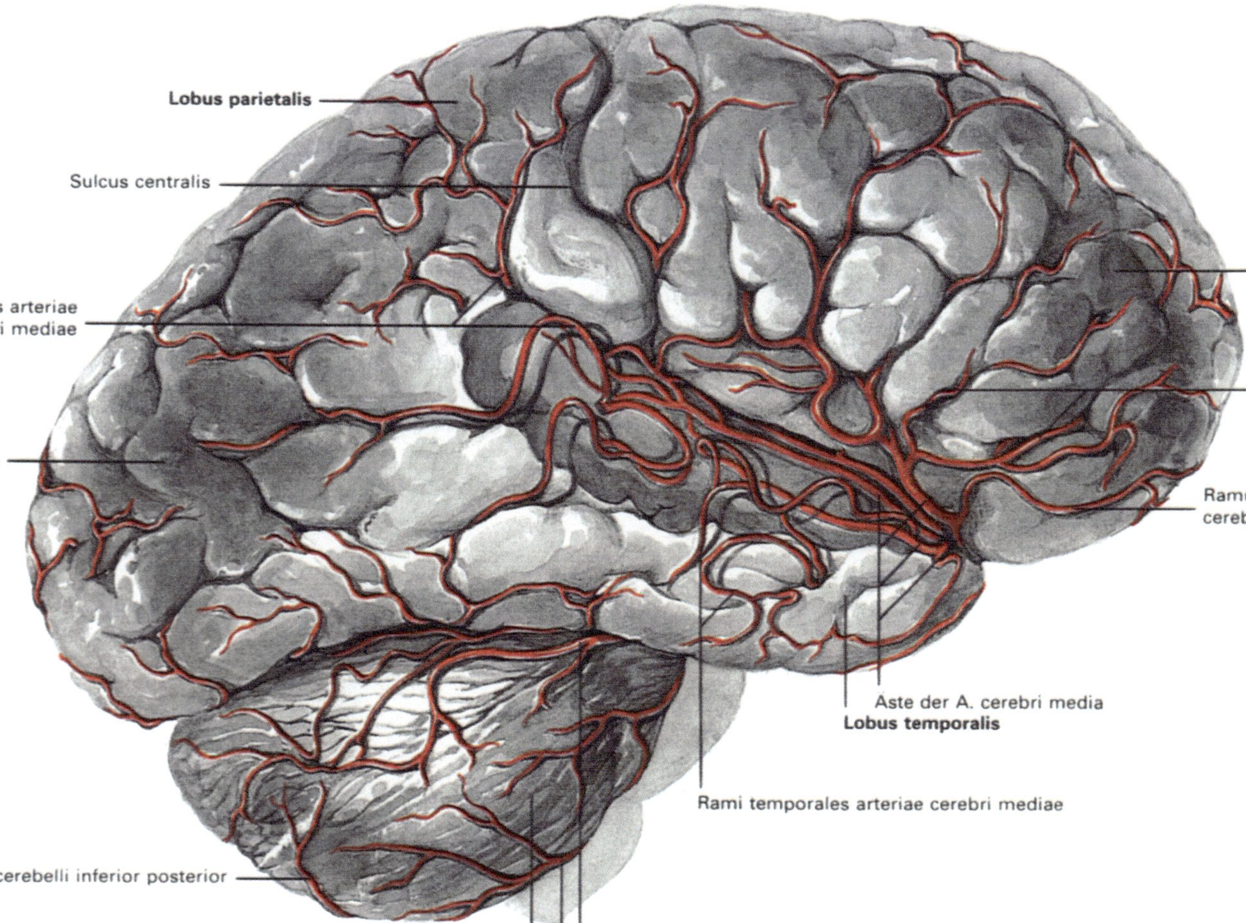

287
Gehirn, Encephalon
von rechts. Arterien. Zur Darstellung der A. cerebri media und ihrer Äste wurde der obere Teil des Lobus temporalis entfernt

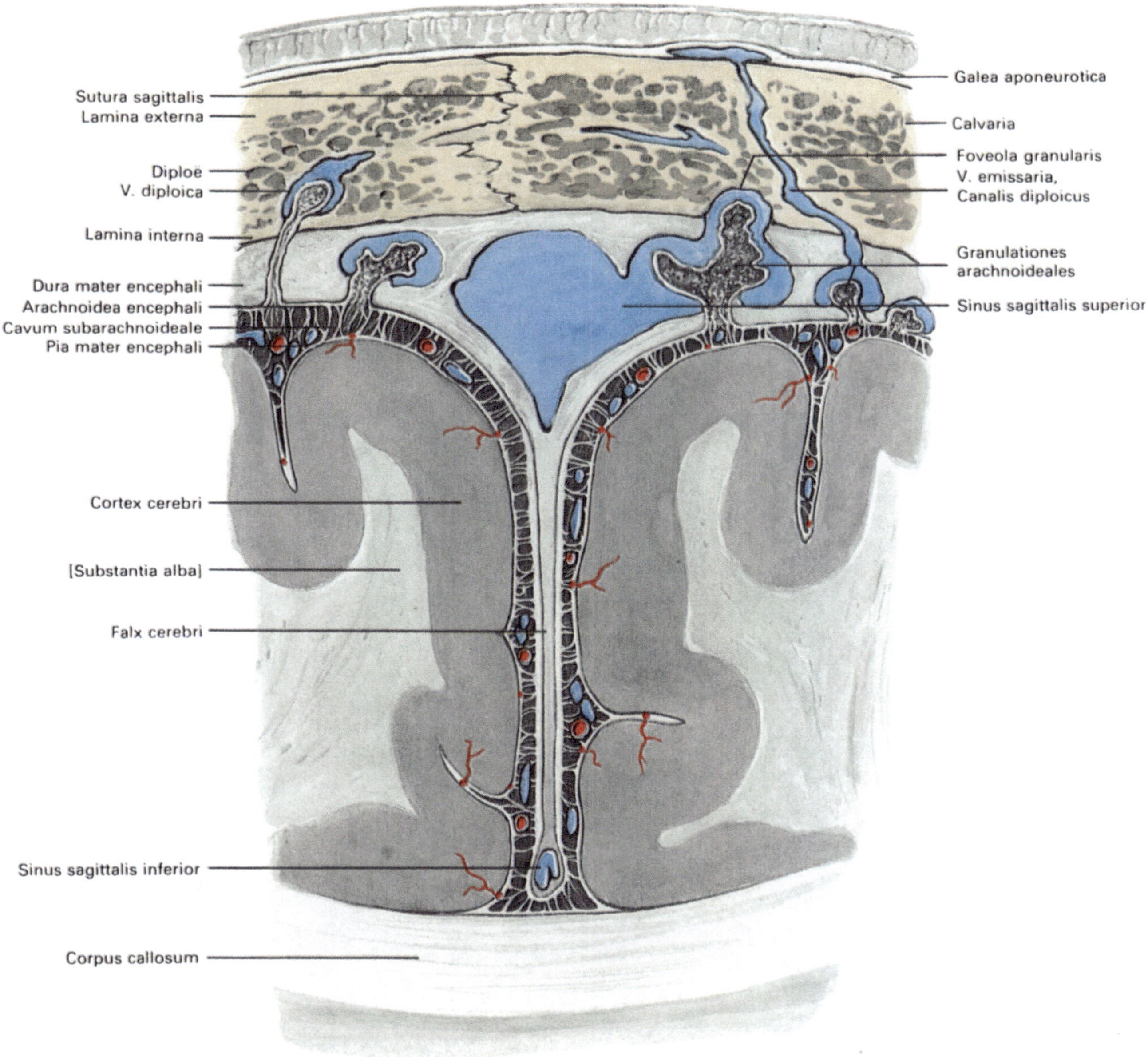

288
Schädeldach, Calvaria, Hirnhäute, Meninges und Gehirn, Encephalon
Frontalschnitt, halbschematische Darstellung

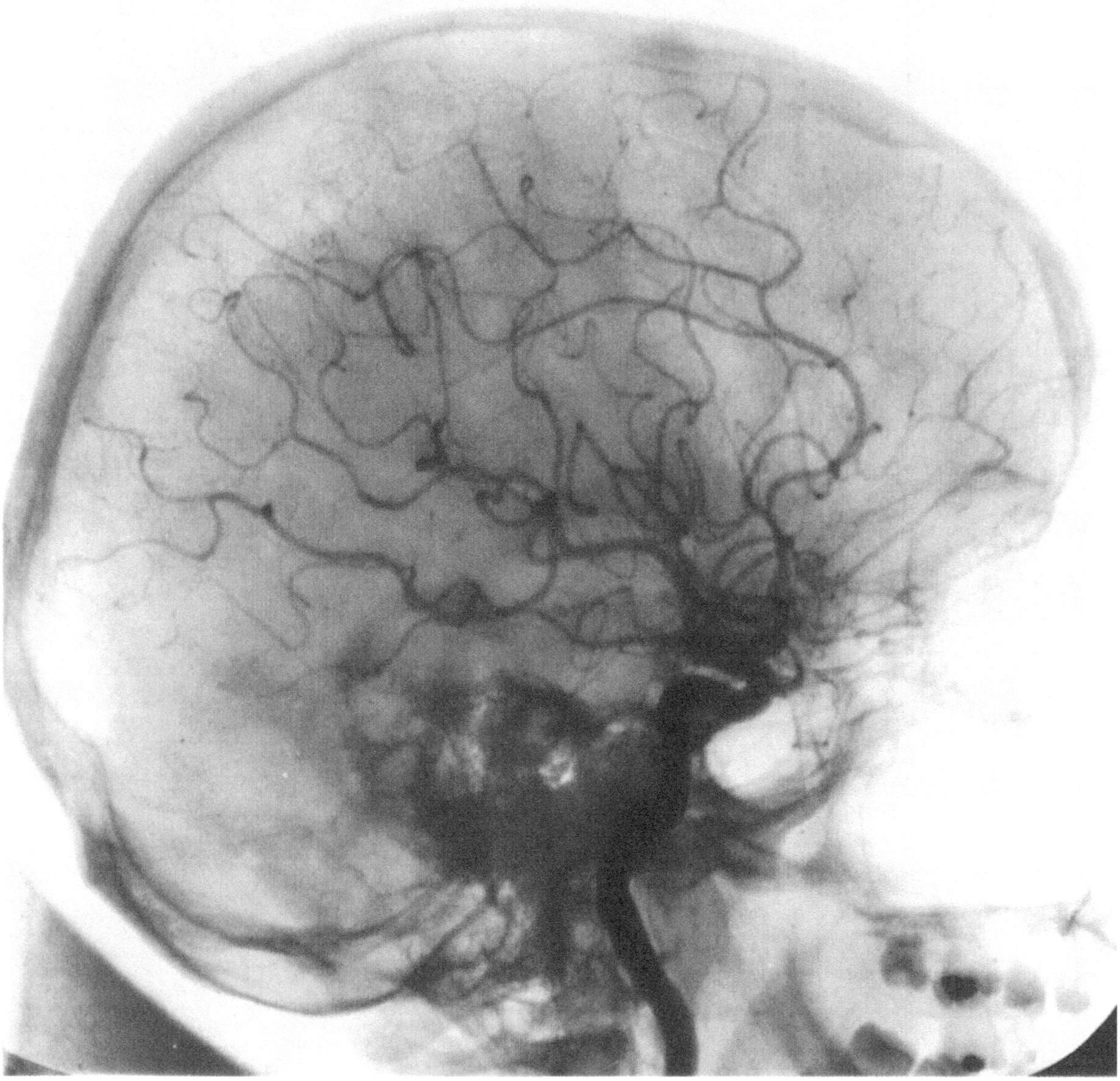

289
Angiogramm der rechten A. carotis interna
Erwachsenenalter. Strahlengang frontal

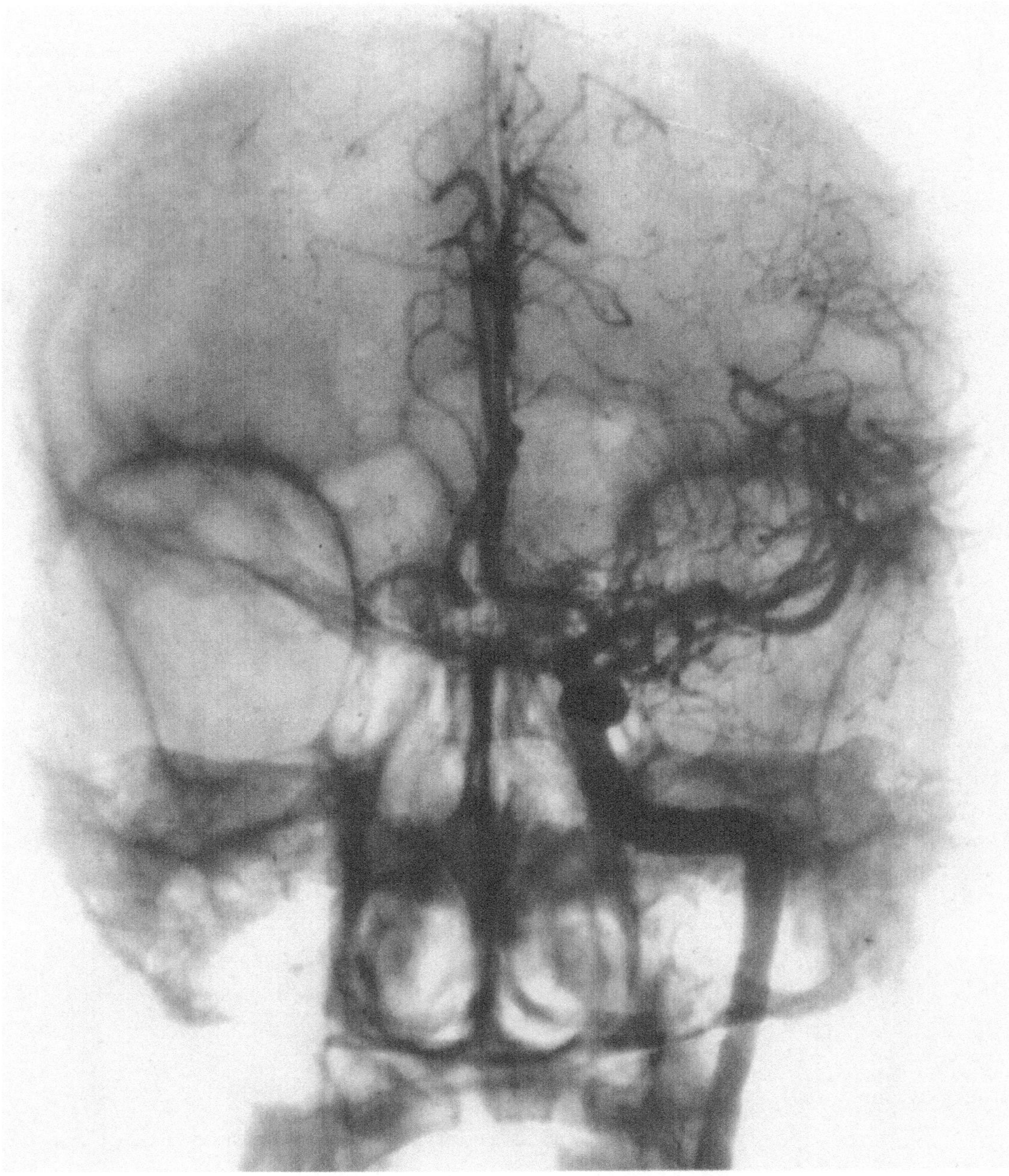

290
Angiogramm der linken A. carotis interna
Erwachsenenalter. Strahlengang anterior-posterior

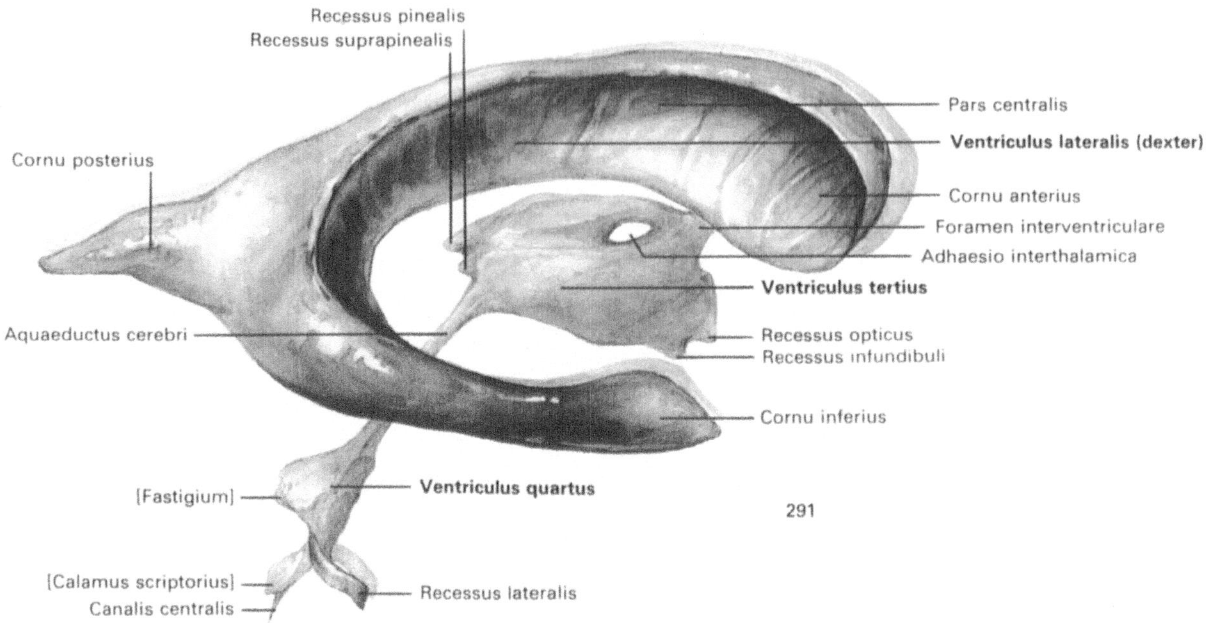

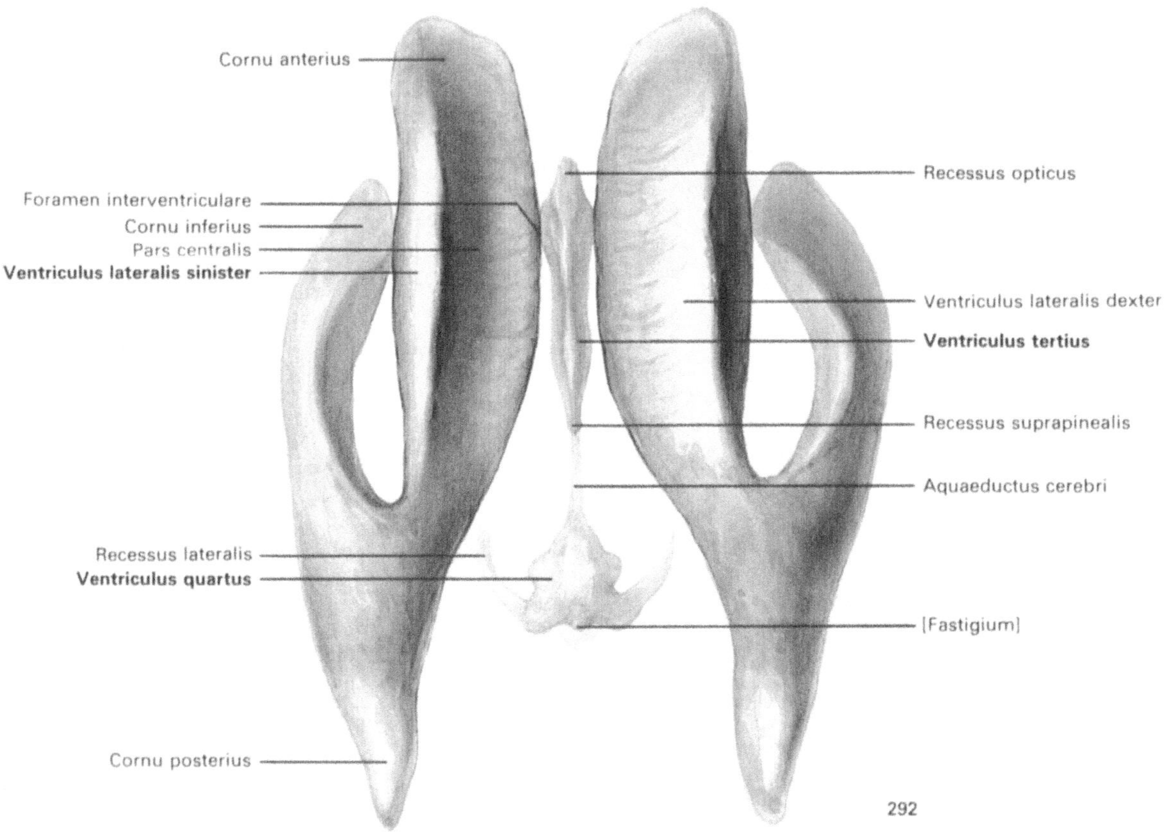

291
Hirnventrikel
Ausgußpräparat, Ansicht von rechts

292
Hirnventrikel
Ausgußpräparat, Ansicht von oben

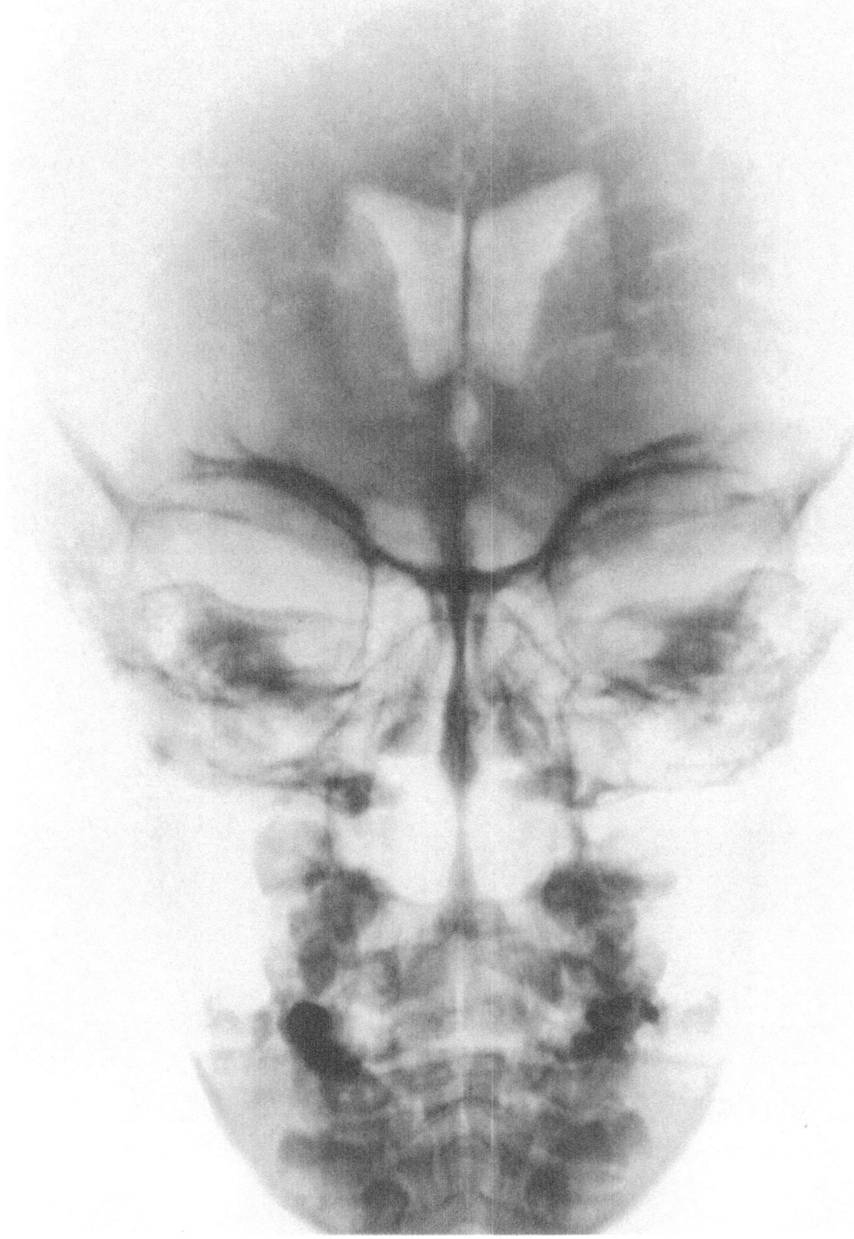

293
Pneumenzephalogramm
Erwachsenenalter. Darstellung der Seitenventrikel und des 3. Ventrikels. Strahlengang anterior-posterior

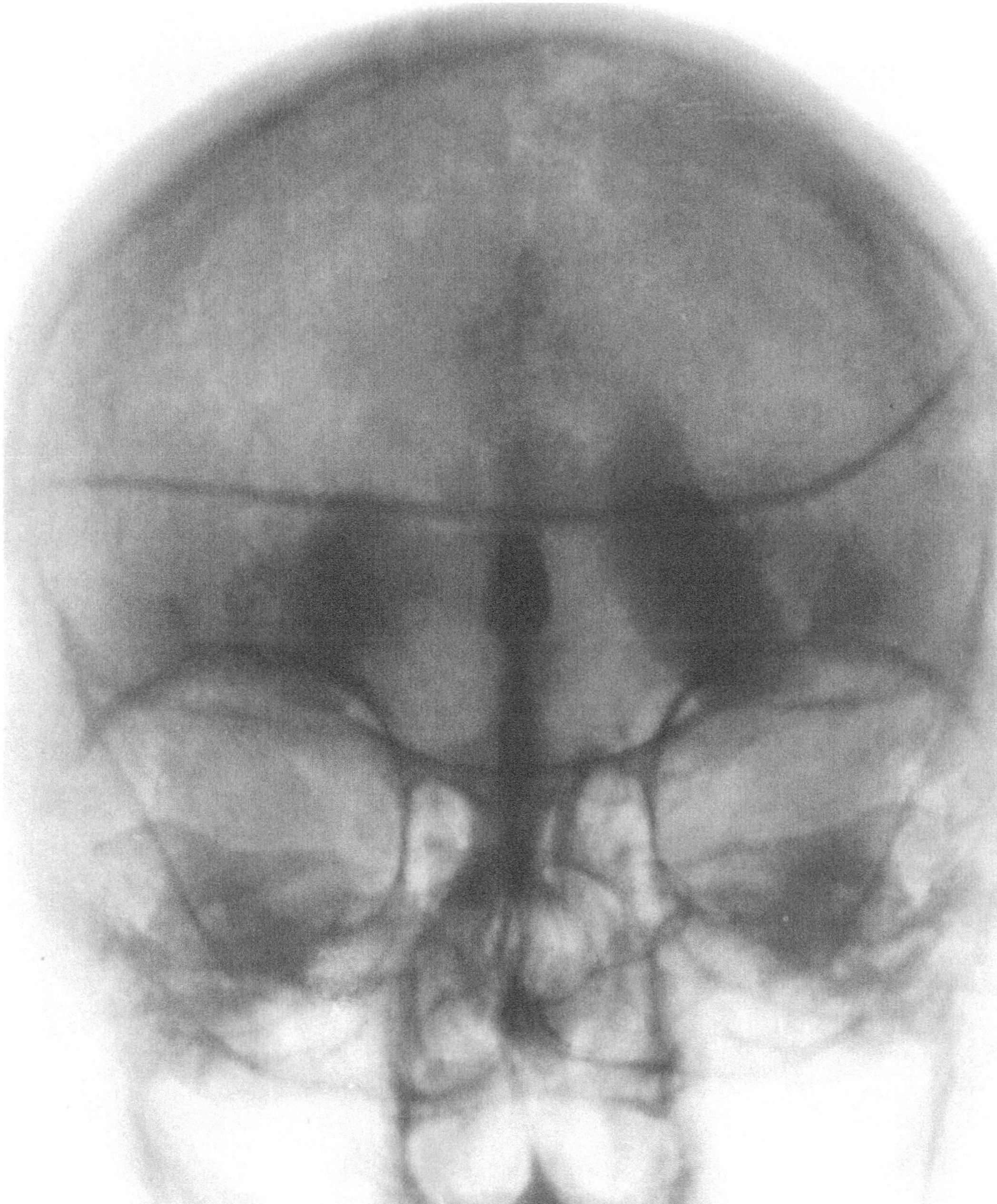

294

Ventrikulogramm mit positivem Kontrastmittel

Erwachsenenalter. Darstellung von Teilen der Seitenventrikel und des 3. Ventrikels sowie des Aquaeductus cerebri und des 4. Ventrikels. Strahlengang posterior-anterior

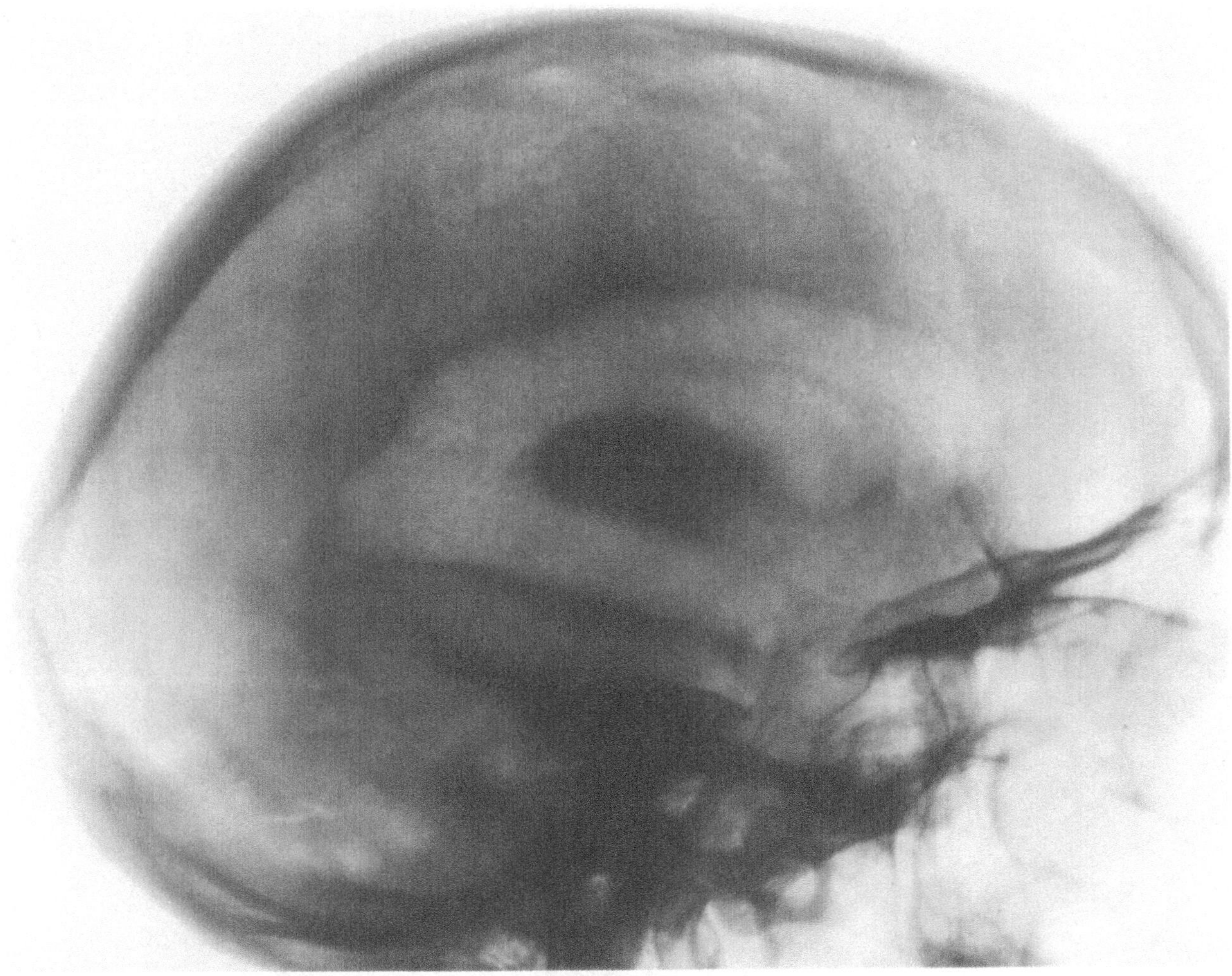

295
Pneumenzephalogramm
Erwachsenenalter. Darstellung der Seitenventrikel. Strahlengang frontal

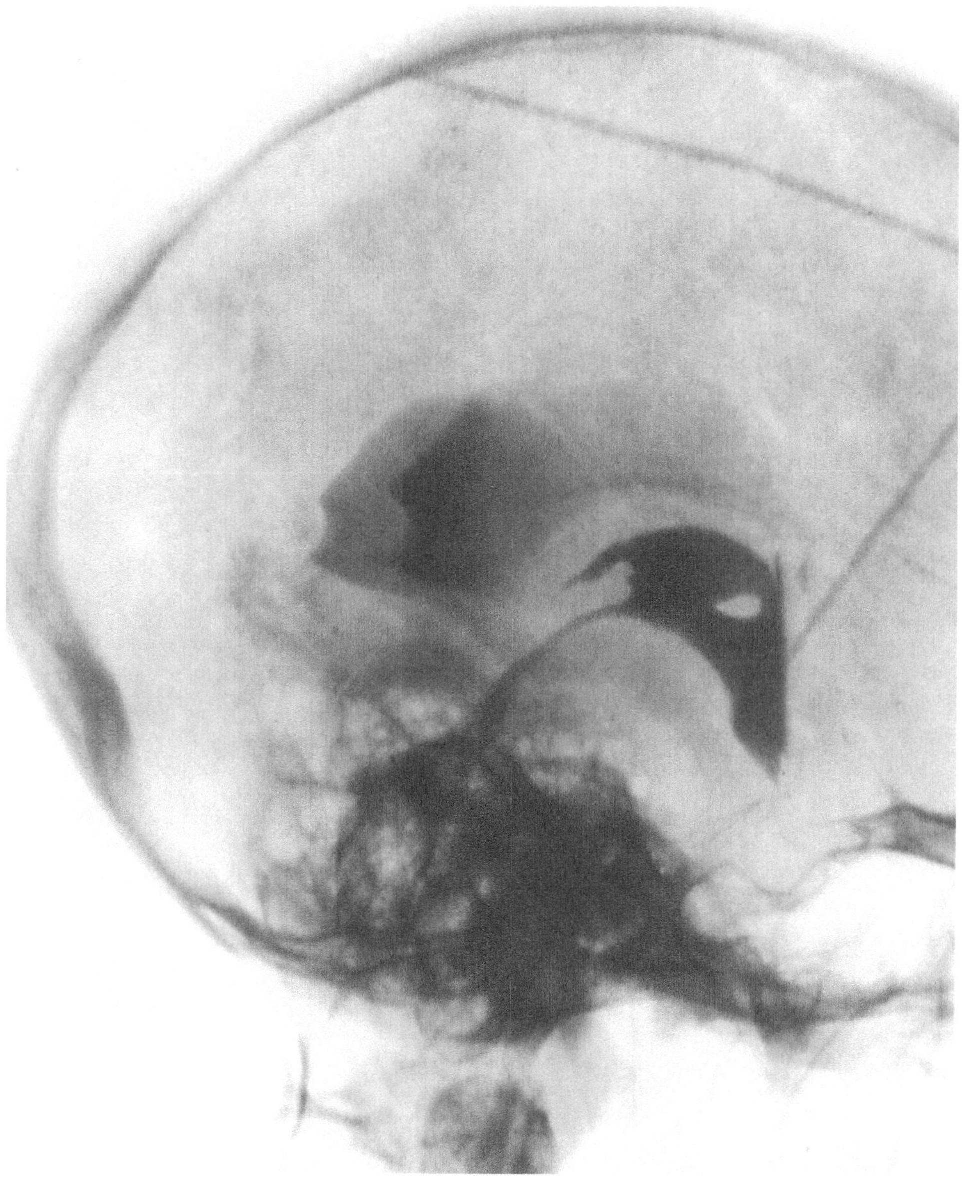

296
Ventrikulogramm mit positivem Kontrastmittel
Erwachsenenalter. Darstellung von Teilen der Seitenventrikel, des 3. Ventrikels, des Aquaeductus cerebri und des 4. Ventrikels. Strahlengang frontal

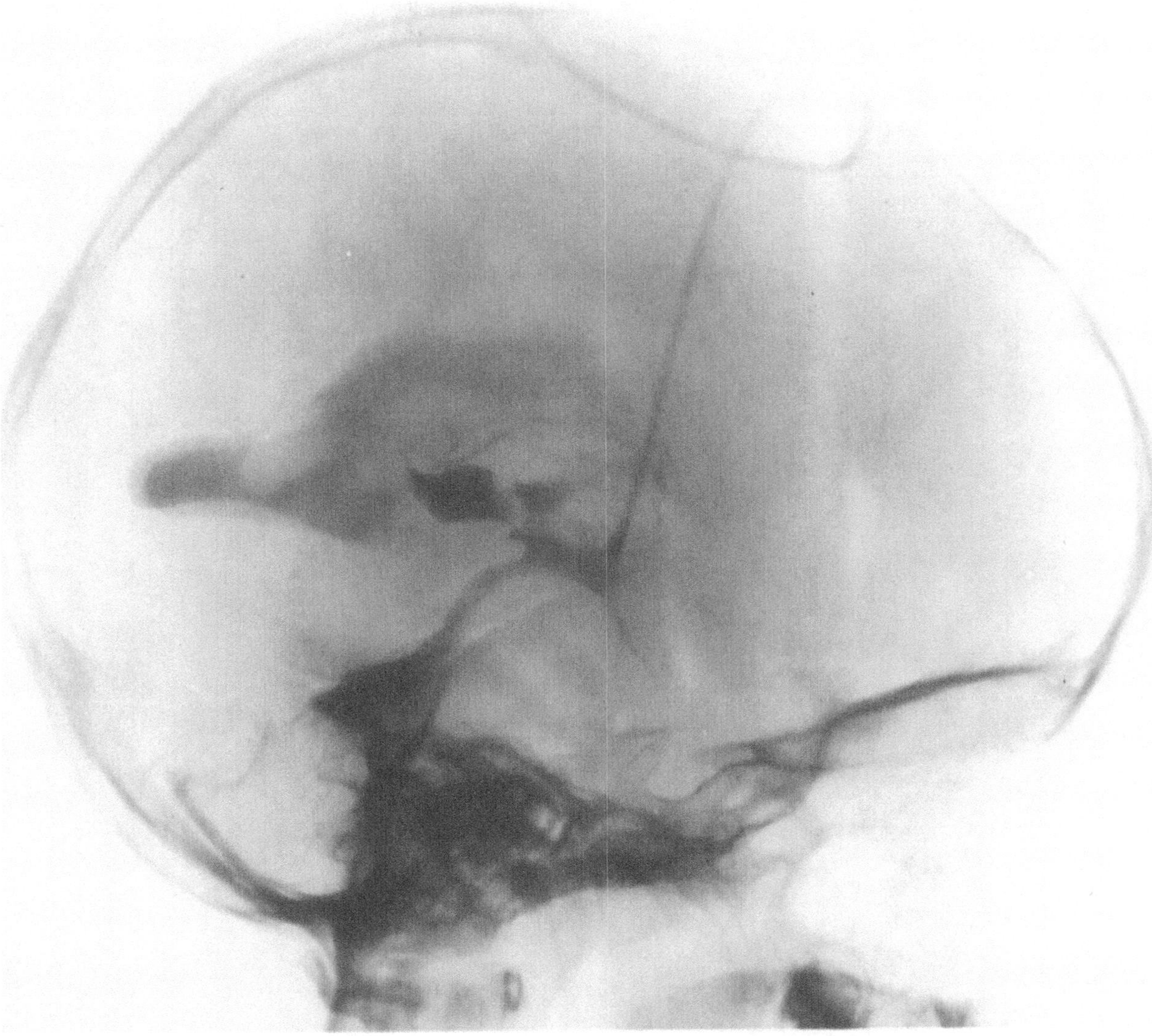

297

Ventrikulogramm mit positivem Kontrastmittel
eines 3jährigen Mädchens. Darstellung von Teilen der Seitenventrikel, des 3. Ventrikels, des Aquaeductus cerebri und des 4. Ventrikels. Strahlengang frontal

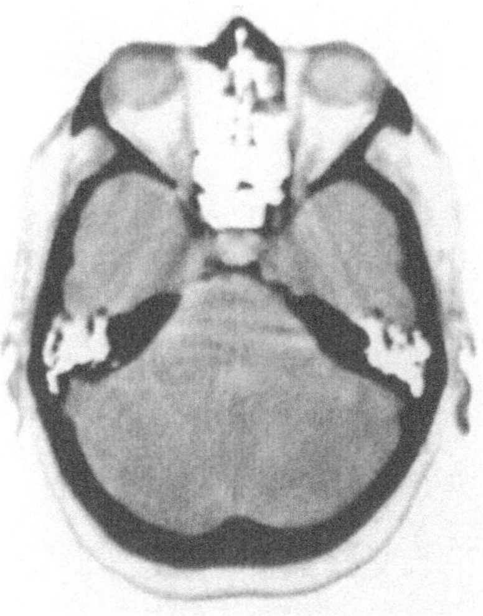

a

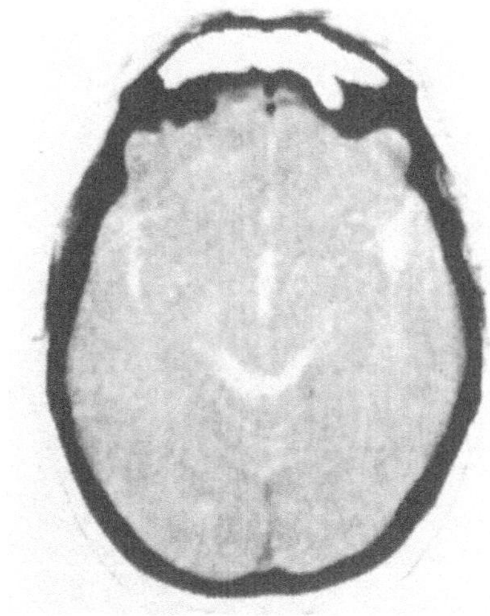

b

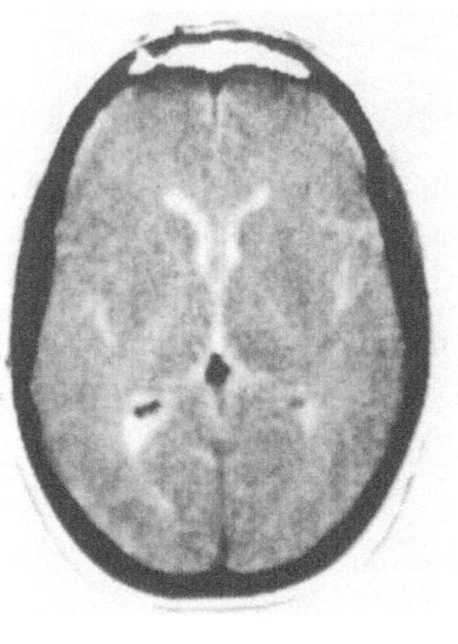

c

298
Computertomogramm des Schädels
a in Höhe oberhalb der Schädelbasis, b in Höhe der Ventrikel, c in Höhe zwischen a und b

RÜCKENMARK

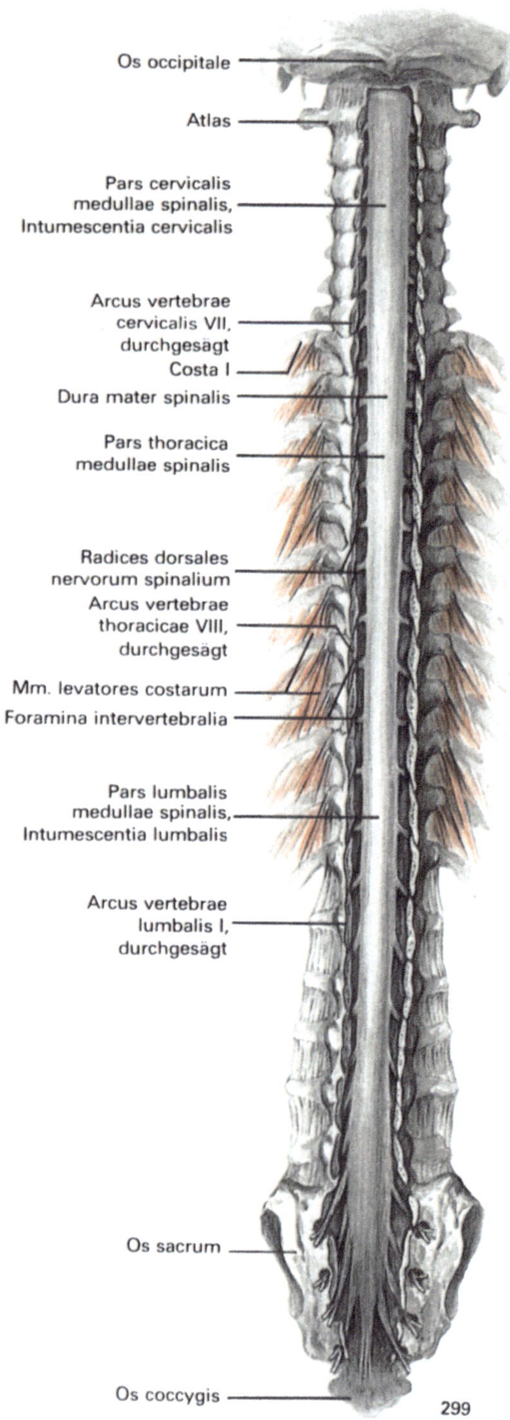

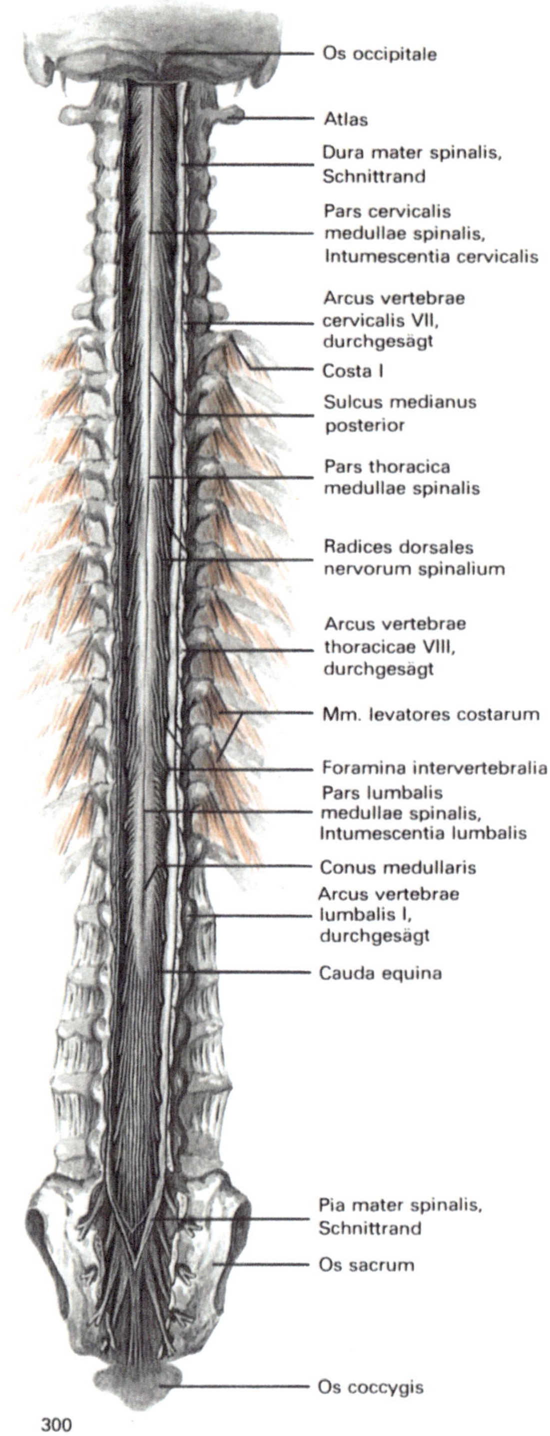

299

Rückenmark, Medulla spinalis

von dorsal. Wirbelkanal, Canalis vertebralis, aufgesägt. Dura mater spinalis stumpf abgelöst

300

Rückenmark, Medulla spinalis

von dorsal. Wirbelkanal, Canalis vertebralis, aufgesägt. Dura mater spinalis, Arachnoidea spinalis und Pia mater spinalis eröffnet und teilweise abgetragen

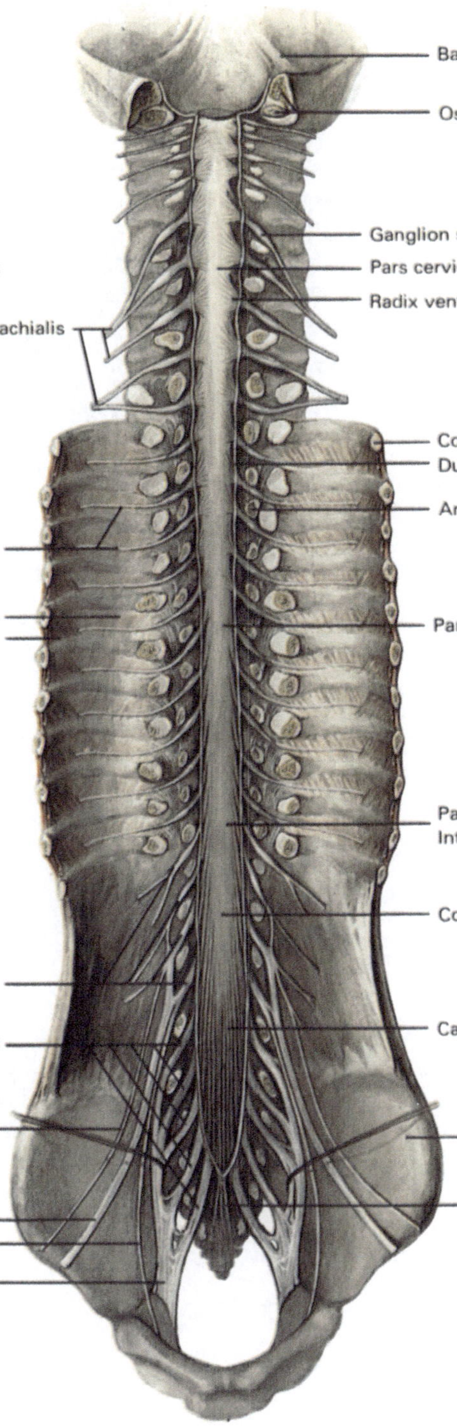

301
Rückenmark, Medulla spinalis
eines Neugeborenen, von ventral. Wirbelkanal, Canalis vertebralis, eröffnet, Wirbelkörper abgetragen; Dura mater spinalis ventral entfernt, Pia mater spinalis erhalten

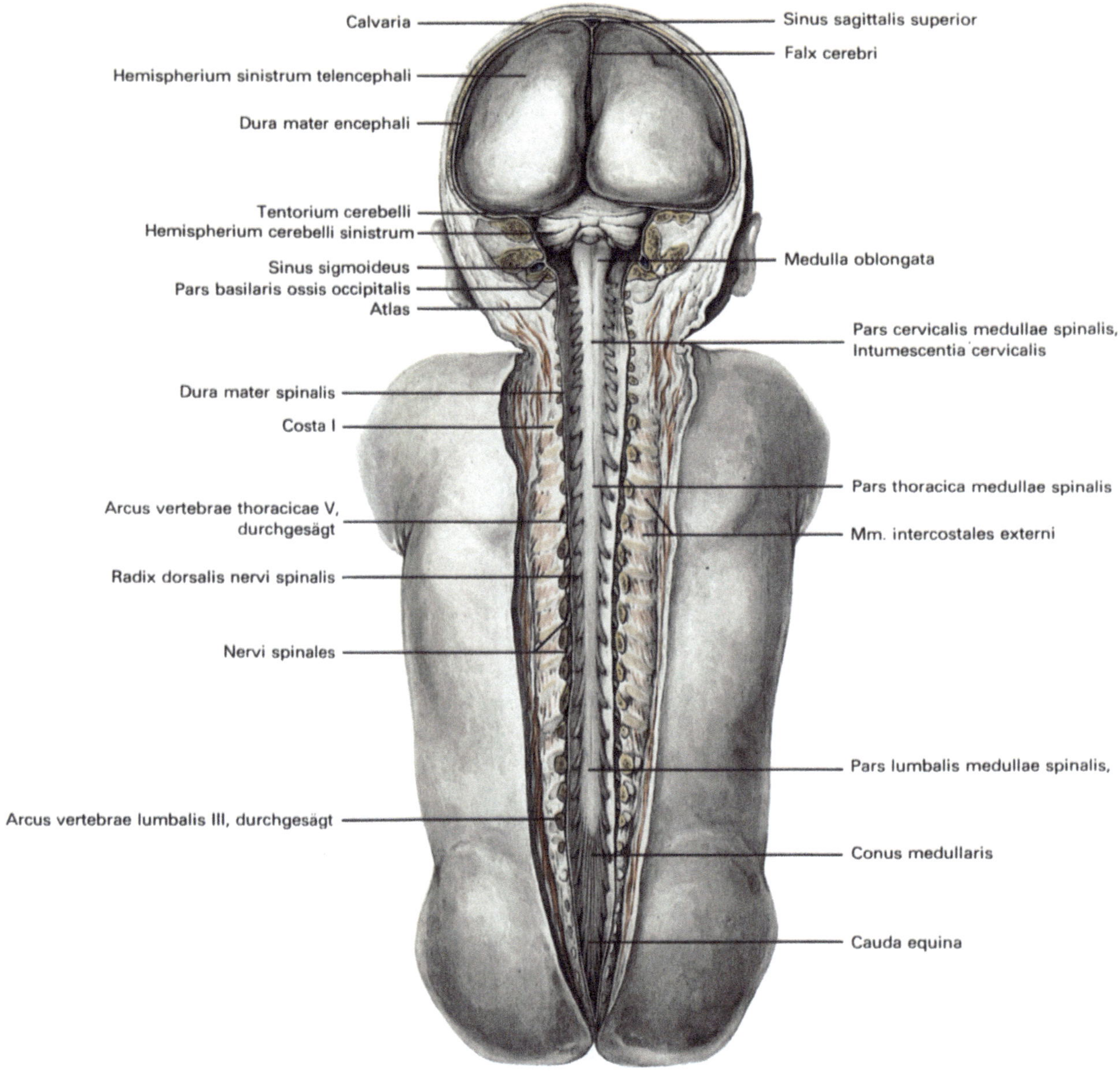

302

Rückenmark, Medulla spinalis

eines 7 Monate alten weiblichen Feten von dorsal. Wirbelkanal, Canalis vertebralis, aufgesägt, Dura mater spinalis eröffnet und teilweise abgetragen. Pia mater spinalis erhalten

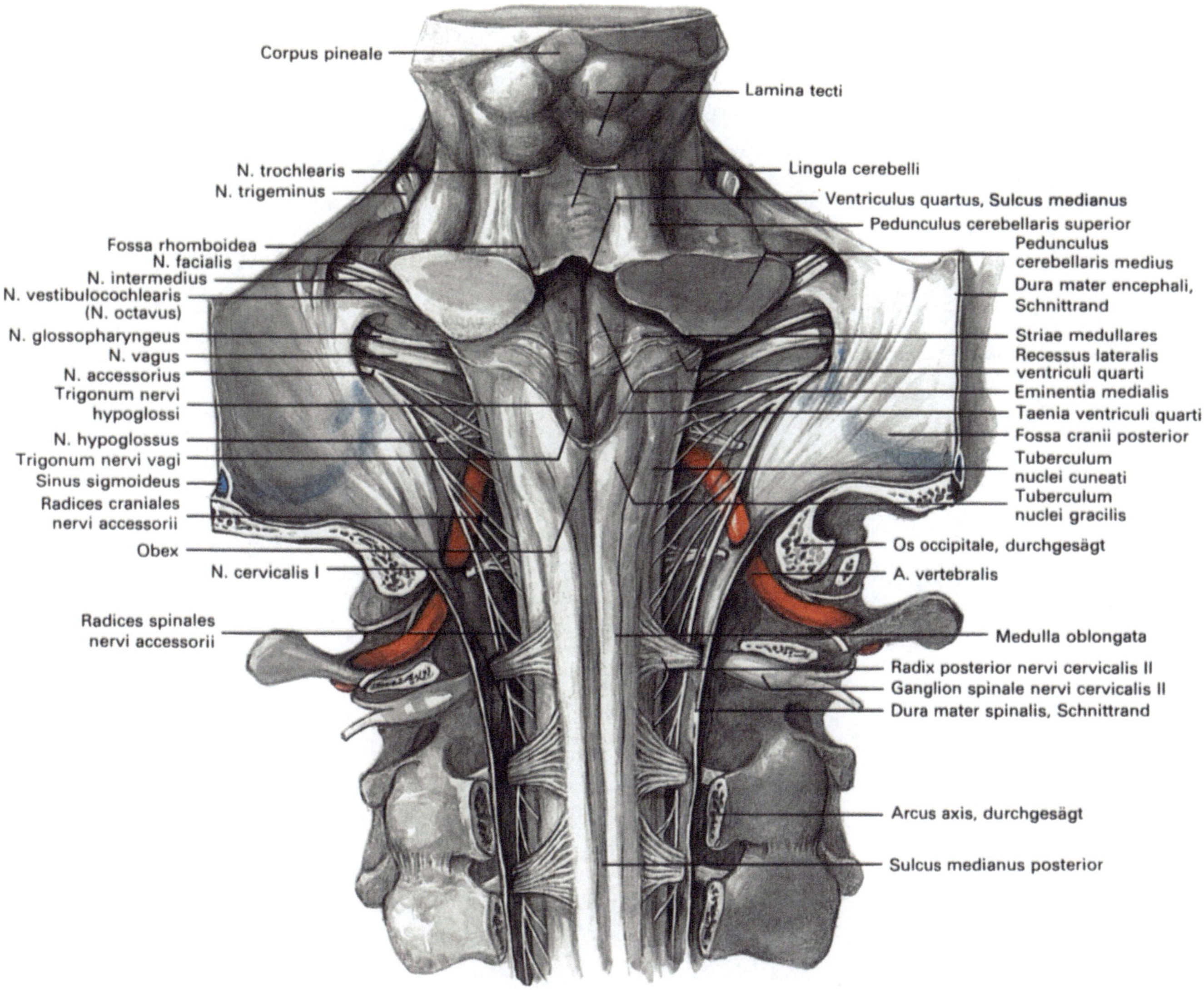

303
Teile von Hirnstamm und Rückenmark in situ
Os occipitale und Columna vertebralis frontal durchgesägt, Ansicht von hinten

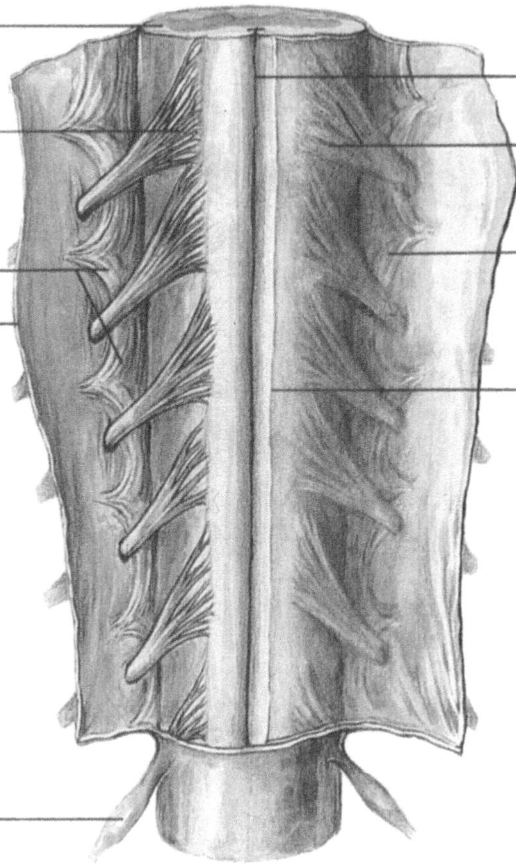

304
Hüllen des Rückenmarkes, Meninges spinales
von vorn. Ligamentum denticulatum

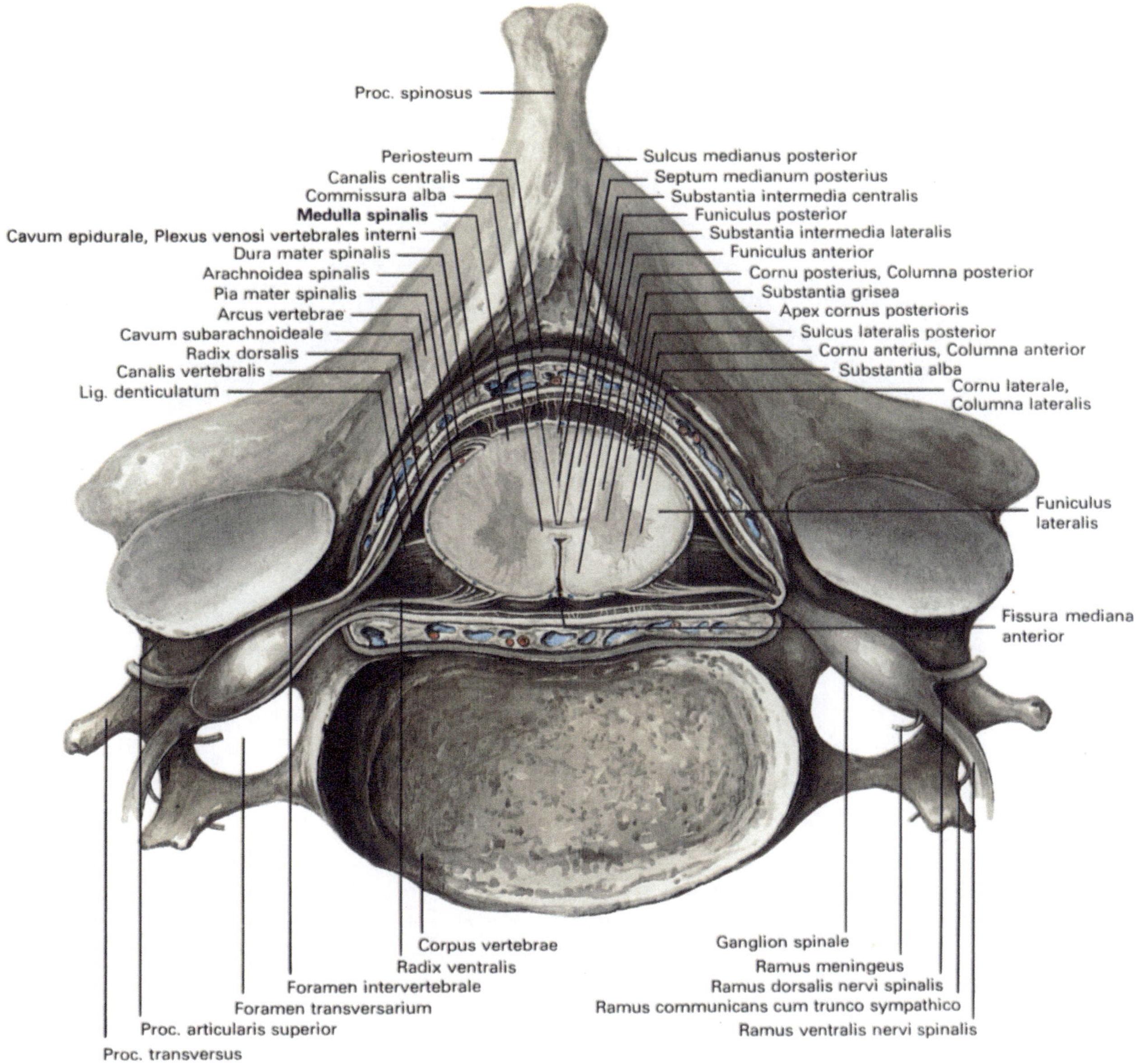

305
Rückenmark, Medulla spinalis, und Hüllen, Meninges spinales
Ansicht von oben

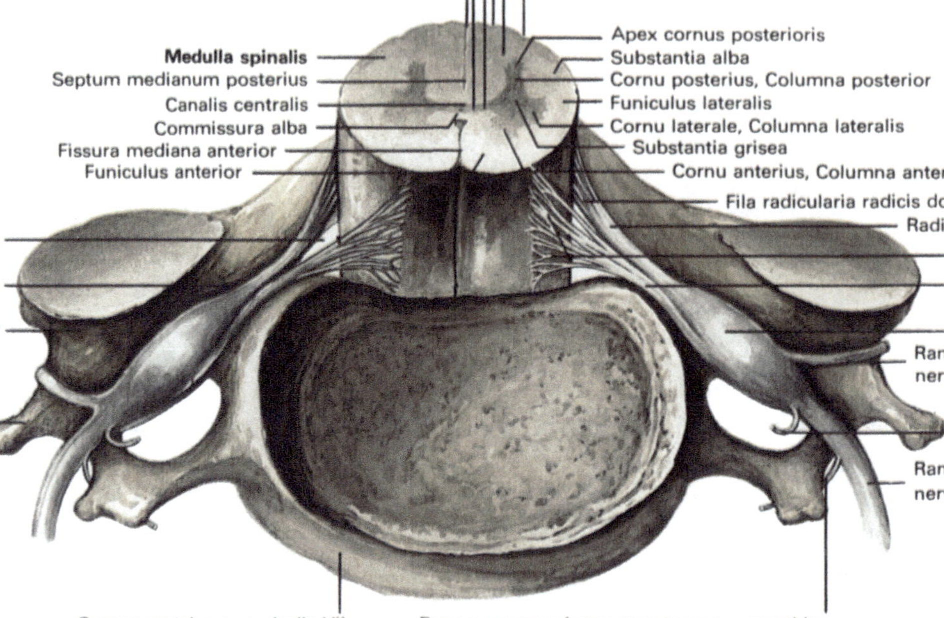

306
Rückenmark, Medulla spinalis
Ansicht von vorn oben. Beispiel für den Aufbau der Spinalnerven, Nervi spinales

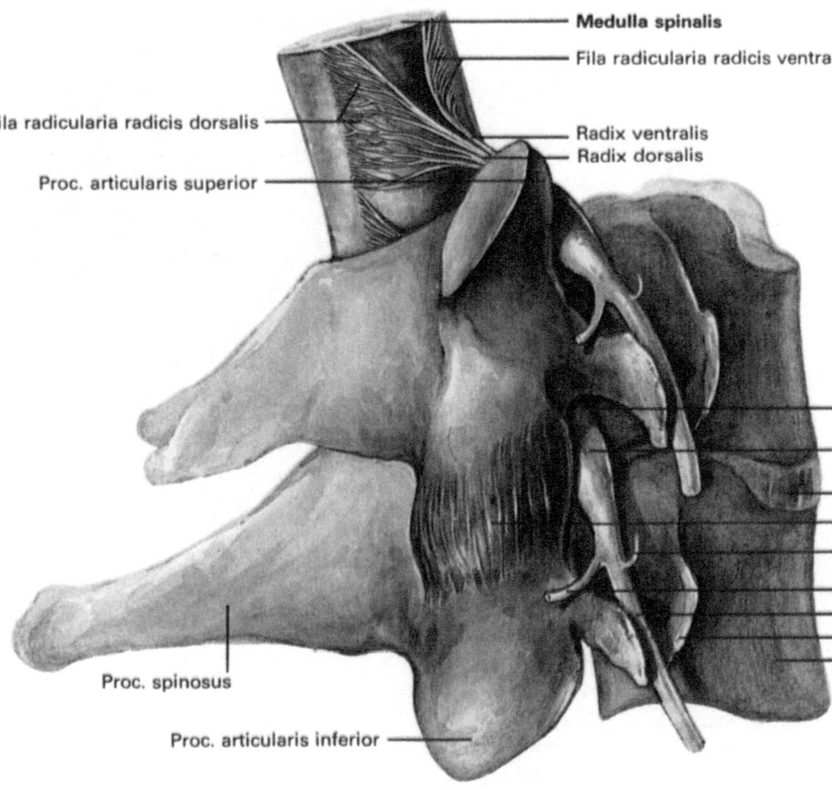

307
Rückenmark, Medulla spinalis
Ansicht von rechts. Beispiel für den Aufbau der Spinalverven, Nervi spinales

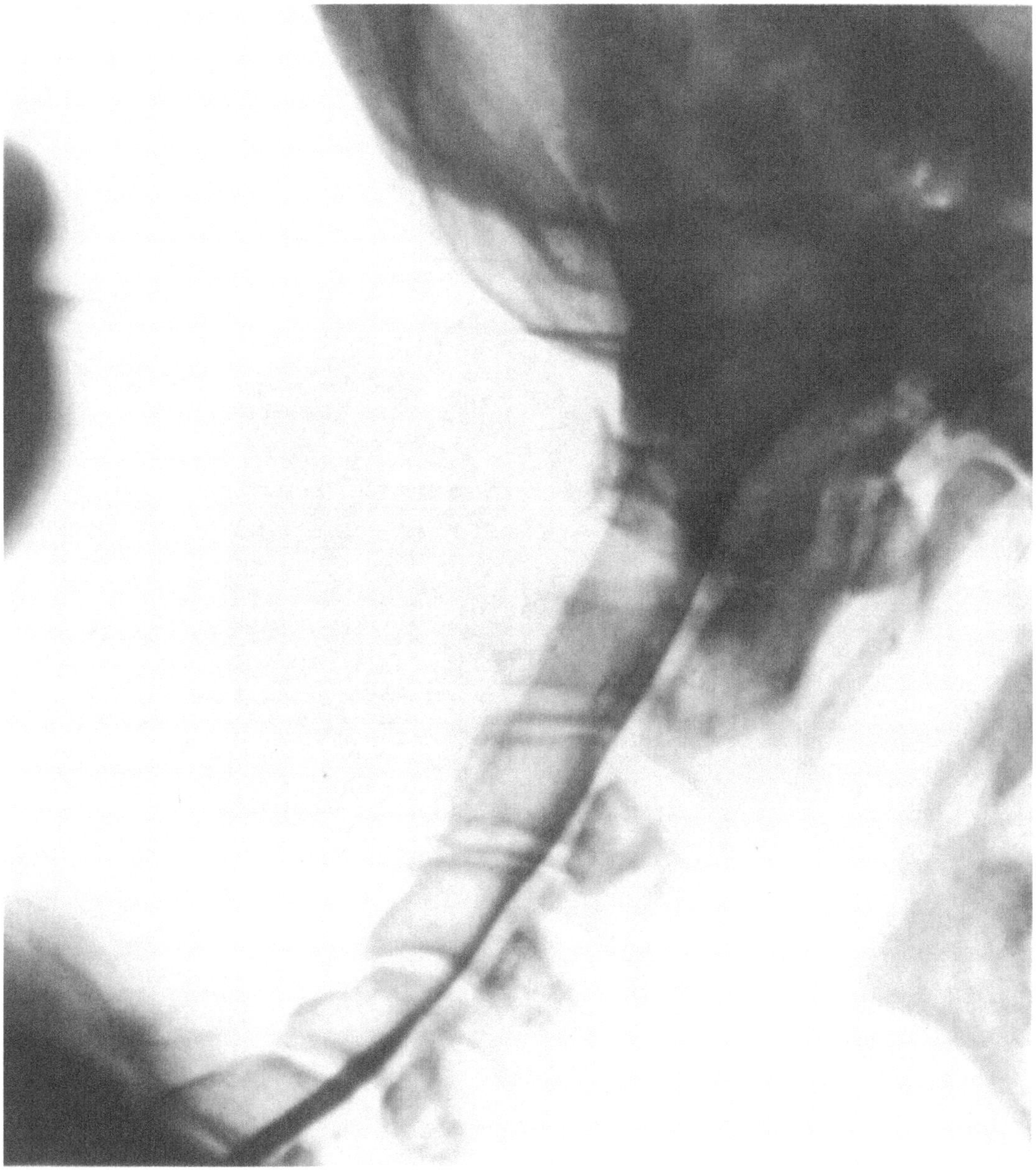

308
Myelogramm im Bereich der Halswirbelsäule
Erwachsenenalter. Strahlengang frontal

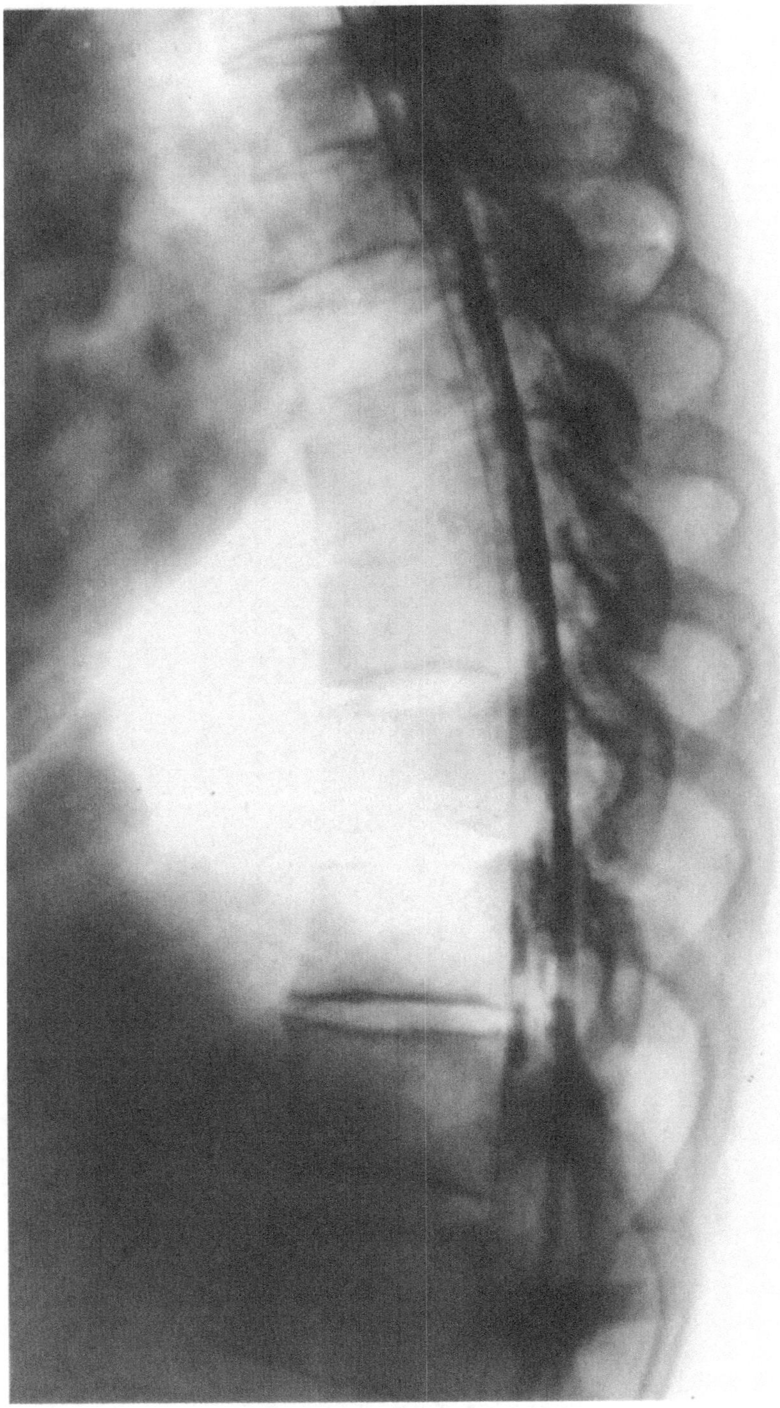

309
Myelogramm im Bereich der Brustwirbelsäule
Erwachsenenalter. Strahlengang frontal

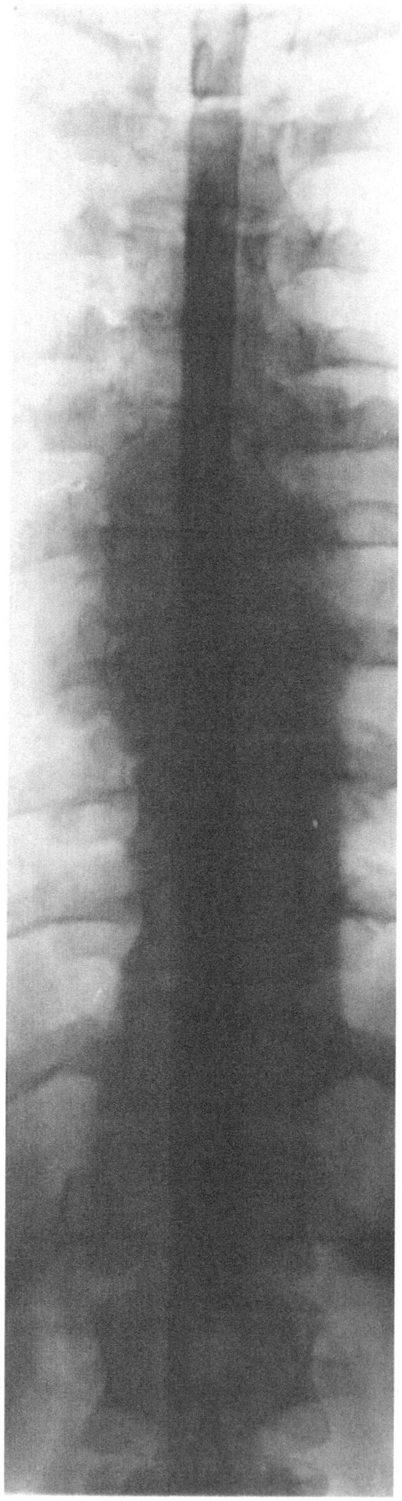

310
Myelogramm im Bereich der Brustwirbelsäule
Erwachsenenalter. Strahlengang posterior-anterior

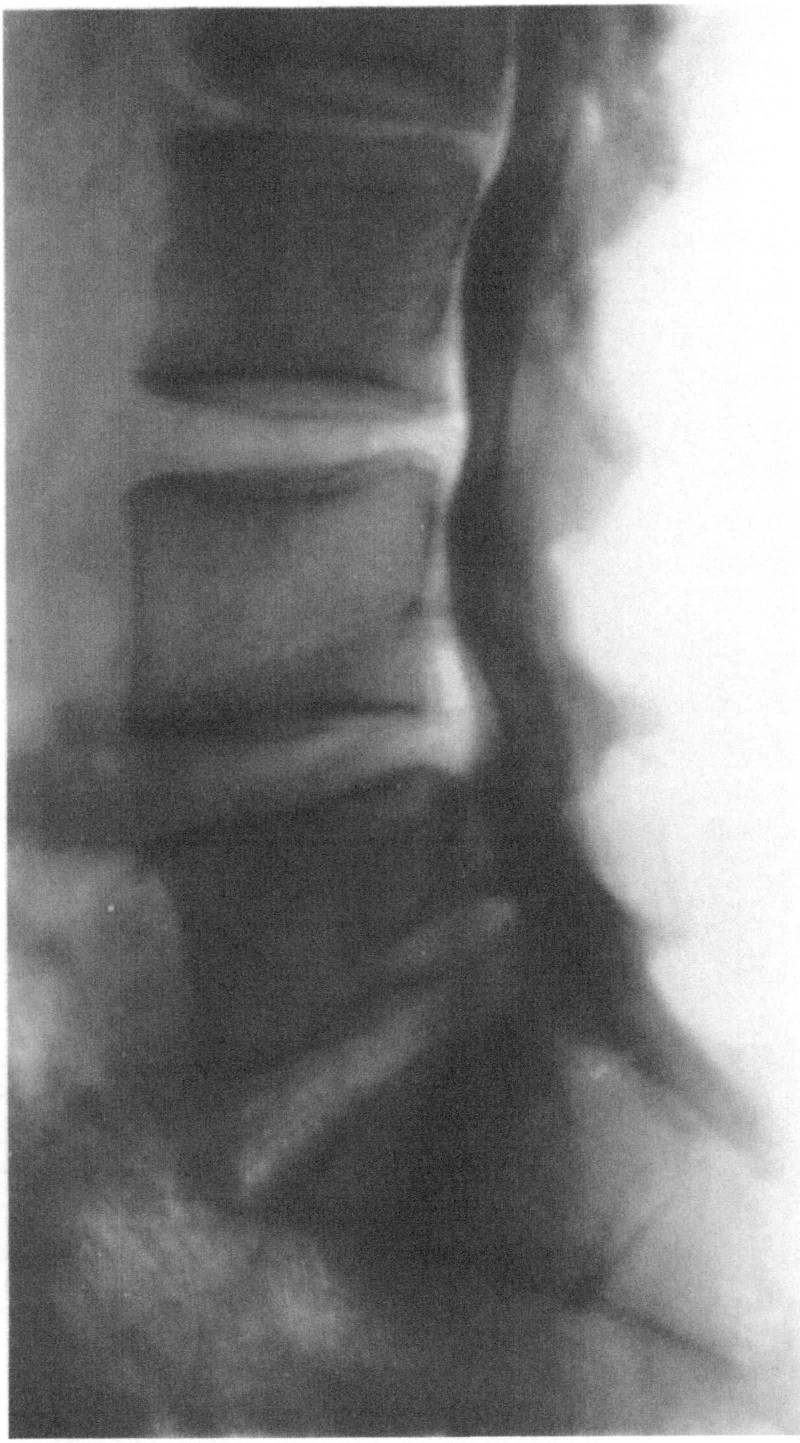

311
Myelogramm im Bereich von Lendenwirbelsäule und Kreuzbein
Erwachsenenalter. Strahlengang frontal

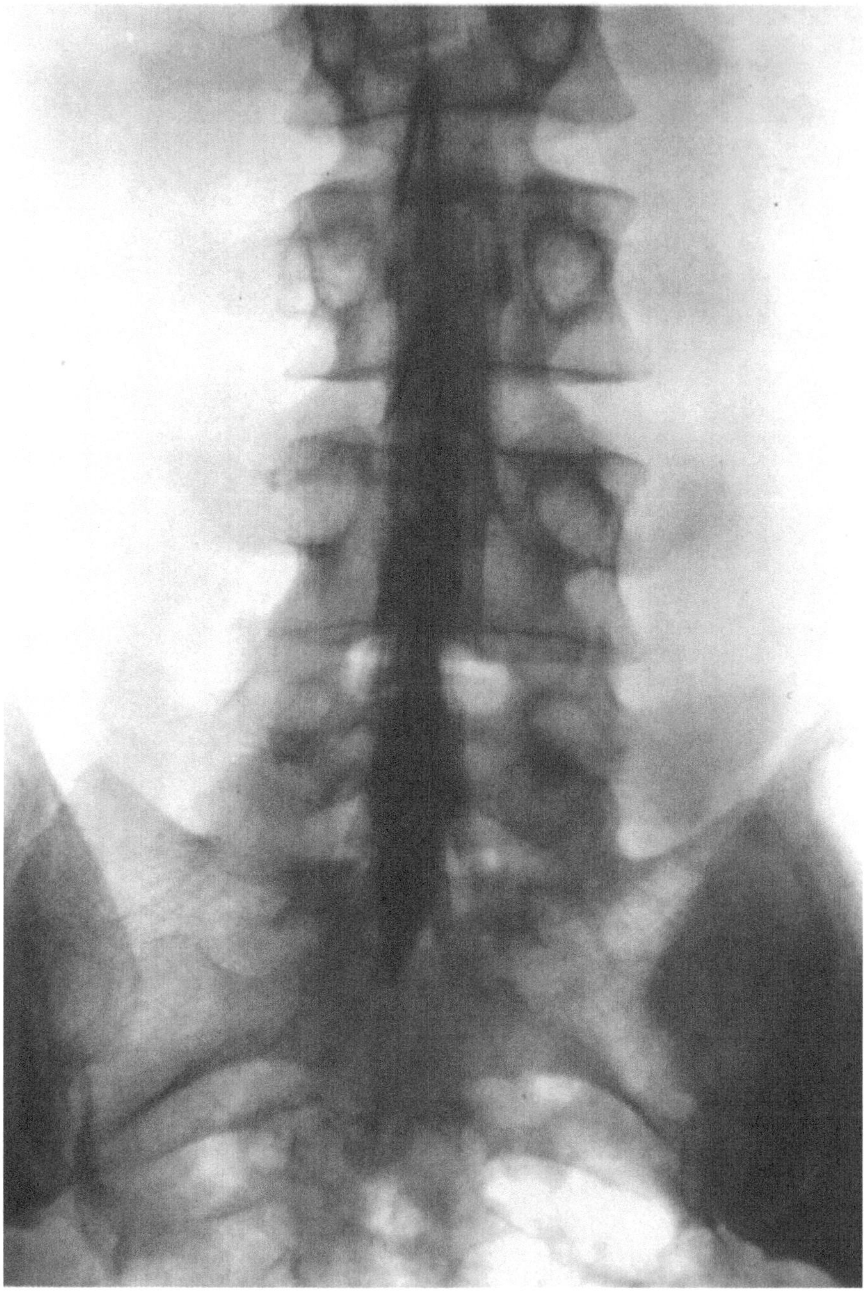

312
Myelogramm im Bereich von Lendenwirbel und Kreuzbein
Erwachsenenalter. Strahlengang posterior-anterior

SINNESORGANE

Auge

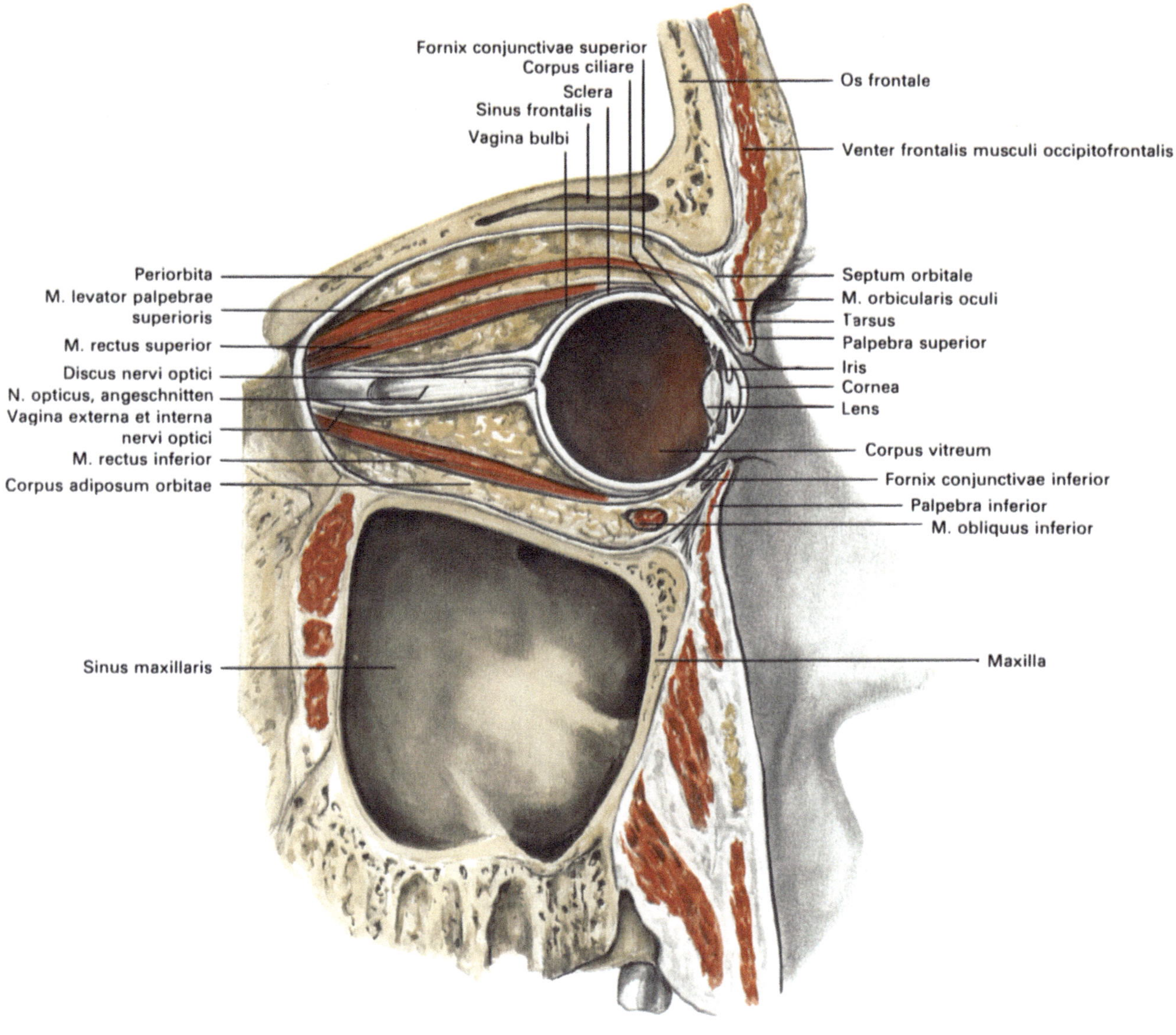

313

Rechte Augenhöhle, Orbita

Sagittalschnitt, Ansicht von rechts. Blutgefäße und Nerven sind von dem Augenhöhlenfettkörper, Corpus adiposum orbitae, verdeckt

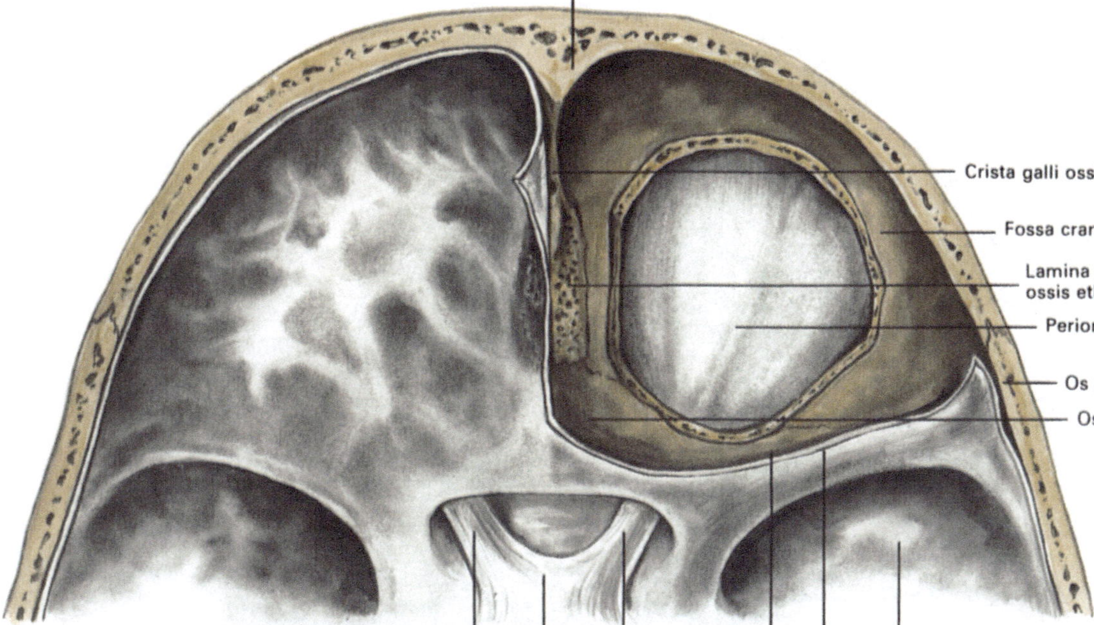

314

Rechte Augenhöhle, Orbita

von oben. Vordere Schädelgrube, Fossa cranii anterior; Dura mater encephali rechtsseitig entfernt, Paries superior orbitae aufgemeißelt, Periorbita erhalten

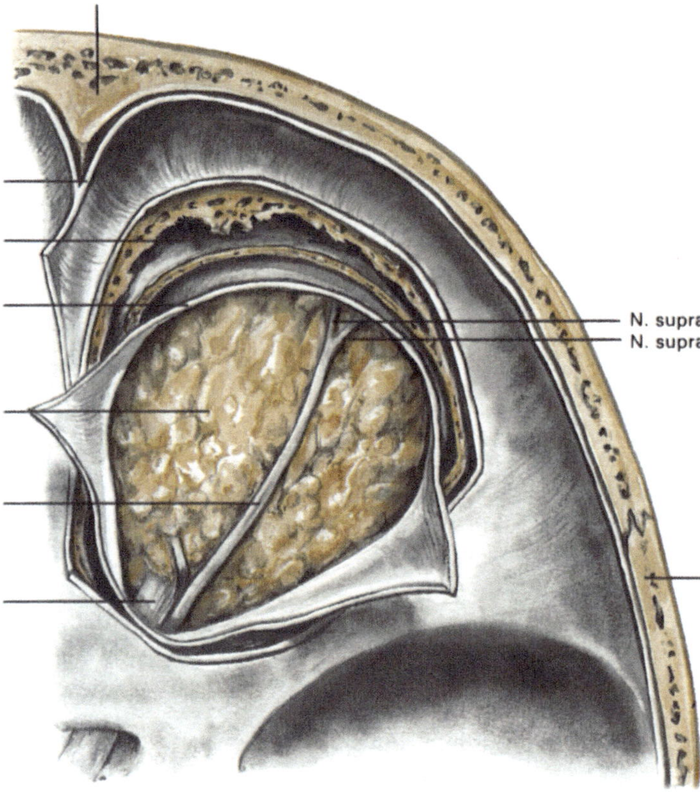

315
Rechte Augenhöhle, Orbita
von oben. Dura mater encephali entfernt, Paries superior orbitae aufgemeißelt. Periorbita gespaltet und aufgeklappt. Die rechte Stirnhöhle, Sinus frontalis, reicht weit nach lateral und dorsal. Fettkörper der Augenhöhle, Corpus adiposum orbitae

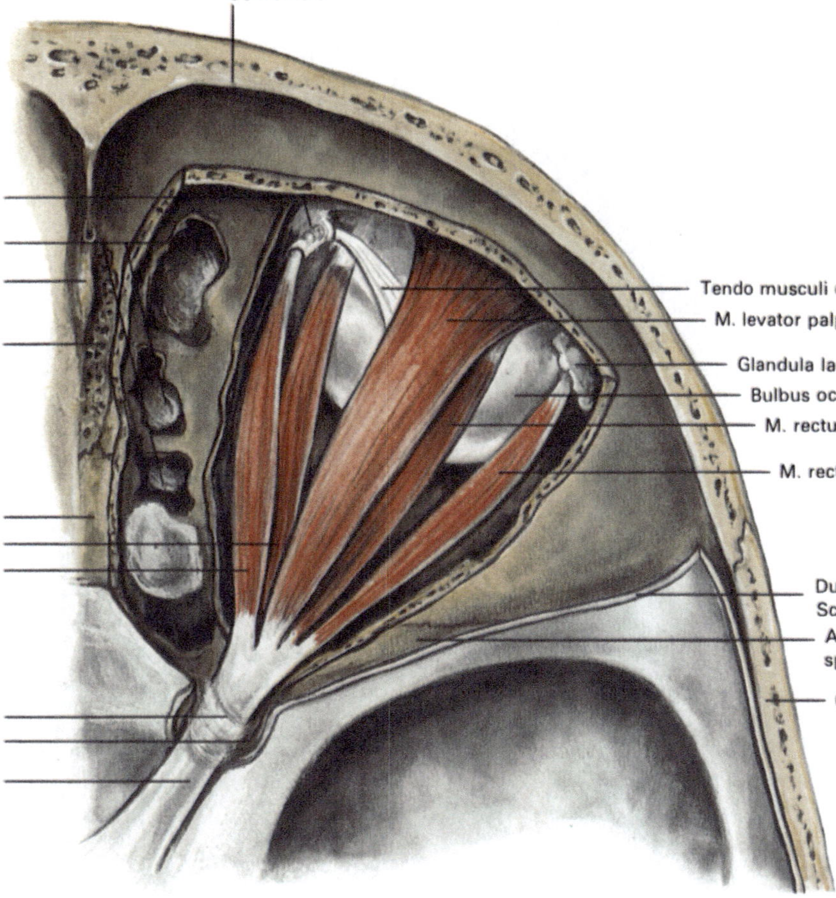

316
Rechte Augenhöhle, Orbita
von oben. Äußere Augenmuskeln, Musculi bulbi. Corpus adiposum orbitae, Blutgefäße und Nerven entfernt. Bei der Aufmeißelung der Orbita wurden die angrenzenden Siebbeinzellen, Cellulae ethmoidales, eröffnet, Periorbita nicht dargestellt

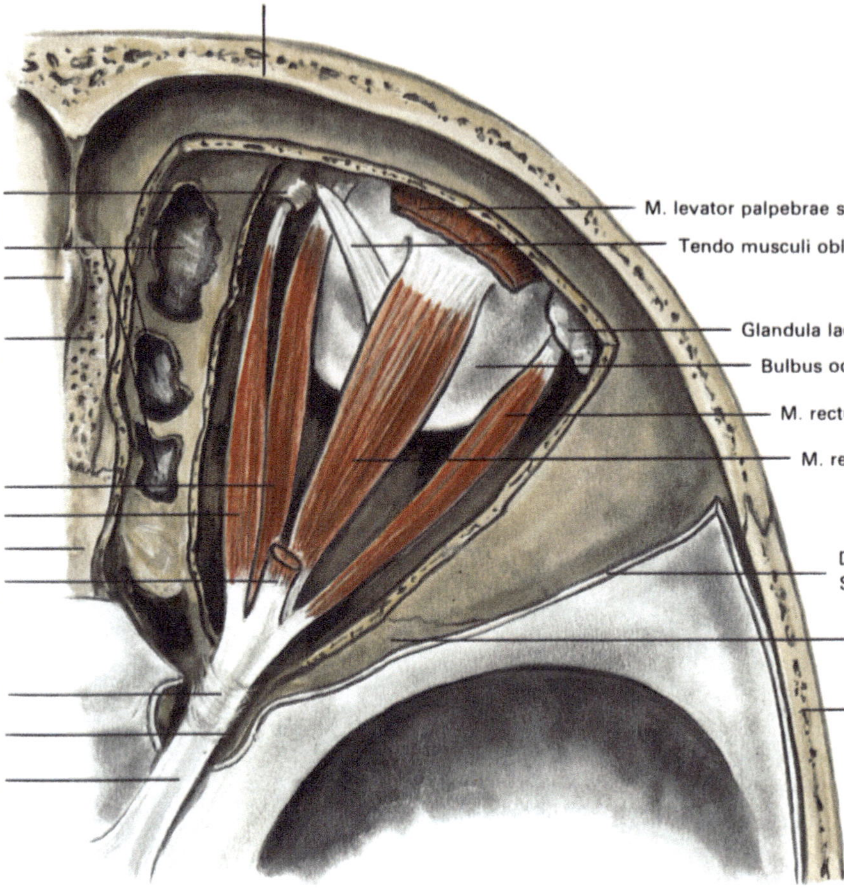

317

Rechte Augenhöhle, Orbita

von oben. Äußere Augenmuskeln, Musculi bulbi. M. levator palpebrae superioris, Corpus adiposum orbitae, Blutgefäße und Nerven entfernt. Bei der Aufmeißelung der Orbita wurden die angrenzenden Siebbeinzellen, Cellulae ethmoidales, eröffnet. Periorbita nicht dargestellt

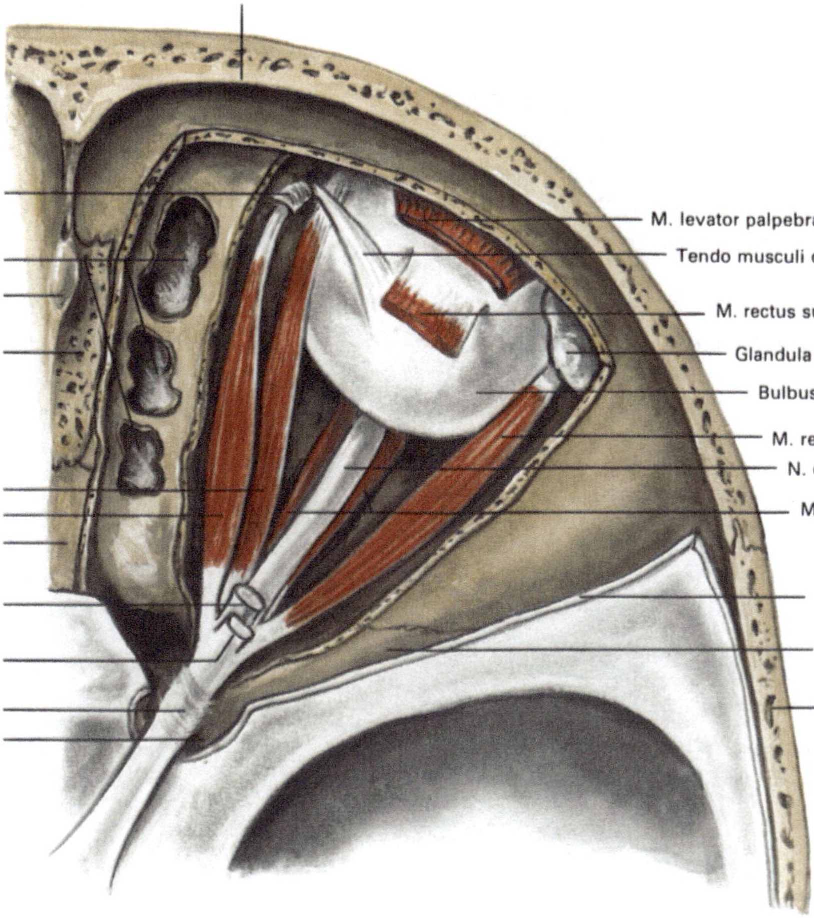

318

Rechte Augenhöhle, Orbita

von oben. Äußere Augenmuskeln, Musculi bulbi. M. levator palpebrae superioris, M. rectus superior, Corpus adiposum orbitae, Blutgefäße und Nerven entfernt. Bei der Aufmeißelung der Orbita wurden die angrenzenden Siebbeinzellen, Cellulae ethmoidales, eröffnet. Periorbita nicht dargestellt

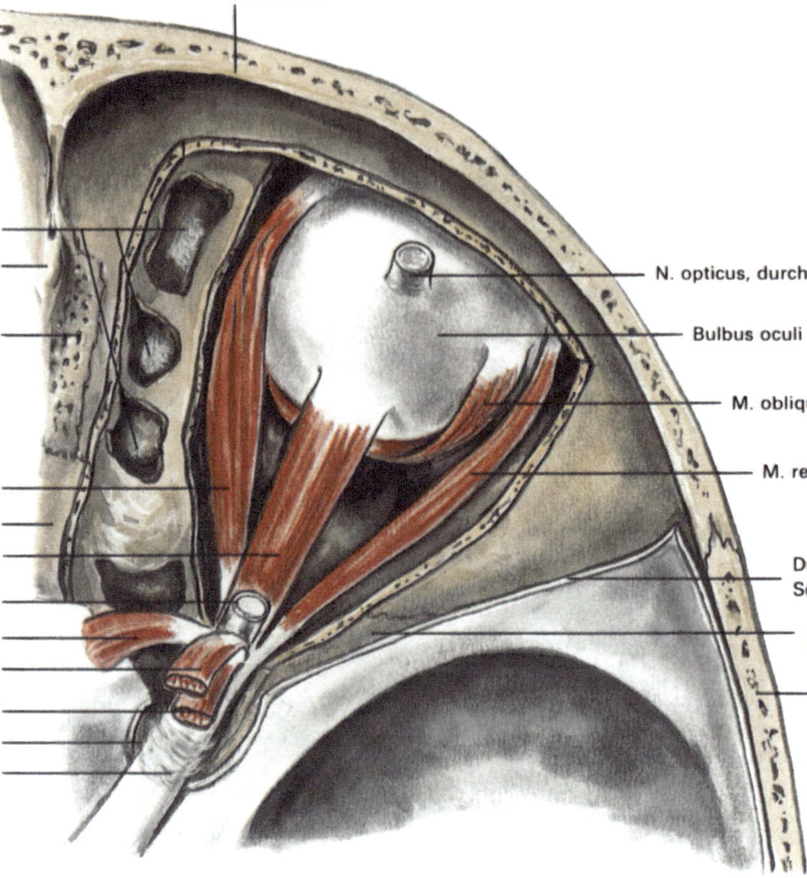

319

Rechte Augenhöhle, Orbita

von oben. Äußere Augenmuskeln, Musculi bulbi. M. levator palpebrae superioris. M. rectus superior, M. obliquus superior und N. opticus entfernt; Augapfel, Bulbus oculi, nach unten gedreht. Corpus adiposum orbitae, Blutgefäße, Nerven und Periorbita nicht dargestellt. Bei der Aufmeißelung der Orbita wurden die angrenzenden Siebbeinzellen, Cellulae ethmoidales, eröffnet

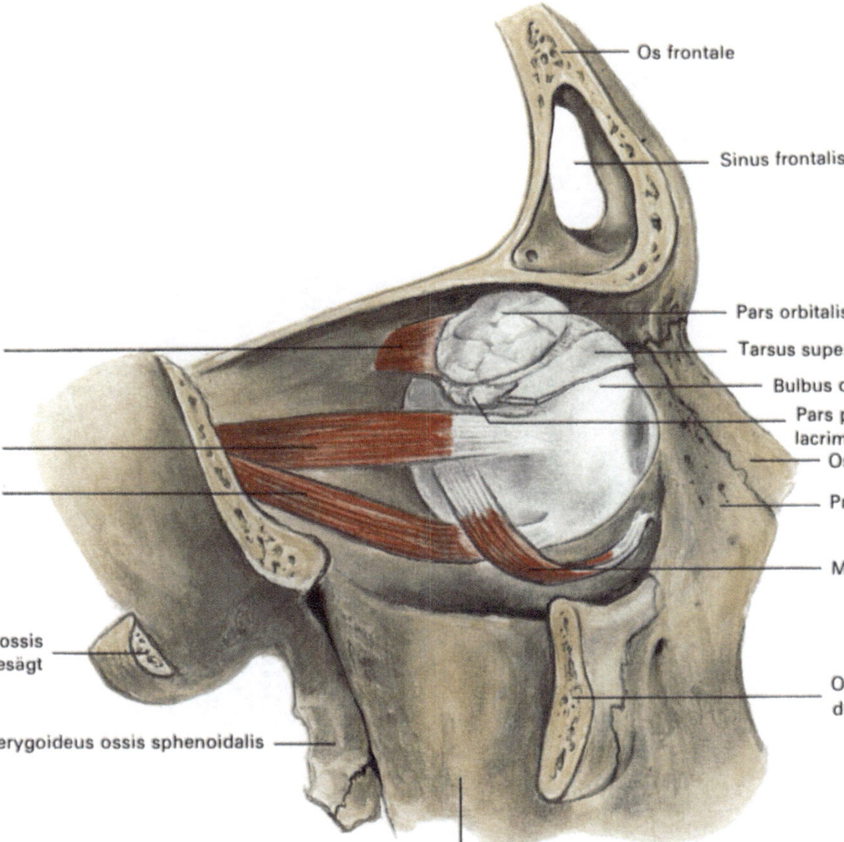

320
Rechte Augenhöhle, Orbita
von rechts. Äußere Augenmuskeln, Musculi bulbi. Teilung der Tränendrüse, Glandula lacrimalis, durch die Sehne des M. levator palpebrae superioris. Entfernt wurden: Hinterer Abschnitt des M. levator palpebrae superioris, M. rectus superior, M. obliquus superior, Corpus adiposum orbitae, Blutgefäße und Nerven. Periorbita nicht dargestellt

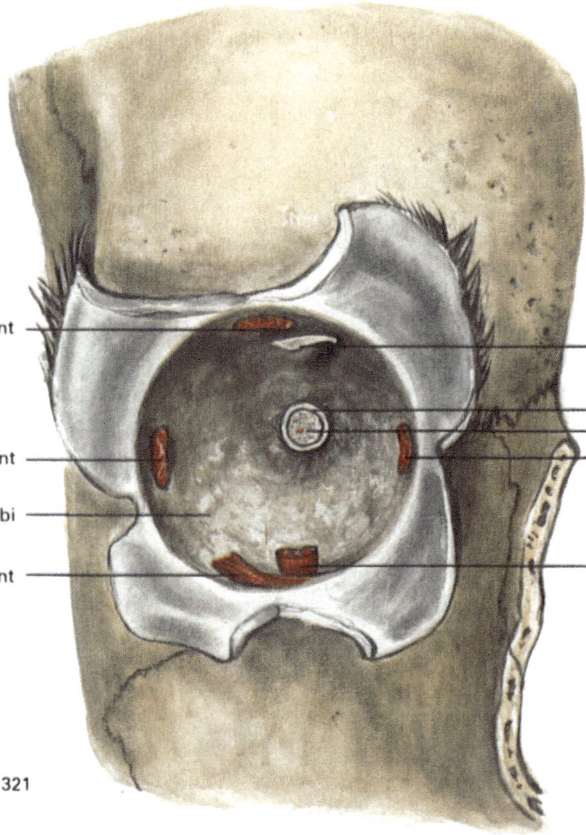

321

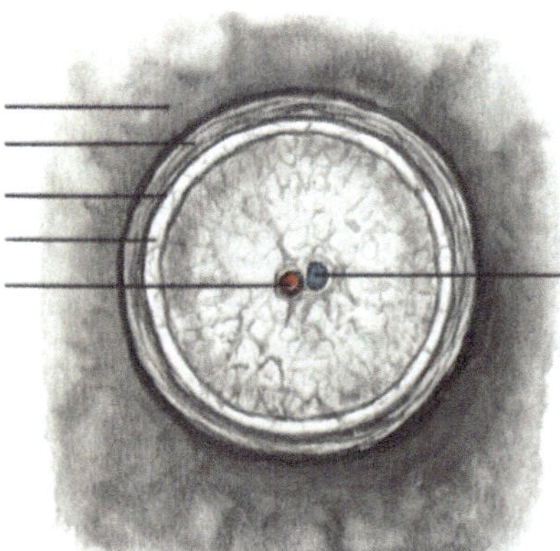

322

321
Rechte Augenhöhle, Orbita
von vorn. Augenlider, Palpebrae, gespaltet und aufgeklappt. TENON'sche Kapsel, Vagina bulbi, mit den durchtretenden Organen: Sehnerv, N. opticus, und äußere Augenmuskeln, Musculi bulbi

322
Sehnerv, Nervus opticus, und Hüllen, Vaginae nervi optici
Querschnitt, Ansicht von vorn

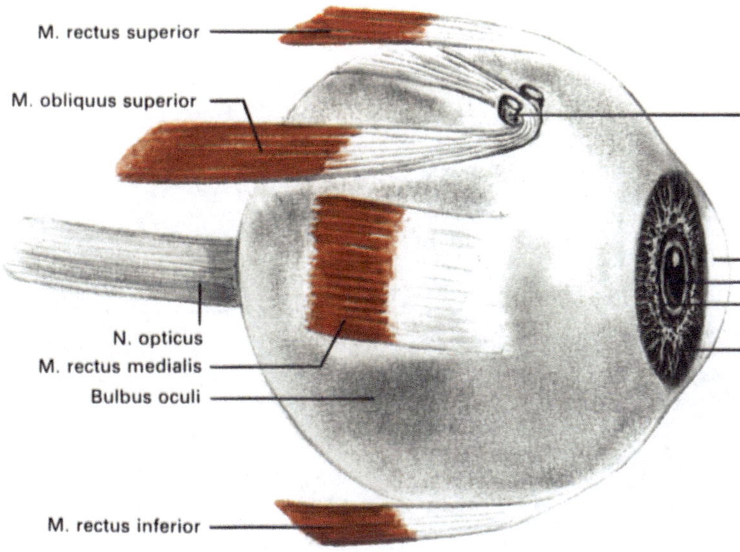

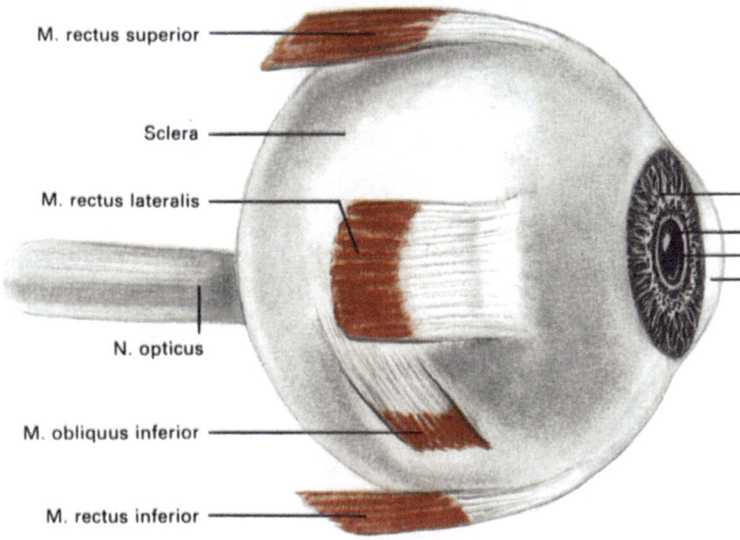

323
Äußere Augenmuskeln, Musculi bulbi
Darstellung der Muskelansätze an einem rechten Augapfel, Bulbus oculi, a von medial, b von lateral

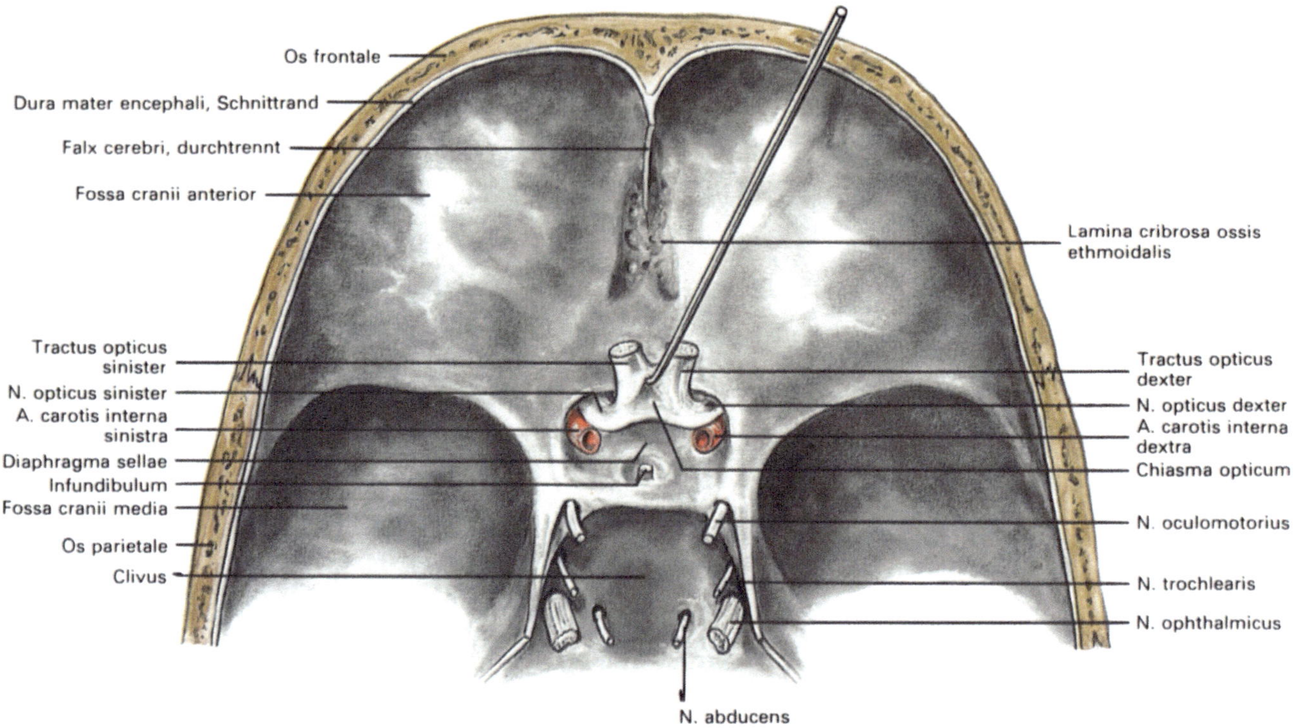

324
Dächer der Augenhöhlen, Paries superiores orbitarum
von oben. Durchtrittsstellen in der harten Hirnhaut, Dura mater encephali, der Nerven der Augenhöhle

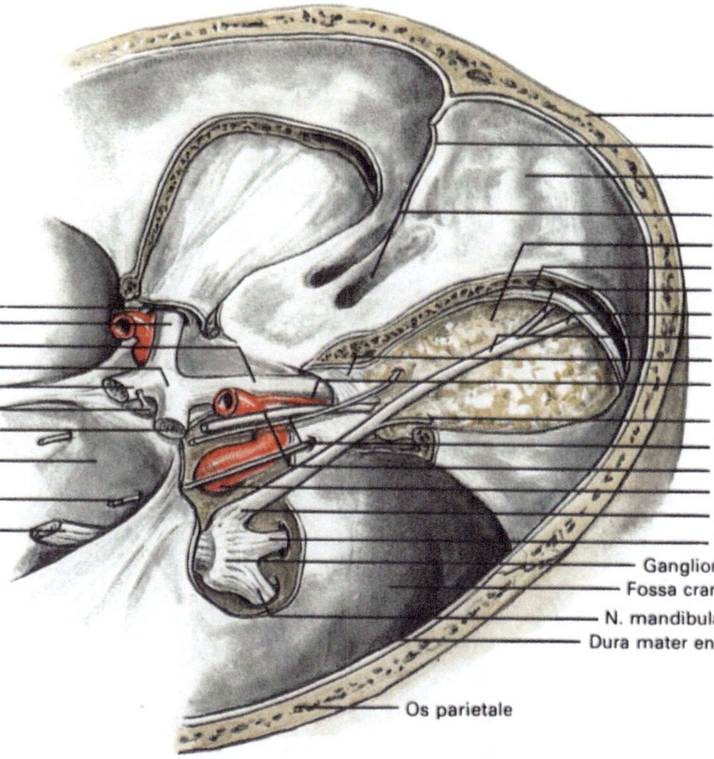

325
Augenhöhlen, Orbitae
von oben rechts. Dura mater encephali, Paries superiores orbitarum und Periorbita der rechten Seite entfernt. Verlauf der Nerven der Augenhöhle

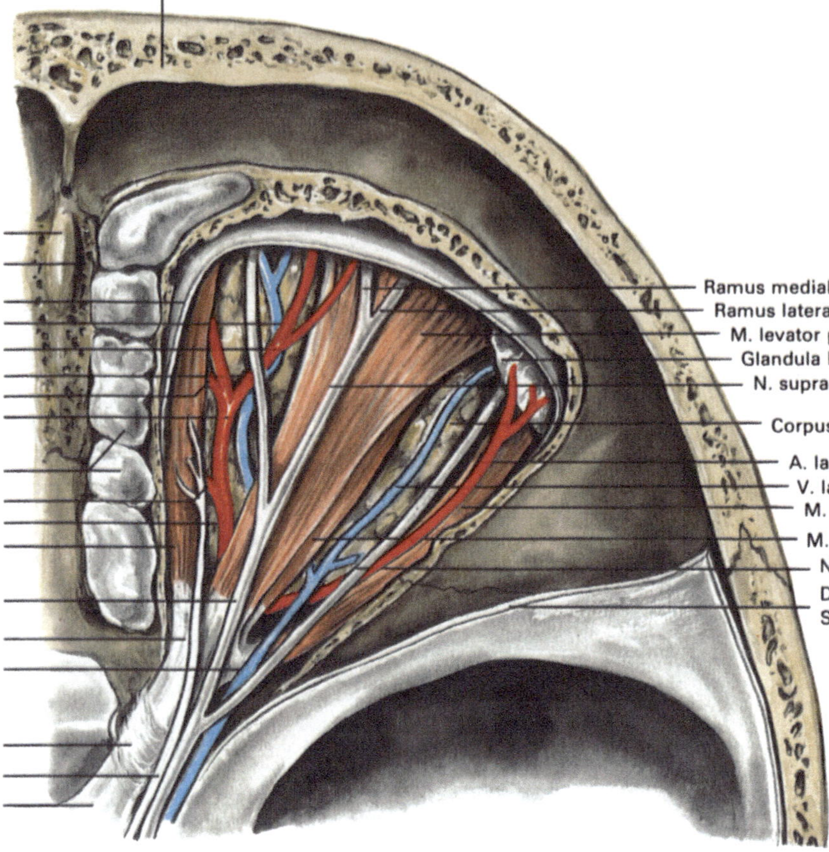

326
Rechte Augenhöhle, Orbita
von oben. Dura mater encephali entfernt, Paries superior orbitae aufgemeißelt. Periorbita teilweise abgetragen. Präparation der unter dem Augenhöhlendach verlaufenden Nerven und Muskeln sowie der tieferliegenden Arterien und Venen. Tränendrüse, Glandula lacrimalis, Augenhöhlenfettkörper, Corpus adiposum orbitae

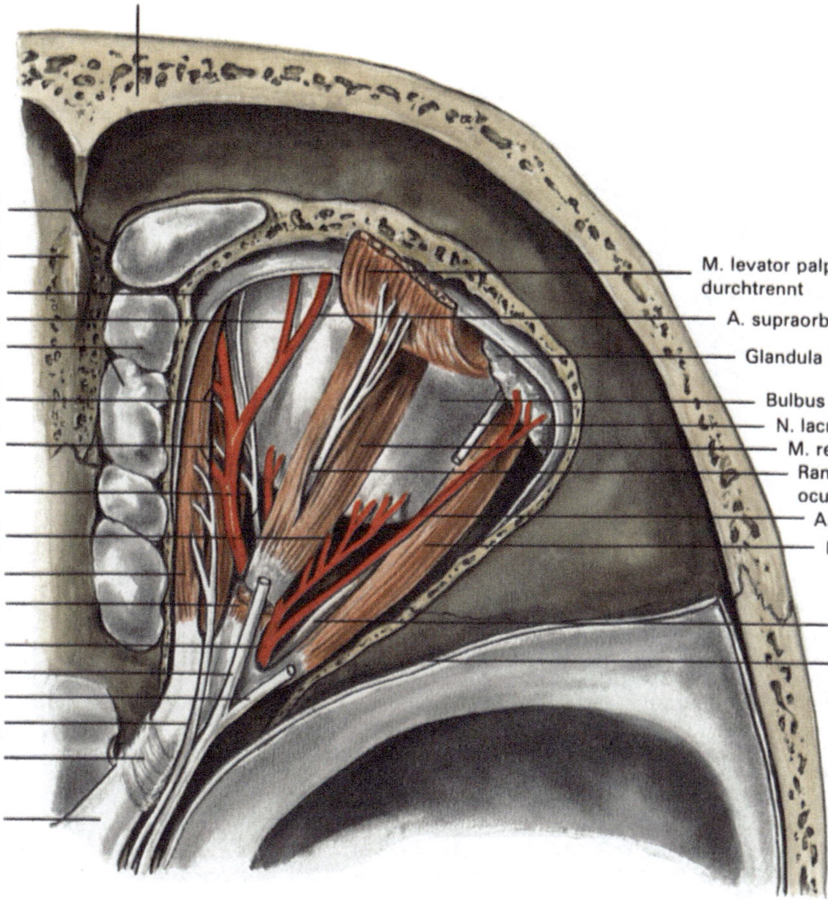

327

Rechte Augenhöhle, Orbita

von oben. Dura mater encephali entfernt, Paries superior orbitae aufgemeißelt. Periorbita teilweise abgetragen. Corpus adiposum orbitae herauspräpariert. N. frontalis, N. lacrimalis und M. levator palpebrae superioris durchtrennt und teilweise abgetragen

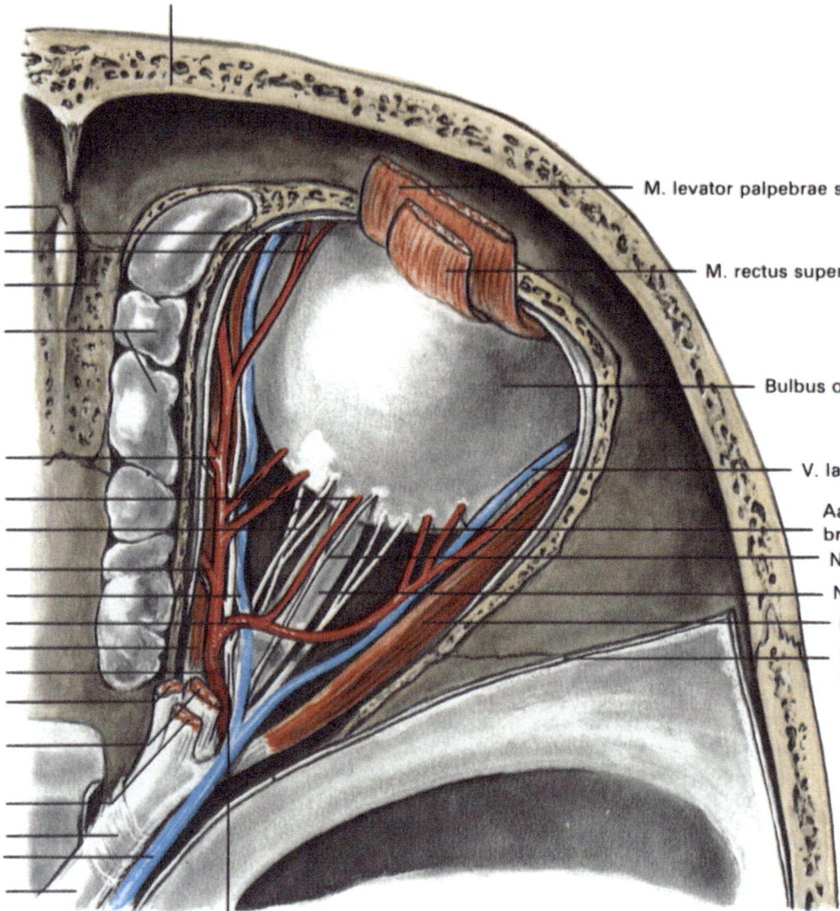

328

Rechte Augenhöhle, Orbita

von oben. Dura mater encephali entfernt, Paries superior orbitae aufgemeißelt. Periorbita abgetragen. Corpus adiposum orbitae herauspräpariert. Teilweise oder ganz entfernt wurden: N. frontalis, N. lacrimalis, M. levator palpebrae superioris, M. rectus superior, M. obliquus superior. Abgang der A. lacrimalis aus der A. ophthalmica an der medialen Wand der Orbita; deshalb entspringen einige Aa. ciliares posteriores aus der A. lacrimalis.

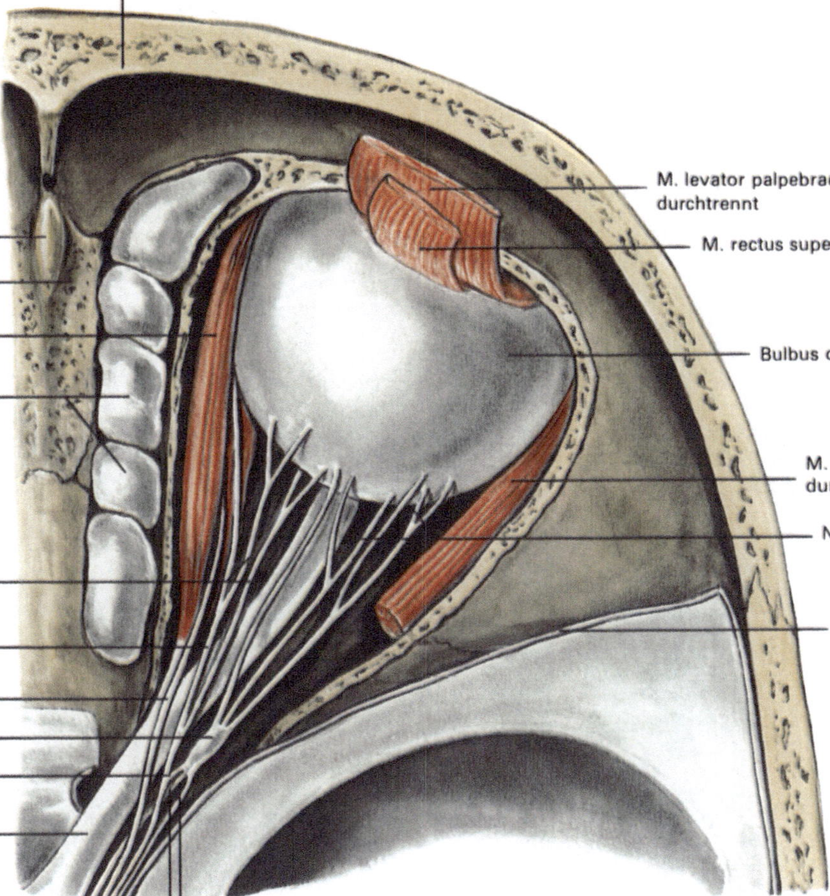

329
Rechte Augenhöhle, Orbita
von oben. Entfernt wurden: Dura mater encephali, Paries superior orbitae, Periorbita, Corpus adiposum orbitae, N. frontalis, N. lacrimalis, N. abducens, A. ophthalmica, Vv. ophthalmicae sowie Teile von M. levator palpebrae superioris, M. rectus superior und M. rectus lateralis. Wurzeln und Äste des Ganglion ciliare

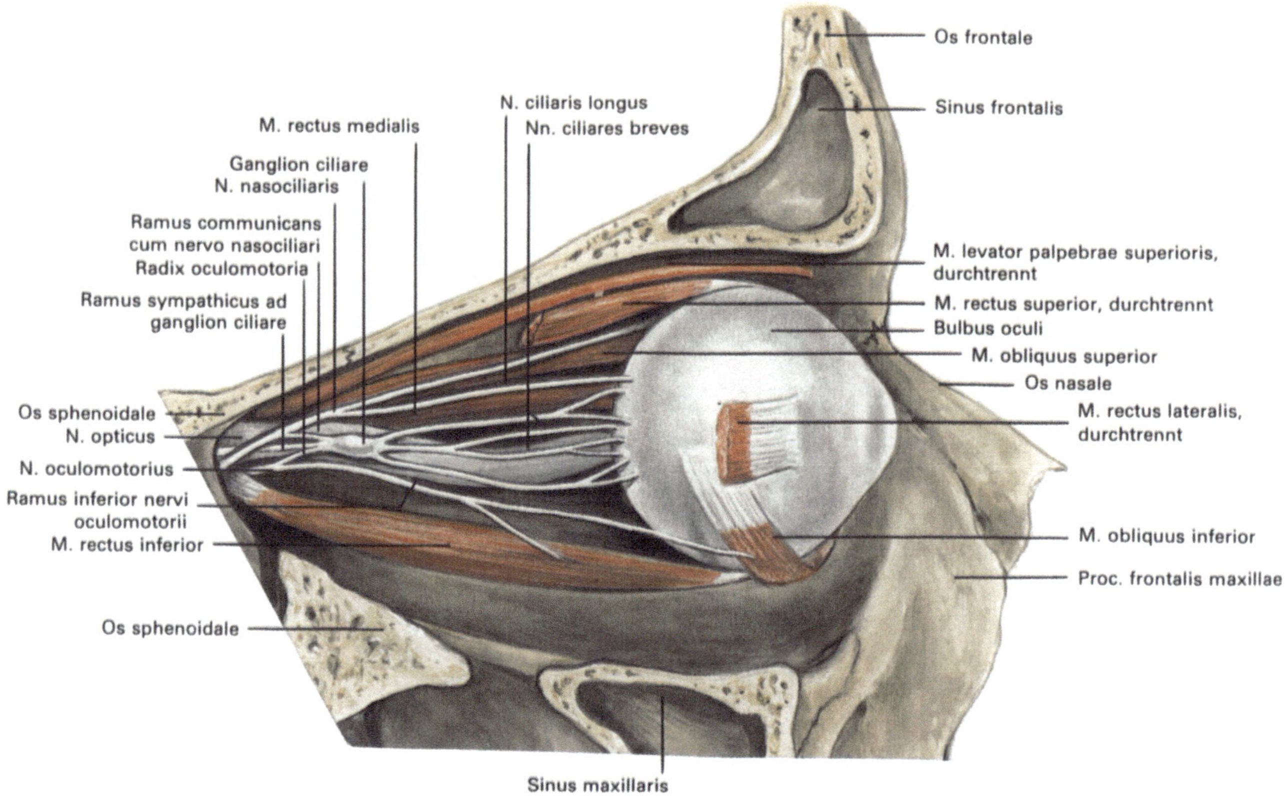

330
Rechte Augenhöhle, Orbita
Zur Darstellung des Ganglion ciliare sowie seiner Beziehungen zu N. oculomotorius, N. nasociliaris und Plexus sympathicus der A. ophthalmica (vgl. Abb. 331) wurde die Augenhöhle von rechts eröffnet und das Corpus adiposum orbitae, Arterien, Venen, N. trochlearis, N. frontalis, N. lacrimalis, N. abducens, M. rectus superior und M. rectus lateralis entfernt

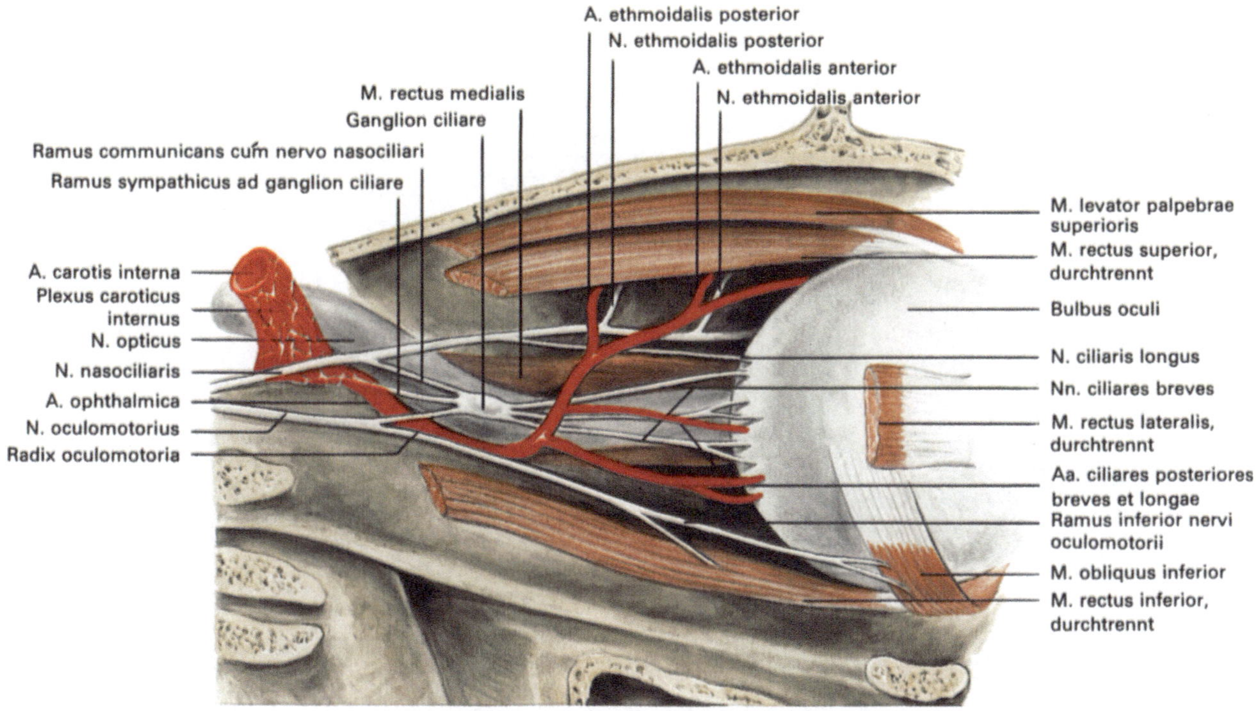

331
Rechte Augenhöhle, Orbita
von rechts, eröffnet. Vergrößerter Ausschnitt der Abb. 330, ergänzt und verändert. Plexus sympathicus der A. opthalmica nur bis zum Abgang des Ramus sympathicus ad ganglion ciliare dargestellt

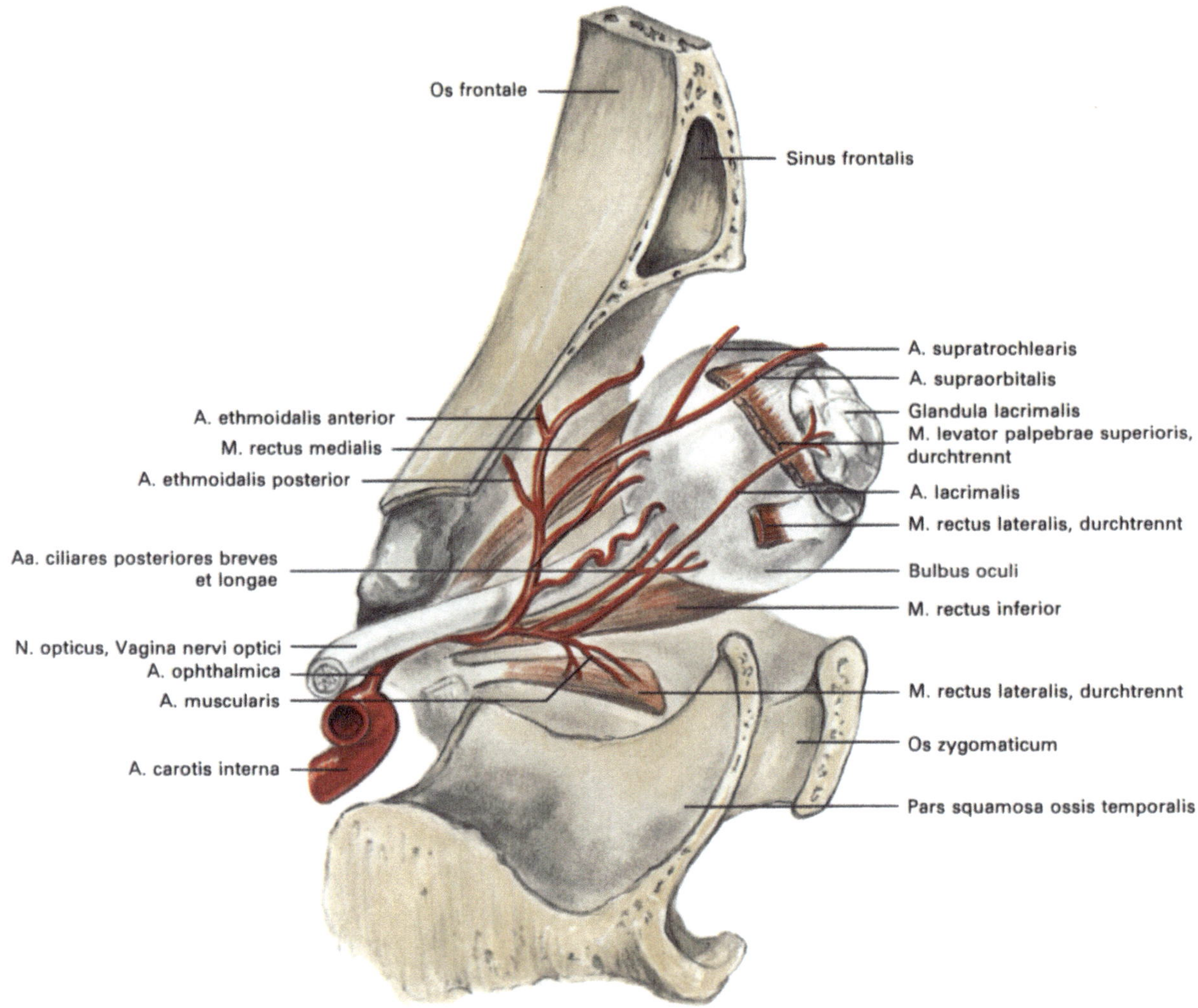

332
Rechte Augenhöhle, Orbita
Zur Darstellung der A. ophthalmica und ihrer Äste wurden die Augenhöhle von rechts und oben breit eröffnet und das Corpus adiposum orbitae, Nerven, Venen sowie mehrere äußere Augenmuskeln entfernt. Ansicht von rechts hinten

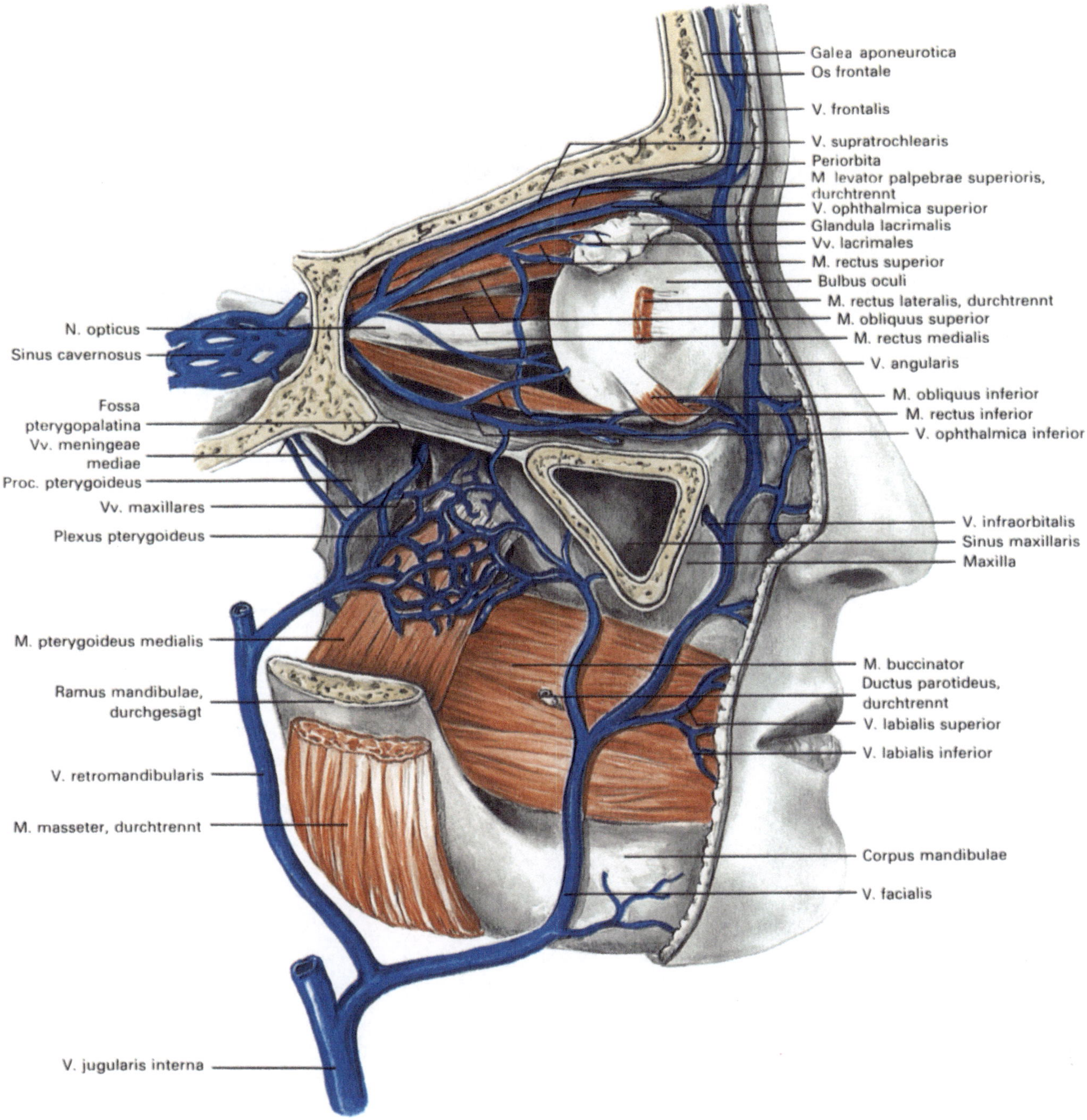

333

Rechte Augenhöhle, Orbita

Sagittalschnitt, Ansicht von rechts. Venen der Augenhöhle und deren Verbindungen (halbschematisch). Zur Ergänzung der Zeichnung nach Präparaten wurden Abbildungen von Henle und Sesemann herangezogen

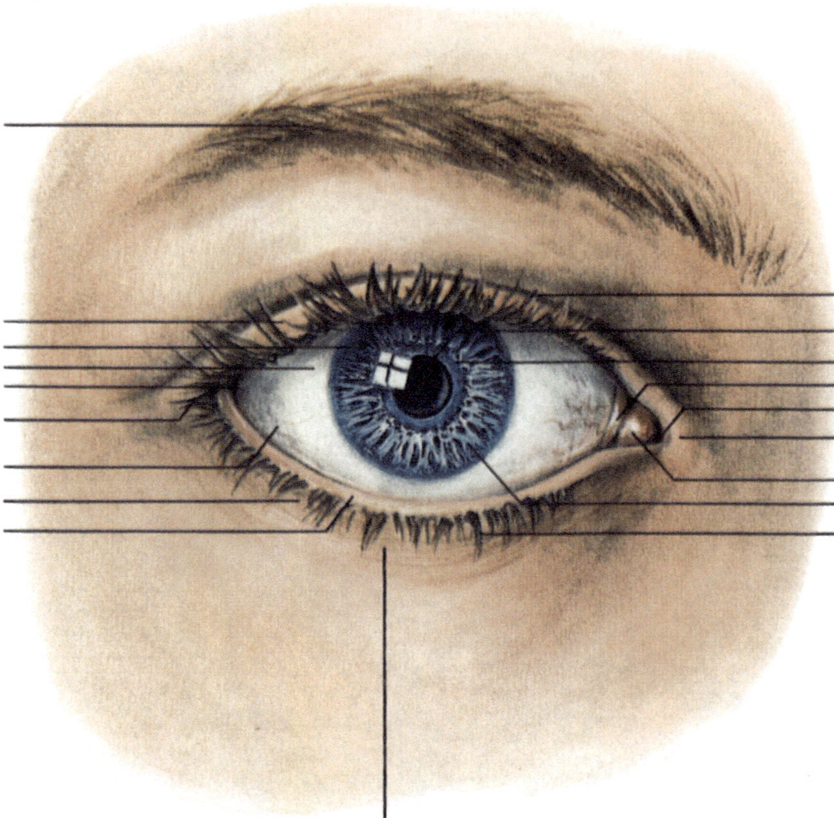

334
Rechtes Auge, Oculus
Lidspalte, Rima palpebrarum, geöffnet

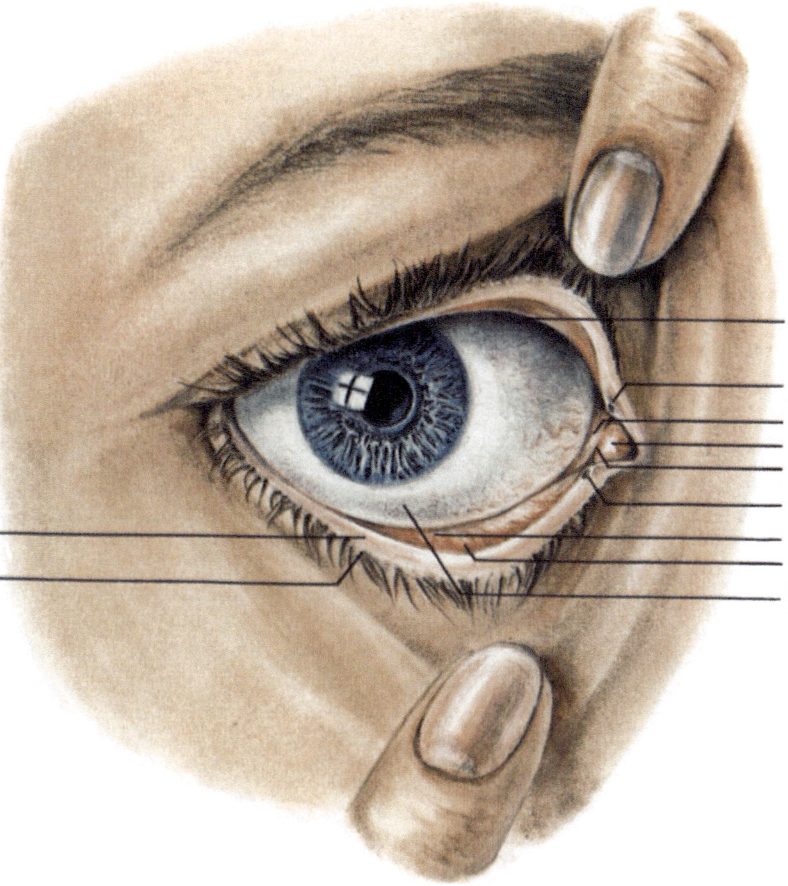

335

Rechtes Auge, Oculus

Zur Darstellung der Tränenpunkte, Puncta lacrimalia, sind die Augenlider, Palpebra superior et inferior, nach oben bzw. unten gezogen

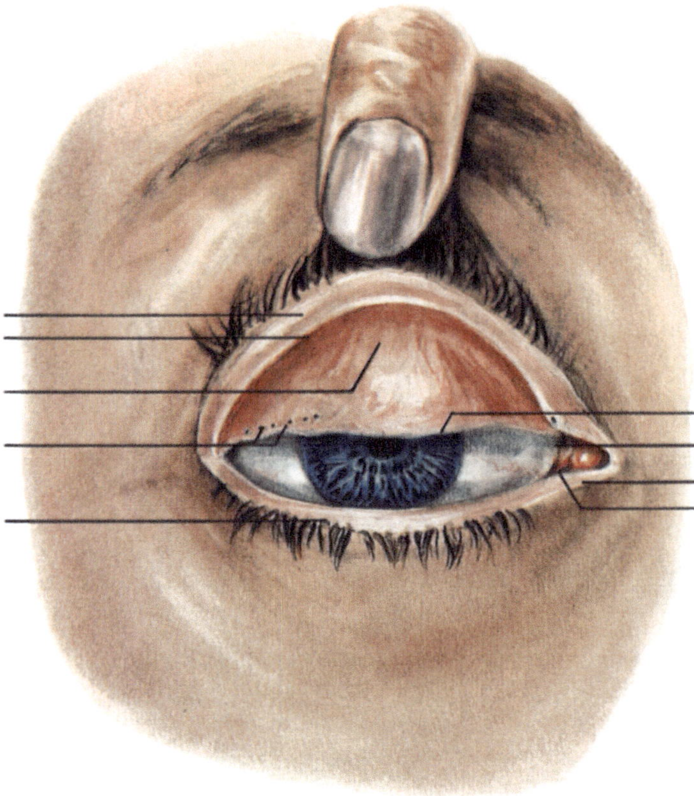

336
Rechtes Auge, Oculus
Oberlid zur Darstellung der Bindehaut, Tunica conjunctiva, umgestülpt (ektropioniert)

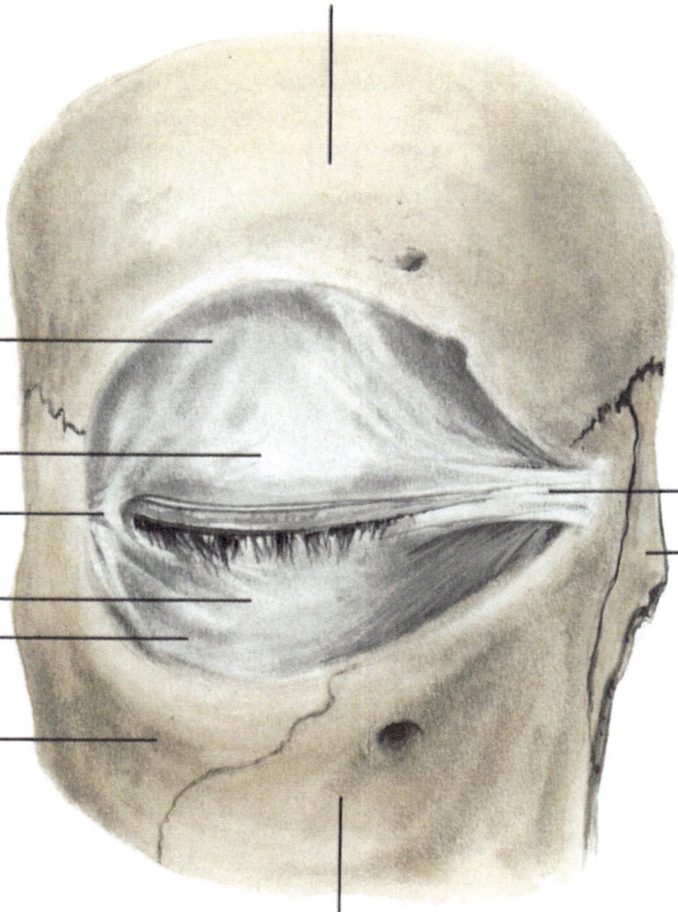

337
Rechtes Auge, Oculus
von vorn, Septum orbitale

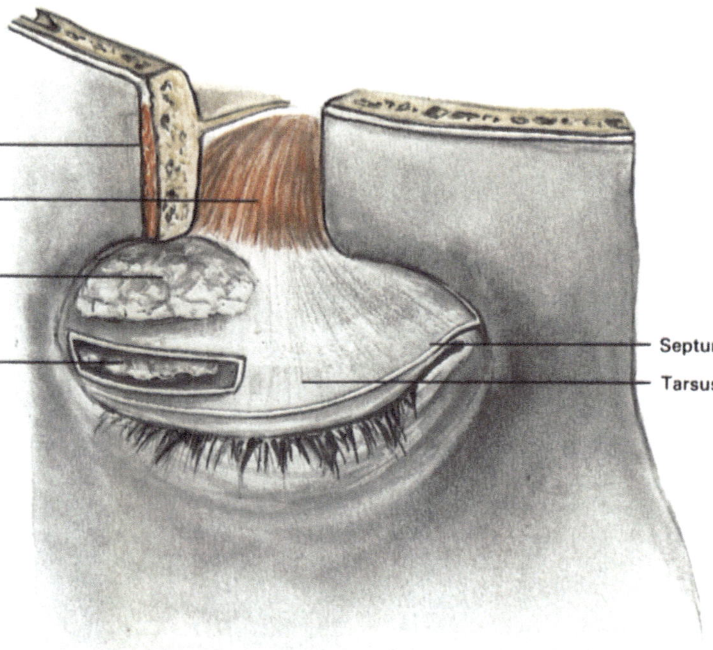

338
Tränendrüse, Glandula lacrimalis
von vorn. Entfernt wurden: M. orbicularis oculi und Septum orbitale. Zur Darstellung der Pars palpebralis glandulae lacrimalis wurden Teile des Tarsus superior abgetragen. Einschnitt in das Stirnbein für die Präparation des Sehnenüberganges (M. levator palpebrae superioris) in die obere Lidplatte

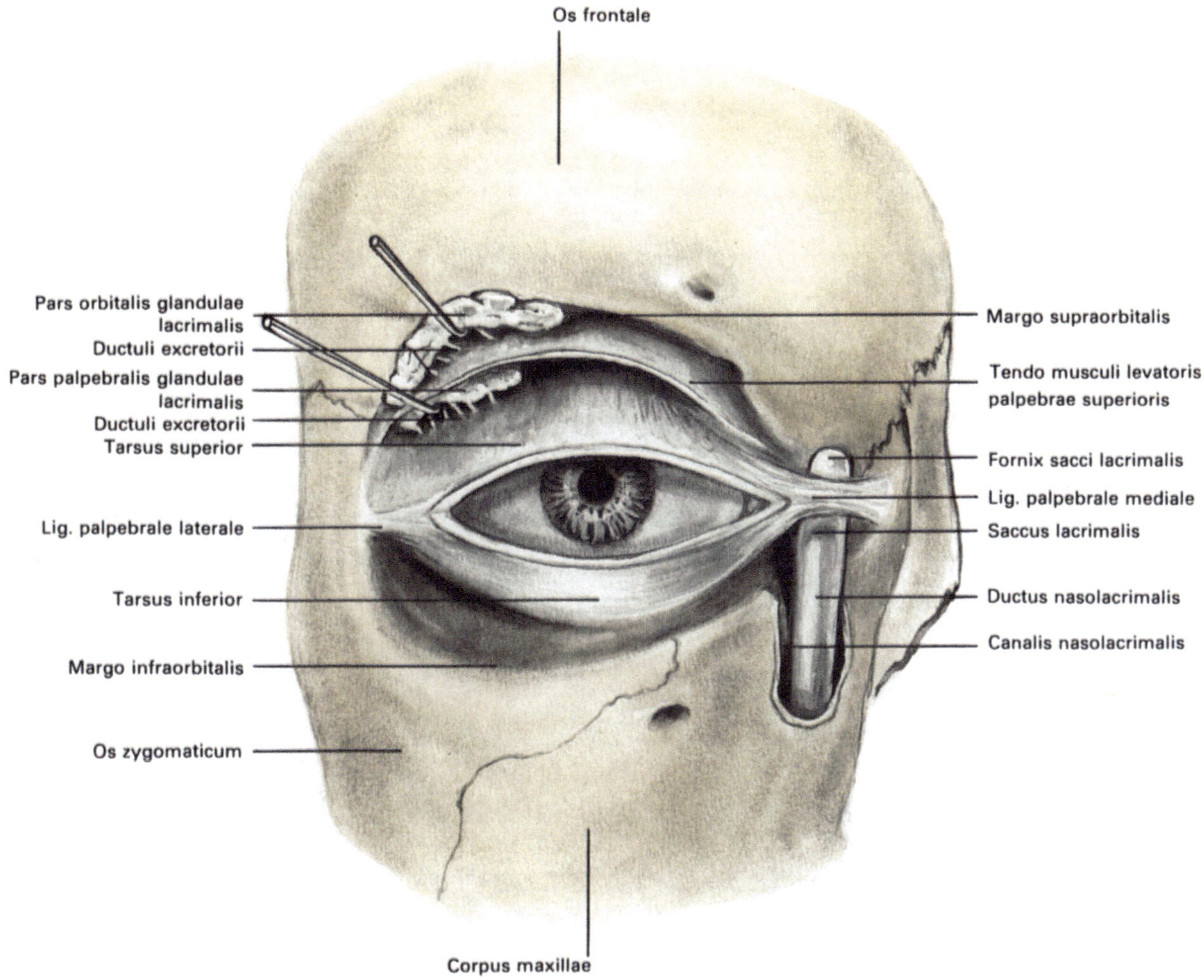

339
Tränendrüse, Glandula lacrimalis
von vorn. Zur Darstellung der Ductuli excretorii wurden die Teile der Drüse angehoben

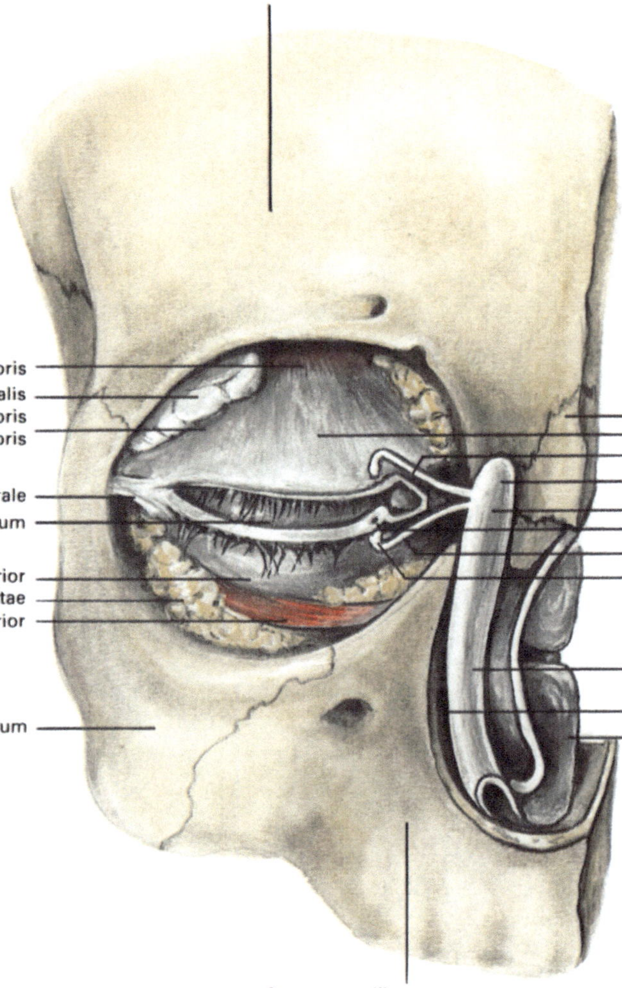

340
Tränenapparat, Apparatus lacrimalis
von vorn. Entfernt wurden: M. orbicularis oculi, Septum orbitale und Lig. palpebrale mediale. Tränennasenkanal, Canalis nasolacrimalis, aufgemeißelt

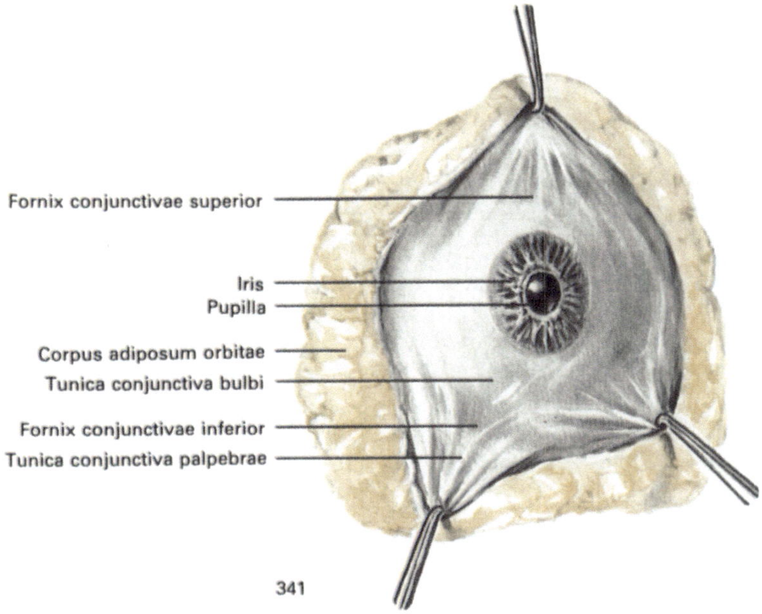

341

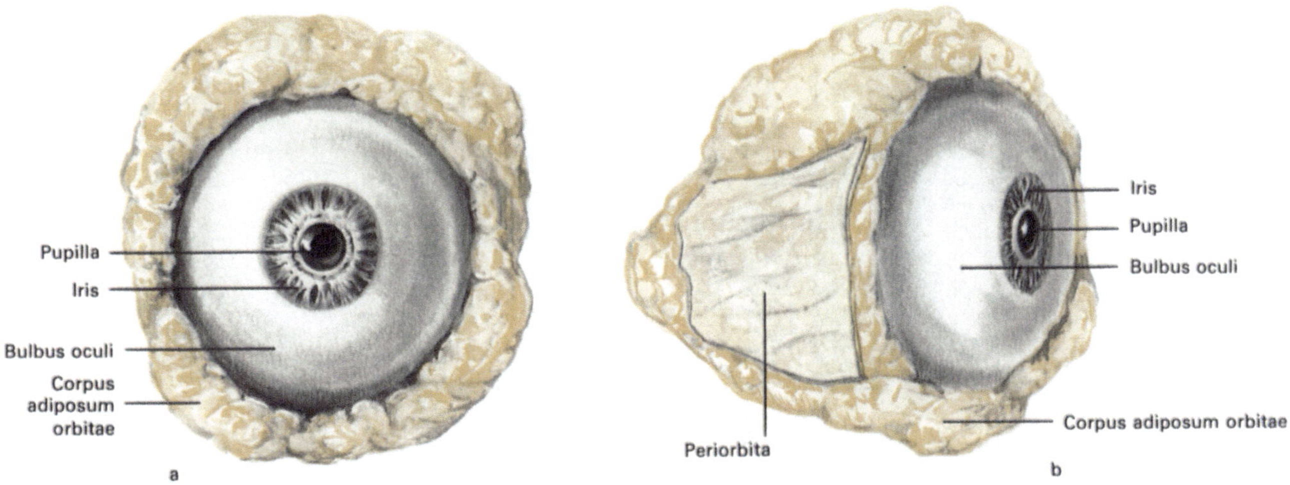

342

341
Auge, Oculus, und Augenhöhlenfettkörper, Corpus adiposum orbitae
von vorn. Entfaltung der Fornices conjunctivae

342
Auge, Oculus, und Augenhöhlenfettkörper, Corpus adiposum orbitae
a von vorn, b von lateral. Reste der Periorbita auf dem Fettkörper

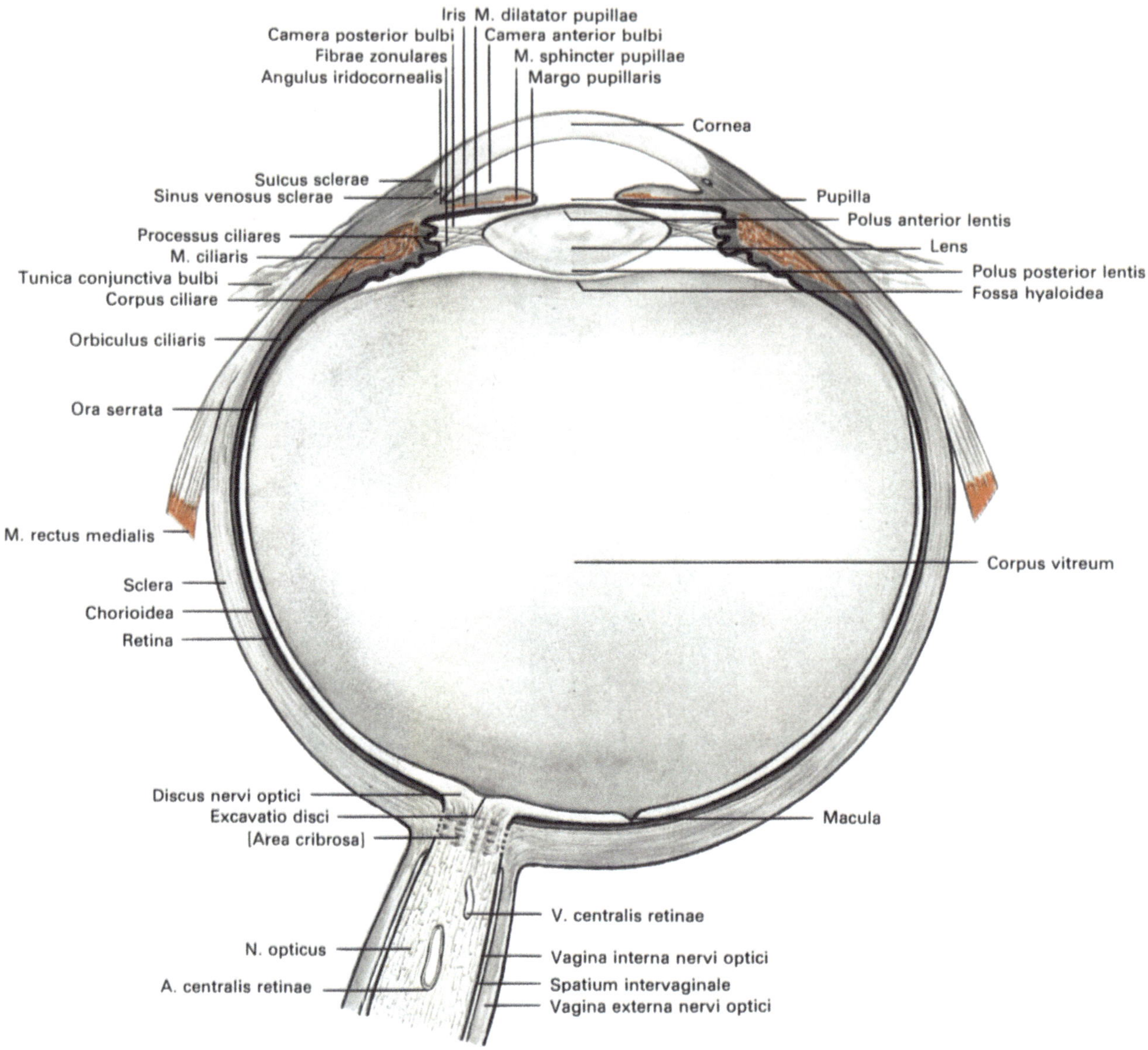

343
Rechtes Auge, Oculus
Schematische Darstellung eines Horizontalschnittes. Ansicht von oben

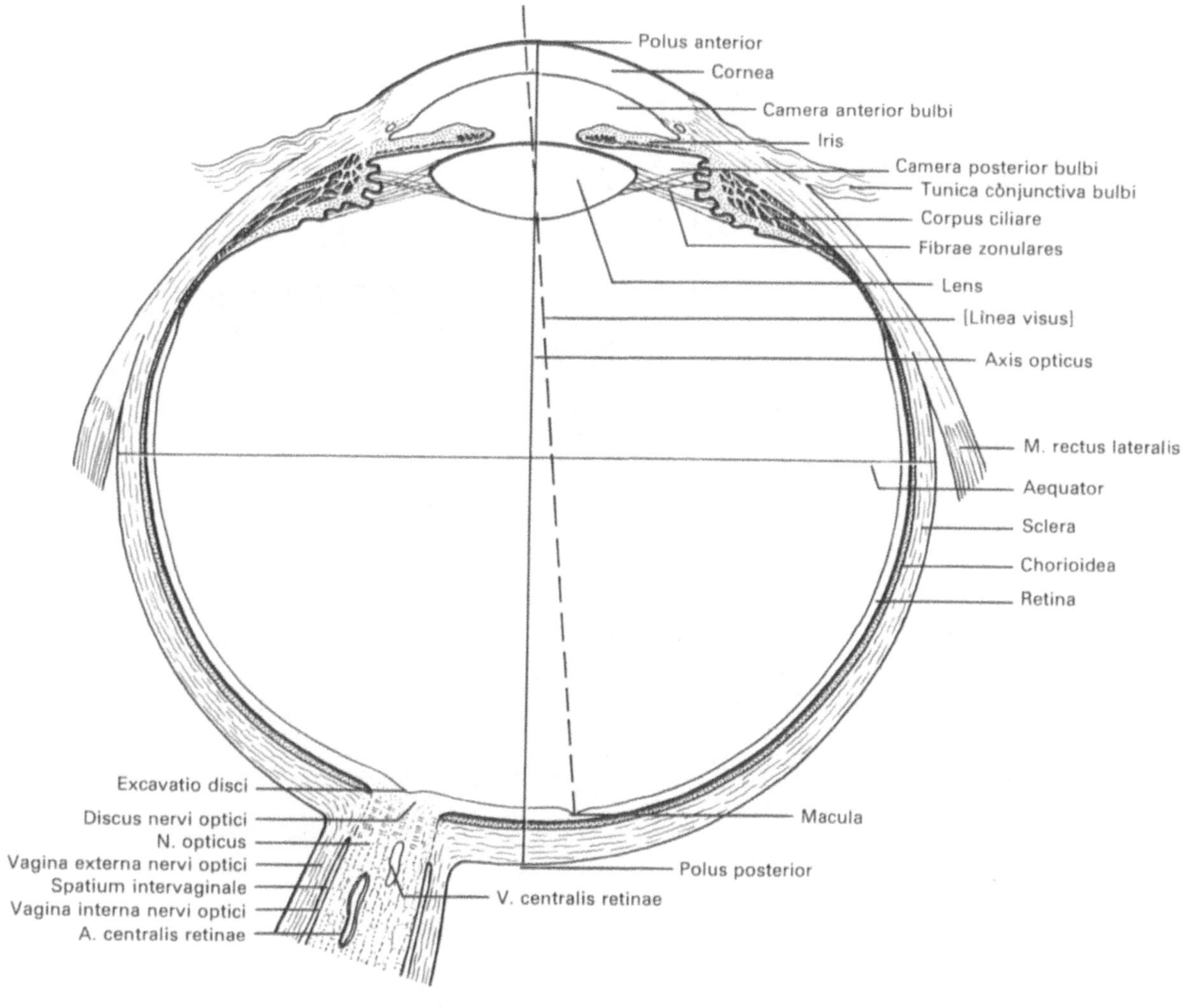

344
Rechtes Auge, Oculus
Schematische Darstellung eines Horizontalschnittes. Ansicht von oben. Optische Achse, Sehlinie, Äquator

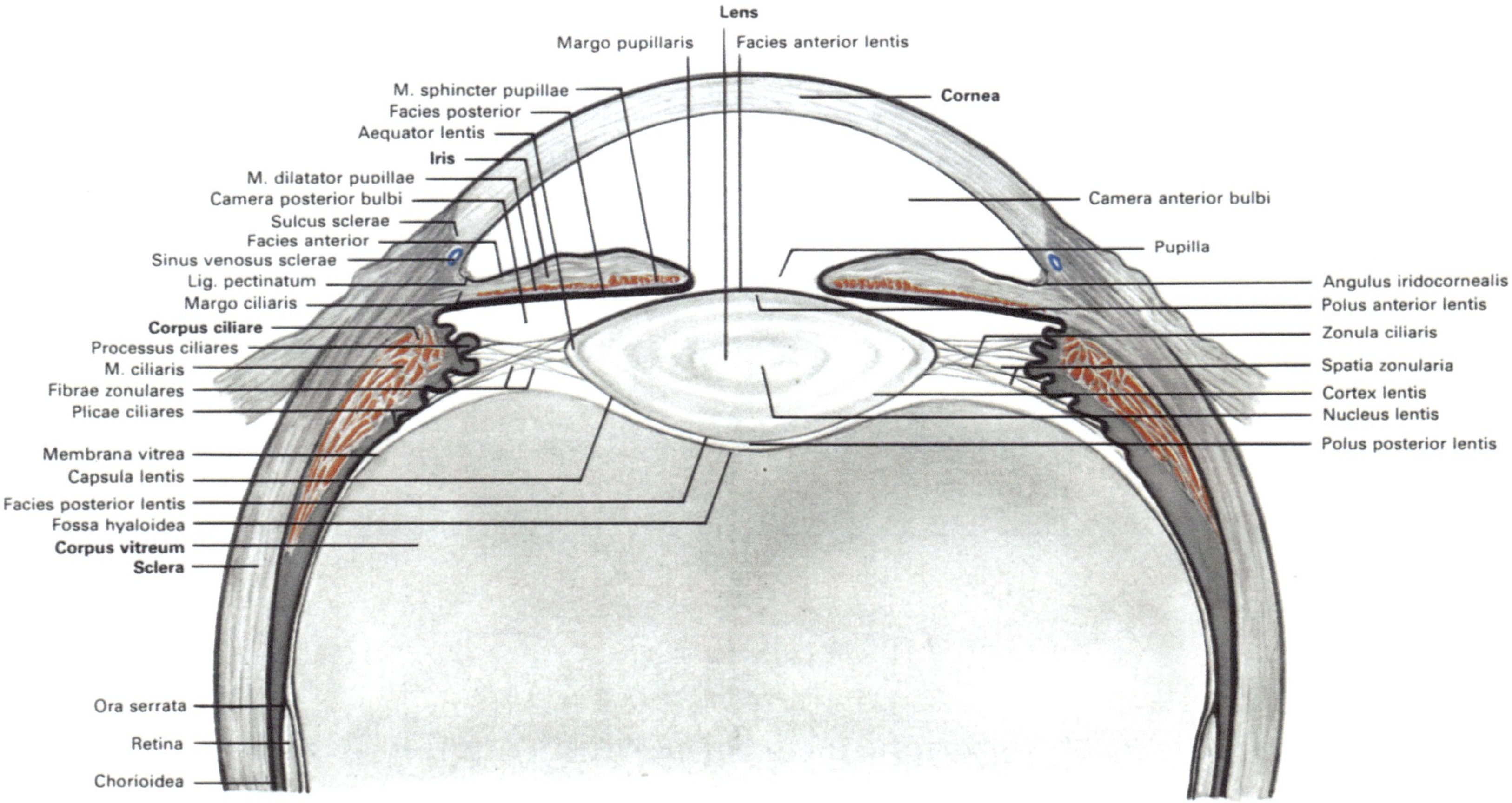

345
Auge, Oculus
Schematische Darstellung eines Horizontalschnittes durch den vorderen Teil des Augapfels. Ansicht von oben

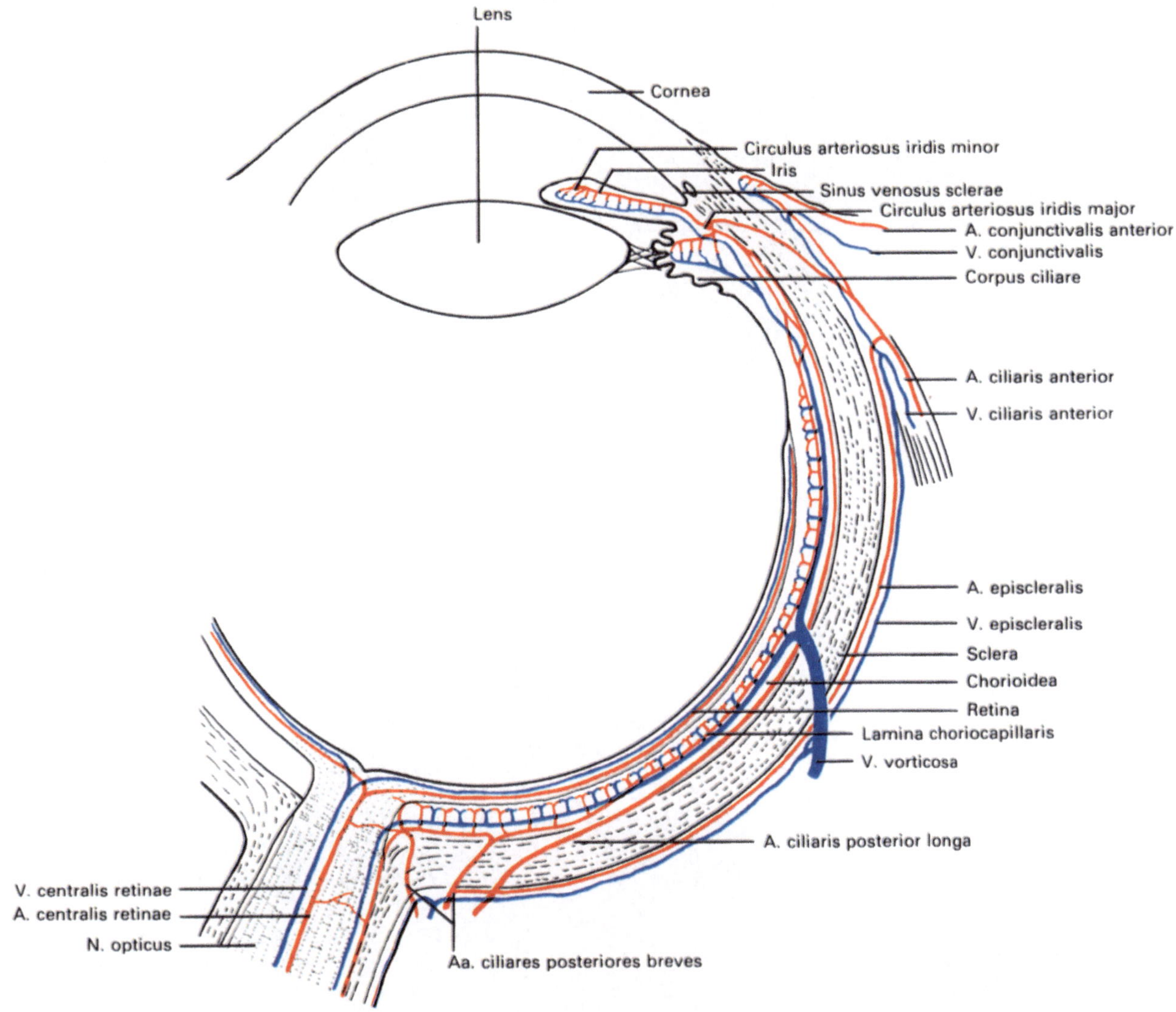

346
Auge, Oculus
Schematische Darstellung der Blutgefäße

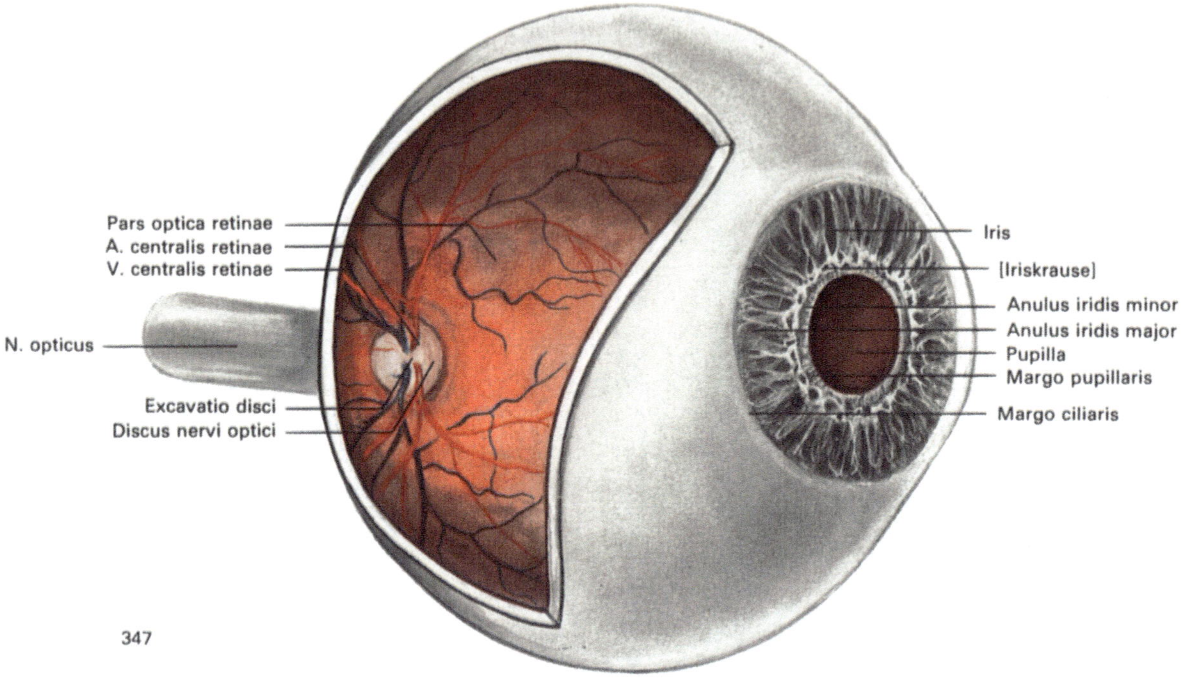
Pars optica retinae
A. centralis retinae
V. centralis retinae
N. opticus
Excavatio disci
Discus nervi optici
Iris
[Iriskrause]
Anulus iridis minor
Anulus iridis major
Pupilla
Margo pupillaris
Margo ciliaris

347

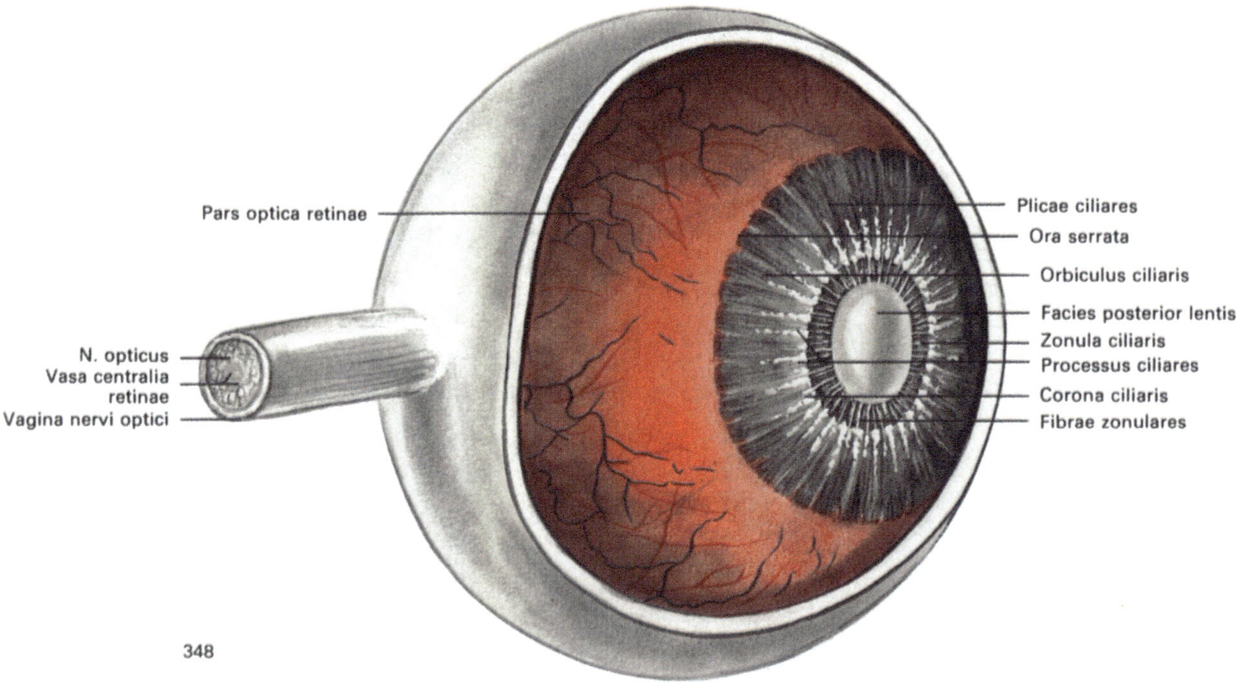
Pars optica retinae
N. opticus
Vasa centralia retinae
Vagina nervi optici
Plicae ciliares
Ora serrata
Orbiculus ciliaris
Facies posterior lentis
Zonula ciliaris
Processus ciliares
Corona ciliaris
Fibrae zonulares

348

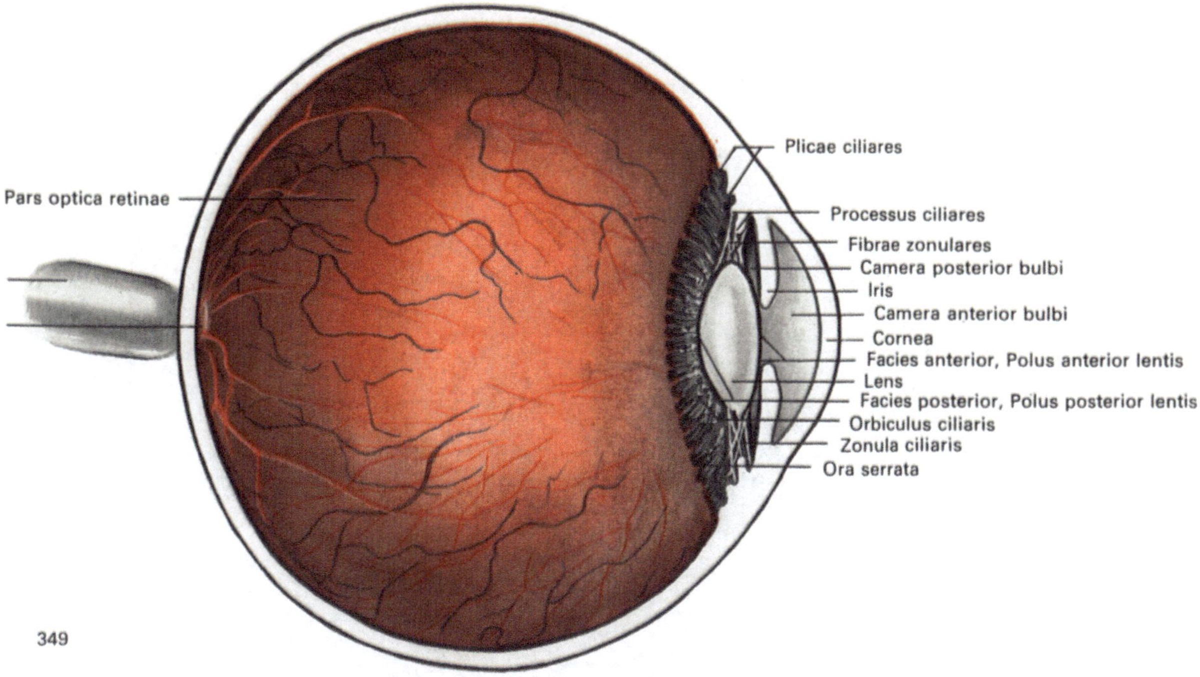

349

348
Rechtes Auge, Oculus
von rechts. Rechte Hälfte des Augapfels weitgehend abgetragen, Glaskörper entfernt. Blick auf den Strahlenkörper, Corpus ciliare, mit Zonula ciliaris und Linse, Lens

349
Rechtes Auge, Oculus
von rechts. Rechte Hälfte des Augapfels abgetragen, Glaskörper entfernt

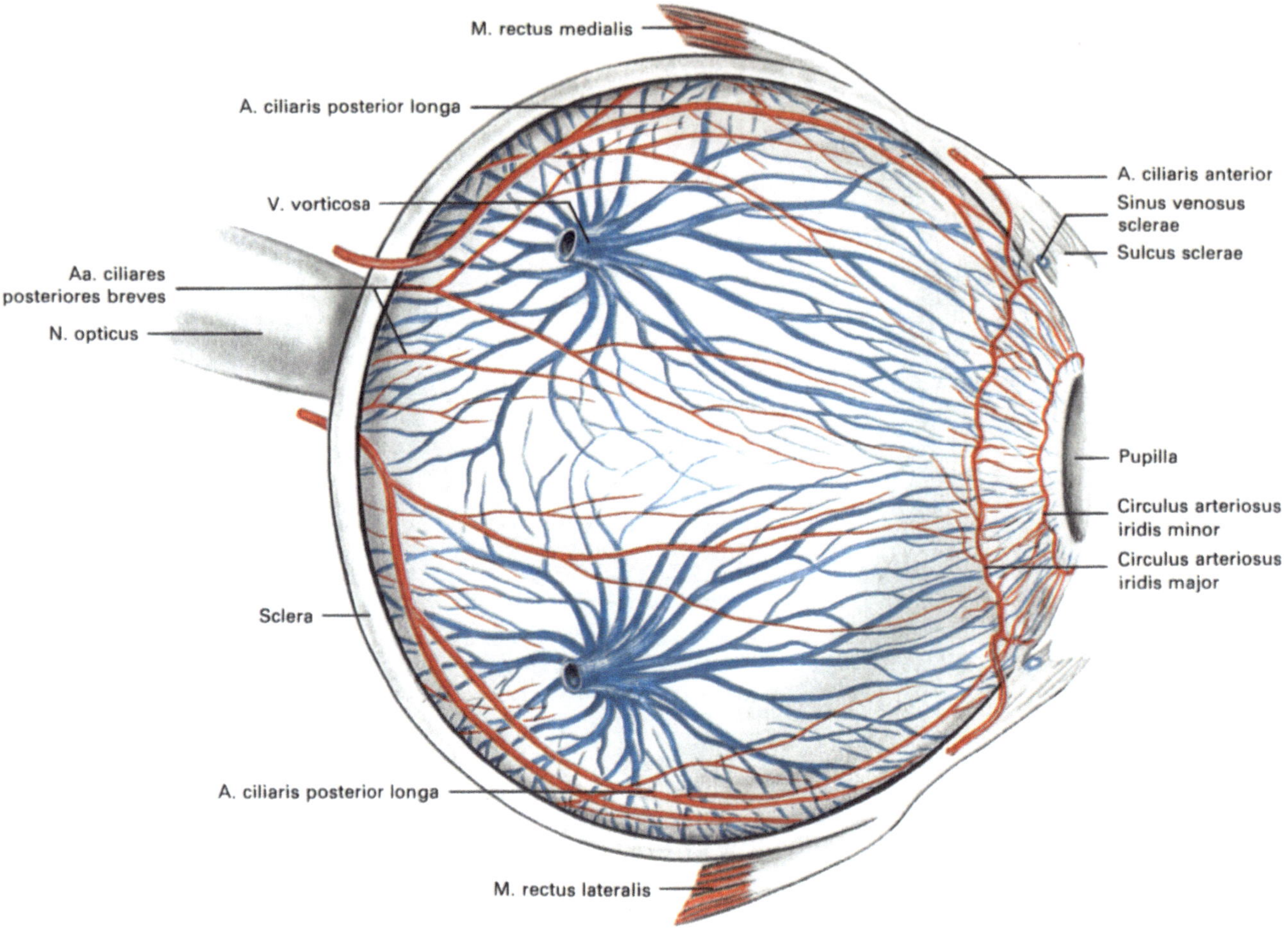

350
Auge, Oculus
von oben. Für die halbschematische Darstellung der Gefäßhaut, Tunica vasculosa bulbi, wurden Präparate, Modelle und eine Abbildung von Leber verwendet. Nicht berücksichtigt wurden: Hornhaut, Cornea, Strahlenkörper, Corpus ciliare, und Nerven

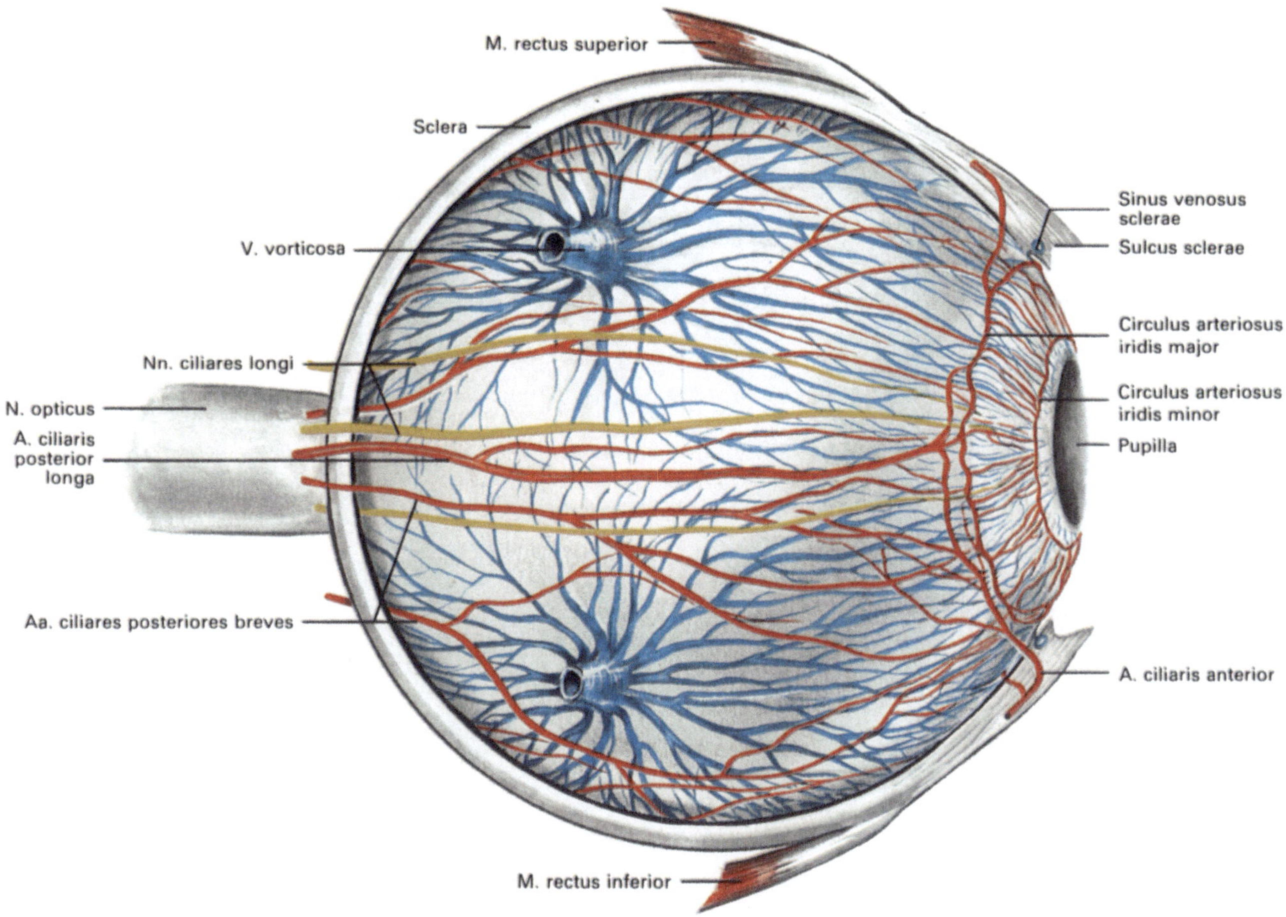

351
Auge, Oculus
von lateral. Für die halbschematische Darstellung der Gefäßhaut, Tunica vasculosa bulbi, wurden Präparate, Modelle und eine Abbildung von Leber verwendet. Nicht berücksichtigt wurden: Hornhaut, Cornea, und Strahlenkörper, Corpus ciliare

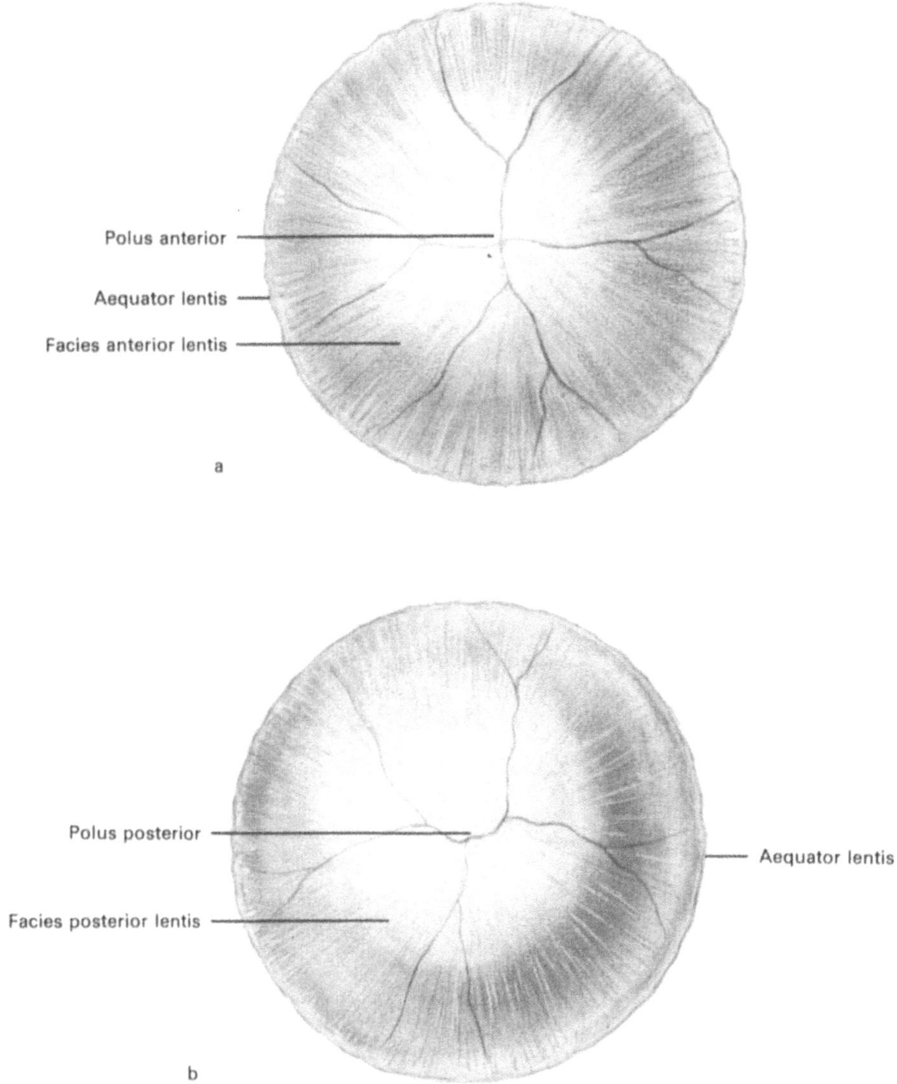

352
Linse, Lens
a von vorn, b von hinten. Siehe auch Abb. 349

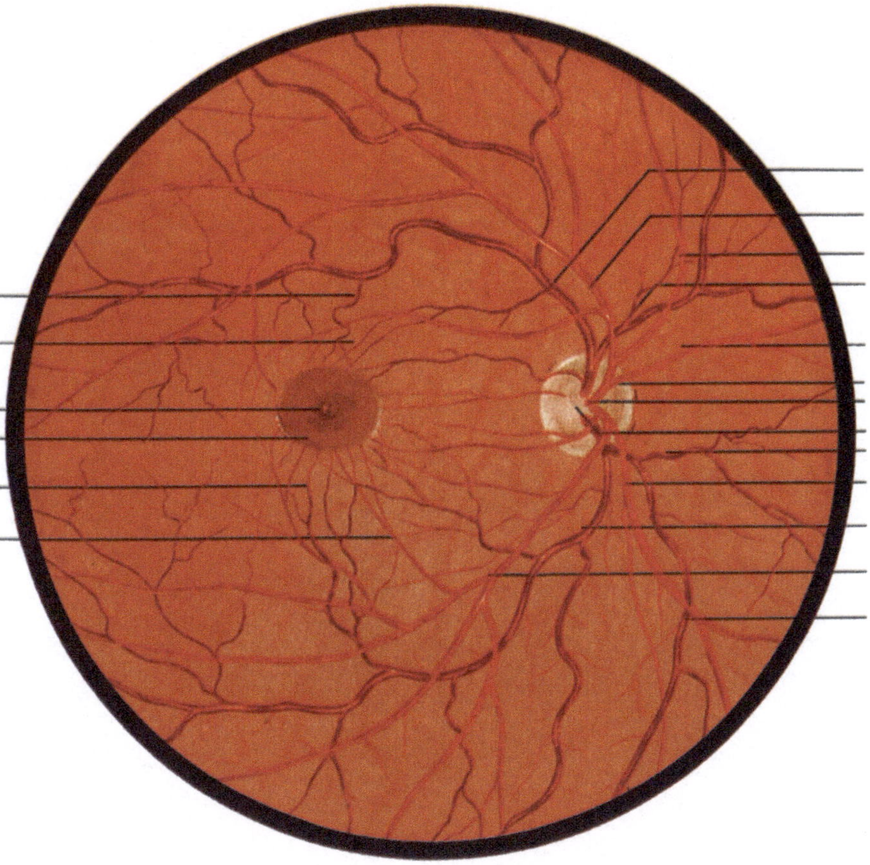

353
Augenhintergrund
Ophthalmoskopie im aufrechten Bild. Die rote Farbe wird durch die Farbstoffe des Pigmentepithels und der Aderhaut, welche das langwellige, rote Licht reflektieren, und durch die Blutgefäße der Chorioidea hervorgerufen

SINNESORGANE

Ohr

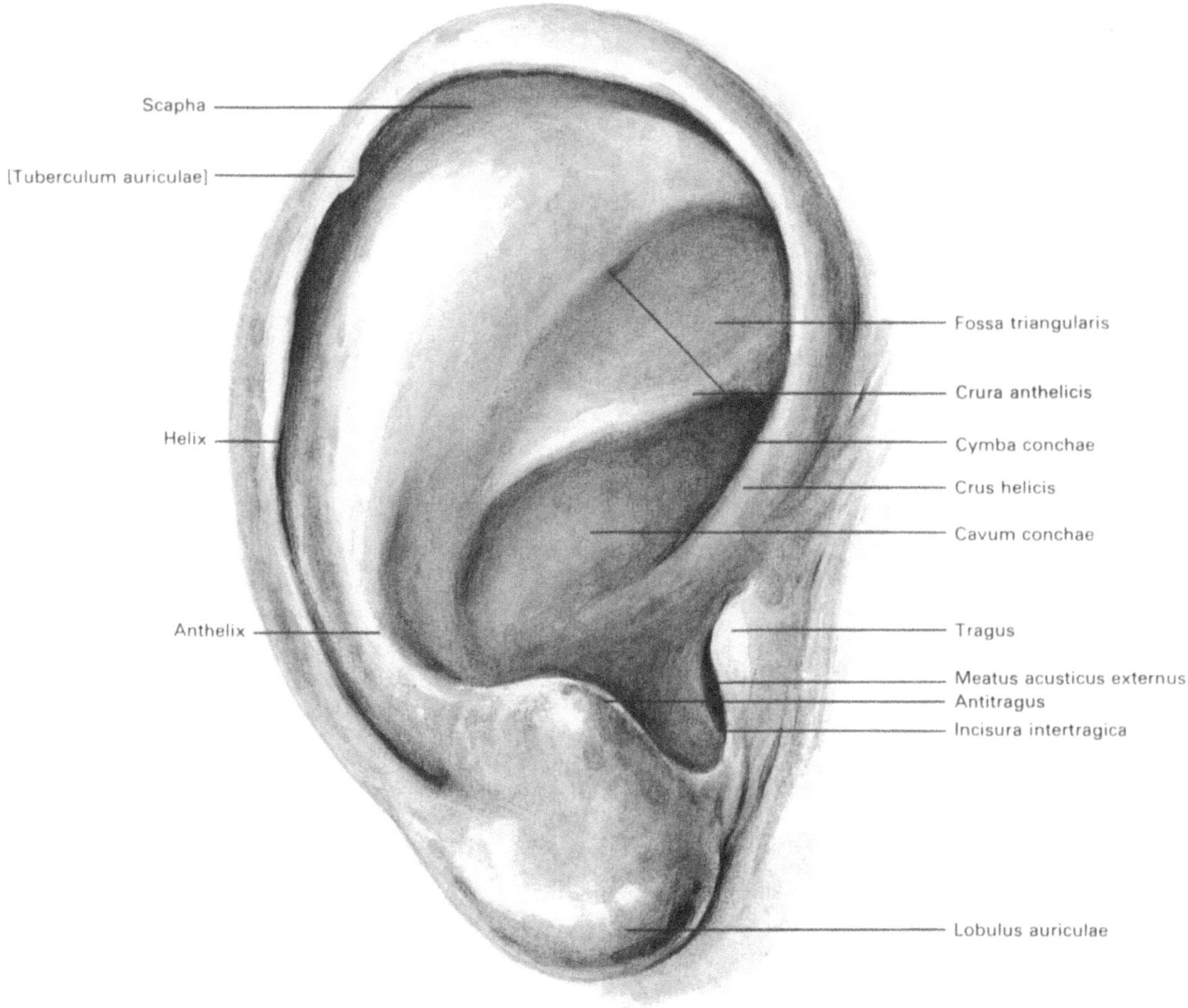

354
Ohrmuschel, Auricula
von rechts

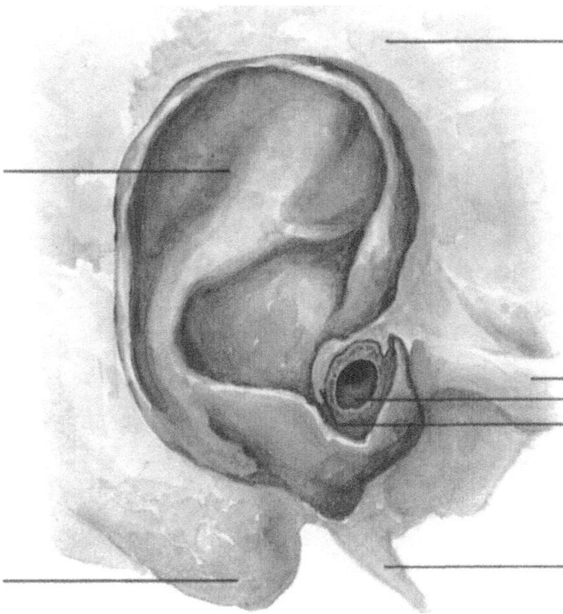

355
Ohrknorpel, Cartilago auriculae
von rechts

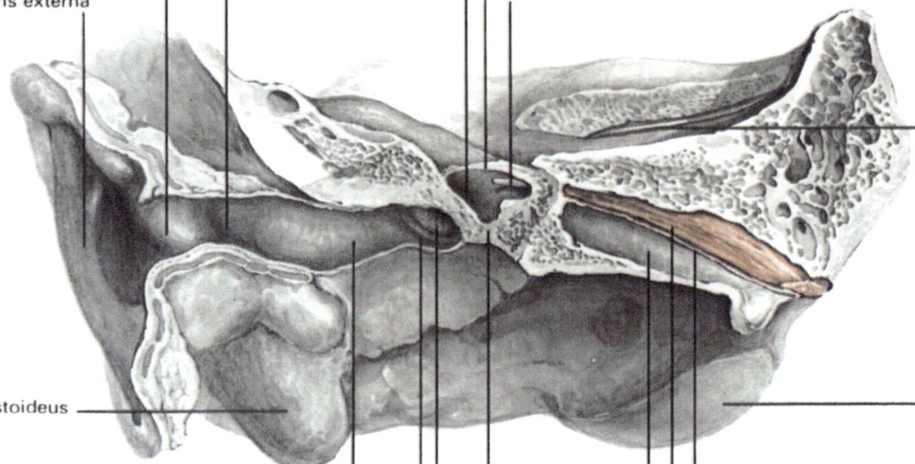

356
Äußeres Ohr, Auris externa, und Mittelohr, Auris media
Sägeschnitt parallel zur Facies anterior partis petrosae, Ansicht von vorn. Gehörknöchel entfernt

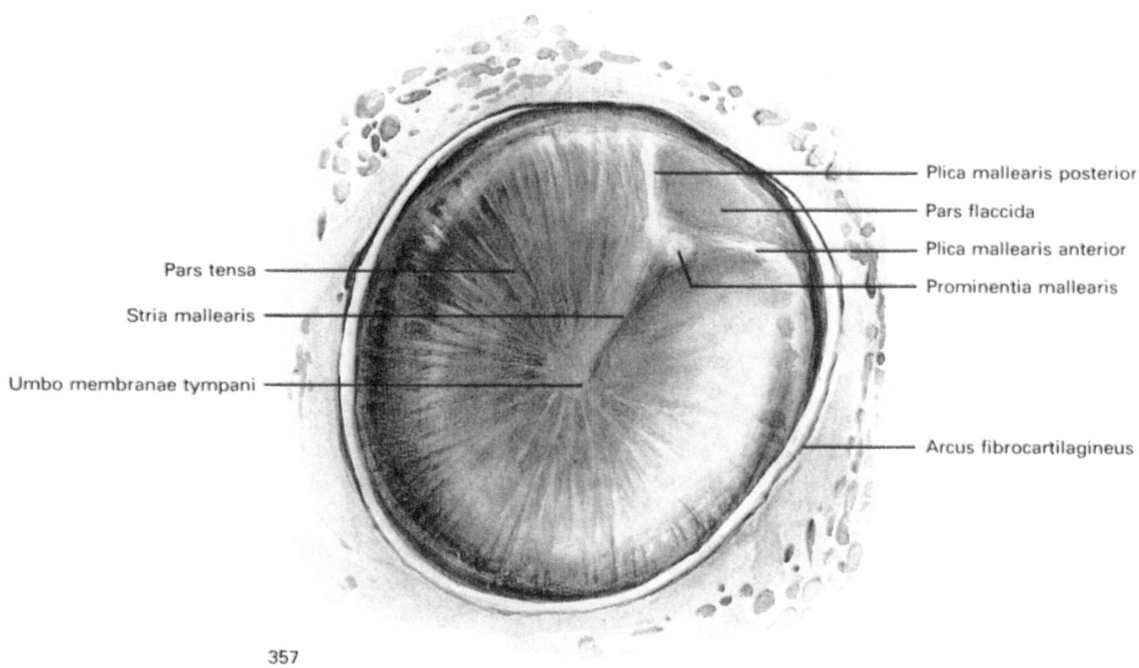

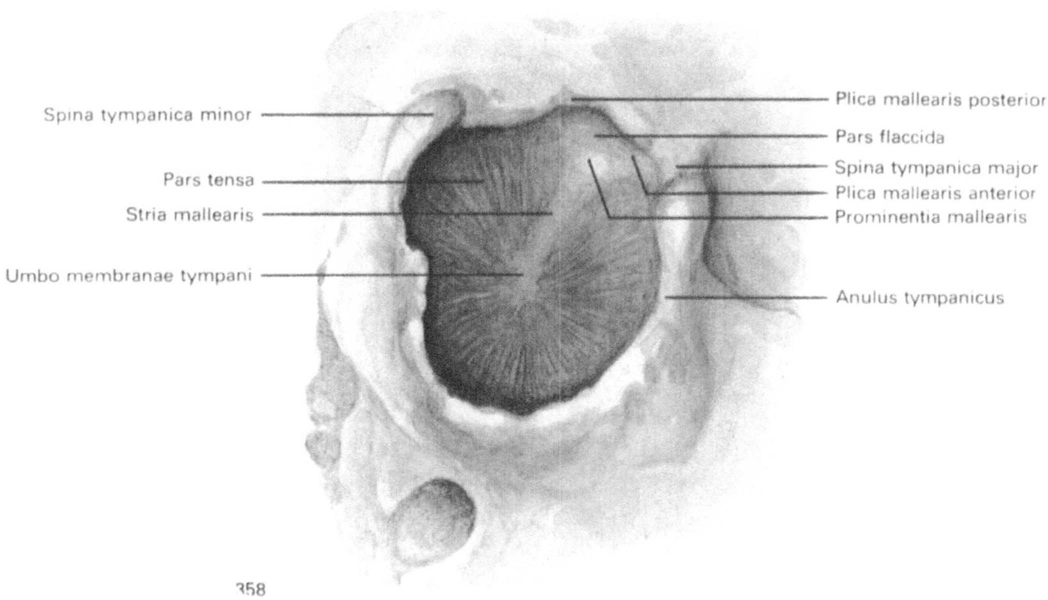

357
Rechtes Trommelfell, Membrana tympani
des Erwachsenen, Ansicht von außen

358
Rechtes Trommelfell, Membrana tympani
eines Neugeborenen, Ansicht von außen

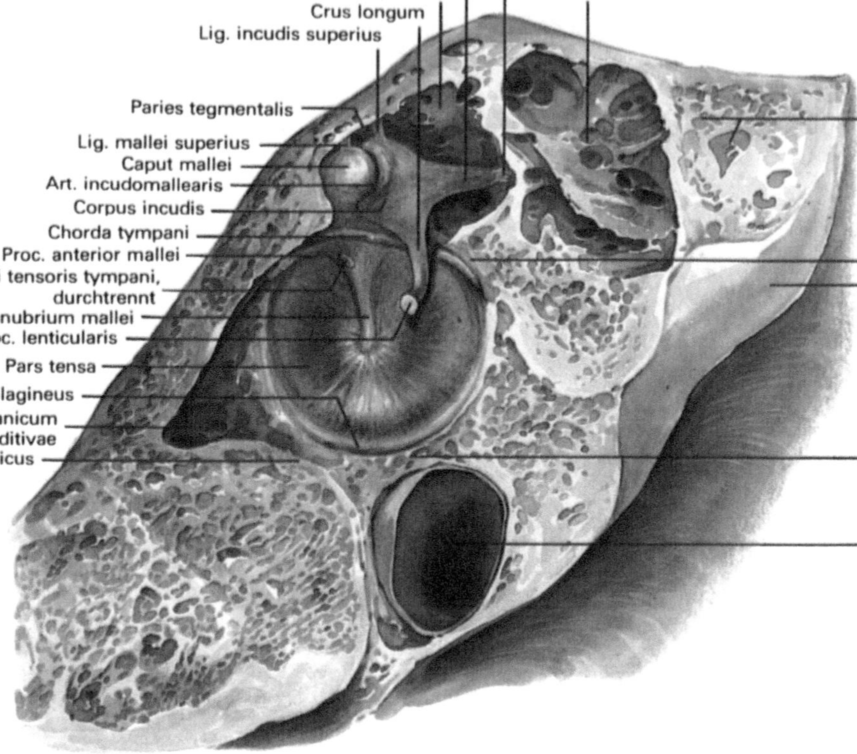

359
Rechtes Mittelohr, Auris media
von cranial medial. Das Dach der Paukenhöhle, Paries tegmentalis, und die mediale Wand, Paries labyrinthicus, wurden entfernt

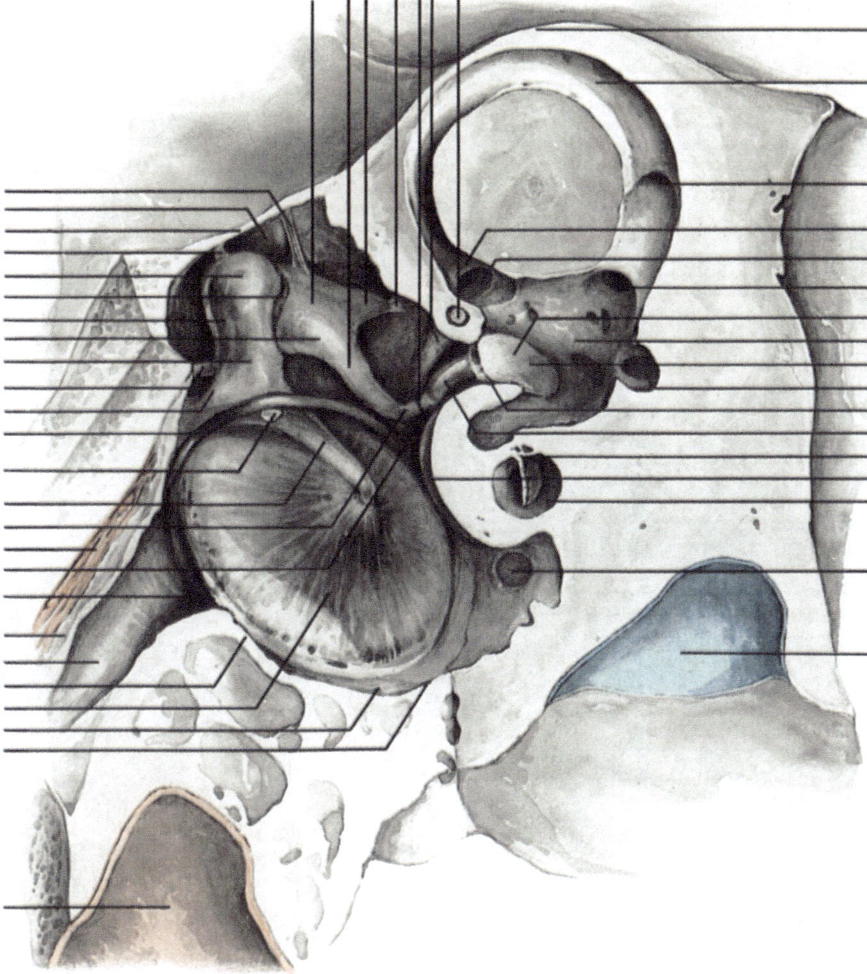

360

Rechtes Mittelohr, Auris media, und rechtes Innenohr, Auris interna

Sägeschnitt quer zur Längsachse der Pars petrosa ossis temporalis, Ansicht von vorn und medial. Der Schnitt liegt lateral von dem auf Abb. 385 dargestellten. Kette der Gehörknöchel. Schleimhaut der Paukenhöhle, Cavum tympani, und häutiges Labyrinth, Labyrinthus membranaceus, nicht dargestellt

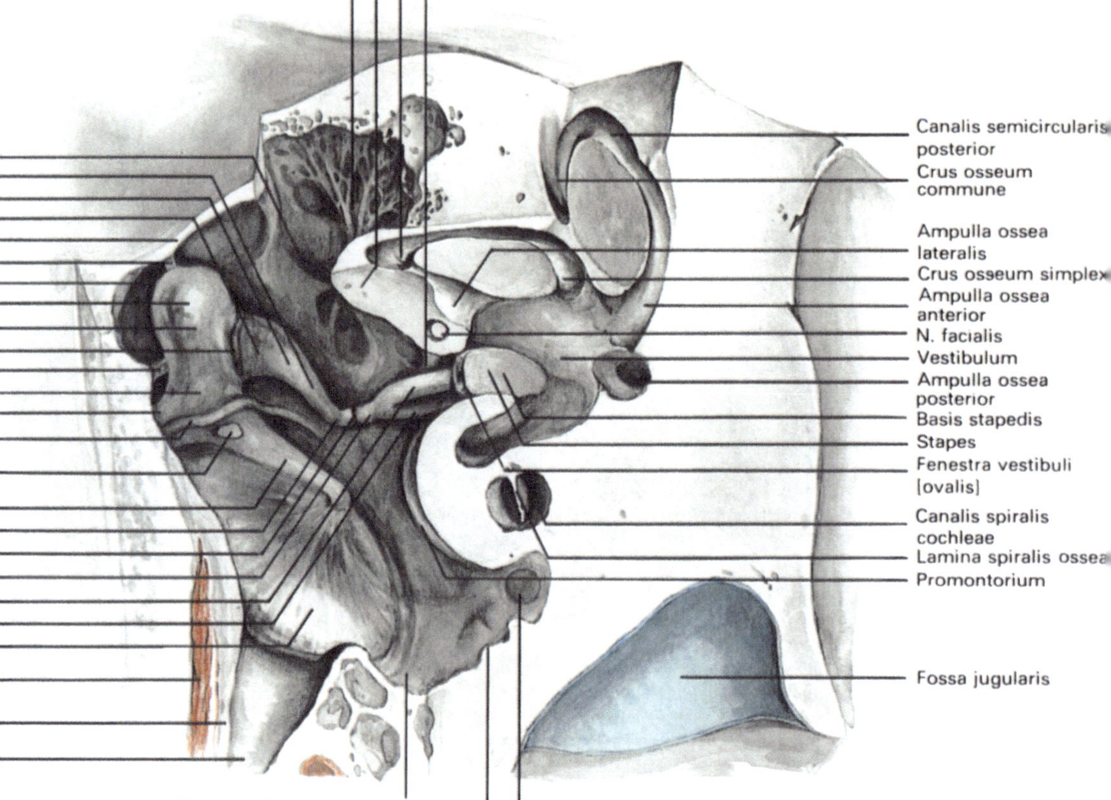

361

Rechtes Mittelohr, Auris media, und rechtes Innenohr, Auris interna

Sägeschnitt quer zur Längsachse der Pars petrosa ossis temporalis, Ansicht von vorn und medial. Zur Darstellung des lateralen Bogenganges, Canalis semicircularis lateralis, wurde der auf Abb. 360 gezeichnete Sägeschnitt durch einen horizontal geführten Schnitt ergänzt. Schleimhaut der Paukenhöhle, Cavum tympani, und häutiges Labyrinth, Labyrinthus membranaceus, nicht dargestellt

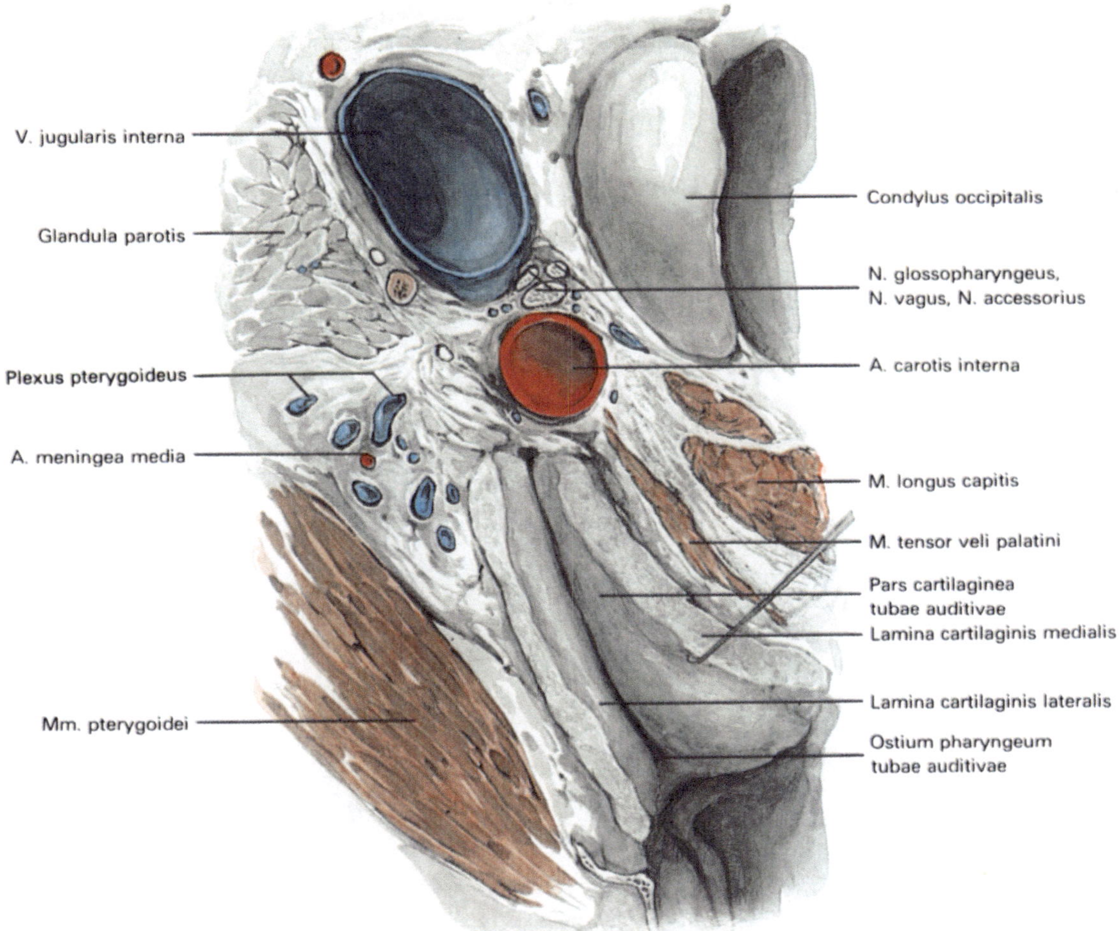

362
Rechte Ohrtrompete, Tuba auditiva
Horizontalschnitt durch den Knorpelteil. Pars cartilaginea, Ansicht von unten

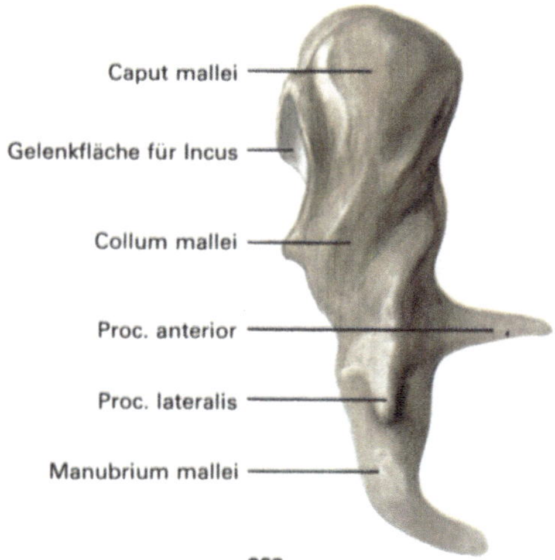

363

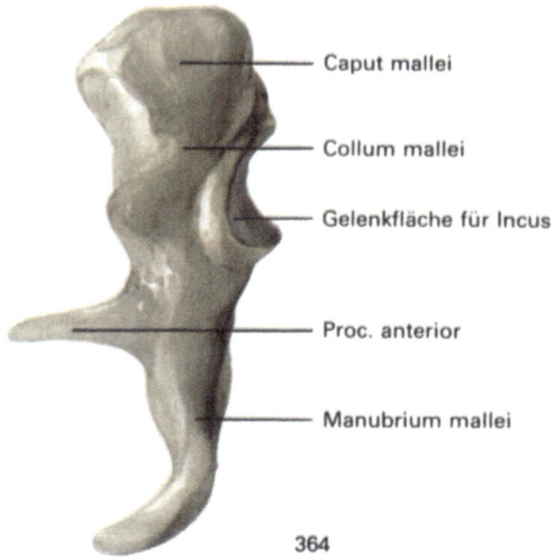

364

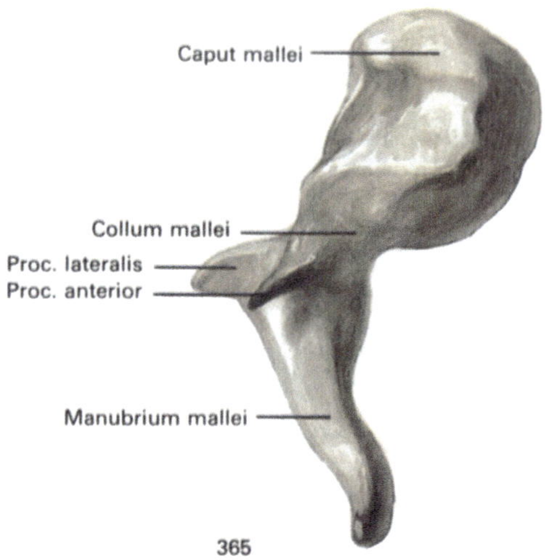

365

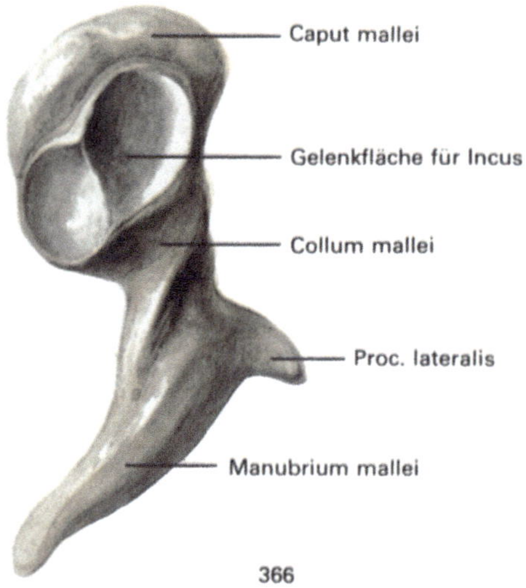

366

363
Rechter Hammer, Malleus
von lateral

364
Rechter Hammer, Malleus
von medial

365
Rechter Hammer, Malleus
von vorn

366
Rechter Hammer, Malleus
von hinten

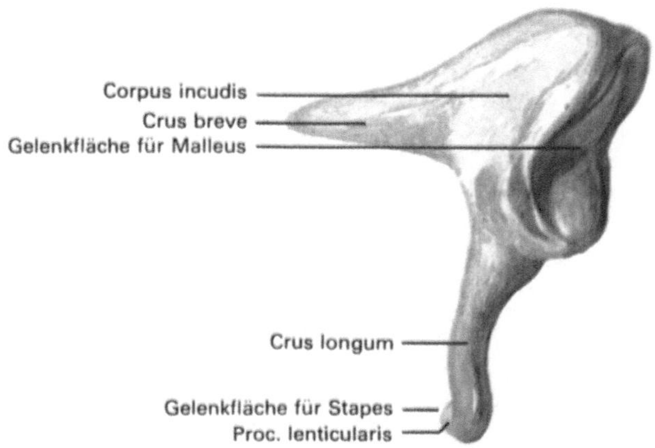

367

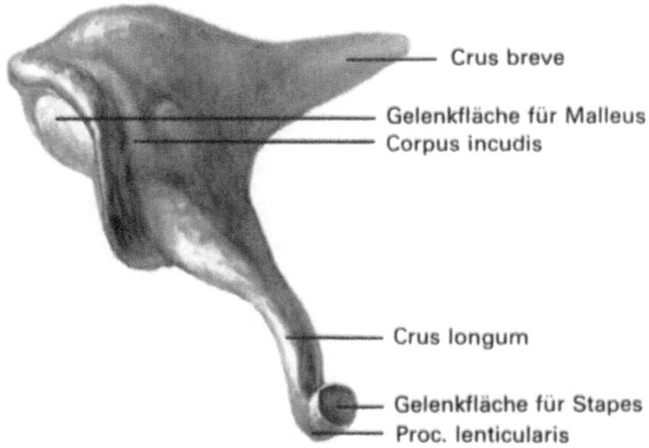

368

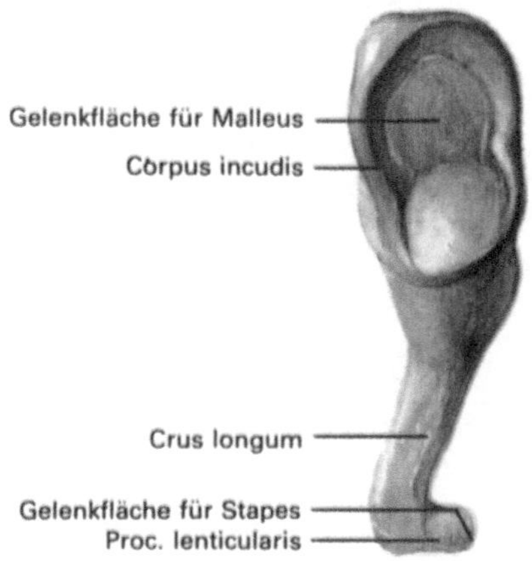

369

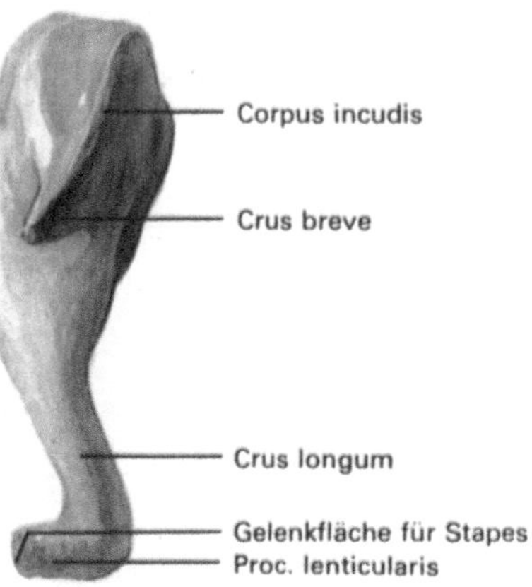

370

367
Rechter Amboß, Incus
von lateral

369
Rechter Amboß, Incus
von vorn

368
Rechter Amboß, Incus
von medial

370
Rechter Amboß, Incus
von hinten

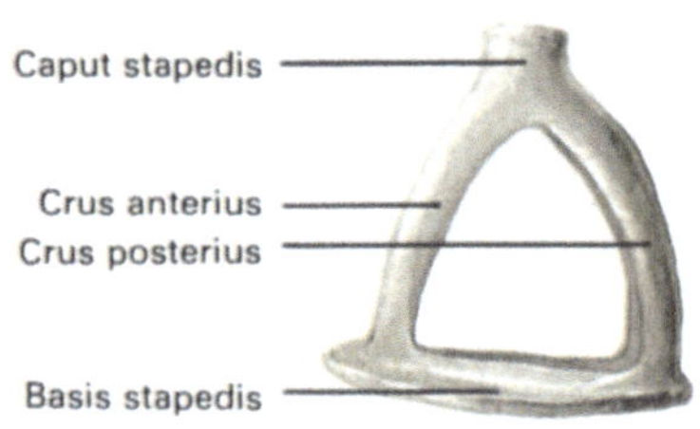

371

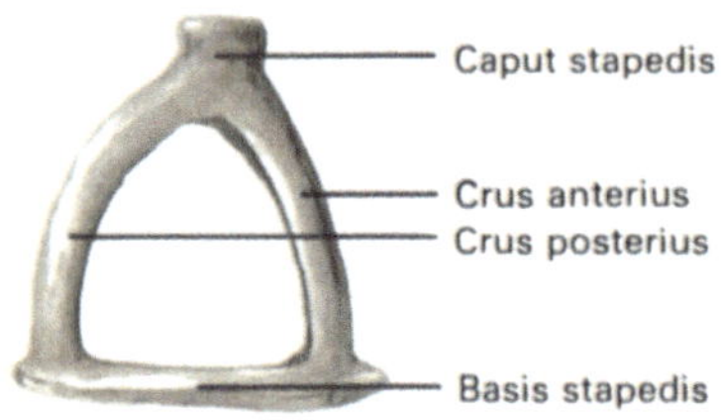

372

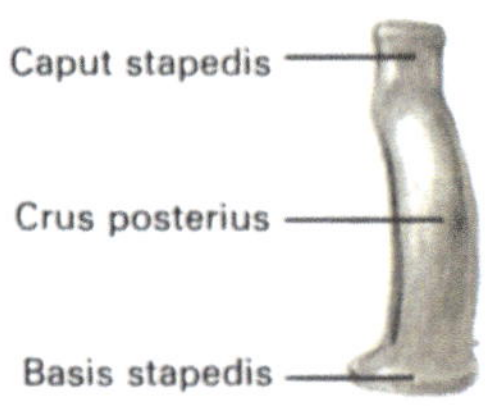

373

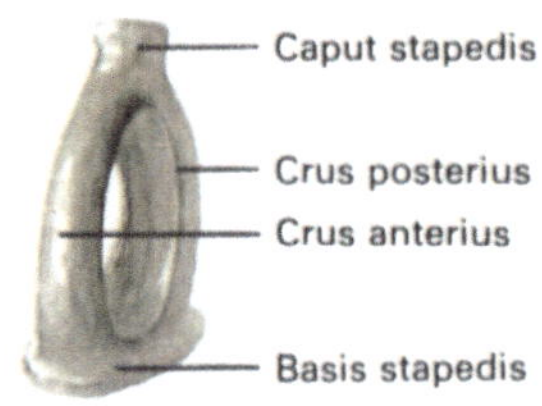

374

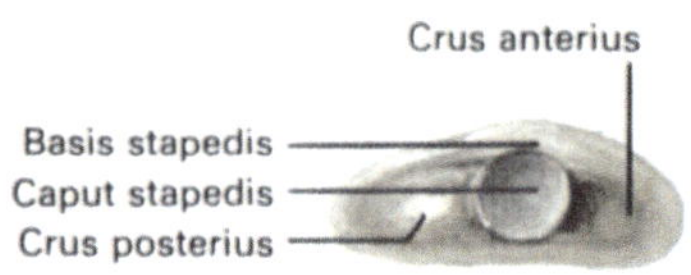

375

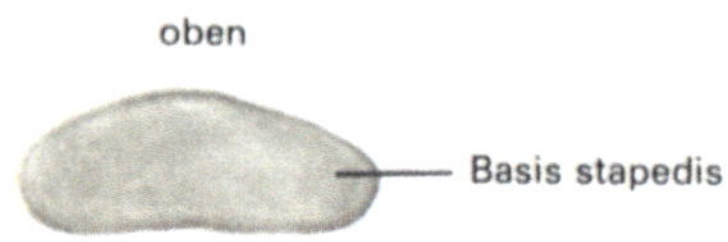

376

371
Rechter Steigbügel, Stapes
von oben

372
Rechter Steigbügel, Stapes
von unten

373
Rechter Steigbügel, Stapes
von hinten

374
Rechter Steigbügel, Stapes
von vorn unten

375
Rechter Steigbügel, Stapes
von lateral

376
Rechter Steigbügel, Stapes
von medial

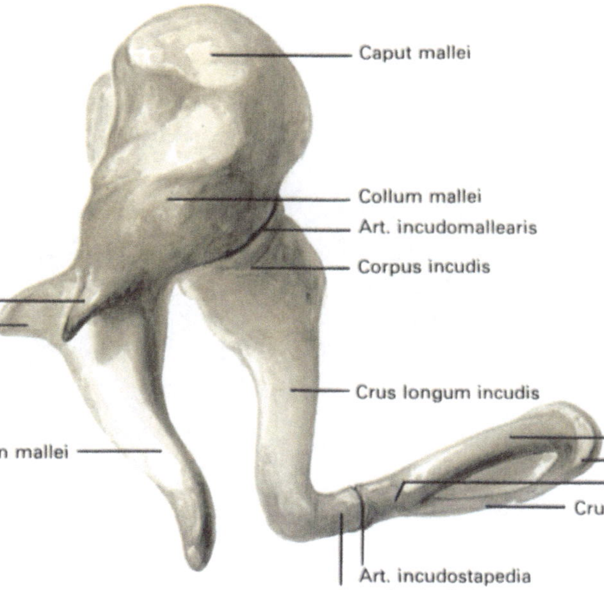

377

378

377
Gehörknöchel, Ossicula auditus
von vorn. Gelenkkapsel entfernt

378
Gehörknöchel, Ossicula auditus, Hammer, Malleus, Amboß, Incus und Steigbügel, Stapes
in natürlicher Größe

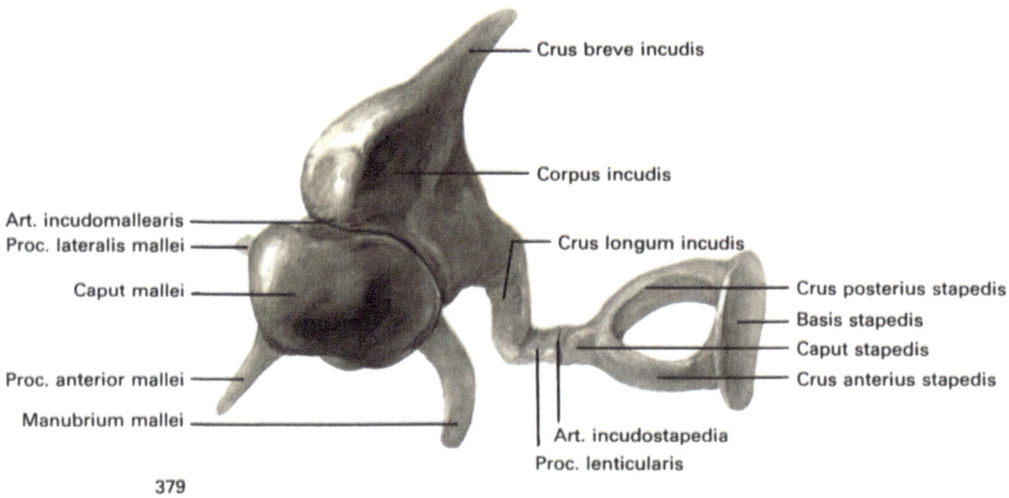

379

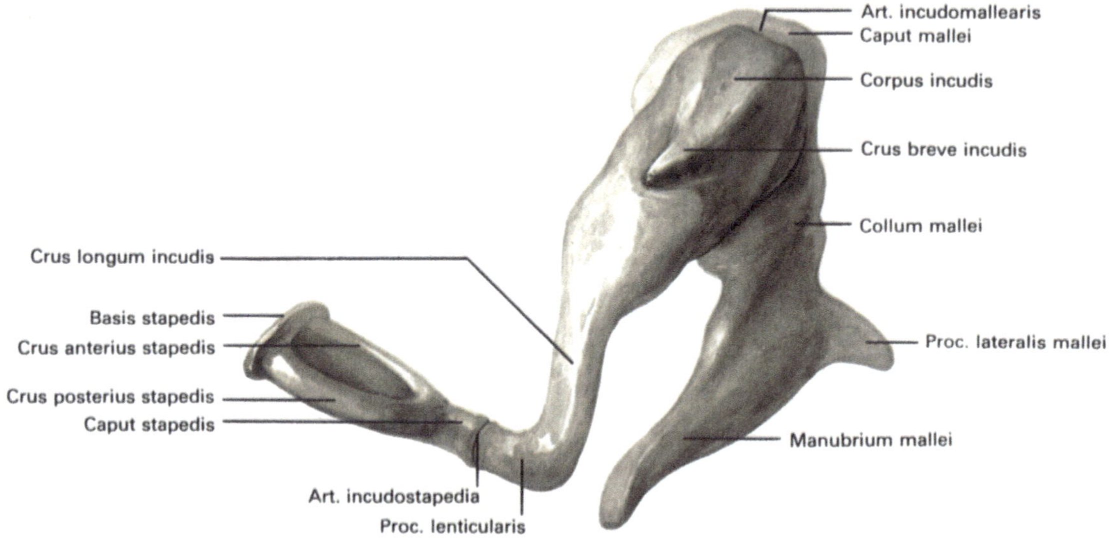

380

379
Gehörknöchel, Ossicula auditus
von oben. Gelenkkapsel entfernt

380
Gehörknöchel, Ossicula auditus
von hinten. Gelenkkapsel entfernt

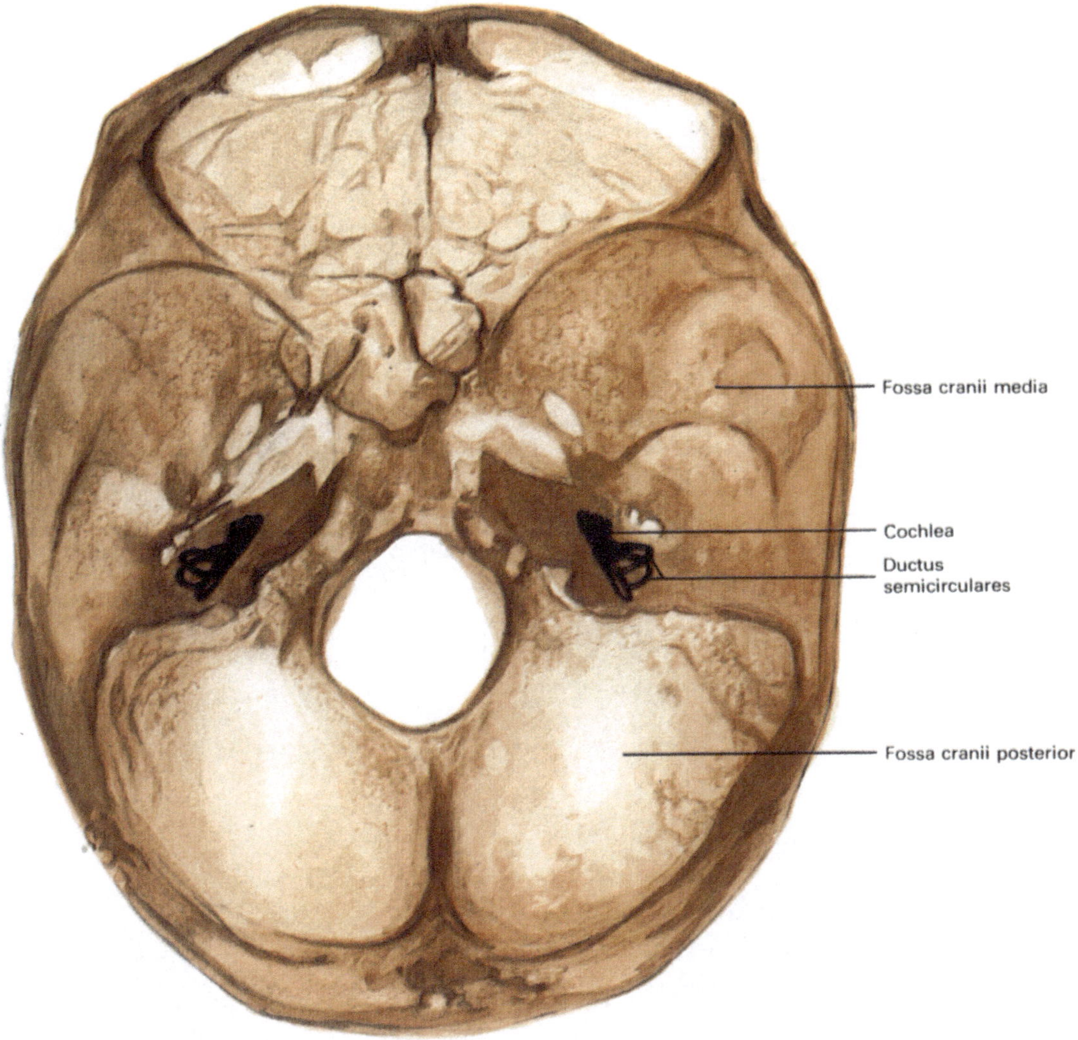

381
Knöchernes Labyrinth, Labyrinthus osseus, beider Seiten
Ausguß, Ansicht von oben. Schädelbasis nach Spalteholz aufgehellt

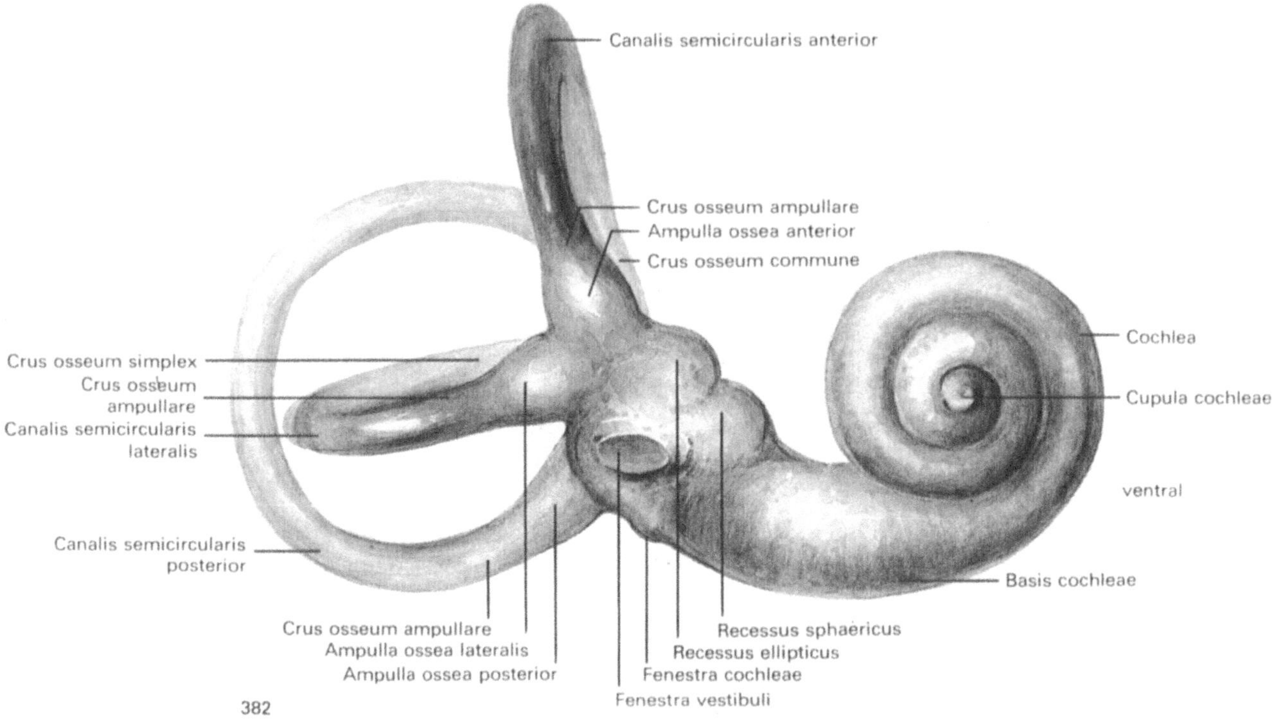
Canalis semicircularis anterior
Crus osseum ampullare
Ampulla ossea anterior
Crus osseum commune
Cochlea
Cupula cochleae
ventral
Basis cochleae
Crus osseum simplex
Crus osseum ampullare
Canalis semicircularis lateralis
Canalis semicircularis posterior
Crus osseum ampullare
Ampulla ossea lateralis
Ampulla ossea posterior
Recessus sphaericus
Recessus ellipticus
Fenestra cochleae
Fenestra vestibuli

382

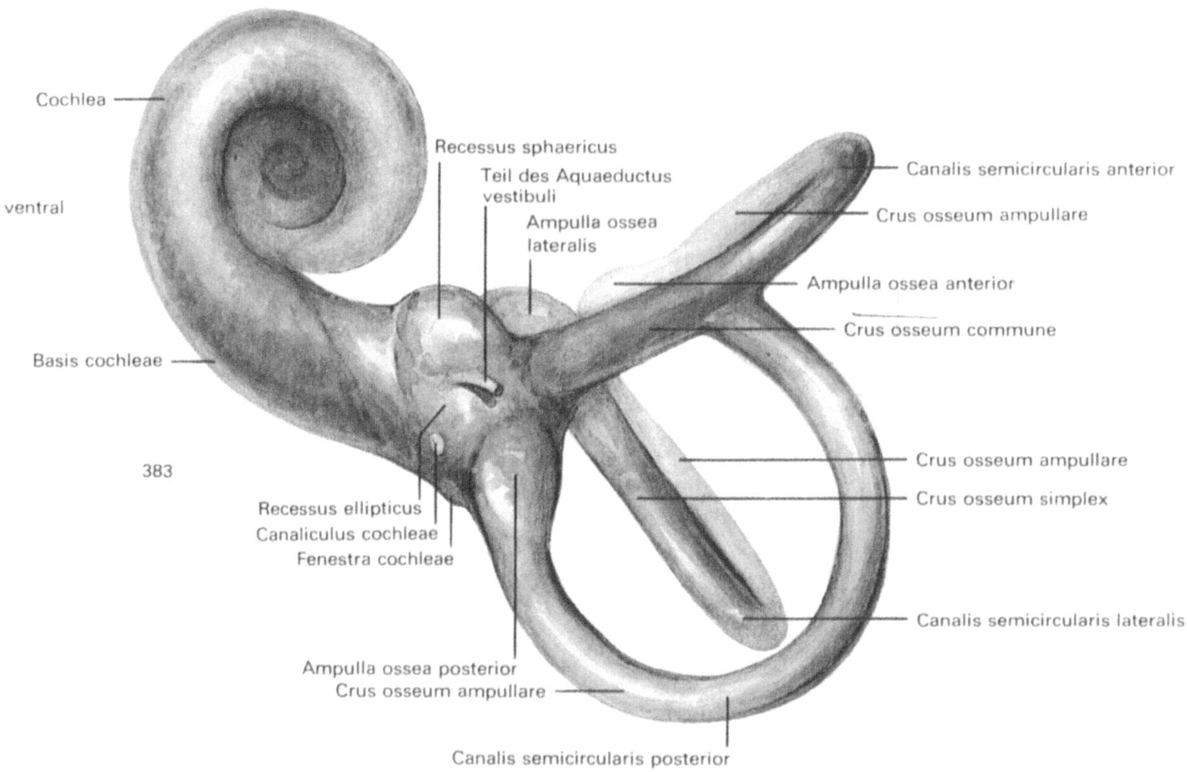
Cochlea
ventral
Basis cochleae
Recessus sphaericus
Teil des Aquaeductus vestibuli
Ampulla ossea lateralis
Canalis semicircularis anterior
Crus osseum ampullare
Ampulla ossea anterior
Crus osseum commune
Crus osseum ampullare
Crus osseum simplex
Canalis semicircularis lateralis
Recessus ellipticus
Canaliculus cochleae
Fenestra cochleae
Ampulla ossea posterior
Crus osseum ampullare
Canalis semicircularis posterior

383

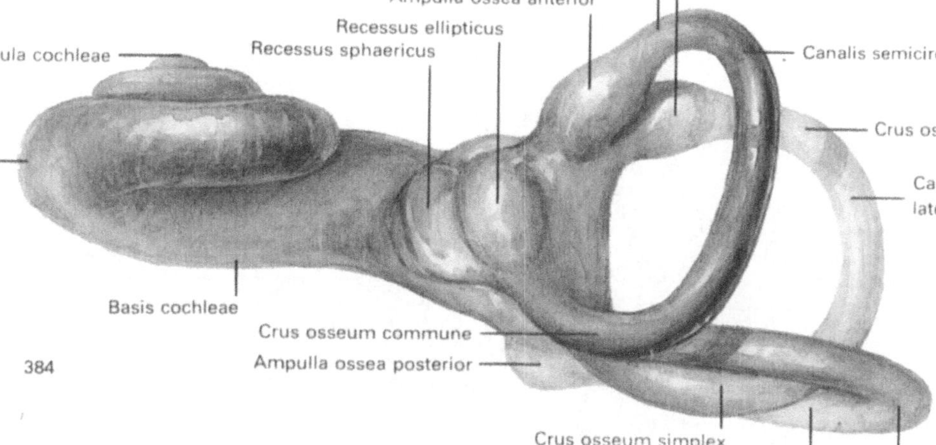

384

382
Rechtes knöchernes Labyrinth, Labyrinthus osseus
Ausguß, Ansicht von lateral

383
Rechtes knöchernes Labyrinth, Labyrinthus osseus
Ausguß, Ansicht von medial

384
Rechtes knöchernes Labyrinth, Labyrinthus osseus
Ausguß, Ansicht von oben

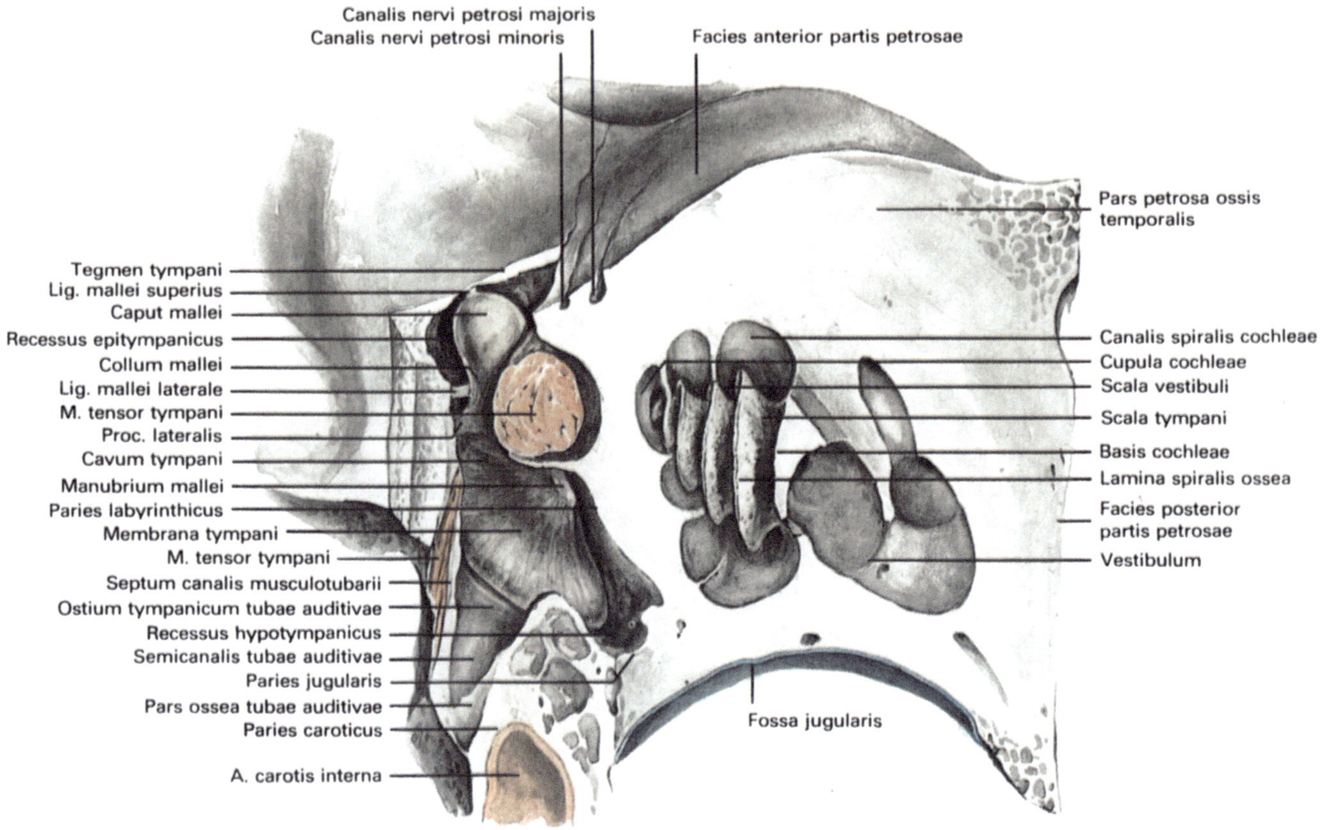

385

Rechtes Mittelohr, Auris media, und rechtes Innenohr, Auris interna

Sägeschnitt quer zur Längsachse der Pars petrosa ossis temporalis, Ansicht von vorn und medial. Schleimhaut der Paukenhöhle, Cavum tympani, und häutiges Labyrinth, Labyrinthus membranaceus, nicht dargestellt

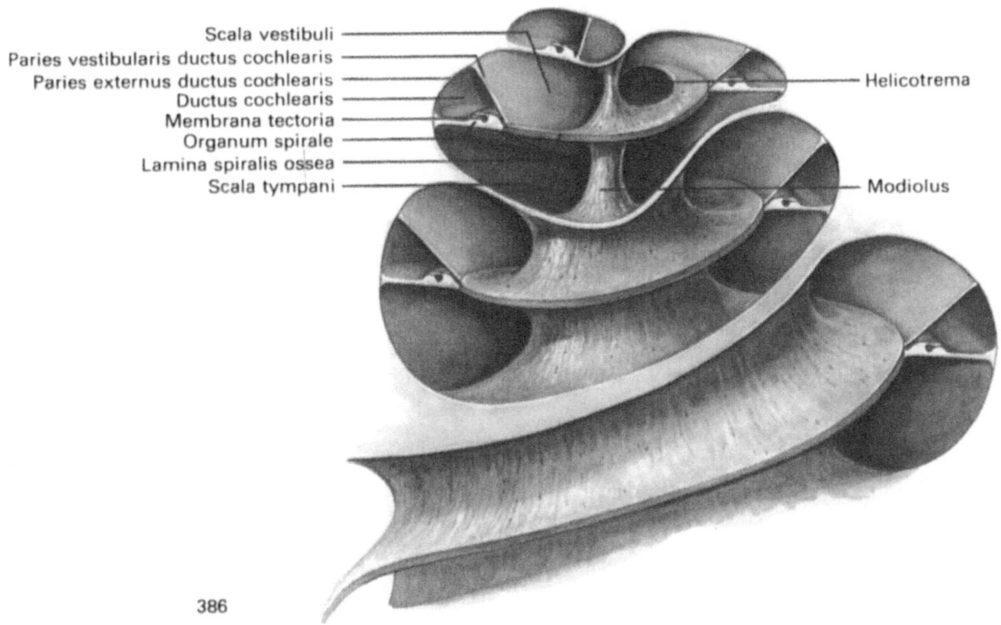

386

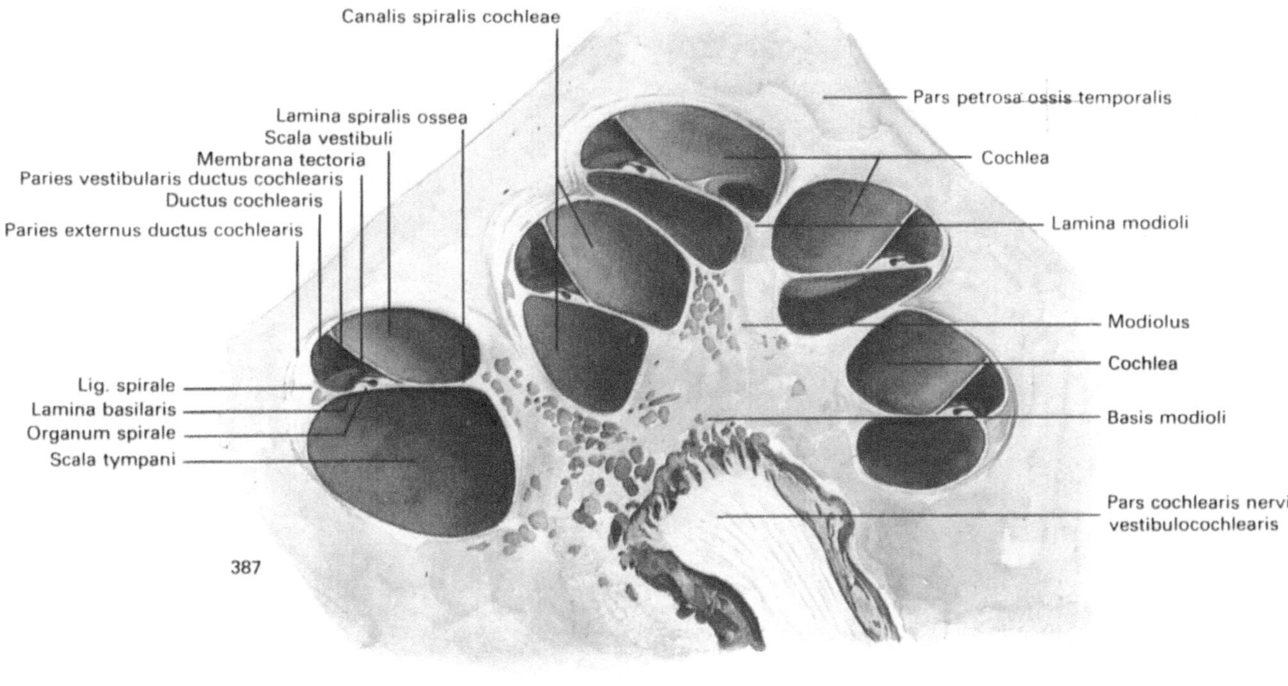

387

386
Schnecke, Cochlea
Schematische Darstellung unter Benutzung einer Abbildung aus Braus-Elze

387
Schnecke, Cochlea
Schnittführung axial. Unter Verwendung einer Abbildung von Held

Sachwortverzeichnis

Acromion 146, 147, 152
Adhaesio interthalamica 198, **203**, 224, 226, 227, 228, 256
Aditus ad antrum 324
– laryngis **108**, 171, 181, 186
Aequator bulbi oculi 307
– lentis 308, 314
Ala cristae galli 38, 39
– lobuli centralis 232, 233
– minor ossis sphenoidalis **11**, 30, 31, 55, 68, 69, 241, 279, 281, 282, 283, 284
– major ossis sphenoidalis 11, 13, 18, 19, **30**, 31, 55, 57, 58, 68, 69, 71, 80, 81, 82, 87, 241
– vomeris 48
Alveolus(i) dentalis(es) 54, 121, 122
Ampulla canaliculi lacrimalis 304
– ossea anterior 323, 324, 332, 333
– ossea lateralis 323, 324, 332, 333
– ossea posterior 323, 324, 332, 333
Angulus frontalis 36, 37
– iridocornealis 306, 308
– mandibulae 11, 13, 14, 19, 48, 49, 50, **51**, **52**, 53, 80, 81, 82, 83, 87, 88, 89, 128, 135
– mastoideus 36, 37
– occipitalis 36, 37
– oculi lateralis 298
– oculi medialis 298
– oris 109
– sphenoidalis 36, 37
Ansa cervicalis 147, 148, 151, **152**, 153
Anthelix 318
Antitragus 318
Antrum mastoideum **27**, 28, **322**, 324
Anulus fibrocartilagineus 320, 322
– iridis major 298, 310
– iridis minor 298, 310
– tendineus communis **281**, 282, 283, 284, 289, 290, 291, 292
– tympanicus 18, 58, 321
Apertura externa aquaeductus vestibuli 24, 26, 241
– externa canaliculi cochleae 24, 25
– piriformis **11**, 18, 61, 63, 101, 114
– sinus frontalis 32, 34
– sinus sphenoidalis 30, 61, 103
Apex cartilaginis arytaenoideae 177, 183, 188
– cornus posterioris 269, 270
– linguae 101, 108, 111, 113, 114, **115**
– partis petrosae **24**, 25, 26, 61
Aponeurosis epicranialis 77
Apparatus lacrimalis 304
Aquaeductus cerebri 198, 200, 203, 213, 227, **228**, 235, 250, 256
– vestibuli 332
Arachnoidea encephali 253
– spinalis 162, 163, 268, 269
Arcus alveolaris **50**, 54, 117, 121, 122
– anterior atlantis 108, 126
– aortae 154, 159
– axis 267
Arcus cartilaginis cricoideae 108, **177**, 179, 180, 181, 184, 185, 187, 188, 189, 190
– dentalis inferior 111, 113
– dentalis superior 111, 113
– fibrocartilagineus 321
– palatoglossus 111
– palatopharyngeus 111, 171, 172
– palpebralis inferior 92, 93
– palpebralis superior 92, 93
– posterior atlantis 108
– superciliaris 11, 32
– vertebrae 264, 265, 266, 269
Arcus zygomaticus **13**, 19, 57, 58, 78, 80, 81, 85, 89, 97, 98, 99, 101, 114, 124, 161, 319
Area cribrosa 306
– subcallosa 203, 226, 227
– vestibularis 231
Arteria(ae) alveolaris inferior 53, 96, **97**, 98, 124
– alveolares superiores posteriores 96, 97, 98
– angularis **92**, 93, 94, 95, 96, 97, 98
– auricularis posterior 93, 96, 97, 98
– auricularis profunda 96, 97, 98
– basilaris 159, 247, **249**, 250, 251
– buccalis 96, 97, 98
– carotis communis 94, 96, 143, 144, 148, 149, 150, 151, 152, 153, 154, **155**, 156, 157, 159, 160, 161, 162, 163, 169, 170, 190
– carotis externa 94, 96, 97, 98, 143, 144, 145, 148, 149, 150, 151, 152, **153**, 154, 155, 156, 160, 169, 170
– carotis interna 94, 96, **100**, 125, 145, 149, 151, **153**, 154, 156, 169, 170, 190, 240, 242, 243, 247, 249, 250, 251, 254, 255, 288, 289, 295, 296, 323, 325, 334
– centralis retinae 286, 306, 307, 309, **310**, 315
– cerebelli inferior anterior 159, 247, 248, **249**, 250, 251, 252
– cerebelli inferior posterior 159, 247, 248, **249**, 250, 251, 252
– cerebelli superior 248, **249**, 250, 251, 252
– cerebri anteriores 205, 206, 207, 208, 209, 210, 212, 247, 249, **250**, 251
– cerebri media 125, 205, 206, 207, 208, 209, 210, 211, 212, 247, 249, **251**, 252
– cerebri posterior 247, **249**, 250, 251
– cervicalis ascendens 147, 150, 152, 154, **155**, 157, 158
– cervicalis superficialis 147, 154, 157, 158, **160**
– chorioidea anterior 249, 251
– ciliaris anterior 309, 312, 313
– ciliares posteriores breves 309, 312, 313
– ciliares posteriores breves et longae 291, 292, 295, 296
– ciliaris posterior longa 309, 312, 313
– communicans anterior 249, 250, 251
– communicans posterior 247, 249, 250, 251
– conjunctivalis anterior 309
– episcleralis 309
– ethmoidalis anterior 290, 291, 292, **295**, 296
– ethmoidalis posterior 290, 291, 292, **295**, 296
– facialis 92, 93, 94, 95, 96, 97, **98**, 124, 143, 148, 149, 150, 151, 152, 153, 155, 156, 160, 161, 169, 170

Arteria(ae) infraorbitalis **92**, 93, 96, 97, 98, 124
– labialis inferior **92**, 93, 94, 96, 97, 98, 160, 161
– labialis superior **92**, 93, 94, 95, 96, 97, 98, 160, 161
– labyrinthi 249, 250, 251
– lacrimalis 124, **290**, 291, 292, 296
– laryngea superior 94, 96, 143, 144, 145, 148, 149, 150, 151, 152, **153**, 154, 155, 156, 190
– lingualis 94, **96**, 115, 124, 143, 144, 148, 149, 150, **151**, 152, 153, 155, 156, 160, 169, 170
– masseterica 96, 97, 98
– maxillaris 96, 97, 98
– meningea anterior 244
– meningea media 96, 97, 98, **239**, 244, 245, 325
– meningea posterior 244, 245
– mentalis 92, 93, 97, 98
– occipitalis 93, 94, **96**, 160, 169, 170
– ophthalmica 124, 289, **290**, 291, 292, 295, **296**
– palatina ascendens 96
– palatina descendens 96, 97, 98
– pharyngea ascendens 169, 170
– sphenopalatina 96, 97, 98
– spinalis anterior 159, 249
– spinalis posterior 159, 249
– sternocleidomastoidea 151
– subclavia 143, 144, 146, 147, 152, **154**, 155, 156, 157, 158, 159, 160, 161
– submentalis **94**, 96, 98, 150, 151
– supraorbitalis 92, 93, 98, 124, **290**, 291, 292, **296**
– suprascapularis 143, 146, 147, **152**, 154, 155, 158
– supratrochlearis 92, 93, 98, 290, 291, 292, **296**
– temporales profundae 96, 97, 98
– temporalis superficialis 92, **93**, 94, 95, 96, 97, 98, 160
– thoracica interna 159
– thyreoidea superior 94, 96, 143, 144, 145, 148, 149, 150, 151, 152, **153**, 154, 155, 156, 160, 162, 169, 170
– thyreoidea inferior 147, 150, 153, 154, **155**, 156, 157, 158, 161, 163
– transversa colli **146**, 147, 152, 155, 156, 157, 159
– transversa faciei 92, 93, 94, 96
– tympanica anterior 96, 97, 98
– vertebralis 155, 157, 158, 159, 162, 247, 249, 250, 251, 267
– zygomaticoorbitalis 92, 93
Arteriola macularis inferior 315
– macularis superior 315
– medialis retinae 315
– nasalis retinae inferior 315
– nasalis retinae superior 315
– temporalis retinae inferior 315
– temporalis retinae superior 315
Articulatio(nes) atlantoaxialis lateralis 159
– cricoarytaenoidea 183, 184, 188
– cricothyreoidea 163, 183, 186
– incudomallearis 322, 324, 329, 330
– incudostapedia 323, 329, 330
– intervertebrales 159, 271
– sternoclavicularis 144
– temporomandibularis **80**, 81, 82, 83, 84, 85, 86, 87, 89
Atlas 136, 138, 159, 264, 266, 267
Auricula 318
Auris interna 323, 324, 334
– externa 320
– media 320, 322, 323, 324, 334
Axis 126, 159
– opticus 307

Basis cartilaginis arytaenoideae 177, 183, 188
– cochleae 29, 332, 333, 334
– cranii externa 57, 58
Basis cranii interna 55, 56, 244, 265
– mandibulae 11, 13, 14, 19, 49, 50, **51**, 53
– modioli 335
– stapedis 323, 324, 328, 329, 330
Brachium colliculi inferioris 230, 231
– colliculi superioris 231
Bucca 101
Bulbus oculi 102, 124, 281, 282, 283, 284, 285, 287, 291, 292, 293, **294**, 295, 296, 297, 298, 299, 305
– olfactorius 199, 247, 249
Bulla ethmoidalis 64
Bursa musculi sternohyoidei 145

Calamus scriptorius 231, 256
Calcar avis 218, 219, 220, 221, 225
Calvaria 69, 253, 266
Camera anterior bulbi 306, 307, 308, 311
– posterior bulbi 306, 307, 308, 311
Canaliculi caroticotympanici 25
Canaliculus cochleae 332
– lacrimalis inferior 304
– lacrimalis superior 304
– mastoideus 25
– tympanicus 25
Canalis caroticus **25**, 26, 27, 28, 57, 58, **100**, 241
– centralis 256, 269, 270
– condylaris 22
– diploicus 70, 253
– facialis 27, 28
– hypoglossi 22, 23, 55, 61
– incisivus **41**, 61, 63, 83, 88, 103, 104, 108
– infraorbitalis 43, 102
– mandibulae 51, **53**, 97, 98, 121
– musculotubarius 25, 27, 28
– nasolacrimalis 303, 304
– opticus 11, 20, 30, 31, 34, **55**, 68, 69, 72, 100, 241, 281, 282, 283, 284, 289
– palatinus major 103
– palatinus minor 44
– palatovaginalis 30
– pterygoideus 30, 31, 69, 100
– radicis dentis 121
– semicircularis anterior 332, 333
– semicircularis lateralis 324, 332, 333
– semicircularis posterior 324, 332, 333
– nervi petrosi majoris 334
– nervi petrosi minoris 334
– spiralis cochleae 27, 29, 323, 324, **334**, 335
– vertebralis 269
– vomerovaginalis 30
Capsula externa 125, 207, 208, 209, 210, 211, 212, 220, 221, **222**, 223
– extrema 125, 207, 208, 209, 210, 211, 212, 220, 221, **222**, 223
– interna 125, 207, 208, 209, 210, 211, 212, **222**, 223
– lentis 308
Caput mallei 322, 323, 324, **326**, 329, 330, 334
– mandibulae 49, 50, **51**, 53, 54, 81, 122, 123, 135
– nuclei caudati 205, 206, 207, 208, 210, 218, 219, 220, 221, 222, 223, **224**
– stapedis 323, 324, **328**, 329, 330
Cartilago alaris major 66
– alaris minor 66, 67
– arytaenoidea **177**, 183, 184, 188, 190
– auriculae 319
– corniculata 177, 183
– cricoidea 95, 101, 114, 133, 145, 154, 157, 163, **177**, 181, 182, 184

Cartilago(ines) epiglotta 108, **178**, 179, 181, 182, 183
– meatus acustici 82
– nasi 65, **66**, 67, 79, 105, 108
– nasi lateralis 66, 67
– septi nasi 65, 66, 67, 108
– thyreoidea 95, 101, 108, 114, 133, 143, 145, 148, 149, 150, 151, 153, 154, 155, 156, 158, 161, 162, 174, **175**, 176, 179, 180, 181, 182, 183, 184, 187, 189, 190
– tracheales 108, 179, 180, 181, 182, 183, 185, 186, 187, 188, 190
– triticea 179, 180, 185, 186, 187
Caruncula lacrimalis 298, 299, 300
– sublingualis 113
Cauda equina 264, 265, 266
– nuclei caudati 211, 212, 222, 224
Cavum conchae 318
– dentis 121
– epidurale 162, 163, 269
– infraglotticum 108, 163, **181**, 182, 190
– nasi 63, **64**, 83, 88, 104
– oris 110, 111, 112, 113, 124
– septi pellucidi 125, 219, 220, **221**, 223, 224
– subarachnoideale 162, 163, 253, 269
– tympani 29, 320, 334
Cellulae ethmoidales **38**, 39, 68, 69, 124, 281, 282, 283, 284, 290, 291, 292, 293
– mastoideae 27, 28, 322
Cerebellum 195, 199, 201, 202, 217, 218, 219, 223, 224, 228, **232**, 233, 234, 235, 236, 247, 248, 249, 251, 252
Chiasma opticum 125, **199**, 200, 203, 209, 228, 229, 242, 247, 249, 250, 251, 279, 288, 289
Choanae **57**, 58, 89, 123, 171, 172
Chorda tympani 98, 99, 100, 101, 322, **323**, 324
Chorioidea 306, 307, 308, 309
Cilia 298
Circulus arteriosus iridis major 309, 312, 313
– arteriosus iridis minor 309, 312, 313
Cisterna cerebellomedullaris 247
– chiasmatis 247
– fossae lateralis cerebri 247
– interpeduncularis 247
Claustrum 125, 205, 206, 207, 208, 209, 210, 211, 212, 220, 221, **222**, 223
Clavicula 128, 130, 131, 132, 133, 134, 141, 142, 143, 144, 146, 147, 148, 149, 150, 152, 155, 156, 157, 158
Clivus 55, 242, 288, 289
Cochlea 331, 332, 333, 335
Colliculus cartilaginis arytaenoideae 177
– facialis 231
– inferior 228, 230, 231, 235
– superior 200, 213, 224, 228, 230, 231
Collum dentis 121
– mallei 323, 324, **326**, 329, 330, 334
– mandibulae 49, 50, **51**, 53, 54
Columna anterior 269, 270
– fornicis 198, 203, 209, **226**, 227, 228
– lateralis 269, 270
– posterior 269, 270
Commissura alba 269, 270
– habenularum 198, 203, 228
– anterior 198, 203, 226, 227, **228**
– labiorum 109, 111, 113
– palpebrarum lateralis 298
– palpebrarum medialis 298
– posterior 198, 203, 227, 228
Concha nasalis inferior 11, **48**, 61, 63, 64, 68, 83, 88, 103, 108, 124, 304
– nasalis media 11, 38, 39, **61**, 68, 103, **108**, 124
– nasalis superior 38, 39, **61**, 68, 103, 104, **108**
Concha sphenoidalis 30
Condylus occipitalis 13, **22**, 23, 27, 57, 58, 61, 71, 89, 170, 320, 325
Confluens sinuum 242, 243
Conus elasticus 181, 188
– medullaris 264, 265, 266
Cornea 278, 287, **306**, 307, 308, 309, 311
Cornu anterius medullae spinalis 269, 270
– anterius ventriculi lateralis 206, 207, 208, 218, 219, 220, 221, 222, 223, 224, **256**
– frontale ventriculi lateralis 205
– inferius cartilaginis thyreoideae 163, 183, 186
– inferius ventriculi lateralis 126, 174, 175, 176, 180, 185, 211, 212, 213, 214, 220, 221, 223, **225**, **256**
– laterale medullae spinalis 269, 270
– majus ossis hyoidei **129**, 135, 150, 151, 168, 169, 170, 179, 180, 185, 188
– minus ossis hyodei **129**, 135, 179, 180, 185, 188
– posterius medullae spinalis 269, 270
– postérius ventriculi lateralis 126, 213, 214, 215, 218, 219, 220, 221, 222, **225**, **256**
– superius cartilaginis thyreoideae 174, 175, 176, 179, 180, 183, 185, 186, 187
Corona ciliaris 310
– dentis 121
Corpora mamillaria 125, 199, 200, 203, 211, 212, 228, **229**, 230, 247, 249, 251
Corpus adiposum buccae 75, 76, 95, 124
– adiposum laryngis 189, 190
– adiposum orbitae 124, 278, **280**, 289, 290, 304
– amygdaloideum 209, 210
– callosum 195, 223, 250, 253
– ciliare 278, **306**, 307, 308, 309
– fornicis 198, 203, 209, 210, **219**, 220, 221, 222, 223, 224, 226, 227, 228
– geniculatum laterale 230
– geniculatum mediale 230
– incudis 322, 323, 324, **327**, 329, 330
– linguae 101, 108, 111, 112, 114, **115**, 124, 190
– mandibulae 11, 13, 19, 49, 50, **51**, 53, 54, 76, 83, 85, 86, 87, 88, 89, 116, 123, 124, 135, 160, 161, 297
– maxillae 11, 13, **41**, 42, 43, 57, 66, 67, 71, 72, 76, 79, 80, 81, 85, 86, 87, 101, 114, 285, 301, 303, 304
– nuclei caudati 209, 218, 220, 221, **224**
– ossis hyodei 129, 135, 150, 151, 179, 180, 185, 188
– ossis sphenoidalis 30, 31, 55, 58, 61, 63, 64, 65, 69, 83, 88, 108, 125
– pineale 198, 203, 213, 224, 227, **228**, 231, 267
– vitreum 278, 306, 308
Cortex cerebri 253
– lentis 308
Costa I 136, 137, 138, 144, 154, 159, 264, 265, 266
Cranium 11, 12, 13, 14, 15, 16, 17, 18, 19, 20, 21, 35, 40, 59, 60, 61, 62, 63, 68, 69, 245
Crista arcuata cartilaginis arytaenoideae 177
– conchalis 41, 44, 45
– ethmoidalis 41, 44
– frontalis 33, 55, 68
– galli ossis ethmoidalis 34, **38**, 39, **55**, 63, 64, 65, 83, 88, 241, 242, 243, 279, 281, 282, 283, 284, 290, 291, 292, 293
– infratemporalis 30, 31, 57, 69, 71
– lacrimalis anterior 41, 42, 43, 72
– lacrimalis posterior 47, 72
– nasalis 41, 42, 43, 44, 45
– occipitalis externa 14, 22, 23, 57
– occipitalis interna 22, 55
– palatina 44, 45
– sphenoidalis 30
– tegmentalis 24, 25, 28, 57

Crura anthelicis 318
Crus anterius capsulae internae 222
– anterius stapedis 323, 324, **328**, 329, 330
– breve incudis 322, 323, **327**, 330
– cerebri 199, 200, 211, 212, 213, 223, 229, 230, 231, 235
– fornicis 211, 212, 218, 219, 220, **221**, 222, 224, 226
– helicis 318
– laterale cartilaginis alaris majoris 65, 67
– longum incudis 322, 323, 324, **327**, 329, 330
– mediale cartilaginis alaris majoris 65, 67
– osseum ampullare 332, 333
– osseum commune 324, 332, 333
– osseum simplex 323, 324, 332, 333
– posterius capsulae internae 222
– posterius stapedis 324, **328**, 329, 330
Culmen 203, 224, 228, 232
Cupula cochleae 29, 332, 333, 334
Cymba conchae 318
Cuneus 200, 203, 227

Declive 203, 224, 228, 232
Decussatio pyramidum 199, 229, 230
Dens(Dentes) axis 108
– caninus 118, 119, 120
– caninus deciduus 122, 123
– incisivus I 118, 119, 120
– incisivus II 118, 119, 120
– incisivus permanens 121
– mandibulae 120
– maxillae 120
– molaris I 118, 119, 120
– molaris II 68, 118, 119, 120
– molaris III 54, 118, 119, 120
– molares decidui 122, 123
– molaris permanens 121
– molaris permanens I 123
– molaris permanens II 123
– permanentes 19
– permanentes mandibulae 118, 119, 120
– permanentes maxillae 118, 119, 120
– praemolaris I 118, 119, 120
– praemolaris II 118, 119, 120
– serotinus 54
– decidui 19, 122
– incisivi decidui 122, 123
– incisivi permanentes 123
Dermatome 164, 165, 166
Diaphragma sellae 243, 288, 289
Digitationes hippocampi 225
Diploë 69, 253
Disci intervertebrales 108
Discus articularis 81, 82
– intervertebralis 159, 271
– nervi optici 278, 306, 307, 310, 311, **315**
Dorsum linguae 108, 111, 112, **115**, 189, 190
– sellae 30, 31, **55**, 56, 61, 63
Ductuli excretorii glandulae lacrimalis 300, 303
Ductus cochlearis 335
– nasolacrimalis 303, 304
– parotideus 76, **78**, 85, 86, 87, 92, 93, 94, 95, 96, 97, 98, 99, 110, 116, 124, 160, 161, 297
– semicirculares 331
– submandibularis 124, 151
Dura mater encephali 34, 124, 125, 126, **239**, 240, 241, 242, 243, 253, 266, 267, 279, 280, 281, 282, 283, 284, 288, 289; 290, 291, 292, 293
– spinalis 162, 163, **264**, 265, 266, 267, 268, 269

Eminentia arcuata **24**, 25, 26, 27, 28, 29, 323
– collateralis 220, 221, 225
– cruciformis 22
– medialis 231, 267
Encephalon 193, 194, 195, 196, 197, 198, 199, 200, 201, 202, 203, 204, 217, 218, 219, 220, 221, 222, 223, 227, 246, 247, 248, 249, 250, 251, 252, 253
Epiglottis 115, 171, 172, **181**, 182, 183, 186, 187, 189, 190
Excavatio disci 306, 307, 310, **315**

Facies anterior lentis 308, 311, 314
– anterior maxillae 41, 42, 43, 72
– anterior partis petrosae **24**, 25, 26, 27, 28, 334
– anterolateralis cartilago arytaenoideae 177
– articularis arytaenoidea 177
– articularis thyreoidea 177, 187, 188
– cerebralis ossis sphenoidalis 30, 31
– cerebralis ossis temporalis 24, 25, 26
– externa ossis frontalis 32
– externa ossis parietalis 36
– inferior cerebelli 233, 234
– inferior cerebri 199, 200
– inferior linguae 113
– inferior partis petrosae 25
– infraorbitalis 42
– infratemporalis maxillae 41, 43, 97, 98, 99
– interna ossis frontalis 33
– interna ossis parietalis 37
– lateralis ossis zygomatici 46, 72
– maxillaris ossis palatini 44, 45
– maxillaris ossis sphenoidalis 30
– medialis cerebri 196
– nasalis maxillae 41, 68
– nasalis ossis palatini 44, 45
– orbitalis alae majoris ossis sphenoidalis 30, 72
– orbitalis maxillae 30, 41, 43, 68
– orbitalis ossis frontalis 19, 32, 68, 72
– orbitalis ossis zygomatici 46
– palatina ossis palatini 44, 45
– posterior cartilaginis arytaenoideae 177
– posterior lentis 308, 310, 311, 314
– posterior palpebrae superioris 300
– posterior partis petrosae 24, 26, 334
– superior cerebelli 224, 232
– superolateralis cerebri 195
– temporalis ossis frontalis 32
– temporalis ossis sphenoidalis 30, 31
– temporalis ossis temporalis 24, 26, 28, 81, 87
– temporalis ossis zygomatici 46
Falx cerebelli 242
– cerebri 124, 125, 126, **240**, 242, 243, 253, 266, 288, 289
Fascia masseterica 77
– parotidea **77**, 141, 142, 146, 147
– pharyngobasilaris 103, **168**, 169, 170, 171, 172
– temporalis 76, **78**, 85, 96
Fasciculi longitudinales 108
Fastigium 236, 256
Fenestra cochleae 27, 28, 332
– cochleae [rotunda] 323, 324
– vestibuli [ovalis] **27**, 28, **323**, 324, 332
Fibrae zonulares 306, 307, 308, 310, 311
Fila radicularia radicis dorsalis 270, 271
– radicularia radicis ventralis 268, 270, 271
Filum terminale 265
Fimbria hippocampi 126, 220, 221, 224, 225
Fissura horizontalis cerebelli 223, 224, 232, 233, 234
– longitudinalis cerebri 124, 125, 126, 195, **196**, 197, 199, 200, 201, 202, 205, 206, 207, 208, 209, 210, 211, 212, 213, 214, 215, 216, 217, 218, 219, 220, 221, 222, 223, 246, 247

Fissura mediana anterior 199, 229, 268, 269, 270
– occipitomastoidea 27
– orbitalis inferior **11**, 20, 34, 57, 58, 68, 71, 72
– orbitalis superior **11**, 20, 30, 31, 34, 55, 68, 69, 72
– petrooccipitalis 55
– petrosquamosa 24, 25, 57
– petrotympanica 24, 25, 28, 57
– prima 232
– tympanomastoidea 24, 28
– tympanosquamosa 25
Flocculus 191, 193, 223, 233, **234**
Folium vermis 203, 228, 232
Folliculi linguales 115
Fonticulus anterior 17, 18, 60
– mastoideus 18, 58, 241
– posterior 17, 18, 60
– sphenoidalis 18
Foramen(mina) alveolaria 41, 42
– apicis dentis 121
– caecum 229
– caecum ossis frontalis 33, 34, 55, 229
– caecum linguae 108, **115**, 189, 190
– ethmoidale anterius 72
– ethmoidale posterius 72
– frontale **11**, 13, 32
– incisivum **57**, 58, 117, 122, 123
– infraorbitale **11**, 13, 18, 19, 20, 41, 42, 72, 99, 100, 102
– interventriculare 198, 203, 204, 209, 210, 219, 220, 221, 222, 223, 226, 227, **228**, 256
– intervertebrale 264, 269, 270, 271
– lacerum 55, **57**, 58, 125
– jugulare 27, 55, **57**, 58, 241, 244
– magnum 22, 55, **57**, 58, 89, 126, 241, 242, 243, 244
– mandibulae 14, **49**, 50, 83, 123
– mastoideum 13, 14, 24, 28, **57**
– mentale **11**, 13, 18, 19, 20, 49, 50, 51, 52, 53, 76, 99
– ovale 30, **55**, 57, 58, 98, 99, 241, 244, 245
– palatinum majus 57, 58, 117, 122, **123**
– palatina minora 44, 57, 117, 122, 123
– parietale 36, 37
– rotundum 30, 31, **55**, 69, 100, 241
– sphenopalatinum 61, 64, 71
– spinosum 30, **55**, 57, 58, 241, 244, 245
– stylomastoideum 25, 27, **57**, 100
– transversarium 159, 269, 270
– vertebrale 270
– zygomaticofaciale 11, 46, 72
– zygomaticoorbitale 46
– zygomaticotemporale 46
Fornix 250
– conjunctivae inferior 278, 299, 305
– conjunctivae superior 278, 299, 300, 305
– pharyngis 108
– sacci lacrimalis 303, 304
Fossa canina 13, 41, 42
– condylaris 22, 23, 27
– cranii anterior 34, **55**, 56, 61, 240, 241, 242, 243, 244, 279, 288, 289
– cranii media 34, **55**, 56, 61, 240, 241, 242, 243, 244, 279, 288, 289, 331
– cranii posterior **55**, 61, 240, 241, 242, 243, 244, 267, 331
– digastrica 14, 49, 50
– fenestrae cochleae 28
– glandulae lacrimalis 32
– hyaloidea 306, 308
– hypophysialis **30**, 31, 61, 63, 65, 83, 88, 103, 108
– infratemporalis 71, 98, 99
– interpeduncularis 212, 223, 229
– jugularis 25, 27, 28, 29, **57**, 128, 323, 324, 334
Fossa mandibularis 24, 25, 28, **57**, 58, 81, 82, 99
– occipitalis cerebellaris 22
– occipitalis cerebralis 22
– pterygoidea 30, 31
– pterygopalatina 71, 99, **100**, 102, 114, 297
– rhomboidea 203, 228, 267
– sacci lacrimalis 19, 47, 66, 67
– scaphoidea 30, 31
– subarcuata 24, 26
– supraclavicularis major 128, 142, 148, 150
– supraclavicularis minor 128, **142**, 145, 146, 147, 148
– supratonsillaris 111
– tonsillaris 111
– triangularis 318
Fossula petrosa 25
Fovea centralis 315
– inferior 231
– superior 231
– oblonga 177
– pterygoidea 49, **50**, 51, 53, 54
– sublingualis 14, 49, 50
– submandibularis 14, 49, 50
– triangularis 177
– trochlearis 32
Foveolae granulares 33, 253
Frenulum labii inferioris 109
– labii superioris 109, 110
– linguae 113
– veli medullaris superioris 235
Funiculus anterior 269, 270
– lateralis 269, 270
– posterior 269, 270

Galea aponeurotica 75, 76, **77**, 78, 124, 125, 126, 297
Ganglion cervicale medium trunci sympathici 150, 158
– cervicale superius trunci sympathici 100, 150, **158**, 169, 190
– cervicothoracicum (stellatum) trunci sympathici 158
– ciliare 102, 293, 294, 295
– geniculi 100
– inferius nervi vagi 170
– oticum 102
– pterygopalatinum 100, 102, 103
– spinale 162, 163, 265, 267, 268, **269**, 270, 271
– submandibulare 101
– superius nervi vagi 169
– trigeminale 102, 199, 247, 289
Geniculum nervi facialis 100
Genu capsulae internae 222
– corporis callosi 196, 197, 198, **203**, 205, 206, 218, 219, 220, 221, 222, 226, 227, 228
Gingiva 103, 109
Glabella 11, 32
Glandula(ae) lacrimalis **102**, 281, 282, 283, 290, 291, 296, 297, 302, 303
– labiales 116
– oris 116
– parotis 76, **78**, 92, 93, 94, 95, 116, 125, 141, 142, 143, 148, 149, 150, 151, 152, 160, 161, 325
– parotis accessoria 78, 116
– sublingualis 116
– submandibularis 94, 98, 101, **116**, 143, 144, 145, 148, 149, 150, 151, 152, 160
– thyreoidea 95, 108, 133, 134, 149, 150, 151, 153, 154, 155, 156, 157, 158, 160, 161, 168, 169, 170, **179**, 189
Globus pallidus 209, 210, 211, 212, **222**, 223
Glomus caroticum 169, 170
– chorioideum 213, 214, 218, 219, **220**, 222

Granulationes arachnoideales 246, 253
Gyrus(i) angularis 193
– breves insulae 204, 220, 221, 224
– cinguli 196, 200, 203, 227
– fasciolaris 226
– frontalis inferior 193, 195
– frontalis medius 193, 195, 197, 201
– frontalis superior 193, **195**, 196, 197, 201, 203, 227
– longus insulae 204, 220, 221, 224
– occipitales 193, 195, 197, 202
– occipitalis transversus 202
– occipitotemporalis lateralis 199, 200, 227
– occipitotemporalis medialis 200, 203, 226, 227
– orbitales 193, 199, 200, 227
– parahippocampalis 199, 200, 226, 227
– paraterminalis 203, 226, 227
– postcentralis 193, 195, 197
– praecentralis 193, 195, 197
– supramarginalis 193
– temporalis inferior **193**, 199, 200, 201, 227
– temporalis medius 193, 201
– temporalis superior 193, 201, 227

Habenula 224
Helicotrema 335
Hamulus lacrimalis 47
– pterygoideus **30**, 31, 61, 63, 114
Helix 318
Hemisphaerium cerebelli 232, 233, **234**, 235, 236
– telencephali 195, 266
Hiatus canalis nervi petrosi majoris 24, 25, 26
– canalis nervi petrosi minoris 24, 25, 26
– maxillaris 41, **43**, 61, 64, 68
– semilunáris 64
Hippocampus 126, 220, 221, 225
Hypophysis 203, 228, 250
Hypothalamus 203, 228

Impressio trigemini 24, 25, 26, 27, 28, **55**
Impressiones digitatae 33
Incisura cartilaginis meatus acustici 319
– cerebelli posterior 224, 232, 233, 234
– ethmoidalis 32, 33
– frontalis 19, 20
– interarytaenoidea 171, 186
– intertragica 318
– jugularis ossis occipitalis 22, 23
– jugularis ossis temporalis 24, 25, 26
– lacrimalis maxillae 41, 42, 43
– mandibulae 49, 50, **51**, 53, 54
– mastoidea ossis temporalis 14, 24, 25, 26, 27, **57**
– nasalis maxillae 41, 42, 43
– parietalis ossis temporalis 24, 25, 26, 28
– pterygoidea ossis sphenoidalis 30, 31
– sphenopalatina 44, 45
– supraorbitalis **11**, 13, 18, 19, 20, 32, 72
– thyreoidea inferior 175
– thyreoidea superior **175**, 176, 179, 180, 185
– tentorii 241
Incus 323, 324, 326, **327**, 329
Infundibulum 125, **199**, 200, 203, 210, 228, 229, 230, 242, 243, 247, 249, 251, 288
Insula 125, **204**, 206, 207, 208, 209, 210, 211, 212, 220, 221, 222, 223
Intumescentia cervicalis 264, 265, 266
– lumbalis 264, 265, 266
Iris 278, 287, **298**, 305, 306, 307, 308, 309, 310, 311

Isthmus faucium 111, 112
– glandulae thyreoideae 143, 145, 154, 179
– gyri cinguli 200, 226, 227

Juga alveolaria **41**, 42, 49, 51, 123
Jugum sphenoidale 30, 31

Labium inferius 108, 109, **111**, 113, 189, 190
– superius 103, 108, 109, **111**, 113
Labyrinthus ethmoidalis **39**, 281, 282, 283, 284
– osseus 331, 332, 333
Lacus lacrimalis 299
Lamina affixa 218, 219, 221, 224
– basilaris 335
– cartilaginis cricoideae 108, **177**, 181, 183, 184, 186, 187, 188, 189, 190
– cartilaginis lateralis tubae auditivae 325
– cartilaginis medialis tubae auditivae 325
– cartilaginis thyreoideae 188
– choriocapillaris 309
– cribrosa ossis ethmoidalis 34, 38, 39, 55, 63, 65, 108, 241, **244**, 279, 281, 282, 283, 284, 288, 289, 290, 291, 292, 293,
– cartilaginis thyreoideae 174, **175**, 176, 179, 180, 183, 185
– horizontalis ossis palatini 44, 45, **57**, 58, 61, 63, 64, 65, 83, 88, 104, 105, 108, 112, 117, 122, 123
– lateralis processus pterygoidei **30**, 31, 61, 63, 65, 69, 71, 97, 99, 100
– medialis processus pterygoidei **30**, 31, 61, 63, 65, 69
– medullaris lateralis 222
– medullaris medialis 222
– modioli 335
– orbitalis ossis ethmoidalis 11, 13, 19, 38, 39, 67, 68, **72**
– perpendicularis ossis ethmoidalis 38, 39, **63**, 64, 65, 68, 83, 88
– perpendicularis ossis palatini 44, 45, 61, 64
– praetrachealis fasciae cervicalis 130, 131, 162, 163
– praevertebralis fasciae cervicalis 137, 162, 163
– rostralis 198, **203**, 226, 227, 228
– septi pellucidi 203, 226, 227, 228
– spiralis ossea 29, 323, 324, **334**, 335
– superficialis fasciae cervicalis 85, 128, **146**, 147, 148, 149, 150, 162, 163
– tecti 203, 227, 228, 230, **231**, 267
– medullares thalami 222
– terminalis 203, 228
Larynx 180, 181, 182, 183, 184, **185**, 188, 189, 190
Lens 278, **306**, 307, 308, 309, 311, 314
Ligamentum(a) anularia 108, 179, **180**, 181, 182, 183, 185, 186, 187, 188
– apicis dentis 108
– corniculopharyngeum 183
– cricoarytaenoideum posterius 183
– cricothyreoideum 132, 133, 145, 154, 155, 179, **180**, 181, 185, 187, 188
– cricotracheale 132, 133, 140, 154, 179, **185**
– denticulatum 268, 269
– flava 108
– hyoepiglotticum 108, 187, 189, 190
– incudis posterius 322, 323
– incudis superius 322, 323
– interspinale 108
– laterale **80**, 81, 85, 86, 87
– longitudinale anterius 108, 136, 137
– longitudinale posterius 108
– mallei laterale 323, 324, 334
– mallei superius 322, 323, 324, 334
– nuchae 108, 162

Ligamentum(a) palpebrale laterale 303, 304
– palpebrale mediale 75, 76, 77, 78, **301**, 303
– pectinatum 308
– pterygospinale 83
– sphenomandibulare 83
– spirale 335
– stylomandibulare 80, 81, 83, 86
– thyreoepiglotticum 108
– thyreohyoideum laterale **179**, 180, 183, 186, 190
– thyreohyoideum medianum 108, 143, 148, 149, 152, 154, 179, 180, 185, 186, 189
– transversum atlantis 108
– vocale 181
Limbus palpebralis anterior 299, 300
– palpebralis posterior 299, 300
Limen nasi 103
Linea mylohyoidea 14, 49, 50, 135
– nuchae inferior 13, **14**, 22, 23, 57
– nuchae superior 13, **14**, 22, 23, 57
– nuchae suprema **14**, 22, 23
– obliqua cartilaginis thyreoideae 174, 185
– obliqua mandibulae 49, 50, 51
– temporalis ossis frontalis 32
– temporalis inferior ossis parietalis 36
– temporalis superior ossis parietalis 36
– temporalis ossis temporalis 24
– visus 307
Lingua 115, 116
Lingula cerebelli **203**, 224, 228, 231, 233, 235, 267
– mandibulae 49, 50, 54, 83
– sphenoidalis 27, 30
Lobulus auriculae 318
– biventer 233, 234
– centralis 203, 228, 232, 233
– paracentralis 196, 203, 227
– parietalis inferior 193, 195, 202
– parietalis superior 193, 195, 202
– quadrangularis 193, 224, 232
– semilunaris inferior 193, 232, 233, 234
– semilunaris superior 193, 224, 232, 234
– simplex 232
Lobus frontalis 124, 125, **193**, 194, 195, 197, 199, 200, 201, 203, 204, 205, 206, 207, 208, 209, 210, 211, 212, 213, 214, 222, 223, 227, 246, 247, 248, 249, 250, 251, 252
– glandulae thyreoideae 145, 154, 155, 163, **179**
– occipitalis 126, **193**, 194, 195, 197, 202, 203, 204, 213, 214, 215, 216, 222, 227, 246, 248, 250, 252
– parietalis **193**, 194, 195, 197, 202, 203, 204, 209, 210, 211, 212, 213, 214, 227, 246, 248, 250, 251, 252
– temporalis 125, **193**, 194, 199, 200, 201, 204, 206, 207, 208, 209, 210, 211, 212, 222, 223, 225, 227, 247, 248, 249, 250, 251, 252

Macula 306, 308, 314
Malleus 323, 324, **326**, 327, 329
Mandibula 18, 20, 49, 50, 51, **52**, 53, 54, 95, 96, 101, 108, 114, 130, 143, 168, 169, 170, 171, 172, 189, 190
Manubrium mallei 322, 323, 324, **326**, 329, 330, 334
– sterni 143
Margo ciliaris 308, 310
– frontalis ossis parietalis 36, 37
– frontalis ossis sphenoidalis 30, 31
– infraorbitalis 11, 13, 20, 41, 42, 43, 67, **72**, 79, 303
– lacrimalis 41, 43
– lambdoideus 22, 23
– linguae 115
– mastoideus 22, 23
– nasalis 32
Margo occipitalis ossis parietalis 36, 37
– occipitalis ossis temporalis 24, 25, 26
– palpebralis 298
– parietalis ossis frontalis 32, 33
– parietalis ossis sphenoidalis 30, 31
– parietalis ossis temporalis 24, 25, 26, 28
– posterior partis petrosae 26
– pupillaris 287, 306, 308, 310
– sagittalis 36, 37
– sphenoidalis 24, 25, 26, 28
– squamosus ossis parietalis 36, 37
– squamosus ossis sphenoidalis 30, 31
– superior partis petrosae 24, 25, 26
– supraorbitalis 11, 13, 20, 32, 34, 67, **72**, 79, 303
– zygomaticus 30, 31
Maxilla 18, 20, **41**, 42, 43, 96, 108, 278, 297
Meatus acusticus externus 19, 24, 25, 28, 71, 80, 81, 82, 87, 101, 114, 125, 318, **320**
– acusticus externus cartilagineus 98, 99, 320
– acusticus internus 24, 26, 29, 55
– nasi communis 68, 124
– nasi inferior **61**, 64, 68, 103, 108, 124
– nasi medius **61**, 68, 103, 108, 124
– nasi superior 61, 68, 103, 108
– nasopharyngeus 61
Medulla oblongata 193, **203**, 223, 228, 229, 234, 235, 247, 248, 249, 250, 251, 266, 267
Medulla spinalis 108, 162, 163, **199**, 203, 234, 249, 251, 264, 265, 266, 268, 269, 270, 271
Membrana atlantooccipitalis anterior 108, 136
– atlantooccipitalis posterior 108
– fibroelastica laryngis 181, 182, 188
– tectoria 108, 335
– thyreohyoidea 94, 95, 101, 114, 130, 133, 143, 144, 145, 148, 149, 150, 151, 152, 153, 154, 155, 156, 158, **180**, 182, 183, 185, 186, 187, 188
– tympani 18, 58, 320, **321**, 322, 323, 324, 334
– tympani secundaria 323, 324
– vitrea 308
Meninges 253, 268, 269
Mesencephalon 198, 200, 250
Modiolus 29, 335
Musculus(i) aryepiglotticus 184, 186, 187
– arytaenoideus obliquus 181, 182, 184, 186
– arytaenoideus transversus 181, 182, 184, **186**, 189, 190
– auricularis anterior 77
– auricularis posterior 77, 78
– auricularis superior 77
– buccinator 76, 78, 85, **86**, 87, 93, 94, 95, 96, 97, 98, 99, 110, 112, 124, 161, 297
– bulbi 287
– ciliaris 306, 308
– colli 128, 130, 132, 133, 134, 136, 138
– constrictores pharyngis 108, 125
– constrictor pharyngis 162
– constrictor pharyngis inferior 94, 96, 134, 148, 149, 150, 151, 152, 156, 157, 158, **168**, 169, 170, 171, 172
– constrictor pharyngis medius 96, 151, **168**, 169, 170
– constrictor pharyngis superior 96, 103, 112, 114, **168**, 169, 170, 171, 172
– corrugator supercilii 76
– cricoarytaenoideus lateralis 187
– cricoarytaenoideus posterior 163, 184, 186, 187
– cricothyreoideus 95, 133, 143, 145, 157, 158, 161, 163, 181, **185**
– depressor anguli oris **75**, 76, 77, 78, 92, 93, 94, 95, 128
– depressor labii inferioris **75**, 77, 78, 92, 93, 94, 95, 96, 128
– depressor septi 76
– depressor supercilii 76

Musculus(i) digastricus 124
– dilatator pupillae 306, 308
– erector spinae 162, 163
– faciales 75, 76, 77, 78, 79, 85, 86, 87
– genioglossus 96, 101, 108, **114**, 115, 116, 124, 133, 189, 190
– geniohyoideus 96, 101, 108, 114, 116, 124, 133, **135**, 189, 190
– hyoglossus 94, 95, 96, 101, **114**, 130, 131, 133, 134, 143, 145, 148, 149, 150, 151, 152, 155, 158, 160
– infrahyoidei 161
– intercostalis externus **136**, 137, 138, 154, 265, 266
– intercostalis internus 154, 265
– laryngis 186, 187
– levator anguli oris **76**, 78, 92, 93, 94, 95, 96
– levator labii superioris **75**, 76, 77, 78, 92, 93, 94, 95, 96
– levator labii superioris alaeque nasi **75**, 76, 77, 78, 92, 93, 94, 95, 96, 97, 98, 99
– levator palpebrae superioris 102, 124, 278, **281**, 282, 283, 284, 285, 290, 291, 292, 293, 294, 295, 296, 297, 302, 304
– levator scapulae 130, 131, 132, 133, **134**, 143, 144, 146, 147, 152, 154, 155, 162, 163
– levator veli palatini 112, 114
– levatores costarum 264
– levatores pharyngis 125
– linguae 114
– longitudinalis inferior linguae 108, 115, 124
– longitudinalis superior linguae 108, 115, 124
– longus capitis 95, 130, 131, 133, 134, 136, **137**, 138, 150, 152, 155, 158, 162, 325
– longus cervicis 137, 150
– longus colli 138, 157, 158, 163
– masseter 76, **78**, 86, 89, 92, 93, 94, 95, 98, 99, 116, 124, 125, 143, 145, 151, 160, 161, 297
– masticatores 76, 78, 85, 86, 87, 88, 89
– mentalis 75, 76, 92, 128
– mylohyoideus 88, 94, 95, 96, 116, 124, **130**, 131, 133, 134, 135, 143, 145, 148, 149, 150, 151, 152, 155, 158, 160
– obliquus inferior 102, 278, 284, **285**, 286, 287, 294, 295, 297, 304
– obliquus superior 124, 281, 282, **283**, 284, 287, 290, 291, 292, 293, 294, 297
– omohyoideus 94, 96, 162, 163
– orbicularis oculi 278, 302
– orbicularis oris 77, 78, 86, 108
– palatoglossus 112
– palatopharyngeus 112
– praevertebrales 189
– procerus **75**, 76, 77, 78, 92, 94, 95, 96, 97, 98, 99
– pterygoideus lateralis 87, 96, 125
– pterygoideus medialis 87, **88**, 89, 97, 98, 99, 100, 101, 102, 125, 168, 169, 170, 171, 172, 297
– rectus capitis anterior 138
– rectus inferior 102, 124, 278, 283, 284, **285**, 286, 287, 294, 295, 296, 297, 313
– rectus lateralis 102, 124, 281, 282, 283, 284, **285**, 286, 287, 290, 291, 292, 293, 294, 295, 296, 297, 307, 312
– rectus medialis 124, **281**, 282, 283, 284, 286, 287, 292, 294, 295, 296, 297, 306, 312
– rectus superior 102, 124, 278, 281, **282**, 283, 284, 286, 287, 290, 291, 292, 293, 294, 295, 297, 308, 313
– risorius **75**, 76, 77, 78, 92, 93, 95
– scalenus anterior 95, 130, 131, **133**, 134, 136, 137, 138, 143, 144, 146, 147, 152, 153, 154, 155, 156, 157, 158, 160, 162, 163
– scalenus medius 95, 130, 131, **133**, 134, 136, 137, 138, 143, 144, 146, 147, 152, 154, 155, 158, 162, 163
– scalenus posterior 95, 130, **133**, 134, 136, 137, 138, 143, 144, 146, 147, 152, 154, 155, 163
Musculus(i) semispinalis capitis 93
– serratus anterior 154
– sphincter pupillae 306, 308
– splenius capitis 77, 78, 93, 94, 95, 96, 131, 133, **134**, 144, 146, 147, 152
– sternocleidomastoideus 77, 78, 85, 93, 94, 95, 96, 116, 128, **130**, 131, 133, 134, 141, 142, 143, 144, 145, 146, 147, 148, 149, 150, 151, 152, 160, 161, 162, 163
– sternohyoideus 94, 95, 96, **130**, 131, 134, 143, 144, 145, 148, 149, 150, 151, 152, 160, 162, 163
– sternothyreoideus 95, 130, 131, **133**, 143, 144, 145, 148, 149, 150, 151, 152, 160, 163
– styloglossus 96, 101, **114**, 134, 151
– stylohyoideus 94, 95, 101, **114**, 130, 131, 133, 134, 143, 145, 148, 149, 150, 151, 152, 155, 158, 160, 168, 169, 170, 171, 172
– stylopharyngeus **168**, 169, 170, 171, 172
– subclavicus 144
– suprahyoidei 78, 93, 135, 153, 156
– temporalis 78, 85, **86**, 96, 97, 98, 99, 124, 125
– temporoparietalis 77, 94, 95, 96
– tensor tympani 320, 334
– tensor veli palatini 112, 114, 325
– thyreoarytaenoideus 181, 186, 187
– thyreoepiglotticus 187
– thyreohyoideus 94, 95, 96, 130, 131, **133**, 134, 143, 144, 145, 148, 149, 151, 152, 160, 162
– transversus linguae 115, 124
– transversus menti 128
– trapezius 77, 78, 93, 94, 95, 96, 128, 130, 131, 132, 133, **134**, 141, 142, 143, 144, 146, 147, 148, 149, 150, 152, 160, 162, 163
– uvulae 103, 108, 112
– verticalis linguae 108
– vocalis 181, 184
– zygomaticus major **75**, 76, 77, 78, 92, 93, 94, 95, 116, 161
– zygomaticus minor **75**, 76, 77, 78, 92, 93, 94, 95, 161

Nervus(i) abducens 102, 124, 199, 229, 230, 234, 242, 243, 247, 288, 289, **291**
– accessorius 146, 147, **152**, 162, 169, 170, 199, 229, 230, **231**, 243, 244, 247, 267, 325
– alveolaris inferior 53, 98, **99**, 101, 124
– auricularis magnus 93, 141, **142**, 146, 147
– auriculotemporalis 92, 93, 98, **99**, 101
– buccalis 98, 99, 101
– canalis pterygoidei 100, 103
– caroticotympanici 100
– caroticus internus 100
– cervicales 265
– cervicalis I 199, **229**, 230, 231, 267
– ciliares breves 102, 124, 292, **293**, 294, 295
– ciliares longi 292, 293, 313
– ciliaris longus 294, 295
– coccygeus 265
– cutaneus femoris lateralis 265
– dorsalis scapulae 146, 147, 152, 155
– ethmoidalis anterior 291, 292, 295
– ethmoidalis posterior 291, 292, 295
– facialis **95**, 100, 125, 199, 229, 230, 231, 242, 243, 247, 267, 323, 324
– femoralis 265
– frontalis 102, 124, 280, 289, **290**, 291
– glossopharyngeus 100, **169**, 170, 199, 229, 230, 231, 242, 243, 247, 267, 325
– hypoglossus 101, 124, 148, 149, 150, **151**, 152, 153, 155, 156, 169, 170, 199, 229, 230, 231, 242, 243, 267
– infraorbitalis 92, 93, 98, 99, 100, **102**, 124

Nervus(i) intercostales 265
– intermedius **100**, 199, 229, 230, 231, 242, 243, 247, 267
– ischiadicus 265
– lacrimalis 102, 124, 290, 291
– laryngeus inferior 156, 157, 189, 190
– laryngeus recurrens 154, 156, 157, 158
– laryngeus superior 148, 149, 150, 151, 152, 155, **156**, 169
– lingualis 98, 99, **101**, 116, 124, 151
– lumbales 265
– mandibularis 98, **99**, 101, 199, 247, 289
– massetericus 99
– maxillaris 100, 101, **102**, 199, 247, 289
– mentalis 92, 93, 98, 99
– mylohyoideus 99, 150, 151
– nasociliaris 102, 124, **291**, 292, 293, 294, 295
– obturatorius 265
– occipitalis major 93
– occipitalis minor 93, 141, **142**, 146, 147
– octavus 199, **229**, 230, 231, 242, 243, 247, 267
– oculomotorius 102, 199, 203, 228, 229, 230, 242, 243, 247, 288, 289, 294, **295**
– olfactorii 104, 105
– ophthalmicus 102, 199, 247, 288, 289, **290**
– opticus 102, 124, 199, 200, 240, 242, 243, 247, 278, 279, 280, 281, 282, 283, 284, 286, 287, 288, 289, 290, 291, 292, **293**, 294, 295, 296, 297, 306, 307, 309, 310, 311, 312, 313
– palatini 100, 102, 103
– palatini minores 103
– palatinus major 103
– petrosus major 100, 320
– petrosus profundus 100
– phrenicus 146, 147, 152, **154**, 155, 158, 162, 163
– pterygoideus lateralis 101
– pterygoideus medialis 99, 101
– pterygopalatini 100, 102, 103
– sacrales 265
– spinales 266
– sublingualis 101
– supraclaviculares 146, 147
– supraclaviculares intermedii 142
– supraclaviculares laterales 141, 142
– supraclaviculares mediales 142
– supraorbitalis 92, 98, 99, 280, 289, **290**
– suprascapularis 146, 147, 152, 155
– supratrochlearis 92, 98, 99, 280, 289, **290**
– temporales profundi 98, 99, 101
– thoracici 265
– thoracicus longus 146, 147, **152**, 154, 155
– transversus colli 141, 142
– trigeminus 102, 164, 165, 166, 199, 231, 234, 235, 242, 243, 267, **289**
– trochlearis 199, 229, 230, 231, 242, 243, 247, 267, 288, 289, **290**, 291, 293
– tympanicus 100
– vagus 149, **154**, 155, 156, 157, 158, 161, 162, 163, 169, 170, 199, 229, 230, 231, 242, 243, 247, 267, 325
– vestibulocochlearis 199, 229, 230, 231, **242**, 243, 247, 267
– zygomaticus 100, 102
Nodulus 203, 228, 233
Nodus(i) lymphaticus(i) buccales 161
– lymphatici cervicales profundi 160, 161, 162
– lymphatici cervicales superficiales 160, 161
– lymphaticus jugolodigastricus 160
– lymphaticus jugoloomohyoideus 160, 161
– lymphatici mandibulares 160, 161
– lymphatici occipitales 160
– lymphatici parotidei superficiales 160, 161
– lymphatici retroauriculares 160
– lymphatici submandibulares 160, 161
Nodus(i) lymphaticus submentalis 160, 161
– lymphatici supraclaviculares 160
Nuclei pontis 236
Nucleus anterior 222
– dentatus 126, 236
– emboliformis 236
– globosus 236
– laterale thalami 212, 222
– lentiformis 125, 207, 208, 211, **222**, 223
– lentis 308
– medialis thalami 212, 222
– olivaris 223

Obex 267
Oculus 298, 299, 300, 301, 305, 306, 307, 308, 309, 310, 311, 312, 313
Oesophagus 108, 156, 157, **163**, 168, 169, 170, 171, 172, 181, 189, 190
Oliva 199, **299**, 230, 234, 235
Operculum frontale 222
– frontoparietale 193, 223
– temporale 125, 220, 221, **222**, 223
Ora serrata 306, 308, 310, 311
Orbiculus ciliaris 306, 310, 311
Orbita 18, 68, 71, **72**, 79, 278, 279, 280, 281, 282, 283, 284, 285, 286, 289, 290, 291, 292, 293, 294, 295, 296, 297
Organum spirale 335
Os coccygis 264
– ethmoidale **38**, 39, 55, 64, 86
– frontale 18, 20, **32**, 33, 34, 55, 56, 60, 61, 63, 64, 66, 67, 69, 83, 86, 88, 104, 105, 124, 240, 241, 242, 243, 245, 278, 279, 280, 281, 282, 283, 284, 285, 288, 289, 290, 291, 292, 293, 294, 296, 297, 301, 303, 304
– hyoideum 78, 93, 94, 95, 96, 101, 108, 114, 118, **129**, 131, 133, 134, 143, 144, 145, 148, 149, 152, 153, 154, 155, 156, 158, 160, 182, 183, 186, 187, 189, 190
– ilium 265
– incisivum 122, 123
– lacrimale 11, 13, 19, **47**, 61, 64, 66, 67, 72, 86
– nasale 11, 13, 18, 19, 20, 34, **47**, 61, 63, 64, 65, 66, 67, 72, 83, 86, 88, 101, 104, 105, 108, 114, 245, 285, 294, 301, 304
– occipitale 18, **22**, 23, 27, 55, 56, 60, 61, 63, 64, 83, 86, 88, 126, 239, 240, 242, 243, 245, 264, 265, 267
– palatinum 44, 45
– parietale 11, 13, 14, 18, 19, **36**, 37, 55, 56, 59, 60, 61, 86, 125, 126, 240, 241, 242, 243, 245, 279, 280, 281, 282, 283, 284, 288, 289
– sacrum 264
– sphenoidale **30**, 31, 69, 279, 281, 282, 283, 284, 294,
– suturarum 14
– temporale **24**, 25, 26, 27, 28, 29, 125, 126
– zygomaticum 11, 13, 18, 19, 20, **46**, 57, 58, 68, 71, 72, 76, 79, 80, 81, 82, 85, 86, 87, 96, 97, 98, 99, 101, 114, 285, 296, 301, 303, 304
Ossicula auditus 329, 330
Ostium pharyngeum tubae auditivae 103, 108, 325
– tympanicum tubae auditivae 322, 323, 334

Palatum durum 103, 104, 105, 110, 111, 112, **117**, 124
– molle **103**, 104, 105, 111, 112
Palpebra inferior 278, 298, 300
– superior 278, 298
Papilla(e) lacrimalis 299, 300
– parotidea 110

Papilla(e) filiformes 115
– fungiformes 115
– vallatae 115
Paries caroticus 322, 323, 334
– externus ductus cochlearis 335
– inferior orbitae 72, 100
– jugularis 29, 320, **322**, 323, 324, 334
– labyrinthicus 29, 334
– lateralis orbitae 72
– mastoideus 322
– medialis orbitae 72, 100
– membraneceus tracheae 183, 186
– superior orbitae 72, 100, 288
– tegmentalis 26, 320, **322**, 323, 324
– vestibularis ductus cochlearis 335
Pars alaris musculi nasalis 76
– alveolaris mandibulae 14, 19, **49**, 121, 122
– basilaris ossis occipitalis 22, 23, 27, **57**, 58, 65, 108, 136, 137, 138, 168, 169, 171, 172, 241, 266
– buccopharyngea 112
– cartilaginea tubae auditivae 325
– centralis ventriculi lateralis 125, 126, 209, 210, 211, 212, 217, 218, **219**, 224, 256
– cervicalis medullae spinalis 264, 265, 266
– cervicalis trunci sympathici 158
– cochlearis nervi vestibulocochlearis 335
– flaccida 321
– labialis musculi orbicularis oris 86, 116
– lacrimalis musculi orbicularis oculi 79
– lateralis ossis occipitalis 22, 23, 27, **58**, 241
– laryngea pharyngis 108, 162, **171**, 172, 181, 189, 190
– lumbalis medullae spinalis 264, 265, 266
– marginalis musculi orbicularis oris **75**, 76, 86, 92, 93, 94, 95, 96, 97, 98, 99, 116
– membranacea septi nasi 105
– nasalis ossis frontalis 32, 33
– nasalis pharyngis 108, 171, 172, 189
– opercularis gyri frontalis inferioris 193
– optica retinae 310, 311
– oralis pharyngis 108, **171**, 172, 189, 190
– orbitalis ossis frontalis 33
– orbitalis glandulae lacrimalis 285, 302, 303, 304
– orbitalis gyri frontalis inferioris 193
– orbitalis musculi orbicularis oculi **75**, 76, 77, 78, 79, 92, 93, 94, 95, 96, 97, 98, 99
– ossea tubae auditivae 334
– palpebralis glandulae lacrimalis 285, 302, 303, 304
– palpebralis musculi orbicularis oculi **75**, 76, 77, 78, 92, 93, 94, 95, 96, 97, 98, 99
– petrosa ossis temporalis **24**, 25, 26, 28, 55, 58, 241, 245, 334, 335
– profunda musculi masseteris 85
– squamosa ossis temporalis 11, 13, 14, 18, 19, **24**, 25, 26, 28, 29, 55, 57, 58, 71, 80, 81, 82, 87, 239, 241, 296, 319
– superficialis musculi masseteris 85
– tecta columnae fornicis 209
– tensa 321, 322
– thoracica medullae spinalis 264, 265, 266
– transversa musculi nasalis **75**, 76, 77, 78, 92, 93, 94, 95, 96, 97, 98, 99
– triangularis gyri frontalis inferioris 193, 201
– tympanica ossis temporalis 19, **24**, 25, 28, 29, 71
Pedunculus cerebellaris inferior 234, 235
– cerebellaris medius **199**, 223, 229, 230, 231, 233, 234,235, 251, 267
– cerebellaris superior 230, **231**, 233, 234, 235, 267
– cerebri 203, 228, 229
– flocculi 233
Periorbita **278**, 279, 280, 286, 289, 290, 291, 297, 305
Pes hippocampi 220, 221, 223, 225
Petiolus epiglottidis 178, 183
Pharynx 125, 168, 171, 172
Pia mater encephali 253
– mater spinalis 162, 163, 264, 269
Platysma 75, 76, 85, 124, **128**, 130, 131, 132, 133, 134, 141, 143, 146, 147, 148, 149, 150, 152, 162, 163, 177
Plexus(us) basilaris 240, 243
– brachialis 143, 146, 147, **152**, 153, 154, 155, 156, 157, 158, 163, 265
– caroticus internus 100, 295
– cervicalis 162
– dentalis superior 100, 102
– lumbalis 265
– pterygoideus 297
– sacralis 265
– thyreoideus impar 154
– tympanicus 100
– venosi vertebrales interni 162, 163, 269
Plica(e) aryepiglottica 108, 171, 181, **182**, 186, 188, 189, 190
– ciliares 308, 310, 311
– fimbriata 113
– glossoepiglottica lateralis 115, 172
– glossoepiglottica mediana 115, 172
– mallearis anterior 321
– mallearis posterior 321
– nervi laryngei superioris 171, 172
– palatinae transversae 110
– salpingopalatina 103, 108
– salpingopharyngea 103, 108
– semilunaris conjunctivae 298, 299, 300
– sublingualis 113
– vestibularis 108, 181, **182**, 184, 188, 190
– vocalis 108, 181, **182**, 184, 188, 190
Polus anterior bulbi oculi 307
– anterior lentis 306, 308, 311, 314
– frontalis 193, 195, 196, 197, 198, 199, **200**, 201, 203, 204, 227, 246, 247, 248, 249, 251
– occipitalis 193, 195, 196, 197, 198, **200**, 202, 203, 204, 227, 246, 248
– posterior bulbi oculi 307
– posterior lentis 306, 308, 311, 314
– temporalis 193, 198, 199, **200**, 201, 204, 206, 207, 225, 247, 248, 249, 251
Pons 193, **199**, 203, 223, 227, 228, 229, 230, 234, 235, 236, 247, 248, 249, 250, 251
Porus acusticus externus **13**, 19, 24, 25, 28, 57, 71, 80, 81, 82, 87, 97, 98, 99, 125, 319, 320
– acusticus internus 24, 26, 29, **55**, 241, 245
Praecuneus 203, 227
Prominentia laryngea 95, 128, 130, 131, **133**, 134, 142, 144, 146, 147, 152
Processus(us) alveolaris maxillae 14, 19, **41**, 42, 43, 58, 61, 64, 66, 67, 68, 88, 117, 121, 122, 123, 124
– anterior mallei 322, 323, 324, **326**, 329, 330
– articularis inferior vertebrae 271
– articularis superior vertebrae 269, 270, 271
– ciliares 306, 308, 310, 311
– clinoideus anterior **30**, 31, 34, 55, 61, 63
– clinoideus medius 30
– clinoideus posterior 30, 31, 55
– cochleariformis 28
– condylaris **13**, 19, 49, 50, **51**, 53, 54, 80, 81, 82, 83, 85, 86, 88, 89, 122, 123
– coronoideus **13**, 19, 49, 50, **51**, 53, 54, 80, 81, 82, 86, 122, 123
– ethmoidalis 44, 48
– frontalis maxillae 13, 19, 34, **41**, 42, 43, 61, 64, 66, 67, 72, 104, 285, 294

Processus(us) frontalis ossis zygomatici 46, 72
– intrajugularis ossis temporalis 24, 25, 26
– intrajugularis ossis occipitalis 22, 23,
– jugularis 22, 23
– lacrimalis 48
– lateralis mallei 326, 329, 330, 334
– lenticularis 322, 323, 324, **327**, 329, 330
– mastoideus **13**, 14, 19, 24, 25, 26, 27, 28, 57, 71, 80, 81, 82, 86, 87, 89, 96, 97, 98, 99, 100, **101**, 114, 130, 137, 138, 144, 145, 148, 149, 151, 168, 169, 171, 172, 319, 320, 322
– maxillaris 48
– muscularis 177
– orbitalis ossis palatini 44, 45, 72
– palatinus maxillae 41, 42, 43, **57**, 58, 61, 63, 64, 65, 68, 83, 88, 104, 105, 108, 117, 122, 123
– posterior 65
– pterygoideus 13, **30**, 31, 57, 58, 64, 83, 87, 88, 89, 96, 101, 114, 122, 123, 297
– pterygospinosus 31, 82
– pyramidalis ossis palatini 44, 45, 71
– sphenoidalis 44, 45, 64
– styloideus 13, 14, 19, 24, 25, 26, 27, 28, 57, 63, 69, 71, 80, 81, 82, 83, 86, 87, 89, 97, 99, 101, 114, 137, 138, 168, 169, 171, 172, 319
– temporalis 46, 71, 72
– transversus atlantis 137
– uncinatus 38, 39, 64
– vaginalis 30
– vocalis 177
– zygomaticus maxillae **41**, 42, 43, 72, 122, 123
– zygomaticus ossis frontalis 32, 33, 34
– zygomaticus ossis temporalis 24, 25, 26, 28, 29, 69, 71, 82, 86, **87**, 285
Prominentia canalis facialis 323, 324
– canalis semicircularis lateralis 27, 28, 324
– mallearis 321
Promontorium 27, 28, 29, 100, **323**, 324
Protuberantia mentalis **11**, 13, 49, 50, 51, 52, 53, 54
– occipitalis externa 13, 14, 22, 23, **57**
– occipitalis interna 22, 55
Punctum lacrimale inferius 299, 300, 304
– nervosum 141, 142
Pupilla 287, **298**, 305, 306, 308, 310, 312, 313
Putamen 209, 210, 211, 212, **222**, 223
Pyramis medullae spinalis **199**, 229, 230, 234, 235
– vermis 203, 228

Radiatio corporis callosi 197, **198**, 205, 217, 223
Radix (Radices) craniales nervi accessorii 199, **229**, 230, 231, 267
– dentis 43, 51, 53, 121
– dorsales nervorum spinalium **264**, 266, 269, 270, 271
– inferior ansae cervicalis 152, 153
– linguae **108**, 114, 115, 171, 172, 189, 225
– motoria nervi trigemini 199, 229, 230, 247
– oculomotoria 102, 293, 294, 295
– sensoria nervi trigemini 199, 229, 230
– spinalis nervi accessorii 199, **229**, 230, 231, 267
– superior ansae cervicalis 148, 149, 150, 151, 152, **153**, 155
– ventralis nervi spinalis 265, 269, 270, 271
Ramus(i) ad pontem 247, 249, 250, 251
– alveolares superiores anteriores 100, 102
– alveolaris superior medius 100, 102
– alveolares superiores posteriores 100, 102
– anterior sulci lateralis cerebri 193, 201
– ascendens sulci lateralis cerebri 193
– auricularis anterior 97, 98
– buccales 95
Ramus(i) buccales nervi facialis 92, 93
– colli nervi facialis 142
– communicans cum nervo hypoglosso 101
– communicans cum nervo linguali 116
– communicans cum nervo nasociliari 102, 293, 294, 295
– communicans cum trunco sympathico 269, 270
– communicantes cum nervo linguali 101
– dentales superiores 100, 102
– digastricus nervi facialis 92, 93
– dorsalis nervi spinalis 269, 270, 271
– externus nervi laryngei superioris 148, 149, 150, 151, 155, **156**, 157
– frontalis arteriae cerebri anterioris 250
– frontales arteriae cerebri mediae 248, 252
– frontalis arteriae meningeae mediae 239, 240, 242, 243, 244, **245**
– frontalis arteriae temporalis superficialis 92, 93, 94, 95
– gingivales superiores 100, 102
– inferior nervi oculomotorii 102, 294, 295
– inferior nervi transversi colli 142
– interganglionaris trunci sympathici 158, 190
– internus nervi laryngei superioris 148, 149, 150, 151, 155, **156**, 189, 190
– labialis superior 100, 102
– laryngopharyngei 169
– linguales nervi lingualis 101
– mandibulae 11, **13**, 14, 19, 49, 50, 51, 53, 54, 80, 81, 82, 83, 86, 87, 88, 89, 98, 99, 122, 123, 125, 135, 297
– marginalis mandibulae nervi facialis 92, 93, 95
– meningeus 269, 270, 271
– muscularis ansae cervicalis 148, 151
– nasales laterales nervi ethmoidalis anterioris 103
– nasales posteriores inferiores laterales 103
– nasalis 100, 102
– occipitales arteriae cerebri posterioris 248
– oesophagei nervi laryngei recurrentis 156, 157
– orbitalis arteriae cerebri mediae 252
– palpebralis inferior 100, 102
– parietales arteriae cerebri anterioris 250
– parietales arteriae cerebri mediae 252
– parietalis arteriae cerebri mediae 248
– parietalis arteriae meningeae mediae 239, 240, 242, 243, 244, **245**
– parietalis arteriae temporalis superficialis 92, 93, 95
– pharyngei nervi glossopharyngei 169, 170
– pharyngei nervi vagi 169
– posterior sulci lateralis cerebri 193, 201
– pterygoidei arteriae maxillaris 97, 98
– pterygoideus 96
– sinus carotici 169, 170
– superior nervi oculomotorii 102, 291
– superiores nervi transversi colli 142
– sympathicus ad ganglion ciliare 293, 294, 295
– temporales arteriae cerebri mediae 248, 252
– temporales nervi facialis 92, 93, 95
– temporales superficiales 92, 93
– ventralis nervi spinalis 153, 269, 270, 271
– zygomatici nervi facialis 92, 93, 95
Raphe palati 110, 111
– palpebralis lateralis 301
– pharyngis 168, 169, 170
– pterygomandibularis **87**, 96, 97, 98, 99, 112, 114
Recessus ellipticus 332, 333
– epitympanicus 322, 323, 324, 334
– hypotympanicus 323, 324, 334
– infundibuli 203, 228, 256
– lateralis ventriculi quarti 231, 233, 256, 267
– opticus 203, 228, 256
– pinealis 198, **203**, 227, 228, 256

Recessus piriformis 171, 172
– pharyngeus 103, 171, 172
– sphaericus 332, 333
– sphenoethmoidalis 61, 64, 103, 108
– suprapinealis 198, 227, 256
Regio colli anterior 131, 143, 144, 148, 149, 150, 151, 152
– colli lateralis 146, 147, 152
Retina 306, 307, 308, 309
Rhombencephalon 201
Rima glottidis 162
– palpebrarum 79, 298, 304
Rostrum corporis callosi 198, **203**, 226, 227, 228
– sphenoidale 30, 31

Sacculus laryngis 108, 184
Saccus lacrimalis 303, 304
Scala tympani 334, 335
– vestibuli 334, 335
Scapha 318
Sclera 278, 287, **298**, 306, 307, 308, 309, 312, 313
Sella turcica 30, **55**, 61, 63, 64, 83, 88, 241, 244, 289
Semicanalis musculi tensoris tympani 26, 28, 323, 324
– tubae auditivae 26, 28, **320**, 323, 324, 334
Septum(a) canalis musculotubarii 26, 27, 28, **320**, 323, 324, 334
– interalveolaria 43, 54, 122, 123
– interradicularia 43, 54
– linguae 115
– medianum posterius 269, 270
– nasi 65, 104, 105
– nasi osseum 11, 124
– orbitale 278, 301, 302
– pellucidum 125, 198, 207, 208, 219, 220, 221, 222, 223, **227**, 250
– sinuum frontalium 34, 64
– sinuum sphenoidalium 69, 88
Sinus(us) caroticus 151, 169, 170
– cavernosus 240, 243, 297
– frontalis **34**, **61**, 63, 65, 69, 83, 88, 103, 104, 105, 108, 239, 240, 278, 280, 285, 294, 296
– intercavernosi 240, 243
– maxillaris 41, **43**, 68, 100, 102, 124, 278, 294, 297
– occipitalis 243
– petrosus inferior 243
– petrosus superior 243
– rectus 240
– sagittalis inferior 240, 253
– sagittalis superior 124, 125, 126, **240**, 242, 243, 248, 253, 266
– sigmoideus 126, **240**, 243, 248, 266, 267
– sphenoidalis 30, **61**, 63, 64, 65, 69, 83, 103, 104, 105, 108
– sphenoparietalis 240, 243
– transversus 126, 240, 243, 248
– venosus sclerae 306, 308, 309, **312**, 313
Spatia zonularia 308
Spatium intervaginale 286, 306, 307
– parapharyngeum 169, 170
Spina(ae) mentalis 14, 49, 50, 54
– nasalis anterior **13**, 19, 41, 42, 43, 65, 67
– nasalis ossis frontalis 32
– nasalis ossis palatini 44, 45
– palatinae 42, 43
– ossis sphenoidalis 30, 31, 57
– supra meatum 24, 28
– tympanica major 18, 321
– tympanica minor 18, 321
Splenium corporis callosi 126, 196, 197, 198, 200, **203**, 213, 214, 218, 219, 222, 226, 227, 228
Squama frontalis **11**, 13, 19, 32, 33, 34, 59, 68, 72, 79
– occipitalis 13, **14**, 19, 22, 23, 57, 58, 59, 108, 241
Stapes 323, 324, 327, **328**, 329
Stria longitudinalis lateralis indusii grisei 197, 217, 218, 219
– longitudinalis medialis indusii grisei 197, 217, 218, 219
– mallearis 58, 321
– medullaris thalami 224
– olfactoria lateralis 199, 200
– olfactoria medialis 199, 200
– terminalis 218, 219, 224
– medullares 231, 234, 267
Substantia alba 253, 269, 270
– grisea 269, 270
– intermedia centralis 269, 270
– intermedia lateralis 269, 270
– nigra 213, 223, 235, 300
– perforata anterior 199, 300
– perforata posterior 229
Sulcus(i) adolfactorius anterior 203, 226, 227
– adolfactorius posterior 203, 226, 227
– arteriae occipitalis 25
– arteriae subclaviae 136
– arteriae temporalis mediae 24, 28
– arteriosi 37, 61
– basilaris 199, 229
– calcarinus 200, **203**, 217, 218, 219, 220, 221, 222, 227
– caroticus 30, 31, 55
– centralis 193, 195, 196, 197, **203**, 204, 227, 246, 252
– chiasmatis 30, 31
– cinguli 196, **203**, 205, 206, 207, 208, 209, 210, 211, 212, 227, 250
– circularis insulae 204
– collateralis 199, 200, 226, 227
– corporis callosi **203**, 205, 206, 207, 208, 209, 210, 211, 212, 213, 214, 226
– ethmoidalis 47
– frontalis inferior 193, 195, 201
– frontalis superior 193, 195, 197, 201
– hamuli pterygoidei 30, 31
– hippocampi 200
– horizontalis cerebelli 193
– hypothalamicus 198, 203, 227, 228
– infraorbitalis 41, 42, 43, 72
– infrapalpebralis 298
– intermedius posterior 230, 231, 270
– intraparietalis 193, 195, 197, 202
– lacrimalis 41, 42, 43, 47, **72**
– lateralis anterior 229, 230
– lateralis cerebri 125, **193**, 195, 201, 205, 206, 207, 208, 209, 210, 211, 212
– lateralis posterior 229, 230, 269, 270
– limitans 231
– medianus 231, 234
– medianus linguae 111, 115
– medianus posterior **231**, 264, 267, 269, 270
– mylohyoideus 14, 49, 50, 135
– nervi petrosi majoris 24, 25, 26, 55
– nervi petrosi minoris 24, 25, 26, 55
– occipitalis transversus 193
– occipitotemporalis 199, 200, 227
– olfactorius 200
– orbitales 199, 200, 227
– palatini 42, 43
– palatinus major 41, 44, 45
– palatovaginalis 30
– palpebralis superior 298
– parietooccipitalis 193, 195, 196, 202, **203**, 204, 227, 246
– postcentralis 193, 195, 197
– praecentralis 193, 195, 197, 203

Sulcus(i) pterygopalatinus 30
– sclerae 306, 308, 312, 313
– sinus petrosi inferioris 22, 24, 26
– sinus petrosi superioris 24, 25, 26, 55
– sinus sagittalis superioris 22, 33, 37, 55
– sinus sigmoidei 22, 24, 25, 26, 29, 37, **55**, 61, 244, 245
– sinus transversi 22, 55
– subparietalis 203, 227
– temporalis inferior **193**, 199, 200, 201, 227
– temporalis superior 193, 201, 227
– terminalis 115
– tubae auditivae 30, 31
– vomerovaginalis 30
Supercilia 298
Sutura coronalis 11, 13, 16, 18, 19, 34, 55, **59**, 60, 61, 86
– ethmoideomaxillaris 72
– frontalis **18**, 20, 60, 72
– frontoethmoidalis 11, **13**, 55, 72, 241
– frontolacrimalis 13, 72
– frontomaxillaris 13, 72
– frontonasalis 13, 18, 72
– frontozygomatica 11, **13**, 18, 19, 71, 72
– incisiva 43, 117, 122, 123
– infraorbitalis 11, **13**, 41, 42, 43, 72
– intermaxillaris **11**, 18, 20, 122, 123
– internasalis 11, 18, 20, 72
– lacrimomaxillaris 11, 72
– lambdoidea 13, **14**, 16, 18, 19, 55, 58, 59, 60, 61, 86, 241
– metopica 18, 20, 72
– nasomaxillaris 13, 18, 72
– occipitomastoidea **13**, 19, 55, 57, 61
– palatina mediana **57**, 58, 117, 122, 123
– palatina transversa **57**, 58, 64, 104, 108, 117, 122, 123
– parietomastoidea 13, 55
– sagittalis 14, 16, **59**, 60, 253
– sphenoethmoidalis 55
– sphenofrontalis 11, **13**, 18, 19, 55, 57, 71, 72, 241
– sphenoparietalis 13, 18, 19, 55
– sphenosquamosa 11, **13**, 18, 19, 55, 57, 71, 241
– sphenozygomatica **11**, 13, 57, 71, 72
– squamosa 11, **13**, 14, 18, 19, 241
– squamosamastoidea 18, 24, 28
– temporozygomatica **13**, 18, 19, 57, 80, 81, 85
– zygomaticomaxillaris **11**, 13, 18, 19, 57, 72
Synchondrosis intraoccipitalis anterior 58, 241
– intraoccipitalis posterior 58, 241
– petrooccipitalis 58, 241
– sphenooccipitalis 55, **57**, 58, 61, 63, 64, 88, 241
– sphenopetrosa 58, 241
Syndesmosis incudostapedia 323, 324

Taenia chorioidea 221
– fimbriae hippocampi 221
– fornicis 221, 225
– thalami 224
– ventriculi quarti 231, 267
Tarsus inferior 278, 301, 303, 304
– superior 278, 285, **301**, 302, 303, 304
Tectum mesencephali 200, 203, 228
Tegmen tympani **24**, 25, 26, 27, 29, 334
Tegmentum 213, 227, 235
Tela chorioidea ventriculi lateralis 126, 209, 210, 211, 212, 218, 219, **220**, 223
– chorioidea ventriculi quarti 199, **203**, 223, 228, 250
– chorioidea ventriculi tertii 126, **203**, 211, 212, 228, 250
Telencephalon 224, 226, 228
Tendo musculi digastrici 114
– musculi levatoris palpebrae superioris 283, 303, 304
Tendo musculi obliqui superioris 281, 282, 283, 286
– musculi tensoris tympani 320, 322, 323, 324
Tentorium cerebelli 126, 240, 242, 266
Thalamus 125, 126, 198, 203, 209, 210, 211, 218, 220, 221, 222, 223, **224**, 226, 227, 228, 250
Tonsilla cerebelli 233, 234
– lingualis 115
– palatina 111, 112, 171, 172
– pharyngea 103, 108
– tubaria 108
Torus levatorius 103
– tubarius 103, 108
Trachea 101, 108, 114, 132, 133, 143, 145, 153, 154, 155, 156, 157, 158, 181, **182**, 184, 189, 190
Tractus olfactorius **199**, 200, 205, 206, 207, 247, 249, 251
– opticus **199**, 200, 210, 229, 242, 288, 289
Tragus 318
Trigonum caroticum 143
– collaterale 220, 221, 225
– colli mediale 145
– habenulae 224
– nervi hypoglossi 231, 234, 267
– nervi vagi 231, 234, 267
– olfactorium 199, 200
– omoclaviculare 143
– retromolare 49
– submandibulare 143
Trochlea musculi obliqui superioris 281, 282, 283, 287
Truncus brachiocephalicus 154, 159
– corporis callosi 125, 196, 197, 198, **203**, 207, 208, 209, 210 211, 212, 217, 218, 226, 227, 228
– inferior 146, 147, 152
– medius 146, 147, 152
– superior 146, 147, 152
– sympathicus 150, 162, 163, 169
– thyreocervicalis 147, **152**, 154, 155, 157, 158, 159
Tuba auditiva 325
Tuber cinereum 199, 200, 229, 247, 249
– frontale 11, 18, 32, 60
– maxillae **41**, 42, 71, 100, 102
– parietale 18, 36, 59, 60
– vermis 203, 228
Tuberculum articulare 24, 25, 26, 28, **57**, 58, 81, 82, 99
– auriculae 318
– caroticum 159
– corniculatum 108, **171**, 172, 181, 182, 186, 187, 189, 190
– cuneiforme 108, **171**, 172, 181, 186, 187, 189, 190
– jugulare 22
– mentale 49, 50, 51, 53
– nuclei cuneati 230, 231, 267
– nuclei gracilis 230, 231, 267
– pharyngeum 22, 23, 57
– sellae 30, 31
Tuberositas masseterica **13**, 49, 50, 51, 53, 80, 81, 82, 87
– pterygoidea 14, 49, 50, 83
Tunica conjunctiva bulbi 299, 305, 306, 307
– conjunctiva palpebrae 79, 299, 300, 305

Umbo membranae tympani 321
Uncus gyri parahippocampalis 199, **200**, 213, 226, 227
Uvula palatina 108, **111**, 171, 172, 189, 190
– vermis 203, 228, 233, 234

Vagina bulbi 278, 286
– carotica 162, 163
– externa nervi optici **278**, 286, 296, 306, 310
– interna nervi optici **278**, 286, 296, 306, 307, 310

Vagina processus styloidei 24, 26, 28
– synovialis musculi obliqui superioris 282, 283, 287
Vallecula(ae) epiglottica 108, **115**, 172, 189, 190
– cerebelli 233
Vasa centralis retinae 310
Velum medullare inferius 203, 228
– medullare superius **203**, 228, 233, 234, 236
– palatinum 171, 172
Vena(ae) alveolaris inferior 53, 124
– angularis 92, 93, 297
– auricularis posterior 93
– brachiocephalica dextra 154
– brachiocephalica sinistra 154
– cava superior 154
– centralis retinae 286, **306**, 307, 309, 310
– cerebelli 248
– cerebri inferiores 248
– cerebri interni 222
– cerebri magna 126, 240
– cerebri media profunda 248
– cerebri superior 248
– ciliaris anterior 309
– conjunctivalis 309
– diploica 253
– diploica frontalis 70
– diploica occipitalis 70
– diploica temporalis anterior 70
– diploica temporalis posterior 70
– emissaria 253
– episcleralis 309
– facialis 92, **93**, 124, 131, 143, 144, 160, 297
– frontalis 297
– infraorbitalis 92, 93, 124, 297
– jugularis anterior 142, 163
– jugularis externa 141, **142**, 160, 162, 163
– jugularis interna 131, 143, **144**, 145, 147, 149, 150, 151, 152, 153, 155, 156, 157, **160**, 161, 162, 163, 169, 297, 322, 325
– jugularis interna sinistra 154
– labialis inferior 92, 93, 297
– labialis superior 92, 93, 297
– lacrimales 297
– lacrimalis 124, 290, 292
– laryngea superior 131, 190
– linguales 115
– lingualis 124, 144
– maxillares 297
– mediana colli 141, 142
– meningeae mediae 297
– mentalis 92, 93
– nasofrontalis 290, 292
Vena(ae) occipitalis 160
– ophthalmica inferior 297
– ophthalmica superior 290, 292, 297
– palpebralis inferior 92, 93
– palpebralis superior 92, 93
– retromandibularis 92, 93, 297
– subclavia 131, 144, 154
– supraorbitalis 92, 124
– supratrochlearis 92, 93, 297
– temporalis superficialis 92, 93, 160
– thalamostriata 209, 210, 218, 219, 221, 222, **224**
– thyreoidea inferior 154, 161
– thyreoidea media 154, 180
– thyreoidea superior 131, 144, **154**, 162, 180
– transversa colli 141, 142, 180
– transversa faciei 92, 93
– vertebralis 162
– vorticosa 309, 312, 313
Venter anterior musculi digastrici 94, 95, **130**, 131, 134, 143, 145, 148, 149, 150, **151**, 152, 155, 158, 160
– frontalis musculi occipitofrontalis **75**, 76, 77, 78, 92, 93, 94, 95, 96, 97, 98, 99, 278
– inferior musculi omohyodei 130, 131, **134**, 143, 144, 146, 147, 148, 150, 152, 160
– occipitalis musculi occipitofrontalis **77**, 78, 93, 94, 95, 96
– posterior musculi digastrici 94, 95, 96, 101, 114, **130**, 131, 133, 134, 143, 145, 148, 149, 150, **151**, 152, 155, 158, 160, 168, 169, 170, 171, 172
– superior musculi omohyoidei 95, 130, 131, **134**, 143, 144, 145, 148, 149, 150, 151, 152, 160
Ventriculus laryngis 108, 181, **182**, 184, 188, 190
– lateralis 256
– quartus 126, **203**, 228, 234, 236, 250, 256, 267
– tertius 209, 210, 211, 212, 222, 223, 224, **250**, 256
Venula macularis inferior 315
– macularis superior 315
– medialis retinae 315
– nasalis retinae inferior 315
– nasalis retinae superior 315
– temporalis retinae inferior 315
– temporalis retinae superior 315
Vermis 126, **203**, 224, 228, 232, 233, 234, 235, 236, 250
Vestibulum labyrinthi ossei **27**, 29, 323, 324, 334
– laryngis 108, 162, 181, **182**, 190
– nasi 103
– oris 103, 108, **109**, 110, 112, 116, 124
Vomer 48, 57, 58, 63, 65, 68, 83, **88**

Zonula ciliaris 308, 310, 311

GPSR Compliance

The European Union's (EU) General Product Safety Regulation (GPSR) is a set of rules that requires consumer products to be safe and our obligations to ensure this.

If you have any concerns about our products, you can contact us on ProductSafety@springernature.com

In case Publisher is established outside the EU, the EU authorized representative is:

Springer Nature Customer Service Center GmbH
Europaplatz 3
69115 Heidelberg, Germany

Batch number: 10615099

Printed by Printforce, the Netherlands